U0266780

本书出版得到

广西高校人文社会科学重点研究基地：
广西民族大学中国南方与东南亚民族研究中心

广西一流学科建设项目：广西民族大学民族学学科

广西高等学校千名中青年骨干教师培育计划

资助

谨以此书

祝贺广西民族生态博物馆建设二十周年

地方感
生态博物馆的理论与实践研究

〔英〕彼特·戴维斯（Peter Davis） 著

龚世扬 麦 西 译

王雅豪 校

科学出版社

北 京

图字：01-2022-0123 号

© Peter Davis 2011

This translation of *Ecomuseums, Second Edition* is published by arrangement with Bloomsbury Publishing Plc.

内 容 简 介

生态博物馆是国际新博物馆学运动的重要产物，作为一种"反传统"的博物馆新类型，越来越受到人们的关注。本书译自彼特·戴维斯（Peter Davis）教授著的《生态博物馆：地方感》2011 年英文版，是一本全面介绍生态博物馆缘起、理论与全球性实践的书籍。书中大量的实践案例对中国生态博物馆的发展，以及乡村振兴战略背景下文化遗产的保护有重要的参考价值和指导意义。

本书可供博物馆、考古、历史、文化遗产保护等方向研究者和爱好者，以及大专院校相关专业师生阅读、参考。

图书在版编目 (CIP) 数据

地方感：生态博物馆的理论与实践研究 /（英）彼特·戴维斯（Peter Davis）著；龚世扬，麦西译. —北京：科学出版社，2023.8

书名原文：Ecomuseums: A Sense of Place

ISBN 978-7-03-074136-3

Ⅰ.①地… Ⅱ.①彼… ②龚… ③麦… Ⅲ.①生态环境–博物馆–研究 Ⅳ.① X32

中国版本图书馆 CIP 数据核字（2022）第 236821 号

责任编辑：张亚娜 周 䶮 / 责任校对：王晓茜
责任印制：肖 兴 / 封面设计：图阅盛世

科学出版社 出版

北京东黄城根北街 16 号
邮政编码：100717
http://www.sciencep.com

河北鑫玉鸿程印刷有限公司印刷
科学出版社发行 各地新华书店经销

*

2023 年 8 月第 一 版 开本：720×1000 1/16
2023 年 8 月第一次印刷 印张：22 1/2
字数：450 000

定价：138.00 元
（如有印装质量问题，我社负责调换）

作者简介

彼特·戴维斯（Peter Davis）是英国纽卡斯尔大学博物馆学专业荣休教授，历任该校考古学系主任、艺术与文化学院院长，曾兼任瑞典哥德堡大学博物馆学客座教授。他的研究兴趣包括自然历史博物馆、生态博物馆、博物馆史、非物质文化遗产、博物馆与环境保护主义之间的关系，以及生态博物馆、遗产与地方之间的关系等。著有《博物馆与自然环境》（*Museums and*

the Natural Environment, 1996）、《生态博物馆：地方感》（*Ecomuseums: A Sense of Place*, 1999, 2011）等书，并与他人合著（编）《威廉·贾丁爵士的博物学人生》（*Sir William Jardine: A Life in Natural History*, 2001）、《建构地方感》（*Making Sense of Place*, 2011）、《非物质文化遗产保护》（*Safeguarding Intangible Cultural Heritage*, 2012）、《亚太地区非物质文化遗产保护》（*Safeguarding Intangible Cultural Heritage in the Asia-Pacific*, 2013）、《遗失的遗产》（*Displaced Heritage*, 2014）、《不断变化的自然观》（*Changing Perceptions of Nature*, 2016）、《劳特利奇非物质文化遗产指南》（*The Routledge Companion to Intangible Cultural Heritage*, 2017）、《遗产与和平建设》（*Heritage and Peacebuilding*, 2017）、《社区与可持续的博物馆》（*On Community and Sustainable Museums*, 2019）以及《熊：自然、文化与遗产》（*The Bear: Nature, Culture, Heritage*, 2019）等书籍。

彼特·戴维斯教授曾任英国自然历史学会主席（2018—2021），现兼任该学会杂志《自然历史档案》（*Archives of Natural History*）副主编，同时他还是《工具论》（*Organon*）、《社会博物馆学杂志》（*Journal of Sociomuseology*）、《博物馆管理与策展》（*Museum Management and Curatorship*）和《博物馆世界》（*Museum Worlds*）等期刊的编委会成员。

中 译 本 序

　　尽管本书第一版从出版至今已有 23 年，但生态博物馆理念所提出的观点，如社区赋权、对地方文化的颂扬，以及碎片化在地阐释与保护政策的采用等，仍继续为"博物馆可能是什么？"这一疑问提供了另一种新颖的视角。随着人们日益认识到非物质文化遗产的重要性，以及自然与文化之间存在的联系，生态博物馆的数量得以不断激增。虽然生态博物馆数量与种类在全球范围内持续增加，然而直到 2019 年国际博物馆协会京都大会才正式通过了《博物馆、社区与可持续发展》第 5 号决议。该决议强调了社区博物馆和生态博物馆为保护、理解和促进自然、文化及非物质遗产所做的贡献，要求国际博物馆协会给予其更多的认可与支持。全球对气候危机的持续关注，以及为实现联合国提出的 17 项相互关联的可持续发展目标，地方层面的行动变得尤为重要，生态博物馆将在其中发挥重要作用。鉴于生态博物馆和社区博物馆有能力应对这些环境与社会需求，它们终将会在博物馆世界中打破其少数派形象，不再是博物馆学学科体系中无足轻重的部分。

　　虽然生态博物馆还未被人们完全认识，也尚未得到资金雄厚的专业博物馆的认可，但我认为它们依然可以扮演重要角色。它们有潜力通过发展可持续旅游来改善当地经济。通过让访客参观一系列遗产点，并向其介绍文化及自然遗产，或通过与当地人会面了解其传统技艺、信仰与生活方式等措施，来鼓励访客更好地探索和理解地方。在偏远地区、原住民社区以及受变革威胁的社会中，生态博物馆可以发挥出独特作用。它们不仅可以激发地方自豪感，还可以通过团结社区、创造社会与文化资本、促进社区内外的对话来推动社区复苏。这种对话在我们寻求气候危机的解决方案时变得愈发重要。2021 年 9 月，第 26 届联合国气候变化大会预会（Pre-COP26）在米兰召开，其议题之一的"生态博物馆与气候行动"就探讨了基于社区的博物馆，如何凭借对当地的深入了解来发挥其重要作用。拥有丰富自然和人文景观的中国生态博物馆，正面临巨大的机遇，使其可以采取行动来满足气候变化和可持续发展目标的要求，并确保当地文化和自然遗产的存续。

　　我很荣幸能够多次前往中国旅行，游历了很多美妙的地方，结识了不同民族的中国人，其中许多人生活在偏远的农村。生态博物馆在这些地方的建设给当地少数民族带来了切实的利益。通过对当地房屋的修缮，建设水、电等基础设施，以及学校、医院等公共设施，使他们的生活条件得到了改善，教育和医疗水平也得到了提升。同时，生态博物馆尽一切努力以一种惺惺相惜的方式进行干预，以尊重当地人及其习俗文化。"六枝原则"为这些发展起到了重要的指导作用，为中国更加重视利用生态博物馆去维系和表征贵州、广西、内蒙古和云南的少数民族社区及文化提供了根本遵循。1998 年 10 月，在箐苗的故乡贵州省陇戛寨，中国第一座生态博物馆——梭戛生态博物馆建成。自此，生态博物馆在中国如雨后春笋般激增，其分布范围也不断扩大。

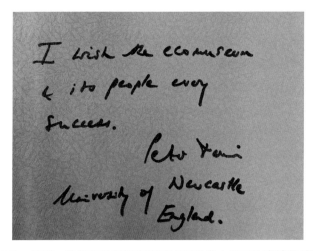

2005 年 6 月，彼特·戴维斯教授访问广西南丹里湖白裤瑶生态博物馆时的寄语

　　中国生态博物馆的核心工作是保护地方文化的独特性，其资源主要致力于挖掘整理当地的记忆、习俗与物质文化。它们在文化旅游上采取了一种严谨的态度，即经与当地人协商后，才会谨慎地开发。新的基础设施，尤其是道路建设项目，使有限度的文化旅游成为可能，并开始给当地人带来经济的小幅改善。这些项目成功的关键是逐步发展起来的生态博物馆合作网，它使各个遗产点（展示点）之间能够进行信息的互联互通。然而，生态博物馆的发展仍存在风险。聚焦少数民族的中国生态博物馆也面临着潜在的问题，尤其存在以旅游之名，对少数

民族资源进行过度开发，使少数民族文化商品化，从而将活态文化变成死板展览的现象。迄今为止，我必须祝贺中国的生态博物馆，它们避免了这种商业化，没有让当地少数民族原真性丧失，这些独立社区的社会结构与价值观也没有发生潜在的变化。

借此机会，我要感谢龚世扬、麦西两位先生，感谢他们的不懈努力让本书得到更加广泛的关注。翻译这本书是一项非常艰巨的任务，我也要感谢参与编辑、校对此中文译本的所有人。自2003年以来，广西民族博物馆发挥了至关重要的作用，它在中国推广生态博物馆理念，并付诸实践，支持和推动了广西10个生态博物馆的建设与管理。这些生态博物馆与广西民族博物馆形成了"1+10"的紧密联合体，它们相互合作，共同承担起保护当地自然、文化与非物质文化遗产的重任。广西民族博物馆已经发展出一套可供中国其他生态博物馆借鉴的方法论和合作伙伴体系。

彼特·戴维斯教授
2021年10月于英国诺森伯兰郡

第 二 版 序

本书第一版探讨了生态博物馆的概念，重点在于分析其哲学和实践，以证明该术语使用的合理性。当我开始研究时，我对这个概念非常怀疑，原本打算将本书取名为"生态博物馆神话"，但我最终将此短语用作最后一章的标题，并加了一个问号。我花了两年时间沉浸于生态博物馆的文献和实践之中，走访了许多运营中的生态博物馆，并对馆长们进行了访谈，尽管我依然持这个看法，但我的怀疑却有所降低。最后一章，基于对发往世界各地生态博物馆调查问卷的分析，我能够得出一些有关生态博物馆特征的结论。但我确实感觉到自己一直都在研究一个稍纵即逝的博物馆学现象，比如，就在1998年，几个已建成的生态博物馆毫无预兆地消失了。本书第二版表明了我曾经的想法有许多错误，在全球范围内，生态博物馆的数量和种类都在以惊人的方式增长。虽然大体而言，它们仍是博物馆世界中的小众，但在过去的十年间，它们已经取得了长足的进步。

因此，我对本书第二版进行了调整，以反映世界各地对生态博物馆思想的接受和传播。西班牙、意大利、中国、日本、波兰和其他许多国家都见证了生态博物馆理念的积极应用。本书仍然分为三个部分。第一部分首先回顾了环境和社区的概念，然后描述了生态博物馆概念的源起和发展，另用新的章节专门介绍了其定义和特征。第二部分通过法国，英国、北美和澳大利亚（将英语世界国家汇集一起），非洲和拉丁美洲的独立章节，来描述和反映生态博物馆在世界各地的实践；另用一个新章节来探讨生态博物馆在亚洲的发展。第三部分回顾了之前描述的生态博物馆实践，并着重分析生态博物馆在文化景观、非物质遗产、可持续旅游、人权、身份认同和资本方面可以发挥的作用。

本书第一版有一个附录，罗列了当时所有已知的生态博物馆。在本书第二版中，我没有将这个生态博物馆清单纳入其中。现在，已有几个数据库列出了全世界的生态博物馆。我特别利用了这个网站，其网址是 http://www.ecomuseums.eu/,

网站的"生态博物馆大观"或"生态博物馆瞭望台"（Ecomuseum Observatory）栏目是由位于都灵的皮埃蒙特经济社会研究所（Istituto di Ricerche Economico Sociali del Piemonte，IRES）开发和维护的。该域名（及其关联网站 www.osservatorioecomusei.net）于 2010 年 10 月 14 日失效。皮埃蒙特经济社会研究所启动了一个新网站来维护和加强数据库，其网址为 www.irespiemonte.it/ecomusei/。位于皮埃蒙特大区的生态博物馆实验室维护着另一个实用的数据库，其网址为 www.ecomusei.net。

　　本书的副标题①表明了我的看法：生态博物馆是在寻求捕捉地方的独特性。由于它们的策略和运作方式千差万别，可以通过选择"生态博物馆工具包"或生态博物馆"二十一条原则"②中的要素，以多种不同的方式去实现这一目标。因此，它们可以在一个地方展现一个行业的历史，通过鼓励访客参观一系列遗产点去探索受保护的区域，或者提供当地考古或自然历史的介绍。不管怎样，所有这些都反映了地方的独特性。当地社区已经拥有了自认为对他们及其所在地重要的遗产。通过对遗产的保护和阐释，他们展现出了地方自豪感，并树立了强大的地方认同。

---

① 译者注：原书副标题为"A Sense of Place"，即地方感。

② 见本书第 104 页。

第 一 版 序

《博物馆与自然环境》是本系列较早的一本著作，书中我考察了环境保护主义如何改变博物馆，尤其是自然历史博物馆认知自我及它们社会角色的方式。环境保护主义现象被认为是后现代主义的组成部分，是当代社会和政治理论中最为活跃、最激动人心的运动之一。后现代主义理论排斥现代性，不相信普世真理，但却拥护多元主义、碎片化和不确定性。后现代主义带给博物馆具有讽刺性的、有时是无礼的、又常常是非常规的方法统统都被贴上了"新博物馆学"标签。

在新博物馆学文献中有一个反复出现的主题是生态博物馆。事实上，对许多作者而言，似乎生态博物馆和新博物馆学看起来是同一现象。在《博物馆与自然环境》一书的研究中，我有机会详细梳理了描述生态博物馆历史和哲学的文献，对此我既感到好奇又感到困惑。生态博物馆理念提出的想法，包括拒绝博物馆的传统模式、赋权社区以及运用碎片化在地阐释和保护政策，为博物馆可能成为什么带来了一个引人入胜的另类观点。很显然，对我来说，这是博物馆为响应服务社区的社会需求，而发生深刻变化的有力反映。我还对"生态博物馆"（Ecomuseum）的词源颇感兴趣，该词暗示与环境问题有关。这本书是我深受生态博物馆概念的吸引，以及渴望理解其起源、哲学和发展的产物。我还想尝试将生态博物馆从更宽泛的新博物馆学和社区博物馆学等诸如此类的概念中分离出来。更重要的是，我希望能够在当代博物馆学背景下评估生态博物馆的意义，并让自己确信该词及其理念仍然有效。那些自称是生态博物馆的机构是否真的与其他博物馆有着不同的运作方式？

事实证明，撰写这本书极具挑战性，因为有关生态博物馆的许多文献都使用英语以外的语言（尤其是法语）。而在国际博物馆协会博物馆学委员会（ICOM's International Committee for Museology）的商议中，关于生态博物馆性质的哲学讨论也很少见。我也在寻找第一手资料，因为我坚信仅凭阅读，就对生态博物馆进行评价是不妥的。因此，1996 年秋天，我到法国进行了一次广泛的生态博物馆之旅，并于 1998 年 3 月向每座能够取得联系的生态博物馆分发综合问卷。我将收集到的信息收录于本书的第二部分中。我非常感谢所有与我讨论过的馆长们，他们都给予了我坦诚且详尽的答复。

　　本书分为三个部分。第一部分专门介绍了生态博物馆的哲学和理论。通过访问法国的生态博物馆，我逐渐明晰：生态博物馆最重要的部分是对居住在那里的人具有特殊意义的地方。因此，第一章专门从环境视角探讨了地方的意义，以及在环境保护主义影响前后，传统博物馆与自然环境相互作用的方式。我还讨论了因建筑环境及其最终出现的遗产运动而日益受到关注的博物馆的发展和意义，正如乡村阐释对我们所认知的地方的影响一样。如何感知地域景观和了解地方，尤其是地理尺度的重要性，也与这一理论的探讨有关。第二章运用文化身份和社区概念，从社会角度审视地方。前两章的研究表明，传统博物馆无法捕捉地方特性，并提出可以发挥非传统博物馆（包括生态博物馆）的优势。第三章在涵盖环境、社区和身份认同的更广泛理论框架内探讨生态博物馆哲学与早期发展。最后以描述理论模型结束，这些模型用来帮助理解生态博物馆的工作方式。

　　为了评估生态博物馆的意义，探究它们为何与其他博物馆不同，我加入了一系列十分重要的案例。第二部分讲述了生态博物馆的"环球之旅"，并介绍了生态博物馆的各种建设方式、作用及其与社区的联系。第四章讨论了生态博物馆在法国的缘起。第五章概述了欧洲大陆其他国家的生态博物馆。第六章对英国生态博物馆的潜力进行了研究。北美和澳大利亚的生态博物馆在第七章中予以介绍。第八章则考察了发展中国家生态博物馆的发展情况。案例研究包含了从调查问卷中收集到的许多信息。但是，在某些情况下，我不得不完全依赖文献资料去描述生态博物馆。

　　很重要的一点是，在这里我需要解释为何第二部分要选择那些生态博物馆来进行描述。受到自己对各个机构了解程度，以及在本书研究过程中与众多生态博物馆联系情况的影响，我的案例研究在某种程度上是自我选择的结果。我特意避开了那些数量不少且看起来似乎具有生态博物馆特征的博物馆，它们刻意把"生态博物馆"作为机构的名称。而有些博物馆并不使用该词，因为它们在博物馆学文献资料中已使用原有的名称，但我也将它们包括在内。任何情况下，它们都是特别有趣的博物馆，完全值得论述。例如，塞内加尔达喀尔的生态中心（Écopole）、美国的阿克钦海姆达克生态博物馆（Ak-Chin Him Dak Ecomuseum）、英国的拉伊代尔民俗博物馆（Ryedale Folk Museum）和基尔马丁之家（Kilmartin House）。在斯堪的纳维亚半岛诸国，许多博物馆都运用了生态博物馆的理念元素。尽管它们避开了该标签，但在清单中仍被视为生态博物馆（请参阅附录）。为此，我将挪威的索尔–瓦朗格博物馆（Sor-Varangar Museum）和丹麦的莱索博物馆（Læso Museum）也列入其中。第六章英国部分，我描述了北奔宁山（North Pennines）的 4 个博物馆，它们没有使用"生态博物馆"的名称，但却具有生态博物馆的潜力。我这样做意在说明，生态博物馆机制的实践办法要应用在整体性旅游政策的制定上。

第二部分清楚地阐明，生态博物馆没有固定的模式，该理念经过修正和重塑后可以在各种情况下使用。第三部分（第九章"生态博物馆神话？"）探讨了生态博物馆的边界及其作用，并着眼于一个关于那些除名字之外，其他都等同于生态博物馆的博物馆悖论。新博物馆学的影响催生了各种各样的新博物馆，其中许多博物馆聚焦社区或环境。通过案例研究，我尝试评估出一些独有的特征，以便在博物馆范围内识别出生态博物馆。在这里，我分析了世界各地生态博物馆馆长们寄回的调查问卷，他们对生态博物馆的作用及其运作进行了评估，这对我当前的思考提供了有用的洞察。我提出了看待生态博物馆历史的另一种视角，重新评估了"生态博物馆"术语的使用，重申了生态博物馆与地方之间的联系，并基于我的结论提出了生态博物馆的替代模式。我试图展望生态博物馆的未来，同时建议在生态博物馆和可持续的文化旅游间建立联系。

我希望本书能让英语世界更加了解与生态博物馆有关的、分散且不易获取的文献。我也希望该书能消除围绕新博物馆学和生态博物馆的一些误解，并为那些继续使用或采用"生态博物馆"名称的机构赋予新的目标。

彼特·戴维斯

1998 年 11 月于泰恩河畔纽卡斯尔

目　　录

第一部分　历史和哲学背景

第二部分　全球生态博物馆纵览

第三部分　生态博物馆再审视

第一部分

历史和哲学背景

第一章　探索地方：博物馆与环境

生态学（ecology）、生态系统（ecosystem）、经济（economy）、生态圈（ecosphere）和生态博物馆（ecomuseum）在英文中都是以 "eco" 为前缀的词，这个前缀源自希腊语 "*oikos*"——即房屋、居住空间或栖息地之意。随着环境保护主义鼓励人们从对环境问题的消极担忧转向更为根本和务实的行动后，"环保斗士" "环保恐怖分子" "生态旅游" "生态破坏" 等术语，随之融入到我们的遣词造句中。环保产品、生态标签和其他生态术语在社会中屡见不鲜，而诸如Ecotricity之类的能源公司也使用这个前缀，以声明其拥有 "绿色" 环保的资质。该前缀的这些用法可能表明，生态博物馆主要致力于自然环境的阐释和保护，并促进资源的合理利用，抑或是自然历史博物馆的延伸。这些想法并非完全正确。之所以存在 "生态博物馆" 这个名词，是因为它所代表的概念出现于环境保护主义兴起之时，正当其时地满足了政治需要。

第一章从最广泛的意义上讨论了环境如何在生态博物馆现象中发挥关键作用。但传统博物馆通过收藏物质和非物质证据来促进环境认知的重要性也不应被忽视，它们一直都在记录自然和人文环境，并简述这一职责的演变，同时还对涌现出的 "遗产" 问题和环境阐释的方式有所讨论。在定义 "环境" 时所出现的问题，促使人们提出这样的建议："地方" 一词（包括其所有的复杂性和细微差别）可以让我们在生态博物馆的语境中更好地定义 "环境"。地方的复杂性涉及物质和非物质遗产资源，这些是周围环境的重要组成部分，作用于我们 "地方感" 的形成，对个人或社区而言，这些要素都使我们所处的环境具有特殊性。这一章也涉足地理尺度的问题，以探索它对我们的归属感是否重要。这些争论引发的审视是，传统博物馆是否有助于保护、记录和阐释社会最为关注的环境，或者是否因为这些机构无力应对不断变化的环境和需求，从而带来新方法、新哲学和不同类型博物馆的发展。

一、生态学与环境的定义

1866 年，德国动物学家恩斯特·海克尔（Ernst Haeckel, 1834—1919 年）创造了"生态学"一词来描述"自然经济"，以研究有机体之间的复杂关系。现在，生态学已被公认为一门重要的科学，生态学家专门研究行为（行为生态学）、生理学、社区（社区生态学）和整个生态系统。字典的定义（例如 Makins, 1997）仍旧告诉我们，生态学是研究生物体与环境之间的关系。多数情况下，环境是根据自然界来定义的，指的是特定地方所有生物与非生物元素（光、水、温度、地质）的总和。"环境"一词或许会与"生态系统"一词相混淆，后者由英国植物学家阿瑟·乔治·坦斯利爵士（Sir Arthur George Tansley, 1871—1955 年）于 1935年提出，该词不仅用来描述生物之间的关系，还用来强调生物与自然环境的相互作用。生态系统和环境这两个术语都具有地理或地方维度，因此常被这样使用，如"北极生态系统""草地环境""热带红树林生态系统"。在日常生活中，生态和环境之间的区别也经常被混淆，媒体就常常使用诸如"区域生态"、"改变整个生态"或"环境灾难"之类的词语。

近年来，生态学一词已被应用于自然科学之外的其他研究领域，尤其是在关注空间关系的研究上。20 世纪 20 年代，人类生态学作为一个社会学领域的概念被提出，但现在它被认为是地理学、人类学、心理学、社会学和生态学的分支。广义上讲，它提供了一个概念框架，用于理解和研究人类社会的互动，并分析农村或城市环境中人群及其机构的环境间距和相互依赖性。在许多方面，探索人类与环境及其自然资源互动的这种社会学方式，有助于证明生态博物馆使用"eco"前缀的合理性。生态学含义的这种变体所隐含的空间意义，促使它在博物馆界得到了更为广泛的使用，尤其是在探索空间概念的论述中。进入 21 世纪，诸如"展览生态学""藏品生态学"之类的术语开始出现在博物馆学的学术文献中。曼彻斯特大学公布了一项博物馆研究计划，该计划"深受城市和西北部地区博物馆丰富多样的生态学影响，使得曼彻斯特成为了博物馆研究的向往之地"（Findamasters，2010）。

尽管有"eco"前缀，但本书第二部分中介绍的绝大多数生态博物馆并不关注自然环境，而是聚焦特定环境中的人类关系及其文化发展。这里的"环境"可以是我们所熟悉的那些自然景观的组合（如在欧洲可能是由高沼地、林地、矮树篱或草地交织而成的景观）和我们所处世界中明显由人类创造的部分。因此，就生态博物馆而言，环境包括诸如定居点、居住在那里的人、建筑物、文化手工艺品、土地利用方式和家养动物等物质要素，以及传统和节日等非物质特色。人类环境的含义也可以使用我们居住的条件、背景、领地、栖息地、场所、圈子、场景、位置、周围或地域等其他术语来表达。这些"环境"的替代表达反映了人类所居住的自然、虚拟和社会环境，可能更有利于思考生态博物馆的运作方式。

"地域"（territory）一词反复出现在有关生态博物馆的文献中，它是生态博物馆哲学与实践的重要组成部分。地域不仅是生态博物馆地理范围的标识，而且兼具博物馆所参与社区事务主题和活动范围的内在含义。因此，生态博物馆中的"eco"有相当大的灵活性。它所涉及的不仅有空间维度，还有时间的变化及其相互联系。生态博物馆不仅涵盖其地理范围内的所有事物，而且重视物理、化学、生物系统与人类活动之间形成的复杂关系网。因此，只有当"环境"由何构成的这个更广泛的定义被采纳时，柯赛和霍勒曼（Corsane and Holleman, 1993）的评论才能成为现实，即"生态博物馆思想的倡导者认为，在此类博物馆进行的所有活动，都应该考虑并重视生态和环境方面"。柯赛和霍勒曼意识到以整体方式看待环境的必要性，提出：

> 整个环境可以说包含自然和人类两个方面，它们处在一个非常复杂和相互联系的系统中。该系统网络既有生物物理特征，又有可被控制、修改或构建的元素，还有诸多经济、文化和政治层面的非物质要素，它们也是人类环境不可或缺的组成部分。

如上所述，生态博物馆并非只关注当代环境以及我们周围的自然和建筑景观，它除作为空间的博物馆之外，还是关于时间的博物馆。我们所处环境的特征，作为生态博物馆的重要元素，对每个人而言都很重要，因为它们提供了与过去的联系。过去生活环境的证据，如一棵古老的橡树、一片精心修剪且长久以来作为地方景观特色的林地、一条跨越时光的河流、一座古老的果园、传统的家畜品种，都具有特殊意义。祖先留下的那些实物同样有意义，从石圈、立石、考古遗迹、城堡和乡村住宅，到干砌石墙、牧羊人的围栏、废弃的工厂和农业建筑，都构成了我们与过去联系的建筑环境要素。正如我们将会发现的那样，生态博物馆致力于保护与阐释上述所有的环境要素，以便建立起与过去的联系和归属感。

在进一步讨论这些问题之前，首先要感谢博物馆所做的努力，它们记录和见证了环境的变化，并在保护自然和文化资源方面发挥了积极作用。

二、博物馆的根基——探索环境

自然环境不仅为我们提供食材、衣料、能源和原材料，而且还是灵感、魅力和快乐的源泉。正如马丁诺维奇（Martinovich, 1990）所言："我们都处在环境之中，靠它吃饭，靠它呼吸，甚至有时用它来建造博物馆。"人类建造博物馆的历史已有数百年，博物馆的早期历史与人们对自然及人文环境日益增长的兴趣紧密相关。为了尝试理解自然的多样性，收藏动物、植物和化石标本，以及代表过去文化或异文化的文物，是文艺复兴时期的特点，这可能最早起源于 16 世纪的意大利。关于博物学，芬德伦（Findlen, 1996）写道：

> 在那里，收藏首先成为一种普遍的行为……同时，比萨大学、帕多瓦大学和博洛尼亚大学，以及意大利的宫廷、学院和药房，都对自然界进行了积极探索……这两项活动（收藏和探索自然）在诸如乌利塞·阿尔德罗万迪（Ulisse Aldrovandi, 1522—1605 年）和阿塔纳斯·珂雪（Athanasius Kircher, 1602—1680 年）等博物学家的研究中相遇，从而导致人们对自然的态度发生了转变，将自然视为可收集的实体，并产生了随后改变博物学的调查新技术。

她还写道："1669 年，保罗·博科内（Paolo Boccone）曾谈到，自然历史博物馆在意大利备受推崇。"在这个国家点燃的火花迅速蔓延至整个欧洲，16—17 世纪人们将"珍奇柜"（自然和文化物品的私人收藏）视为博学和时尚人家的重要体现（Impey and McGregor, 1985）。到 18 世纪，博物馆的概念已进入机构和公共领域。

牛津阿什莫林博物馆（Ashmolean Museum）的建成基于伊利亚斯·阿什莫林（Elias Ashmole）和特雷德斯坎特（Tradescant）非凡且多样化的收藏（Pearce and Arnold, 2000）。在该馆向访客收费 30 多年后，俄国的彼得大帝（Peter the Great, 1672—1725 年）于 1714 年向公众开放了他的博物馆。在对知识的热情驱使下，彼得大帝建立了世界上最伟大的收藏机构之一，并以"我希望人们得以观察且学有所得"为格言。这些收藏构成了当今圣彼得堡博物馆的基础，反映了彼得大帝在游历和探索的时代力求了解世界的尝试，其藏品的收藏和管理均按照当时公认的方式进行。多宝阁或珍奇柜成为存放最奇特、最大和最美妙物件的容器，它们试图震撼、取悦和娱乐大众，但却毫无秩序感和系统性。哲学家莱布尼茨（Leibnitz）在担任彼得大帝顾问期间，于 1708 年提出：

> 这样的橱柜应该存放自然界和人类创造的所有重要物件与珍品。特别是石料、金属、矿物、野生植物和人工复制品，还有动物及其标本……国外的物品应该包括各种书籍、器具、奇物和珍品……简而言之，所有这些藏品都可以给予人启迪并带来视觉享受。（Purcell and Gould, 1992）

显然，莱布尼茨认为，自然和文化的所有方面都应纳入博物馆的职责范围。他坚信这些藏品在学术研究中的使用远比简单的消遣更重要。彼得大帝藏品的范围和规模相当惊人，1725 年他去世时，藏品已占据了（博物馆）5 个主要的房间。据估计，容纳其余藏品还需要 25—30 个房间。除了稀奇古怪的东西——双头羊、四足公鸡、死亡面具、荷兰人弗雷德里克·瑞奇斯（Frederick Ruysch, 1638—1731 年）精妙的解剖标本外，还包括鸟类标本、干鱼、骨骼、完整的大象、雕刻的贝壳、罗马灯具、肖像画、雕塑、地球仪和象牙套球。彼得大帝的部分收藏留有自己的烙印，其中包括外科医生的工具、他自己的一束头发，以及取自随从和路人身上的牙齿。他去世后，巨人侍从布尔乔亚（Bourgeois）的骨架被列为藏品。博物馆还将异常或畸形人当作活展品进行展示，包括一个两性人（逃脱了）和一个据说只有 126 厘米高的侏儒福马·伊格纳季耶夫（Foma Ignatiev），他死后被制成标本，并在布尔乔亚旁边展出。

对 21 世纪初的我们来说，彼得大帝的藏品让人很难理解，但是他通过创建自己的百科全书式博物馆，试图去理解和直面他所处的世界。博物馆是他了解所处环境的钥匙，同时，随着不断增多的旅行、远航探索以及通信和交换系统的改良所带来的物质资料大爆炸，博物馆也成为他管理关于世界的物质证据的手段。他的外孙女叶卡捷琳娜大帝（Catherine the Great, 1762—1796 年在位）身为一位启蒙运动时期的女性，讲求秩序并谴责彼得收集自然的行为。珀塞尔和古尔德（Purcell and Gould, 1992）提及："她曾描述过与一位仍偏爱彼得风格的策展人之间的争执，'我常常与他发生争论，围绕着他试图将自然封存于展柜的心愿，但即便是一座巨大的宫殿也无法将其容纳'。"

从 18 世纪开始，"封存自然"的尝试迅速地盛行开来。总体上看，启蒙运动时期见证了博物学和博物馆发展的新纪元。英国人约翰·雷（John Ray）、瑞典人林奈（Linnaeus）、法国人乔治·路易斯·玛丽·勒克莱尔（德·布丰伯爵）（Georges-Louis-Marie Leclerc, the Comte de Buffon）以及许多其他有抱负的博物学家均致力于对藏品的研究，寻求构建类别，确立对自然进行分类的体系。从那时起，博物学和藏品建设引发了许多人的热情，最终成为 18 世纪后期至 19 世纪的主要社会现象（Allen, 1976）。这不是一个仅限于欧洲的活动，随着其他地区的殖民化与博物学的流行，希望讨论动物学、植物学和地质学的人们也因此发展出了全球博物学关系网。这种对自然广泛的热情也带来了学术团体、博物学藏品、自然历史博物馆、动物园和植物园的诞生。发现的新族群和非凡的考古遗址也促使了人类学和考古学的兴起，并推动了用于研讨、辩论和阐释的等效手段的发展。

在一个被探索和开发的世界里，几乎没有迹象表明博物馆具有保护的角色，伦理问题也未见考量，当时的目的就是尽可能多地收集物种、标本和物品。只有这样，博物馆及其研究人员才能开展他们的科学工作。在自然历史博物馆，分类学研究（对动植物的鉴定、命名和分类，包括现生的和化石的）处于优先地位，以便向同行和博物馆访客展示一幅完整的世界图景。对这些做法和态度，以及博物馆开展的专门而细致的研究进行谴责，实在是太容易了。斯蒂芬·古尔德（Stephen Gould）不断重复一件著名的轶事（Purcell and Gould, 1992），讲的是一位老派博物学家，作为一位勤奋且一丝不苟的分类学家，据说他的办公桌抽屉里有两个盒子，一个标有"待用的绳子"，另一个标有"不值得留存的绳子"。这种刻板印象通常是针对研究人员的，但是若没有他们的奉献和热情，就不可能确定和量化自然与人文环境的丰富性。如果不知道这些资源是什么，那么我们既不能理解它们，也可能无法采用有助于对其进行保护的哲学或实践。

三、社会变革与环境保护主义——博物馆的新兴角色

19 世纪晚期至 20 世纪初期，博物馆内的工作内容变化很小，如自然历史博物馆收集、编目和展示标本实质上是为了更好地理解动植物的系统性与分类学。尽管已经有展现自然的新方式，特别是利用透景画来呈现物种之间的互动以及对栖息地的视觉描述，但是大多数自然历史博物馆仍然以一系列有序的个体标

本形式展现自然，犹如动物学和植物学词典。阿尔伯特·帕尔（Albert Parr）于1942—1959 年担任美国自然历史博物馆（American Museum of Natural History）馆长，可以说他是第一位思考自然历史博物馆新角色的博物馆学家。他认为博物馆应该是一部扣人心弦的小说，而不是词典。他在 1950 年写道：

> （博物馆）……必须找到……一项新使命……与当前存在的问题有更直接的联系……与社会息息相关的自然并不是不受干扰的自然，而是作为人类环境的自然，在这个领域，自然历史博物馆的教育工作可以为当今人类的思想、福祉和进步做出更大贡献。

帕尔虽然将注意力集中在自然历史博物馆上，但他的评论反映了一种日益普遍的观点，即所有的博物馆都必须保持与社会的联系。因此，博物馆不得不重新定位自己，以迎接新的挑战。相较于成为专家的堡垒，博物馆更应该专注于人类与自然和人文环境之间的关系，我们现在称之为人类生态学。20 世纪 60 年代，人类活动对环境的影响变得越来越明显，博物馆面临的第一个考验是响应人们对自然环境日益增长的关注。跨越十年的环境灾难，巨大而惨重的漏油事件，有机氯农药对整个环境，尤其是对捕食动物的影响。这个时期，民众的抗议成为推动社会变革的有力工具。1970 年 4 月 22 日是第一个"世界地球日"，2000 万美国人走上街头为地球祈祷，呼吁制定新的法律来保护自然区、改善城市设计、建造更环保的建筑，以及颁布新的污染法（Davis, 1996）。对许多环保运动的历史学家来说，"世界地球日"标志着我们现在所熟知的环境保护主义现象的开端。这场声势日益浩大的运动，是建立在美国对荒野和景观的欣赏以及英国对野生动植物及自然栖息地消失的担忧之上的。现在，环境保护主义已在世界范围内立足，它不仅包括有奉献精神的个人和保护组织的参与，还涉及国家领导人和国际政治家。环境问题是政治议程中一贯的讨论内容，改善环境质量与保护生物多样性的承诺，促成了 1992 年在里约热内卢举行的联合国环境与发展大会（United Nations Conference on Environment and Development，又称"地球峰会"，Earth Summit）及随后的宣言和公约。在这次具有里程碑意义的会议之后，2002 年在约翰内斯堡举行了可持续发展世界首脑会议（World Summit on Sustainable Development），会议的核心主题是可持续发展。这次会议，以及从 1997 年（京都）到 2009 年（哥本哈根）为应对气候变化而举行的专门国际会议，标志着全球范围内环境观念的重大变化，即重点从生物多样性保护转向更加强调自然—文化—社区的相互作用。

20 世纪 60 年代，博物馆还没有响应新兴的可持续观念，也没有对它们可能在社会中发挥更积极作用的建议做出回应。恩格尔（Engel, 1962）认为自然历史博物馆是过时的机构，而帕尔（Parr, 1966）只能诟病这一现实：

> 按照传统方式，博物馆的展览几乎不能缓解世界问题所带来的压力，也无法为解决这些问题提供帮助……许多博物馆被收藏和展览、研究和教育之间的内在冲突所撕裂……老牌机构正竭力去克服它们继承下来的态度和传统所带来的阻碍。

意识到博物馆正背负着过去的包袱，1969 年詹姆斯·奥利弗（James Oliver）在美国自然历史博物馆百年庆典的座谈会上，提出了颇具远见的构想：

> 博物馆植根于过去，主要任务是保存、研究和学习时代的记忆，但是我们仍然要面向未来。我们敏锐地意识到，在当今动荡不安的世界中，一个充满活力的博物馆一定是社会变革的积极力量，是明智地利用环境资源的决定因素，并且还是缓和紧张局势和促进人们之间相互理解的领导者。（Oliver, 1969）

维特博格（Witteborg, 1969）担心博物馆，尤其是自然历史博物馆，已经倾向于忽略自然作为人类无价的生存环境及其生存基础的重要性，因此建议需要运用新策略以激发根本性变革。维特博格、帕尔和奥利弗的观点反映了整个博物馆界陷入日益动荡不安的局面。自然历史博物馆为响应环境保护主义所承担的新角色，以及对所有博物馆在回应其他社会问题时的作用进行彻底审视的呼吁，两者的并行发展既鲜明又引人注目。这些运动要求博物馆对社会的需求作出更积极的反应，并且需要它们走出由建筑物、藏品和学术研究所划定的舒适区。彼特·冯·门施（Peter Van Mensch, 1995）将这一全球性现象定义为"第二次博物馆革命"[①]，这场革命将博物馆变成具有政治目的的社会机构，并纳入"新博物馆学"的论调中（详细讨论见本书第三章）。除博物馆外，其他重大变化也在发生。对濒临消失的老建筑、历史和工业的迷恋逐渐发展为遗产运动，而"环境阐释"

---

① 第一次"革命"发生在 1880—1920 年，主要涉及博物馆实践的现代化、博物馆教育职能的兴起及博物馆学的出现。

作为一种原理和技术的出现有利于公众理解更宽泛的环境概念。两者都对与自然和人文环境有关联的博物馆理论体系与实践产生了影响。

四、重视和保护建筑环境——遗产的兴起

社会对自然环境的兴趣，以及强有力的保护伦理和环境保护主义的逐步出现（包括与之相关的价值、活动和制度）都对博物馆产生了深远影响。对地方或地区建筑环境，如古迹、建筑和我们过往历史的其他现场证据遵循平行的发展轨迹的关注，从启蒙运动期间开始兴起，并在 20 世纪后半叶作为"遗产运动"出现。这项运动，在整个发达国家都能看到，它对博物馆产生了显著影响，尤其是推动了新兴展览方式的运用和新类型博物馆的发展。

关于英国关注遗产起源的简要介绍，可作为研究整个欧洲和北美对遗产态度发生转变的一个例子。约翰·奥布里（John Aubrey, 1626—1697 年）可以说是对本国建筑和古迹保有持续兴趣的第一人，他撰写了英国第一本考古研究专著。威廉·斯蒂克利（William Stukeley, 1687—1765 年）在他出版的著作中对包括埃夫伯里（Avebury）和巨石阵（Stonehenge）在内的古迹进行了详尽的描述，较早提出了制度保护的必要性。亨特（Hunter, 1996）指出，古物学家理查德·高夫（Richard Gough）在 1788 年给《绅士杂志》（*Gentleman's Magazine*）的一封信中首次提出了他关于建筑物保护的一以贯之的论点：

> 在信中，他主张对诸如"国家物件"之类的建筑物进行更高的估值，这些建筑物构成了历史研究的最佳素材，对它们的保护应该是深思熟虑而不是听天由命。他建议 1707 年成立的古物学会应该在此类事务中发挥积极作用。约翰·卡特（John Carter）在同一本杂志的系列文章中表达了类似的观点，他在其中抱怨"所谓的改善我们城镇的创新体系"所造成的损害。

19 世纪，其他古物学家将这些观点加以放大，约翰·布里顿（John Britton）于 1841 年向下议院特别委员会建议，具有历史性和考古学特征的房屋如古罗马别墅应该得到某种保护。19 世纪，古物学会在整个英国广泛地出现，推动了考古藏品的收集和学术刊物的创办。例如，1831 年在贝里克郡（Berwick）成立的贝里克博物学家野外俱乐部（其成员对考古学和博物学感兴趣），他们迅速创办

了自己的期刊，并持续（至 2010 年）刊发有关当地考古学、历史学、建筑学和博物学的信息。这些社团所搜集的许多藏品促成了博物馆的建立和文物的展示，使公众能够更广泛地欣赏藏品。这也得益于专门面向大众的以考古和古物为主题的图录的出版。而"浪漫主义运动"有助于这种观点的转变。对荒野、自然、如画风景和壮丽景色的欣赏，不仅在劝说社会重视自然环境方面产生了显著影响（Davis, 1996），而且引起了人们对古迹和老建筑与景观融为一体的和谐方式的关注。亨特（Hunter, 1996）认为这种变化是：

> 历史意识的兴起，强调地方及其关联的特殊性，瓦尔特·司各特爵士（Sir Walter Scott）是重要的代表人物，他的影响巨大。确实，除却他小说所带来的影响力，司各特为自己建造的房屋，位于低地的阿伯兹福德（Abbotsford），某种程度上可被视为最早的遗产中心，里面充斥着物件、图片，甚至建筑物构件，司各特重视它们的历史联系。

这表明，在整个 19 世纪，对文学、社群、博物馆和历史遗产的接触出现了新的可能性，在此推动之下英国逐渐形成了一种"历史感"。到 19 世纪 50 年代，伦敦塔（于 1828 年向公众开放）和汉普顿宫（Hampton Court Palace，于 1839 年向公众开放）吸引了成千上万的访客。这些地方被认为具有象征意义，是国家认同的组成部分。欧洲民族主义的出现使得保护此类历史遗迹的呼声高涨（Hunter, 1996），而保护国家其他遗产和文化的行动，如那些率先在瑞典斯堪森（Skansen）的举措，大约也发生在这一时期，这绝非偶然。

在民意支配下各国被要求承担起保护主要历史遗迹的责任。欧洲大陆纷纷开始立法，丹麦是 1807 年，德国黑森州是 1818 年、普鲁士和其他州则在之后的几十年，法国是 20 世纪 30 年代，希腊是 1834 年（Hunter, 1996）。英国直到 1882 年才颁布法律，由于诸如古建筑保护学会（1877 年）和国家名胜古迹信托基金会（1895 年）等机构的出现，才促使英国保护主义者的活动在 1900 年前后达到高峰。在保护自然的背景下，洛威（Lowe, 1983）将这一时期（1870—1940 年）称为"保护主义者"时期，一度被认为是"逐渐意识到野生动物的脆弱和减少"的时期。这也是城镇扩张和农村经济发生显著变化的时期。当开阔空间（或露天场所）和自然景观面临威胁日渐增多时，人们对它们也开始愈发珍惜。对工业化所造成的破坏力的了解在维多利亚时代迸发出来，这加剧了人们对建筑环境的担忧。

　　整个 20 世纪，各国逐渐建立了机构和制度来确保对古代遗迹和古建筑物的保护。在英国，环境保护主义的影响主要体现在 20 世纪 60 年代末至 70 年代初对许多法规的修改和加强这两个方面（Hunter, 1996）。由于人们对什么值得保护的看法已经改变，故完善这些体系的目标至关重要。制度体系所运作的时间范围开始扩大，并对不同类型的建筑物进行了评估。因此，对维多利亚时代建筑的偏见逐渐消弭；针对建筑群的保护被认为具有重大意义；工业建筑，甚至 20 世纪 60 年代的建筑，在当时都受到了重视。与这些态度变化相一致的是公众意识的广泛转变，这一转变不仅提高了人们对遗产问题的关注，也勾起了大家对于过去日常生活的怀念（Wright, 1985）。

　　很明显，在整个 20 世纪，社会大众对建筑环境的重视程度不断提高，博物馆与考古和对过往建筑的保护、阐释紧密相关。许多博物馆建立的原因是人们意识到某些考古遗址以及在这些遗址上进行研究的重要性。这样的研究使人们对过去，以及重要藏品的构成有了更多了解。建立在菲什伯恩（Fishbourne）、南希尔兹（South Shields）和豪塞斯戴兹（Housesteads）等古罗马遗址以及德比郡（Derbyshire）克雷斯韦尔峭壁（Cresswell Crags）史前遗址基础上的博物馆，旨在向公众提供信息和可观察的藏品。工作在较传统（非遗址）博物馆里的考古学家还充当各种物件的收纳者，这些物件包括建筑物、历史古迹或其他具有考古特征的（马赛克、撒克逊人石雕、杯环图案石头）碎片及大量随现场发掘出的小型物品。虽然这些历史遗迹本身就令人印象深刻，并且有时通过利用诸如凯勒（Keiller）在埃夫伯里（Ucko *et al.*, 1991）采取的复原技术使之更加易于理解，但往往是相关的考古发现才能让博物馆访客理解所阐释的过去。例如，20 世纪 90 年代初纽卡斯尔大学古物博物馆①复原了太阳洞穴（一座供奉密特拉神 Mithras 的庙宇）的内部空间，之所以成功是因为该遗址的发掘揭示了许多细节，不仅有洞穴主要的布局信息，而且还有诸如地板、装饰品的相关特征。随着新展览方式在博物馆中的运用，复原建筑物或其中的部分变得越来越广泛。这些新展陈方式与不断蔓延的"遗产运动"之间有着明显的联系。在非常规的"独立"博物馆和其他场所（通常由"非博物馆"人士指导），"过去"以更多样化的方式被理解，因此传统博物馆和遗址博物馆必须跟上要求更高和知识渊博的公众的步伐。

---

　　① 复原工作已移至汉考克大北方博物馆（Great North Museum：Hancock），该博物馆于 2009 年 5 月开放。

五、遗产的意义

1990 年，英国各个遗产地总参观人数约 6700 万人次（Hunter, 1996）。在 2009 年 9 月 12 日至 13 日的欧洲遗产开放日（European Heritage Open Days）期间，北爱尔兰有 5.6 万多人参加了 260 多个活动（Northern Ireland Executive, 2010）。这些数据表明参观各种各样的景点，如史前遗址、古罗马堡垒、中世纪城堡、庄园以及露天和工业博物馆的受欢迎程度。在英国，最近一段时期的工业和社会史被重视起来，这与 20 世纪 70 年代独立博物馆的发展有关，包括比米什博物馆（Beamish Museum）、铁桥谷博物馆（Ironbridge Gorge Museum）和格莱斯顿陶艺博物馆（Gladstone Pottery Museum）。欧洲其他地区，诸如瑞典斯堪森（Skansen Open Air Museum）之类的露天博物馆早已建立，它们通常与保护面临威胁（消失的）的地区或民族文化的尝试息息相关。这些博物馆获得成功的原因之一，在于它们与访客之间的更加紧密的联系，并有办法打破将我们与考古或过去久远历史分离的时间壁垒。遗址博物馆和露天博物馆的环境通常对我们来说更亲切，这也许是因为我们已经对该地方和主题有了一定的了解、体会或兴趣。因此，比米什博物馆（图 1.1）的参观内容会被置于一段与访客时间和社会背景相近的时间范围内（1825—1913 年），这使得博物馆更容易被理解。一系列阐释技术（复原、展演和活态历史事件）有助于激发我们的兴趣，由此引发对话和讨论。

这些博物馆作为构成"遗产产业"的众多景点之一，不应只被认作满足怀旧的需求。例如，露天博物馆拥有悠久的博物馆学传统，而那些采用这一概念的工业考古学家们，意识到博物馆学技术的应用，可以作为一种保存和展示工业活动及其过程的物质证据的手段。一些新博物馆沿袭着长期以来的传统，即便没有发展得很成熟，它们也力图在原地保存尽可能多的工业遗产，如萨塞克斯的安伯利白垩矿坑博物馆（Amberley Chalk Pits Museum, Sussex）。由于英国各地的积极性，各种工业综合体，包括水磨坊、陶器作坊、煤矿厂和纺织厂，都被改造成为可运营的博物馆。其余的则运用了欧洲其他博物馆建立的方法，即在指定地点［包括英国的比米什博物馆和布莱克乡村博物馆（The Black Country Museum）］拆卸、迁移和重建相关建筑和机械。尽管许多纯粹主义者反对建筑物的移动，但拆迁和重建的倡导者们仍坚持认为"当建筑物集中组合在一个露天博物馆里，可以丰富它们的意义和可观赏性"（Stratton, 1996）。在当时（20 世纪 60 年代至 70

图 1.1　北英格兰露天博物馆——比米什博物馆的"老城"

米丽亚姆·哈特（Miriam Harte）　摄

年代初），原地和异地保存的方法都被认为具有革命性。斯特拉顿（Stratton）指出："大多数工业保护领域的先驱，都具有独立的思想……不受博物馆边界和传统的束缚"，并且新兴的博物馆拥有"慈善机构的地位……董事会成员、受托人和有魅力的馆长赋予了它们一个活力四射甚至是全新的形象，以区别于当代大多数国家和地方博物馆尘土飞扬的展柜和走廊"。

这些新博物馆受到公众好评不足为奇。它们所取得的成就是保留了普通人过去的生活。建筑环境的组成部分，如矿工小屋、药商店铺、汽车修理厂、连栋房屋及工业建筑物，已被保留在原地或恰当的（尽管有时是人造的）环境中，并展陈有反映普通大众生活和工作的物件。与中世纪城堡或修缮利落的考古遗址截然不同，访客可直接进入博物馆。新技术的运用使过去栩栩如生，包括装扮成过去模样的向导或讲解员，让历史得以活态呈现，为这些博物馆增添了另一个维度。我们会发现，许多生态博物馆致力于工业遗产的保护工作，也使用类似的方法进行阐释。

尽管遗产地深受公众欢迎，但"遗产"的概念仍然存在问题。罗伯特·休伊森（Robert Hewison, 1987）在当代文化价值观背景下，对阐释过去进行了强烈的批评。他指责许多露天和工业博物馆是肤浅的、怀旧的、情绪化的、主观的，充斥着偏见的。当考量一些"遗产中心"最为糟糕的案例时，这些批评便有理有据，那些案例通过徒有虚名的遗产实践大大贬低了"遗产"一词。虽然此类机构造成了我们的猜忌和怀疑，但洛文塔尔（Lowenthal, 1997）仍对"遗产"一词进行了辩护。他指出，尽管存在许多缺陷，然而遗产仍在"培育社区、身份认同，甚至历史本身"中起着至关重要的作用。他明确区分了历史和遗产，宣称"历史探索并解释了随时间推移而变得愈发模糊的过去；遗产使过去变得清晰，以便于将当前的目的注入其中"。

但是，对格雷厄姆和霍华德（Graham and Howard, 2008）而言，遗产仍然是"模糊暧昧的"，应该视其为复数"heritages"，因为该概念具有多种用途和众多的构建者。同样，阿什沃思（Ashworth, 2007）和他的同事认为，"遗产这个词的使用比人们的理解要广泛……它经常被简单化和以单数形式使用，而复数形式在修辞上比现实中更为常见"。换句话说，学者的理论思考与博物馆学的实践之间存在鸿沟。所有的遗产地和博物馆都试图通过藏品和媒介来展现过去和现在的环境。这种方式为藏品和遗产地注入内涵。所有的博物馆在收集、分类、选择、展示和阐释藏品或标本方面都存在偏见和主观性。这种观点与格雷厄姆和霍华德的观点一致，他们认为应当从以下方面看待遗产：

> 从建构主义的视角出发，这一概念所指的是精挑细选的物质文物、自然景观、神话、记忆以及传统成为当前文化、政治和经济资源的方式，并且"遗产与其说是关于物质的文物实体或过去的其他非物质形式，不如说是关于它们所被赋予的意义以及由它们创造而来的表现形式"。

这里所讨论的是，我们环境中的要素之所以被选择，并被标记为遗产，是因其对现代社会有价值。其中一个价值是身份认同。这是一个与地方和时间密切相关的概念，之所以遗产具有重要意义，是因为它是用来为社区构建叙事服务，是社区用以界定他们与众不同的若干因素之一（其他因素包括种族、宗教、语言和共享的行为准则），从而提供了一种具有潜在社会效益的"身份"形式。生态博物馆受到特别关注的原因是它由当地人负责利用当地遗产来构建社区、地方和个人的身份认同，而非策展人、专家或政客。同样重要的是，大多数生态博物馆创建的目的是帮助社区，通常也具有经济上的意义。因此，遗产的含义是被构建的，以帮助当地社会发展。遗产、身份认同、发展和可持续之间的联系将在本书的其他地方讨论。

在博物馆、遗产地和生态博物馆内的叙事构建依赖于阐释方法的运用，即选择主题、故事和适当的媒介来解释藏品、遗产和地方的重要性。下一节简要介绍"第二次博物馆革命"期间阐释实践的演变。

六、阐 释 环 境

20 世纪 60 年代后期，环境保护主义的早期特征之一是对乡村问题的兴趣激增。通往风景名胜区的便利，以及更广泛和多样化的娱乐供给，鼓励了越来越多的人到乡村参观。许多负责管理地区野生动植物或文化财产的土地所有者、保护组织和政府机构开始意识到，非正式的教育和资讯可以帮助他们去影响当地人的行为和活动方式，同时能向访客介绍该地区的情况，并为其提供愉悦的体验。在地阐释，已成为乡村土地管理的关键要素，奥尔德里奇（Aldridge, 1972）将其定义为"解释的艺术，即向访客阐明一个地方的重要性，以期传递保护的信息"。乡村组织的成功管理，一方面是依靠更好的出版物和良好的公共关系，另一方面是通过完善乡村基础设施来实现，包括自然小径、引导步道、自然中心和路边的博物馆，这些熟悉的功能设计旨在帮助我们理解和享受。环境阐释，最早于 20 世纪 60 年代后期在英国的苏格兰地区开始实践（Aldridge, 私人通信），现已广泛应用在各种情形之下（Harrison, 1994）。它不再局限于乡村，或许适用于任何地方，以解释其重要性，并宣传和保护相关的信息。

在许多国家公园或其他保护区都建有阐释中心，它们主要关注于解释景观、自然地或历史遗迹的重要性。阐释中心培养人们对地区的认识和理解，即该地区如何变化以及为什么今天看起来是这样的。它们还充当连接各个参观点的工具，以鼓励人们通过诸如自主导览式步道等进行进一步探索。阐释中心与博物馆有很多共同点，尤其是在各种媒介的使用上，除没有永久性藏品和需要以物为中心的策展活动外，它们之间的明显不同是各自的外向型角色。于连（Jullien, 1989）认为"超越围墙的博物馆"（museums beyond the walls）是线性变化的博物馆群，这个博物馆群一端是诠释复杂居住地的乡村阐释中心，而城乡混合地段的博物馆则位于中心，另一端是传统的城市博物馆。当我们沿着这条线路移动时，对地方、整体阐释和自然环境的重视程度会逐渐降低，但在这个过程中藏品、研究和传统博物馆更多功能的重要性却在增加。

博物馆以多种方式对乡村阐释运动做出了回应，并且学习、采用和改进了来自美国的阐释技术。许多博物馆打破建筑物的束缚，通过建立自己的在地博物馆，组织导览观光，并利用博物馆周围的各种资源，投入对环境的保护。到20世纪70年代中期，人们已经意识到博物馆不仅仅是一个策划和展示物件的地方。传统博物馆的主要缺陷在于，就其所珍藏的物品或标本而言，它只充当了存放环境要素的容器，无法表征"全部的自然"。使用一百年来几乎都没有变化的技术，博物馆永远不可能展现出环境的所有复杂性、奇妙性和壮美。如果博物馆及其工作人员要履行研究和阐释自然环境的职责，那么博物馆就必须没有围墙。

环境阐释的兴起，以及博物馆与其更广泛的环境之间的理论与实际障碍的打破，被一些人视为文化后现代主义的特征。奥尔德里奇（Aldridge, 1998）不接受这种观点，他列举了20年来后现代主义对在地阐释的不良影响，并暗示这种影响已经使"地方"变成了"无地方性"。他认为，在资本主义需求的推动下，伴随着历史重写、场景重现和地方再创造，"迪士尼化"（Disneyfication）和"博物馆化"（Museumification）的扩张（Relph, 1976）意味着某些地方的独特性已经丧失。在30年阐释策划的经历中，他体会到，营销和公关团队已经取代了熟练的讲解员，管理层对利润的渴求已经取代了对参观地重要性及解说策划艺术的研究。展示媒介的肆意滥用导致奥尔德里奇所言"后现代遗产阐释指标"的出现。它包括浅薄的感觉、媚俗的艺术、明显被排斥的过去、做作的和虚拟的现实，以及冒犯社区的关于"他们过去是如何生活"的介绍（他称之为"虚假生活而不是民众生活"）。这些手段的广泛使用在某些情况下贬损了地方的价值，严重损害了英国环境阐释运动的完整性。奥尔德里奇的看法与休伊森（Hewison）的观点产生了相当大的共鸣，后者更关注遗产的变质和歪曲，以力图警示那些参与到遗产地阐释中的人。

博物馆运用"阐释"这一概念的方式是一个至关重要的问题。策展人一开始讨论的不仅是展品本身，还涉及如何阐释它们，即解释它们的意义。现在许多博物馆策展人在使用"阐释"一词时很不严谨，混淆了环境阐释（现场解说"地方"的重要性）与阐释的本义。事实上，二者是完全不同的概念。环境阐释要求在场，一个有地图参照或GPS定位的地方，或者是一个有林地、古迹、建筑物或獾穴的地方，此外，环境阐释并不强调展品。

博物馆和其他阐释机构必须认识到这种不同，唯有如此，他们才可能避开奥尔德里奇所提及的陷阱。如何避免使用导致上述指标出现的阐释媒介类型，成为博物馆和其他遗产地最大的挑战。那些出于纯粹的商业目的而试图去诠释我们环境或过去某些方面的企业，它们所提供的"体验"类型是最容易被指责为浅薄的、低级趣味或歪曲事实的（导致"遗产产业"被诋毁）。迪士尼动物王国公园就是一个很好的例子，它在宣传单中自称是"惊心的、感人的和真实狂野的"，实际上它所带来的体验只是一种"封存自然"的高科技尝试，并且进一步证明了人类的傲慢自大。

事实上，发挥出最佳状态的环境阐释极其有利于博物馆的工作。通过在区域范围内进行实践，它可以用来制定推动整体观的战略，并减少最显而易见的主题重复出现的可能性（Aldridge, 1973, 1989, 1998）。在地阐释的方法可以帮助个别博物馆应对极大的挑战，尽管大多数博物馆无法现场解说建筑环境和自然环境，而是仅限于使用场景还原方式去再现景观和栖息地，但它们却拥有丰富的物件和标本资源。只要阐释得当，藏品会是探索和解释社会内部以及特定文化景观中相互关系的有力工具。然而，博物馆只有通过重新定义自身，以及创建新范式，使其超越建筑物和藏品界限，才能有效地使用环境阐释的本义。

七、博物馆学与环境——视野的拓展和对整体博物馆学的呼吁

或许可以说，在地阐释是将环境本身变成了博物馆。许多博物馆学家倾向于运用这种包容广阔的范式来进行博物馆学研究，并表明诸如保护自然栖息地或管理文化遗址的行为仅仅是博物馆学技术的应用。对他们而言，文化遗址、自然保护区和国家公园只是博物馆的其他类型。另一些博物馆学家可能会质疑，认为这是狂妄自大的说法。然而，在许多发展中国家，人们并不认可"西方国家"对博物馆和其他遗产地的明确划分。博物馆不再只是一座装满物件、由馆长照管的建筑，还是一个记录、保护、阐释和教育的机构，而且没有地域限制。库塞尔（Kusel, 1993）指出："如果我们承认这一事实，同时运用博物馆学原理，那么整个环境就是一座大型的博物馆。"

当比勒陀利亚国家文化历史博物馆（National Cultural History Museum, Pretoria）受到严重破坏时，库塞尔就重新思考了博物馆概念的本质，并认为"本国最大的这座博物馆不再需要有建筑物"。他在1991年9月举行的一次会议上提出了新战

略，其中包括许多新目标，但最重要的就是文化理解与包容。他意识到，只有承认"完整的环境是博物馆，故而是我们的工作领域"，才能实现这一目标。接下来他又开展了一些新的外延项目（主要致力于环境教育行动），如对自然和文化资源进行重点调查，强化在地博物馆的工作等。比勒陀利亚的索特潘特斯瓦瑞（Tswaing Soutpan，图1.2），是一个直径约1000米，深100米的巨坑，由20万年前的陨石撞击而成，库塞尔在毗邻这里的一个古老农场的创新实践尤其引人注目：

图1.2　南非比勒陀利亚的索特潘特斯瓦瑞（陨石坑）

　　索特潘农场目前位于一个超大的正式和非正式居民区中心，该居民区居住有约250万黑人。国家文化历史博物馆不仅打算开发该农场现有的自然和文化资源，而且还想将农场变成一个早期驯化动物（由20万年前至此的黑人带来）的重要保护区。此外，我们希望建一座社区博物馆和一个文化中心，以服务数百万居住在家门口的黑人。（Kusel, 1993）

该博物馆现已全面运行（2010年），这是一个有启发性和切实可行的示例，是博物馆正视其行动和影响力的新方式。尽管库塞尔所描述的变化是必然的，但这些变化的背后，是因为人们意识到了世界其他地方已经创造出了博物馆的新模式，并坚信需要基于可靠的博物馆学理论进行变革。

　　冯·门施（Van Mensch, 1993）将物件或标本保存、记录与阐释的过程称为"博物馆化"，即通过选择和移动，将物件从其原生环境中移出并转移到博物馆，这一过程涉及到物件意义（或实际属性）的改变。肯尼斯·哈德森（Kenneth Hudson, 1977）在他的论述中言简意赅地指出："老虎在博物馆就是博物馆里的老虎，而不是老虎。"这些关于博物馆化的原理不仅可以运用在博物馆所收藏的实物上，而且还可以应用到文化遗址、栖息地或景观中。因此，原地保存和阐释也可能被认为是博物馆化，而关于我们正在把环境本身变成博物馆的指责，在某种程度上说也是中肯的。对那些寻求保护和管理他们遗产某些方面的解说员、博物馆或当地社区而言，这确实是一个两难的选择，因为某一地点一旦被认可和选定，它就会通过博物馆化获得新的含义。随着保护、翻新或重建工作的进行，附加意义不可避免地被加入。但是，通过情境化可以将它们的影响降到最低，前提是当地的管理者意识到问题的存在，承认新含义可能会带来理解上的障碍，需要以诚实客观的态度去应对。

情境化作为一种整体观的方法，要求人们认识到遗址及其整体环境的重要性。洛文塔尔（Lowenthal, 1988）评论道：

> 总的说来，从古至今，我们都敬畏自然。荒野和其他自然地提供了既古老又现代的遗产。昼夜更替和季节变换总是似曾相识。相反，人类历史的魅力就在于它的独特性、意外的惊喜、始料未及的冲突以及人与事件的转瞬即逝……大自然似乎与我们不同。我们或许会觉得自己与自然界中维持生命的构造融为一体，但我们很少将自己置于大自然的境地或将自己投射到非人类的生活中。相比之下，文化遗产则促进了共鸣性的交流。

正是这种对比给环境的整体阐释带来了真正的挑战。因此，博物馆需要将文化、社会和自然历史的主题与故事结合起来，以解释自然环境与人类之间的相互关系，证明人是自然的一部分，而不是游离于自然之外。或许可以说，遗产与阐释运动鼓励了博物馆去寻找并展示这些关系。这不仅为博物馆提供了新技术，而且还促使他们接受了基于相互关系（生态学方法）和社会相关性的新哲学。整体性博物馆思想、博物馆与其社区关联的需求意识日益增长，为新博物馆学和生态博物馆的发展奠定了基石。柯赛和霍勒曼（Corsane and Holleman, 1993）进一步提出了这样的观点，认为在快速变化的南非社会结构中，博物馆和策展人需要摆脱具有欧洲或北美根源的阐释传统，采用多元文化进路。他们相信，其整体博物馆学模式可以使社会史或民族志博物馆在环境构架内弘扬文化的多样性。然后，博物馆可以去记录和阐释南部非洲各民族与其文化、社会和自然环境许多要素之间的关系。此外，整体博物馆学既要面向未来，也要心怀过去，并以此设定自身的社会和环境目标。相较于促进了社会和政治意识的新博物馆学而言，整体博物馆学在此基础之上增添了新维度，即推动环境教育。

八、小即是美——地理尺度、地方及地方的独特性

　　小地方社区最看重他们所处环境中的什么？有哪些可以展现其文化并让他们可以共享某种形式的公共所有权和责任感的景观特征？什么样的当地环境能带给我们归属感、地方感，同时让我们认识到自身居住地别具一格的特征？刘易斯（Lewis, 1979）认为，文化景观"值得一看，但很少被想起……对大多数美国人来说，文化景观就是这样"。理由是，每个人（不仅仅是美国人）都将周围的环境视为理所当然，实际上我们的品味、价值观和志向，甚至是我们所有的文化缺点和瑕疵都在这里展露无遗。当然，刘易斯的观点非常的"西方"。对许多原住民而言，如澳大利亚的原住民，他们所处的环境及其文化景观就具有深远的意义，而且充满着价值和"仪式感"。

　　梅尼格（Meinig, 1979）写道，西方人视景观为自然、栖息地、文物、系统、问题、财富、意识形态、历史、地方或美学。事实上，社区中各个成员对所处环境的不同感知将不可避免地代表景观的多样性，这对负责阐释环境的个人构成了真正的挑战。而梅尼格将景观视为地方的观点特别有趣：

> 作为环境的景观，包含我们生活其间的一切，从而产生了一种对细节、质地、颜色和所有视觉细微差别的敏感性，而且环境作用于我们所有的感官、声音和气味，以及对一个地方无法言喻的感觉……这个观点是……地理学家的重要基础……（他）……将在景观中看到各种模式和关系……（那个）……只有在对历史和意识形态有所了解的情况下进行阐释才有意义……那些对特殊地区感兴趣的人都相信，地球最大的财富之一是其拥有多样化的地方……（并且）地方的独特性是一种具有微妙且极大重要性的基本特征……所有人类事件的发生，所有问题的解决，最终只能在这样的术语中被理解。

这种将景观视为地方的整体观是一种普遍持有的看法，它有力地表明了地方的重

要性，不仅只针对于其中的要素，而且还着眼于它们如何相互联系，以及如何将我们与过去连在一起。正是附着在这些物质性要素上的意义给我们提供了一种延续性和认同感。

但是，我们需要谨慎地对待地方这一概念，因为它所包含的意义远大于其物理属性，对每个人来说，这都是一种独特的感受。"归属"、"地方感"、"身份"、和"社区"等术语与地方的概念交织在一起。无疑，地方和难以捉摸的"地方感"一直是多个学科的研究重点，包括人类学、生态学、地理学、心理学、社会学，以及（小众的）文化和遗产研究。地方是人文地理学研究的核心，段义孚（Yi-Fu Tuan）、爱德华·雷尔夫（Edward Relph）和安·布蒂默（Anne Buttimer）被认为是利用经验视角反思地方和"地方感"的先驱（Cresswell, 2004; Hubbard et al., 2004）。这三位学者对地方的理解是将人作为概念的核心。例如，布蒂默（Buttimer, 1980）提到，爱尔兰农村的家让她体验到"一种与自然的明暗、冷暖、播种与收获的节奏相适应的感觉"。她补充说："对我而言，与地方相关的生活方式仍然比其外在形式重要得多"，并认为，地方必须被体验而不是被描述，这个观点与生态博物馆哲学密切相关。段义孚（Tuan, 1977）提醒我们，地方感超越了审美欣赏的范畴，换句话说，地方并不总是舒适的或受欢迎的，而雷尔夫（Relph, 1976）则要求我们从"原真性"角度来检视这个概念。三位学者都强调，地方提供了"一个有意义的世界"（Hubbard et al., 2004）。

雷尔夫所提及的"原真性"本身就具有争议，尤其与博物馆紧密相关的问题之一是，博物馆优先展出真实的文物，但是在远离它们原生环境的地方通过重建（非真实的）场景来实现的。在遗产领域同样存在问题，《奈良原真性文件》（Nara Document on Authenticity, 1993）提到了遗产从业者需具备展现人和地方原真性的能力，并要求核实信息源的可信性或真实性。该文件指出：

> 对这些信息源的认识和理解，与文化遗产原初的和后续的特征有关，是评价遗产原真性所有内容的必要基础。（UNESCO, 2010）

段义孚（Tuan, 1977）把地方描述为具有意义和价值的空间，他将空间和地方视为相互定义的术语："当我们逐渐了解空间并赋予其价值时，起初无差别的空间就会变成地方。"同样，凯西（Casey, 1996）也认为地方必须是被体验的："我们无法了解或感知一个地方，除了身处其中，而置身于一个地方则可以感知它。"埃斯科巴（Escobar, 2001）强调了在理解"地方"一词时出现的两极分化：一是地方作为物理实体，即"一个建构的现实"；二是地方作为身份认同的概念化，即我们关于一个地方的心理意象或"思维范畴"。因此，作为遗产的访客，我们应该既体验这个物理实体的地方，又要形成对它的感知。

对地方的感知影响着我们，它们改变了我们的行为。史密斯（Smith, 2006）认为这种地方的"影响"对理解遗产和遗产地的意义特别重要。她写道：

> 作为地方的遗产或遗产地，不仅可以被视为人类过去经历的代表，而且可以对当前的世界经验和认知产生影响。因此，一个遗产地可以代表或代替特定个人或群体的认同感和归属感。

哈蒙（Hummon, 1992）也探讨了地方的社会维度以及当地人对地方的情感投入和赋予它的意义。对生态博物馆具有特别意义的是他对于地方的个人和社会意义的看法，他认为地方是一个"象征性场所"（symbolic locale），可作为自我和社区身份的延伸。"象征性场所"的观点与"文化展示点"（cultural touchstone）思想息息相关，两者都强调要珍视我们环境的特殊性（Davis, 2005）。无论我们将此类地方称为遗产地，还是更有诗意的文化展示点或象征性场所，毫无疑问，景观中的历史、当代、自然和文化特色都具有特殊意义。因此，对许多当地人来说，作为有形景观组成部分的地方，本身就具有重要性，它是承载归属感的灯塔，是与过去连接以及永恒的象征。这样看来，这些理论支持了如下观点，即遗产地（或生态博物馆），作为地方的能指，对访客具有重要意义，而对当地人而言，可能具有更重大的意义。

雷尔夫（Relph, 1976）摘引了多纳特（Donat）的提醒："地方存在于所有的身份层级，我的地方、你的地方、街道、社区、城镇、县域、区域、国家和大洲，但地方从不遵从井然有序的层级分类。它们相互重叠和相互渗透，并对各种各样的阐释持广泛的开放态度。"很明显，地方是一个善变的概念，会根据个人的看法而改变色彩，并随着时间的更迭而改变形态。

尽管存在这些复杂性，但地方似乎也有一定的确定性。第一，在通常情况下，地方还是一种位置感或地理位置，尽管它最终是依据文化来定义的（因此，游牧民族在某些季节/时间会定居于特定的地方）。第二，地方具有物理属性，（在西方人看来）景观包括自然和建筑环境之间复杂的相互作用，外观是所有地方的重要特征。第三，地方会变化，尽管在某些情况下变化非常慢，但变化的事实可以增强我们对地方的依恋。通过观察变化，我们为自己记录地方的历史，而地方物理属性的变化并不一定意味着它们会失去特色。第四，地方是由居住在那里的人和其不断变化的社区构成来定义的。第五，每个人都有自己的地方，那是他们生活和生存的中心，在认知这些地方时他们都将运用自己的标准，这取决于个人的经历和生活方式。最后两点对博物馆尤为重要，因为博物馆需要意识到访客不是一成不变的，并且定义博物馆社区必须涉及对子社区和个人感知差异的认识。

抛开个人感知的存在，雷尔夫（Relph, 1976）提出了关于地方的共同或社区身份认同的构想：

> 虽然每个人都可能自觉或不自觉地将身份赋予给特定的地方，但是这些身份是通过主体间的组合来形成共同的认同。之所以发生这种情况，一是我们或多或少有着相同的经历，二是我们被教导要寻找我们文化群体所强调的某些地方品质。当然，正是在我们对地方的体验中，从这些品质和对象中显现出的方式，决定着我们对地方身份独特性、优点和真实性的印象。

雷尔夫使用的术语表明地方身份是物理特征和其他要素或经验的结合。为此，我们必须充实这些有形和无形组成部分的含义，即为什么它们对地方重要？并理解这些因子之间的关系。然后，我们对自己地方以及那些使其变得特殊的属性的认知可以应用于我们（作为局外人或博物馆访客）要参观的地方，从而使我们能够认识到各地的异与同。正如雷尔夫所言，"重要的不仅是地方身份，而是个人或群体在该地所具有的身份，尤其是他们不管是作为局内人还是局外人时所体验的内容"。

地方的物理要素及其对当地人和访客的意义对帮助人们理解自己及世界上其他的地方至关重要。作为时间的一种表达，历史对人们尤其重要，历史的物质表现可以在自己周围的环境中找到，它为唤起人们对过去的感触以及与过去的联系提供了无时不在的帮助。我们的社会环境也扮演了重要角色，影响着我们依靠正式教育所学到的或通过其他社会渠道所获取的历史。尽管具体的机制可能不同，但一些经时间校准的共享知识，作为对过去的整理，似乎是所有社会的共有特征，它促进社会团结，即让人有一种作为社区一份子的感觉。因此，自然和建筑环境作为重要标识物，其特征非常重要，有助于校准时间。通过它们的外在样貌，或提供与特殊事件的关联，或两者兼而有之，来帮助我们理解时间和历史的意义（物质文化的其他方面同样可以）。无论人们在何处审视过去，那些价值观都会传递到过去的物证上。

任何地方都具有物理属性，每个属性都具有对当地社区重要的关联（通常是历史的）意义。那些物理特征如何重要，甚至它们是如何普遍存在，都是社区自身起的作用。或许可以说，在地理和经济上处于边缘的地方，如伊朗的梅曼德村①和中国的马祖列岛②，往往可以展现出最丰富的地方特色。在这里，人与地方之间的联系最紧密，人们对其周围的环境进行塑造和创造，而不仅仅是作为使用者或消费者。人们在周围环境中劳作，他们的活动创造了该地的特色，随着时间的流逝，这些特征形成了不断累积的景观细节，从而赋予了地方独特性。直到现在，这些地方的大多数人还是在家附近工作。然而，重要的是要认识到"地方的独特性"，这一概念不仅适用于小型农村居住区，也同样可以在工业城镇或大城市的郊区使用。每个地方都有独具一格的特色，可以加以保护和弘扬。

一个名为"共同点"（Common Ground）的组织在呼吁人们关注地方独特性方面做了大量工作，克利福德和金（Clifford and King, 1993）曾提及，"特殊性难以捉摸，所以常被视为'背景噪声'……丰富性是我们想当然的"。他们认为，我们（作为后现代人）通常很少关心文化景观的特征，它们"既普遍又稀罕，既日常又濒危，既平凡又壮丽"。然而，人类也愿意去欣赏细微的区别和细节，以及地方的差异性和丰富性，当我们面临失去的危险时，会更加珍惜它们。迄今为止，还没有任何官方机制来保护较小但同样重要的文化景观，"苹果、砖块、绵羊和大门，所有这些都经过几代人的精心管理而演化，创造出了与当地条件和需求相对应的特质，因而不再呈现出可以辨别你在何处的差异"（Clifford and King, 1993）。

就独特性而言，地方的规模很重要，通常小规模的地方最合适。邻里、教区、村庄、郊区、街道，每一个都是从内部被识别出的小地方，具有文化和自然的根基。小规模地方并不意味着地方独特性的简化，它仍然是一个多方面的概念，需要重视其细节、真实性、特殊性和历久弥新的特质。

"共同点"组织表示，地方的某些属性可以列出或量化，下一章将会讨论他们的方法。但是，有一个概念仍然难以捉摸，这个概念被称为"地方感"或"地

---

① 见本书第 267 页。

② 见本书第 280 页。

方精神"。雷尔夫（Relph, 1976）指出：

> 显然，地方精神涉及地形和外观、经济功能和社会活动，以及从过去的事件和当前的情况衍生出的特殊意义，但是与这些简单的概括不同……地方精神……不容易用正式的和概念化的术语进行分析。然而，它在我们的地方经验中是显而易见的，因为其构成了地方的个性和独特性。

地方对于个人和社区而言都有着深远的意义，每个国家的每个社区都对自己地域内的特定地方有依恋感。从世界遗产到树木保护法令，人类已经在各个层面上建立起了各种机制来保护具有特殊意义的地方或物体。很有意思的是，这些过程总体上是由大型组织（政府或有组织的利益集团）来执行的，这类组织承担了评估、记录和维护环境诸方面的责任。在英格兰，我们可以列举出英格兰自然署（Natural England）、英格兰遗产委员会（English Heritage）和国家信托基金会（National Trust）的例子。所有这些组织都有国家授予的职权范围。这里存在一个悖论，这些组织在国家范围内宣布什么是重要的，但他们很少考虑当地的需求或利益。这可能意味着，被人们珍视的那些当地环境特征，因不具备国家，甚至地区性意义，而得不到保护。如果社区重视其地方的独特性，那么就有必要依靠社区赋权去保护它。或许也可以说，当地人最适合去诠释地方的意义，若他们希望在承担保护的责任之余对地方进行阐释的话。

九、博物馆与地方特性

通过简要回顾博物馆对环境的态度变化，表明博物馆在试图概括地方的特殊性方面发挥了作用。在保存、保护和记录环境方面，它们扮演了重要角色。但是，这在很大程度上是通过将自然和建筑环境中的（大大小小的）文物搬进陈列室和库房来实现的。露天博物馆、工业博物馆和其他博物馆使用了不同的方法来保存过去的元素，通常是在原地。同时，乡村和城市的阐释方法有助于宣扬遗产地的重要性，而他们为其添加标识、路标或其他标记的过程，见证了环境的博物馆化。

遗产专家负责界定哪些遗产是重要的，并用遗产或物件去建构自己想要表达的含义，而当地人或体验过的人则被排除在这个过程之外。然而，遗产是一种对地方概念和归属感做出重大贡献的现象，是个人和社区身份的重要能指。地方的复杂性表明，传统博物馆永远无法捕捉其难以捉摸的特质。策展人不可能收藏地方，为其仔细地贴上标签，并将其存放在无酸的容器中。博物馆只能获取地方的碎片，将它们展示出来，以重新创造对地方的看法，仅此而已。地方的精髓在于超越了博物馆，处在环境本身之中，且由居住在那里的个人和社区来定义。

　　如果博物馆要在保护地方、自然与文化环境中发挥重要作用，那么就需要一种具有重要双重性的新型博物馆。一是博物馆要实现跨越围墙的物理屏障，这已被博物馆界所广泛接受。二是社区赋权，这一认识现在通过外延项目和社区咨询工作在发达国家中得到了广泛认可，但仍有待以某种有意义的方式付诸实践。如果社区想要塑造和定义其遗产、当地环境和地方的重要性，赋权与责任则需齐头并进。实际上，赋权地方需要新的理念和包容性进程。正如我们将在本书第二部分中看到的，生态博物馆这一理想工具不仅可以为他们提供一种挽救文物、栖息地或生活方式免遭损失或破坏的机制，而且还可以成为他们坚定信念去保护和深化地方感的手段。

参 考 文 献

Aldridge, D. (1972) *Upgrading Park Interpretation*. Text of keynote address to the Yellowstone Centennial Conference, Session X (1), pp. 1-4.

Aldridge, D. (1973) Regional ethnology and environmental awareness in Scotland. *Museum Journal*, 73 (3), 110-113.

Aldridge, D. (1989) How the ship of interpretation was blown off course. In Uzzell, D. (ed.) *Heritage Interpretation*. Belhaven Press, London, pp. 64-87.

Aldridge, D. (1998) *Interpretation as an Indicator of Cultural Concern*. Text of keynote address to the Fifth World Conference on Interpretation, Sydney, September.

Allen, D. (1976) *The Naturalist in Britain-A Social History*. Allen Lane, London.

Ashworth, G.J., Graham, B.J. and Tunbridge, J.E. (2007) *Pluralising Pasts: Heritage, Identity and Place in Multicultural Societies*. Pluto Press, London.

Buttimer, A. (1980) Home, reach and the sense of place. In Buttimer, A. and Seamon, D. (eds) *The Human Experience of Space and Place*. Croom Helm, London, pp. 166-187.

Casey, E. (1996) How to get from space to place and back again in a fairly short stretch of time: phenomenological prolegomena. In Field, S. and Basso, K. (eds) *Sense of Place*. School of American Research Press, Santa fe, CA.

Clifford, S. and King, A. (1993) Losing your place. In Clifford, S. and King, A. (eds) *Local*

Distinctiveness: Place, Particularity and Identity. Common Ground, London.

Corsane, G. and Holleman, W. (1993) Ecomuseums: a brief evaluation. In De Jong, R. (ed.) *Museums and the Environment.* Southern Africa Museums Association, Pretoria, pp. 111-125.

Cresswell, T. (2004) *Place: A Short Introduction.* Blackwell, London.

Davis, P. (1996) *Museums and the Natural Environment: The Role of Natural History Museums in Biological Conservation.* Leicester University Press/Cassells Academic, London.

Davis, P. (2005) Places, 'cultural touchstones' and the ecomuseum. In Corsane, G. (ed.) *Heritage, Museums and Galleries: An Introductory Reader.* Routledge, London and New York, pp. 365-376.

Engel, H. (1962) Museums of natural history. *Museum*, 15(2), 124-127.

Escobar, A. (2001) Culture sits in places: reflections on globalisation and subaltern strategies in localisation', *Political Geography*, 20, 139-174.

Findamasters (2010) Manchester University MA in Museum Studies. Available online at http://www. findamasters.com/search/showcourse.asp?cour_id=3114 (accessed 17 January 2010).

Findlen, P. (1996) *Possessing Nature: Museums, Collecting and Scientific Culture in Early Modern Italy.* University of California Press, Berkeley.

Graham, B.J. and Howard, P. (2008) Introduction. In Graham, B.J. and Howard, P. (eds) *The Ashgate Research Companion to Heritage and Identity.* Ashgate, Aldershot.

Harrison, R. (ed.) (1994) *Manual of Heritage Management.* Butterworth-Heinemann and the Association of Independent Museums [AIM], Oxford.

Hewison, R. (1987) *The Heritage Industry.* Methuen, London.

Hubbard, P., Kitchin, R. and Valentine, G. (eds) (2004) *Key Thinkers on Space and Place.* Sage, London.

Hudson, K. (1977) *Museums for the 1980s.* Macmillan, for UNESCO, London.

Hummon, D. (1992) Community attachment: local sentiment and sense of place. In Altman, I. and Low, S.M. (eds) *Place Attachment.* Plenum Press, New York and London.

Hunter, M. (1996) Introduction: the fitful rise of British preservation. In Hunter, M. (ed.) *Preserving the Past: The Rise of Heritage in Modern Britain.* Allan Sutton Publishing, Stroud, pp. 1-16.

Impey, O. and McGregor, A. (eds) (1985) *The Origins of Museums: The Cabinet of Curiosities in Sixteenth and Seventeenth Century Europe.* Clarendon Press, Oxford.

Jullien, R. (1989) Le Musée hors les murs: les tendances contemporaines en histoire naturelle. *Musées et Collections Publiques de France*, 182-183, 45-47.

Kusel, U. (1993) Museums without walls: a holistic approach to conservation. In De Jong, R. (ed.) *Museums and the Environment.* Southern Africa Museums Association, Pretoria, pp. 137-142.

Lewis, P.F. (1979) Axioms for reading the landscape: some guides to the American scene. In Meinig, D.W. (ed.) *The Interpretation of Ordinary Landscapes.* Oxford University Press, New York and Oxford, pp. 11-32.

Lowe, P.D. (1983) Values and institutions in the history of British nature conservation. In Warren, A. and Goldsmith, F.B. (eds) *Conservation in Perspective*. John Wiley & Sons, London, pp. 329-352.

Lowenthal, D. (1988) Heritage and its interpreters. In Lunn, J. (ed.) *Proceedings of the First World Congress on Heritage Presentation and Interpretation, Banff, Canada*, 1985. Heritage Interpretation International and Alberta Culture and Multiculturalism, Edmonton, Canada, pp. 7-28.

Lowenthal, D. (1997) *The Heritage Crusade and the Spoils of History*. Viking Press, London.

Makins, M. (ed.) (1997) *Collins English Dictionary and Thesaurus*. Harper Collins, Glasgow.

Martinovich, P. (1990) Interpreting the environment: turning the past into the future. *Museum News*, March/April, 47-49.

Meinig, D.W. (1979) The beholding eye: ten versions of the same scene. In Meinig, D.W. (ed.) *The Interpretation of Ordinary Landscapes*. Oxford University Press, New York and Oxford, pp. 33-50.

Northern Ireland Executive (2010) *Record Number of Visitors for European Open Days*. Available online at http://www.northernireland.gov.uk/news/news-doe/news-doe-071209- record-number-of-visitors.htm (accessed 20 January 2010).

Oliver, J.A. (1969) Remarks by Dr. James A. Oliver at the Centennial Convocation of the American Museum of Natural History. *Museum News*, May, 28-30.

Parr, A.E. (1950) Museums of nature and man. *Museums Journal*, 50 (8), 165-171.

Parr, A.E. (1966) Yesterday and tomorrow in museums of natural history. *Studies in Museology*, 2, 15-18.

Pearce, S.M. and Arnold, K. (2000) *The Collector's Voice: Perspectives on Collecting. Volume 2, Early Voices*. Ashgate, Aldershot.

Purcell, R.W. and Gould, S.J. (1992) *Finders, Keepers: Eight Collectors*. Hutchinson Radius, London.

Relph, E.E. (1976) *Place and Placelessness*. Pion, London.

Smith, L. (2006) *Uses of Heritage*. Routledge, London and New York.

Stratton, M. (1996) Open-air and industrial museums: windows onto a lost world or grave-yards for unloved buildings? In Hunter, M. (ed.) *Preserving the Past: The Rise of Heritage in Modern Britain*. Allan Sutton Publishing, Stroud, pp. 156-176.

Tuan, Y-F. (1977) *Space and Place: The Perspective of Experience*. Edward Arnold, London.

Ucko, P.J., Hunter, M., Clark, A.J. and David, A. (1991) *Avebury Reconsidered: from the 1660s to the 1990s*. Unwin Hyman, London.

UNESCO (2010) *The Nara Document on Authenticity*. Available online at http://whc.unesco.org/uploads/events/documents/event-443-1.pdf (accessed 1 February 2010).

Van Mensch, P.J.A. (1993) Museology and the management of the natural and cultural heritage. In De Jong, R. (ed.) *Museums and the Environment*. Southern Africa Museums Association, Pretoria, pp. 57-62.

Van Mensch, P.J.A. (1995) Magpies on Mount Helicon. In Scharer, M. (ed.) *Museum and Community*.

ICOFOM Study Series, 25, pp. 133-138.

Witteborg, L.P. (1969) Natural history museums－a time for change. *Studies in Museology*, 5, 1-6.

Wright, P. (1985) *On Living in an Old Country: The National Past in Contemporary Britain*. Verso, London.

第二章 探索地方：博物馆、认同、社区

博物馆之所以重要，是因为它们旨在提醒我们是谁以及我们处在世界的什么地方。博物馆的力量得益于自身在各种层面上的运作能力，作为个人、社区成员，甚至是国家成员的我们都可能具有重要意义。一般来说，文化认同和社区的概念与博物馆息息相关，为了理解生态博物馆的理念，对二者的探索必不可少。博物馆专业人士在提到访客时，经常使用"博物馆社区"一词，但能这样定义吗？我们需要发现博物馆如何与它们的社区互动，以及社区如何与其博物馆互动。后现代主义和新博物馆学的影响见证了新实践的出现，包括博物馆试图发展新的观众，并与不同的社区互动，以便更好地惠及全体社会成员。另外，还需要了解环境的物理属性，特别是如第一章所述，被社区视为"遗产"的元素怎样与其他要素相结合，以营造地方感。

一、遗产、物件与政治

马格努森（Magnusson, 1989）描述了 1971 年 4 月，丹麦将古代手稿《弗莱特岛记》（*Flateyjarbók*）和《雷吉乌斯经典》（*Codex Regius*）归还给冰岛时，人们的反应：

> 1.5 万冰岛人挤满了码头，但在冰岛的其他地方，好像瘟疫已经袭来，没有人在街上走动，商店和学校都已关门。当时，整个国家有超过 20 万人正在收听广播或观看电视，以实时了解该历史事件。

1996 年 11 月，"斯昆石"（Stone of Scone）回到苏格兰一事也受到了媒体的广泛报道，尽管规模不尽相同。事实上，似乎英国媒体主要对苏格兰国王加冕时使用的砂石真伪以及这次归还活动的时间感兴趣。当时，苏格兰事务大臣在

大选前几个月就计划将"斯昆石"从威斯敏斯特教堂（Westminster Abbey）搬走，这一行为被多数观察家认为是"大选前的献媚"（Boggan, 1996）。对所有人来说，其政治目的昭然若揭。两天后，这个消息得以扩散，因为苏格兰民族党（Scottish National Party）领袖亚历克斯·萨蒙德（Alex Salmond）也发起了一场运动，即要求剑桥大学将9世纪的《鹿书》（*Book of Deer*）、大英博物馆将乌伊格西洋棋（Uig Chessmen）归还给苏格兰（Cusick, 1996）。这两个例子表明，物件可以被赋予强大的含义，随着时间的推移，它们有可能成为文化认同的重要能指。

同样显而易见的是，关于重要文化物件归还的争论总是受到政治的干扰。不断变化的全球权力关系，以及对历史上世界遗产主要集中于"西方"博物馆这一现象的强烈抨击与日俱增，由此引发了相关讨论。许多博物馆学研究文献都记录了关于博物馆、国家认同和文化财产（包括艺术、考古和民族志物品，神圣的宗教用品和祖先的遗骸）的归还问题[①]。但是，较大型的"普世性"博物馆仍坚持拒绝归还的主张。2002年，世界上最大的18家博物馆馆长签署了《关于普世性博物馆的重要性及价值的宣言》（*Declaration of the Importance and Value of Universal Museums*），以试图为这一立场辩护。尽管用华丽的辞藻推托，并进行了持续不断的辩解，但备受国际瞩目的文化财产归还事件仍继续成为新闻的头条。例如，2010年1月，瑞典哥德堡世界文化博物馆（The Museum of World Culture, Gothenburg）展出了色彩斑斓和编织精细的秘鲁帕拉卡斯（Paracas）纺织品，将其作为展览"被盗的世界"（*A Stolen World*）的核心内容。这些具有2000年历史的纺织品是20世纪30年代瑞典考古学家从秘鲁的墓地发掘出来的，它们引起了秘鲁政府的关注，正试图将其追索回国。

关于归还的争论也会发生在一个国家的内部，英国的《林迪斯法恩福音书》（*Lindisfarne Gospels*，以下简称《福音书》）就是一个例证。1996年夏天，泰恩河畔纽卡斯尔的莱恩美术馆（Laing Art Gallery）举办了一个临时展览"来自失落王国诺森比亚的珍宝"（*Treasures from the Lost Kingdom of Northumbria*），展览汇集了约250件诺森比亚王国时期盎格鲁-撒克逊人（Anglo-Saxon）的物品，其中就包括精美绝伦的泥金手抄本《福音书》。该书由林迪斯法恩修道院主教伊德弗里斯（Eadfrith）于公元698—721年在圣岛（Holy Island，位于诺森伯兰郡海岸）上抄写和绘制而成，由大英图书馆出借。这些展品展示了英格兰东北部地区

---

① 参见 San Roman, 1992; Kaplan, 1994; Pickering, 2007。

过去的文化和政治成就，展览取得了巨大的成功，仅最后一个周末就吸引了大约7000名观众参观。

这些珍宝向公众开放，正是政客和媒体要求将政治权力下放到大区（以北方议会的形式）的呼声日益高涨之时。之后，随着社会运动的发展，将《福音书》归还英格兰北部地区的要求也被提出。显然，至少对政客来说，此书作为该地区的有力象征，显露出新的一层含义。1998年，运动开展得井井有条、声势浩大。大英图书馆董事会不得不做出让步，计划将手抄本在杜伦郡和诺森伯兰郡包括圣岛的不同场所展出。最终，利用《福音书》作为政治策略和东北部地区身份象征的愿望落空。尽管一石激起千层浪，但将政治权力下放给大区的想法仍遭到了东北部地区选民的反对。2004年11月，78%的选民投票反对该提案，当时的副首相约翰·普雷斯科特（John Prescott）承认他的大区权力下放计划遭到了重大挫折。显然，比起精美的修道院手抄本的命运，还有更重要的问题利害攸关：权力的控制、地方腐败的言论，以及人们普遍认为的上级政府给大区带来极少利益的观点导致了大区政府的垮台。上述问题不仅在英格兰东北部存在，而且遍及全国。大英图书馆坚决捍卫了其作为欧洲最伟大的艺术与宗教珍宝存放地之一的地位，此后它将《福音书》作为其线上展览馆的重要特色，允许任何人使用"翻页"软件去浏览该书的电子版本。

毫无疑问，《福音书》的故事表明，文化财产作为文化身份的要素具有强大的力量。联合国教科文组织（Viet, 1980）将文化身份定义为"一个社区（国家、族群、语言等）与其文化生活间的对应关系，以及每个社区享有其自身文化的权利"。此定义中并未特别提及物件，但对联合国教科文组织及所有博物馆专业人士而言，文化财产所有权的概念是一个重要的道德伦理问题，并且可以说是文化认同的最重要方面。物件具有直接的或通过关联进行传达的能力，它们超越时空，有些具有强大的或特殊的意义，因而受到追捧和保护。因此，保护这些文化符号的博物馆也被认为是权力的象征（Anderson, 1991），是建立国家认同的助手（Boylan, 1990; Mason, 2007）。联合国教科文组织的定义意味着各国都有权保留和弘扬自己的文化，包括其物质及非物质表现形式。物件的原生创造者或拥有者所赋予它们的含义至关重要，且具有极大的意义。但对"特洛伊宝藏"（The Treasures of Troy）来说，它在第二次世界大战后由俄国人从柏林运走，那么谁应该拥有其所有权？

宝藏是属于发现并保存它们在柏林博物馆岛上的德国人，还是属于据称其祖先掠夺了特洛伊的希腊人，抑或是属于其先祖征服了特洛伊和希腊城邦的土耳其人？甚至罗马人也可以提出要求，因为维吉尔（Virgil）告诉我们，这座城邦是由特洛伊流亡者的后裔建立的。（Almond, 1991）

关于所有权的类似争论可能会涉及帕特农神庙大理石雕（Parthenon Marbles，又称埃尔金大理石雕，Elgin Marbles）和贝宁青铜器（Benin Bronzes），但随着时间的推移，它们也具有了新的含义和意义，这是"普世性博物馆"所坚持的论点。

在博物馆界，越来越多的人试图摆脱所有权的束缚，而这主要在美术界得以实现。在国际画展中，印象派、前拉斐尔派和超现实主义画家的作品广泛传播，无论其所有权如何，都能在世界各地的美术馆中展出。这样的作品具有"全球遗产"的地位。有人建议用同样的方式处理其他文化物件（民族志的或考古学的），因为某些物件或藏品具有重大的意义，应该跨越国界的藩篱，这与世界遗产[①]的认定有很多相似之处。能否给予某些物件或藏品以国际地位，并为它们的保护、移动和安全防护提供适当的财政补贴？这里的道德困境是，将某些藏品认定为"全球遗产"会随之证明流离失所的古物、艺术品和自然历史藏品在北美或西欧博物馆中存留的合法性，并将全球文化纳入"西方"范式。尽管这个提议存在道义上的弊端，但尝试规避所有权问题是让人们能够更广泛地接触重要文化实物的一个重要途径。

二、博物馆、记忆和文化身份（认同）

尽管联合国教科文组织提供了文化身份的可行定义，但显然"身份""文化认同""社区"这些词在博物馆学和社会学文献中似乎可以经常互换使用。例如，论文集《文化身份问题》（*Questions of Cultural Identity mainly*）的作者霍尔

---

①《世界遗产公约》（World Heritage Convention）本身就是一个很"西方"的概念，它用与许多文化格格不入的方式，倾向于将自然和文化遗产分开。彼特·斯通（Peter Stone, 私人通信）表示，正在努力确保命名的遗产遵从整体性原则。

和杜·盖伊（Hall and Du Gay, 1996）主要用身份一词，而不是文化认同。鲍曼（Bauman, 1996）将身份描述为一种逃避不确定性的方式，即"当我们自我怀疑时会求助的东西"。斯皮尔鲍尔（Spielbauer, 1986）支持其观点，并认为："在瞬息万变的世界，为了寻求稳定和秩序的需要，身份作为表达性术语越来越流行。"霍尔（Hall, 1996）倾向于使用"认同感"一词，而不是"身份"，认为这反映了"对某些共同起源或共有特征的认可，而共享的对象可以是其他的人或群体，或者是一种理念，抑或是建立在这个基础之上的团结和忠诚的自然闭环"。他还认为，认同感"可以获得或失去，可以保持或遗弃……认同感最终是根据条件，视情况而定的"。换句话说，身份不是一成不变的，而是随时间和环境变化，它"极其容易转让和撤销"（Bauman, 2004）。

　　当然，有关身份是否植根于地理位置、国家、政治、宗教、教育、族群背景或世系的争论并不是无关紧要的，但重要的是要认识到：它们是动态的，而不是具体的因素，种族甚至也可以被淡化。一些环境特征作为这种动态的一部分，其中包括某些文化群体的主导地位、迁移、新社会群体的形成和通信技术，影响了基于领土的文化认同。任何固定的身份概念本身就是现代西方社会的建构，这与后现代观点完全不同。后现代观点关于身份的主要问题是，如何避免其永久存在，并留有选择余地。

　　这种强调改变的想法，使博物馆这个致力于长期保存物件的常设机构陷入困境。正如舒勒（Šuler, 1986）所表明的那样，"如果历史是流淌的河水，那么博物馆的展品将是水中脱颖而出的石头"。这里有一个真正的悖论：博物馆和博物馆的物件在变化和不确定的时代可被视为稳固的象征，但是它们的藏品和纪念性建筑似乎为其贴上了永久性的标签，是否也可被视作后现代社会的一部分？这个谜语的答案就在于博物馆和藏品的利用方式，包括给物件赋予新含义或策划涉及当代社会问题的主题展览。例如，21世纪初，瑞典哥德堡世界文化博物馆通过阐释艾滋病和贩卖人口问题，打破了许多忌讳。针对物件、阐释、展览和博物馆的方法继续被重新定义和解构，以使博物馆在21世纪与社会建立更紧密的联系。

　　为什么物件和博物馆有助于建构作为个人或社区一部分的文化认同？身份、遗产和记忆紧密地交织在一起（McDowell, 2008），因此，博物馆的空间和物件具有触发访客记忆和回应的能力。米斯兹塔尔（Misztal, 2007）反思了记忆的不同形式（包括程序上的、语义的、自传的、感知的、习惯的和集体的）和功能。她指出：

回忆是对过去具有反思性的意识，它通过强调过去与现在的不同，使批判性反思和有意义的叙事序列形成……同时，我们刻意和有意识地重新获得了过去。

博物馆的物件（以及其他象征物，如文化景观、遗产地、特殊地方，甚至是非物质的东西，如曲调）都可以唤起个人和集体的记忆。泽鲁巴维尔（Zerubavel, 1997）提醒我们，"集体记忆与各个成员的个人回忆总和有很大不同，因为它仅包括那些所有人共享的记忆"。集体记忆在允许个人具有社会身份的同时，还依赖于当今的不同身份认同以及社会和环境背景。当博物馆物件或遗产地触发个人或集体的记忆时，这些象征物通过浓缩和传达复杂价值与情感，从而成为一种速记形式和一种记忆方式（Turner, 1967）。马绍尔（Marschall, 2006）强调了能指如何拥有跨时空和跨文化产生情感回应的能力；在博物馆中，那些视觉能指如何被接收（以及做出的反应）取决于博物馆的环境以及专业价值观和实践。记忆的意义在于它创造了不断变化的身份。

根据科沙尔（Koshar, 1998）的观点，国家记忆（隐含着国家认同）来自于国家及其机构。因此，国家是建构国家遗产的官方仲裁者。例如，在给予"斯昆石"政治意义之外的其他内容时，我们必须谨慎行事，因为它的政治维度赋予了其遗产地位。很难想象一块无论真伪的大石头会对苏格兰人的身份认同产生重大影响。同样，尽管《林迪斯法恩福音书》在一个周末吸引了 7000 人到纽卡斯尔的莱恩美术馆参观，但在那个星期六下午仍有 3.8 万多人去支持了纽卡斯尔联队90 分钟的足球比赛。规范的着装、雄伟的歌声和壮观的仪式表明了后者作为足球俱乐部的支持者和"高地人"（Geordies）① 的文化身份。这表明在任何有关文化身份的讨论中，清楚地认识物件和博物馆的意义很重要。物件需要额外的信息或阐释才能确定其含义或意义。博物馆专业人士不仅要寻求提供真实的一切，而且要鼓励人们回应和触发可以影响个人、集体或国家身份的记忆。然而，与其他文化影响相比，无论博物馆采取何种阐释技术或方法，仍然很难量化它们在身份认同形成中的作用。

① 译者注：高地人（Geordies）是对纽卡斯尔及其周边地区居民的别称。

三、博物馆、物件、义务

迪奥普（Diop, 1982）提出文化的三个基本组成部分：语言、观念和历史。博物馆之所以具有文化意义，是因为它们收藏了展现历史和观念的物件。然而，博物馆的传统做法及其对形式（物件）而不是内容（意义）的重视，导致它们在维护文化认同方面的作用受到了一定限制。博物馆的经典做法是以物为中心，而不是以观念为中心（Cannon-Brookes, 1984; Taborsky, 1982），甚至到了 2010 年，人们还是可以参观到那样的博物馆，即它们那里展示的文化（例如新石器时代的人类，毛利人）仅由物质文化的形制和装饰来定义。博物馆所面临的挑战是"寻找形制背后的东西，以彰显原住民的价值观"（Burgess 引用 Bellaigue, 1986）和"证明我们不仅仅是通过神话和纪念物与过去联系"（Sola, 1986）。另外，收藏与展览策略还施加了其他限制。对博物馆及其观众而言，没有被收藏、研究、记录或展示的东西就如同不存在，"结果是博物馆里到处充斥着看不懂的物件，记载了看不见的人群"（Van Mensch, 1986）。直到最近，博物馆的访客都会认为：妇女在历史上只是装饰性角色的扮演者，美洲大陆的历史始于欧洲人到来之时，来自印度或西印度群岛的移民与英国的历史无关，非西方艺术家创作的艺术只能在人类学博物馆中展出。

随着少数族群文化的社会解放，对"他者"文化的征服或展示（表征的政治）已在文献中得到了相当多的讨论①。涉及少数族群文化认同的表征还迫使博物馆承担起自封的代言人角色。这两种要求都给博物馆带来了潜在的麻烦，主要是因为一个通常是占主导地位的社会团体（策展团队）的成员很难放弃他们自己的一套价值观，并在描述另一种文化时不去投射自己的恐惧、忧虑或希望于其中。因此，作为以展现另一种文化并增进人群理解为崇高道德目标的倡导者的策展人，便很容易招致批评。故博物馆与少数族群文化之间只有通过相互信任与合作，才能使博物馆的发言得以奏效。换句话说，社区本身需要大量投入方能充分发挥其在"原住民策展"中的潜力（Kreps, 2008, 2009; Simpson, 2007）。

尽管存在这些困难，但弘扬文化多样性仍是后现代主义的基本特征，博物馆专业人士坚信（如 Boylan, 1995），展示他者文化可以促进包容和理解，博物馆必

---

① 参见 Carter, 1994; Catalani, 2009; Herle, 1997; Merriman, 1992; Karp and Levine, 1991.

须在其中发挥重要作用。如果社会想要珍视文化的差异，并以此变得更强大，那么就需要进一步反思。后现代主义，或者更确切地说，其作为新博物馆学的体现，确保了个人、社区、博物馆和策展人在伦理、道德和实践方面的关注得到了公开的讨论。1982 年在墨西哥城的一次会议上，联合国教科文组织编写了《文化政策宣言》(Declaration on Cultural Policies) 的重要声明（ UNESCO, 1982 ），清楚地说明如何将文化身份（认同）概念纳入全球文化政策。文件关键段落提供了一个有用的总结，主要是关于文化认同意义对博物馆的重要性。尽管该文件不可避免地强调了"国家"，但提出的许多观点都与各种规模的社区息息相关：

● 每种文化都代表着一整套独特的和不可替代的价值，因为每个民族的传统和表现形式是展示其存在于世界民族之林的最有效方式。

● 因此，文化认同的主张有助于人的解放。相反，任何形式的压迫都构成了对这一身份认同的否认或损害。

● 文化认同是一种财富，它通过动员每个人和每个群体从其过去中汲取营养，接受与其自身特征相适应的外来帮助，并继续自己的创造过程，从而激发人类实现自我的可能性。

● 所有文化构成了人类共同遗产的组成部分。通过接触他者的传统和价值观，人类的文化认同得以丰富。文化是对话，是思想和经验的交流，是对其他价值观和传统的欣赏。一旦被孤立，文化就会枯萎和死亡。

● 普遍性不能用任何单一的文化来抽象地假定，普遍性是世界各国人民在确认其身份认同时从经验中产生的。文化认同和文化多样性形影不离。

● 特殊性并不妨碍，而是丰富了那些将人们团结起来的普遍价值的交流。因此，在各种传统并存的地方，对各种文化认同存在的认识，构成了文化多元主义的本质。

● 国际社会认为其责任是确保每个民族的文化身份（认同）得到维护和保护。

● 所有这些都表明，制定文化政策的必要性，以此来保护、激发和丰富每个民族的身份和文化遗产，并建立起对少数族群文化和世界其他文化的绝对尊重和欣赏。对任何群体文化的忽视或破坏都将是整个人类的一种损失。

● 必须承认所有文化的平等和尊严，也必须承认每个民族和文化共同体确认和维护其文化身份（认同），并得到他人尊重的权利。

这一声明使博物馆有义务重新考虑其运作方式，并认真探索其持有的和展出的藏品的学术和道德基础。其他主要的国际文件，包括联合国教科文组织《世界文化多样性宣言》（Universal Declaration on Cultural Diversity, 2001）、《关于文化权利的弗里堡宣言》（The Fribourg Declaration on Cultural Rights, 2007）和《联合国土著人民权利宣言》（United Nations Declaration on the Rights of Indigenous Peoples, 2007），也为博物馆提供了有用的指导原则和值得思考的地方。博物馆有义务考虑将重要的文化制品和祖先遗骸予以归还，这类情况已经取得了重大进展。博物馆在展示他者文化的文物时，表现出越来越多的关怀、谦卑和尊重，为使土著人民参与其文化遗产的阐释，他们正在作出更大的努力。所有博物馆正从观念和实践的变化中吸取教训，这些变化对于地方和省级博物馆的重要意义就像它们对于伟大国家的收藏一样。在国家—省级—地方的博物馆序列中，没有哪个博物馆可以摆脱文化政策的理论、道德、政治与实践的束缚。

生态博物馆往往在较小的地理尺度内运营，并且具有地方性，内容有时是内省性的政治诉求。它们更关心收藏、保护和展示其所处的地理区域内对人们重要的东西。换句话说，它们代表当地社区。然而，就生态博物馆而言，联合国教科文组织声明中的开头和结尾部分对其仍有意义。

四、定义博物馆社区

《柯林斯英语词典与同义词词典》（The Collins English Dictionary and Thesaurus, Makins, 1997）对社区做了如下定义：

> 1. a. 居住在一处的人；b. 他们居住的地方；c.（作为修饰语）社区精神。2. 具有共同文化、宗教或其他特征的一群人；新教徒社区。3. 具有某些共同利益的民族集团。4. 公众，社会。5. 共同所有权。6. 相似性或一致性；社区利益。7.（在苏格兰和威尔士）地方政府的最小单位。8. 生态学——栖息于同一地区的一群相互依赖的动植物。

《钱伯斯二十世纪词典》（Chambers Twentieth Century Dictionary, Macdonald, 1977）给出了一个更简短的定义："具有共同权利等的人们；一般公众；同一地点的一群人；共同生活的团体，或处于有社会主义倾向或类似组织的领导之下。"然后是社区共享的基本要素：地理位置（对景观、自然资源和经济有影响）、宗教、政治制度、记忆和所有权、文化（包括物件、传统、歌曲、语言和方言）、相互依存的关系、共同的需求和与社区认同紧密相关的"社区精神"概念，这些都有助于使社区成为真正的社区。但是，克鲁克（Crooke, 2008）仍然小心谨慎地指出该概念是"无论当时需要什么或向往什么，即使形成了也会顺应形势变化。博物馆应积极利用与社区的联系，相信'社区'是建立联系的一种手段"。

　　显然，我们认为的"社区"极其复杂，并且不断变化形态。被我们粗略地称为博物馆社区成员的任何个人，也可能属于几个不同的子社区。这些可能是由于其族群背景、工作、收入水平、婚姻状况、年龄、休闲兴趣或所居住的街区，以及其他因素的影响所致。因此，在宏观层面，个人获得归属的身份，可能通常会以地理的（如苏格兰人、格拉斯哥人）或职业的（如教授、水管工）标签及其相关的刻板印象来确定。实际上，他或她（自我认同）并不隶属于单一社区，可以随着环境和利益的变化而自由地进出各个子社区。我们还可以通过两种方式来思考子社区或群体：作为一种由某种形式的相互作用而形成的群体，或者通过归属而结合在一起的群体，"我们"的感觉，也可能会发生变化。瓦瑟曼（Wasserman, 1995）试图将这些理解概述在她对社区的定义中：

　　　　生活在一个区域内的人们意识到其构成要素特征的类同与差异，以及这些与其环境之间的矛盾关系，至少对他们来说未来是共同的。社区可能取决于体制、政治、技术或经济结构……或基于自发的结构：即个人团体……其具有自由选择的社会目标，与物质利益或与立法者或管理者的意愿无关。即使是小型的，或多或少是本地的或者至少是具有明确位置的社区，其规模也可能不同；如村庄、乡村、地区、国家、公司、国民、宗教团体、学者、移民、专家、家庭。每个人都属于一个社区，而同时又与其他几个社区相交集；个人选择了某些社区，而他所属的其他社区则是由法律、事件或出生所强加的。

　　综上，"博物馆社区"几乎是一个毫无意义的表达，正如伦敦博物馆（Museum of London）在其"聚居在伦敦"（*Peopling of London*）项目中试图改变受众群体，以便能更准确地反映城市的种族混合现象时所发现的那样（Merriman, 1995）。在这里，涉及社区的任务并非易事，因为"人们不只是组成称为社区的同质群体"（Carrington, 1995）。但是，博物馆可以通过营销运作来选择当地社区，即他们的目标观众，他们知道部分当地人会比其他人更易于接受其展览或活动。博物馆访客的情况显然可以证明这一事实——由美术馆服务的社区明显不同于铁路博物馆的社区，甚至由单个博物馆举办的某类展览也可能只吸引社区中的某些人。例如，汉考克博物馆（Hancock Museum）^①是位于英国纽卡斯尔的自然历史博物馆，它通过其访客监控程序发现，"恐龙再现"（*Dinosaurs Alive*）吸引了家庭团体和年幼的孩子，而"星际迷航"（*Star Trek*）则吸引了年龄较大的人和专业观众，其中许多人是首次参观。

博物馆必须与多个社区建立联系，为之服务和与之互动，并通过其行动为自己定义"博物馆社区"是什么。胡珀-格林希尔（Hooper-Greenhill, 2000）提出"阐释性社区……可通过它们清晰明了的公共架构、阐释技能、知识和智能技术所识别"，这有助于博物馆概念公众化。梅森（Mason, 2005）提供了一种更实用的方法，他通过如下内容来识别社区：

- 共享的历史或文化经验
- 共享的专业知识
- 人口统计学或社会文化因素
- 身份（地方、性征、性别、年龄或残疾）
- 参观习惯
- 被排除在其他社区之外

沃森（Watson, 2007）详细地讨论了这些划分，同时进一步增加了一个内容，即社区由位置定义。尽管所有的概念都是有用的，但对生态博物馆和许多小型的地方博物馆来说，位置感，这一地方的独特性至关重要。一般而言，地方博物馆（指为特定地理区域内的那些人提供服务的，且藏品有限的小型博物馆）应该能够更容易地识别其博物馆社区。从 20 世纪的最后 10 年到 21 世纪，城镇或农村地区的"身份认同博物馆"（家乡博物馆^②、民俗博物馆和生态博物馆）其数量在世界范围内的增长十分可观。莫雷（Maure, 1986）指出，完全有必要让小型社区意识到它们那些与众不同的属性："一个群体的身份认同是相对于其他'不同'群体的存在而被定义和感知的"。换句话说，要成为可识别社区的一部分，我们需要知道哪里还有其他不同的社区。

---

① 今汉考克大北方博物馆。

② 译者注：国内博物馆学界常将"heimatmuseum"译为"祖国博物馆"，经咨询相关的学者，译者认为将该词译为"家乡博物馆"更符合本意。

但是，即使在小城镇和乡村，"博物馆社区"的本质也很难把握。这样的地方经常是内省且反射性的，并且人们都非常了解邻居的缺点和兴趣，在这里很难为单个"社区"赋予和谐的外表。麦奎因（Macqueen, 1998）列举了众多例子，以说明在阿盖尔-比特（Argyll and Bute）出现的社区矛盾与竞争。基尔马丁之家（Kilmartin House，位于苏格兰阿盖尔）的雷切尔·克拉夫（Rachel Clough）（私人通信）证实，在规划基尔马丁中心时，村庄内支持派和反对派就产生了冲突。

定义"博物馆社区"非常困难。然而，意识到社区和子社区是动态的，可以更好地理解这个概念。由于各种社会因素的影响（移民、经济和文化变迁），任何地理区域内的人都会被划分成组，其中一些组群将成为博物馆社区的一部分。但是，只有一些人会被博物馆体验所吸引，这一事实意味着其他社会群体将被排除在外。从 20 世纪 70 年代开始，对博物馆哲学和实践的重塑曾试图解决这一重大问题，本章随后将对此进行讨论。

五、博物馆与社区互动——生态学方法

显然，明确定义身份、文化认同或博物馆社区并不是一件容易的事。与之相关的是，当地人如何概念化"他们的"博物馆及其与博物馆产生的关系。人们最常将博物馆视为一座建筑，里面有专家、藏品、知识和展览，它在物理和哲学上都是一个独立的实体。博物馆允许公众（及其社区）有限度地进入，但从本质上讲，它与该社区是脱离的。博物馆所使用的术语，如"outreach"（外延：向公众展示藏品和提供活动）或"outstation"（分馆：一个较小的，且暂时性的博物馆建筑），与"outcast"（被排斥的）有词源学联系，要加强这种区分。博物馆与社区之间的相互作用是通过展览、教育和其他活动产生的。一个代表博物馆与社区之间交集圆圈的维恩图（Venn diagram），说明了这一点（图 2.1）。添加一个"环境"圆圈来表示博物馆、环境及社区之间的相互作用（图 2.2）。这三个圆圈的重叠部分提供了一个简单的方法来衡量博物馆对其社区和环境的投入，在这里"内延"（inreach）（Corsane, 2006）开始取代"外延"。

正如我们在第一章中所看到的，生态学已经发展出了自己的专业词汇，它从生物学角度提供了定义，即什么构成了社区。因此，任何生物（物种）都具有特定的生态位（作用或"职业"），并且占据特定地理区域的物种多样性构成了其生物群落。如此，兔子将在草原群落中占据食草的生态位，或者真菌将在林地群

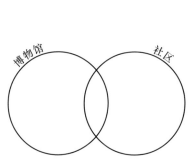

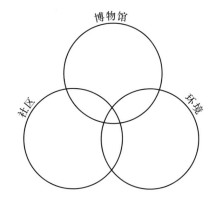

图 2.1　博物馆与社区的关系　　　　　图 2.2　博物馆、社区与环境之间的相互关系

落中起到分解的作用。群落的范围构成了生态系统。应用同样的道理，我们可以将被称为"博物馆"的物种放置于文化社区内，该社区居住有其他紧密相关的物种，如戏剧、舞蹈、音乐、文学和电影。这些物种占据的生态位相对容易识别，既有文化传播者，又有表演者。尽管生态位出现分离，但仍有相当多的重叠。作为一种更为复杂的生物体，博物馆占据了许多额外的生态位，包括收藏者、守护者、教育者、技术员等。从许多方面来看，博物馆更多被认为是占据了循环往复的生态位。它接收和收集物件、标本、思想和技能，然后通过展览、活动或出版物将其循环回社区。这种循环不仅发生在文化社区内，而且还发生在整个社会的生态系统里。尽管许多博物馆专业人士可能会对将博物馆比作真菌或细菌的想法感到震惊，但在意识到如果没有这类生物的话，地球的生态系统将会陷入瘫痪，他们也可能会因此感到振奋，说明博物馆是不可或缺的。

　　与所有物种一样，博物馆也与那些占据邻近社区的体育和媒体竞争。在自然界中，动物在能量和居住空间方面争夺资源，竞争排外和共存都有发生。在文化社区，博物馆这个物种在资金支持和观众方面竞争资源。尽管共存是常态，但被排斥在外，甚至是局部灭绝的情况也屡见不鲜。竞争和多样性是演化的基石，与所有物种一样，博物馆也随着时间的推移而发展，以适应社会的需要。不管怎样，重要的是要意识到，在过去，社区参与对博物馆而言一直很重要，尽管其参与的规模和性质是跌宕起伏的。

六、地方博物馆及其社区——历史的视角

　　从 21 世纪初的观点来看，可以比较容易地认为，博物馆比以往任何时候都

更贴近社区。而在 19 世纪，博物馆的发展一定程度上是对功利主义教育观的回应，这种教育观认为博物馆是向社区传播知识的一种工具。这有力地表明了地方博物馆一直是以社区为导向的。例如，在英国，博物馆被认为是"公众的大学"（Hooper-Greenhill, 1994），是"私人慈善事业与公民自豪感"完美结合的产物（Museums and Galleries Commission, 1986）。因此，基于威廉·亨特（William Hunter）1807 年遗赠给格拉斯哥大学的藏品，建立并开放的苏格兰第一家公共博物馆，不仅体现了公民自豪感和慈善事业，而且彰显了坚定的教育志向，学生和公众都可以自由地访问。英国各地的许多博物馆由文学和哲学会、博物学或古物学会建立，是人们热爱知识和自我提升的必然结果，这种热爱常常直接指向本地。这并不是说这些学会是内向型的，它们的民族志和世界范围内的自然历史收藏已经告诉我们，它们只是在地理和社会上服务于当地社区而已。在提及此类学会的建立时，经常可见对其所在地的强调，例如 1890 年，在苏格兰琴泰岬半岛（Kintyre）《坎贝尔城信使报》（*Campbeltown Courier*）的启事上写道：

> 我们意识到，在我们当中个人为组织和建立科学机构或学会作了不断努力，以及由此取得了部分成就，我们认为现在是时候要求公众协助组建和创立学会了，以便收集、保存和分类来自琴泰岬半岛及其周围水域的各种标本。因此，我们作为琴泰岬半岛的居民，下列签署人，谨将此事提请您予以优先考虑，并要求……召集一次公众会议，邀请赞成组建该学会的人参加。（Macqueen, 1998）

随后学会的成立以及詹姆斯·麦卡利斯特·霍尔（James Macalister Hall, 1823—1904 年）的赞助最终促成城镇博物馆和图书馆的建设，并于 1899 年开放。这是一个为社区利益而进行社区行动的绝佳案例，为当前的发展提供了一个有趣的参照。

这些学会通常很快就意识到其藏品对更广泛社区的教育价值，逐渐开始向非会员开放。例如，诺森伯兰郡、杜伦郡和泰恩河畔纽卡斯尔的博物学会于 1835 年首次向纽卡斯尔的公众开放了他们的博物馆。每个月有一个晚上，允许访客进入，学会的会议记录写道"兴趣如此浓厚，涌入的人群如此庞大，以至于整个建筑人潮涌动，完全打破了委员会所预设的目标"（Goddard, 1929）。1836 年学会首次接待学校观众，一直到 1838 年，每年的参观人数约为 2 万人次。随着时间的推移，到 19 世纪，由学会博物馆积累起来的许多藏品成为建立地方博物馆的基石，其对社区的价值得到了广泛认可。

"公民自豪感"本身就是一个有趣而又相当无形的现象，是对一个地理区域及其人群有所承诺的体现，类似于社区精神，但带有政治色彩。19 世纪，新博物馆的开放经常备受好评。1899 年 1 月 28 日《阿盖尔先驱报》(*Argyllshire Herald*)将坎贝尔城公共图书馆和博物馆的开放描述为"该城历史上的重要时刻……一个提供改进机会和文化机会的新时代"，同时"从建筑的角度看，博物馆建筑被引以为傲，也因为其所藏的珍宝"。(Macqueen, 1998)。

在英国，地方博物馆与其社区之间的紧密联系，在 19 世纪中后期变得易于识别，主要体现在博物馆通过其活动来明确表达它们的自豪感，但在 20 世纪初这种联系开始减弱。米利斯(Miers, 1928)建议将博物馆与社区分开，他指出：

> 坦率地讲，这个国家的大多数人并不真正关心博物馆或相信博物馆。博物馆在社区生活中并没有发挥出重要作用，普通民众尚未意识到博物馆可以做什么……博物馆应该是最广为人知的公共服务形式之一，应该点燃社区的热情。(Miers，引自 Chadwick, 1980)

博物馆已经发展成为精英机构，策展人在其中追求自己的学术兴趣而不受公众的干扰或质疑。亨利·米利斯爵士(Sir Henry Miers)认为，博物馆需要重新审视其社区参与，进行更充分地合作，并开展巡回展览和教育服务。最重要的是，要向公众传达其职能，从而打破博物馆与其服务社区之间的障碍。考虑到我们可以在 70 年后看到相同情绪的表达，这一点令人着迷。例如，卡特(Carter, 1992)就建议博物馆需要修改其目标和政策，"使社区回到博物馆"。尽管上述实例是针对英国的情况，但类似的发展模式在整个欧洲都能看到。

七、扩大博物馆社区——观众的发展

在整个 20 世纪，博物馆因排斥社会众多派别而闻名。这种"社会排他性"并不是故意的，只是它们一直不太积极将某些(往往是弱势的或边缘化的)群体包括在内。但是，博物馆意识到其潜在的受众包括各种利益群体或子社区，这改变了它们的运作方式，使公众对博物馆的认知也发生了变化。公众这一新视野的驱动力是社会变革。并非总是利他主义，有时是政治权衡、经济和生存使得博物馆意识到它们需要社区。增加收入的目标，带来的是对更广泛和更多样化的受众的需求，博物馆因此需要表现出公共责任感和政治正确。新视野、新受众、开展参观和外延项目，甚至成为一个全新意义的博物馆，都是博物馆重新评估的核心。迈尔斯（Miles, 1994）指出："作为一个整体，西欧的博物馆在过去的 20 年里发生了深刻的变化。这些往往会影响到它们存在和运行的各个方面，但在枯燥的统计数据中，例如在过去的 35 年里，博物馆的数量翻了一番，并未完美地将这些变化展现出来。"博物馆观念和实践的这些变化，以及对其角色和职责的批判性再评估，都是新博物馆学运动的明证，并且对专业内新方法和新挑战的需求正在帮助博物馆创建新范式（Sandell, 2002; Witcombe, 2003）。然而，博物馆专业人士是最早认识到变化速度缓慢的那群人，而且从表面上的变化到完全的蜕变将是一条漫长的道路（Cameron, 1992）。

过去的 20 年，博物馆活动的一个特点是强调过去的文化不公，博物馆学文献受益于此类记载，这些记载详细地说明了博物馆为重建诸如澳大利亚原住民和北美"第一民族"（First Nations）的文化认同和文化成就所作的努力。正如马加（Magga, 1995）所述，欧洲萨米人（Sami）的例子也引发了类似问题：

> 从 1850 年起，博物馆在挪威民族的发展中发挥了作用……萨米人的历史不被视作这个民族意识的一部分，反而属于一个"外来"的民族。从萨米文化中收集到的物件通常被归入民族志档案。萨米人的过去被视为单一且僵化的静态文化，而不是该国历史的组成部分。博物馆的展览证实了主流社会对萨米人文化和生活方式的刻板印象。

在果夫达格艾德努 / 阿尔塔河（Guovdageaidnu/Alta River）水电大坝项目开发期间，发生了土地所有权的争执，之后有呼声成立一个独立的萨米人议会，这是挪威发生改变的催化剂。1987 年的萨米人法案规定，政府当局有义务承认萨米人可根据自己的方式巩固和发展其文化。首要的改变是萨米博物馆的建立，以及萨米人遗产地的保护与利用。这些举措很受欢迎，尽管仍有许多问题需要解决。这座小型的萨米博物馆人手不足、资源匮乏，在脆弱的环境中向访客开放其文化遗址也充满了困难，特别是当神圣的景观被频繁利用时，会有失去精神意蕴的可能。

在美国，民权运动（Civil Rights Movement）把机会和平等的议题带到了历史上那些被传统博物馆忽视的社区，其中包括中产、工人、穷人、移民和非白人种族的社区。许多城市博物馆开始明显地改变工作方式，并重新定义它们的社区。本森（Benson, 1995）受伦敦博物馆的"聚居在伦敦"和阿德莱德移民博物馆（Migration Museum, Adelaide）的影响和启发，设计出了一个项目，用以触及纽约博物馆的非传统观众。在这里，一家美术馆被指定为"社区美术馆"，作为博物馆与东哈莱姆（East Harlem）居民之间沟通的桥梁。在当地社区团体的帮助下，美术馆举办了各种活动和展览，主题从严重的社会问题到传统的街头游戏。

迪克森（Dickerson, 1995）在提及芝加哥历史学会的博物馆时，指出：

> 博物馆所面临的挑战是要综合许多构成的历史，这些故事赋予了我们所定义的芝加哥历史的深度和广度，随后我们必须在这些故事中找到有分歧的声音、价值和观点间的共同点。最后，我们必须把自己作为欢迎空间提供给公众，让他们前来观看自己，并考虑未来我们共同的可能性。博物馆作为思想、创新和实验的一种资源，我们看见自己正在跨越许多边界，包括感知和经验的边界，传统和变化的边界，过去和未来的边界，肤色、种族和国籍的边界，我们机构文化以及公共或公民文化的边界。

这一重新聚焦的使命改变了博物馆在所有领域的工作方法，尤以展览构思为最，即"促使了社区成员、非专业人士、长者与博物馆工作人员一道，为展览谋划主题、时间范畴和内容"。詹金森（Jenkinson, 1994）对此话题做了回应，他认为："博物馆专业人士不仅要将人们看作是消费者和观看者，对那些下意识地掠过某一固定的文化而踟蹰不前的人，还应将他们视为批评家和创造者。我们应该欢迎伙伴关系和协作，使其成为新能量、新思想和新博物馆的源泉。"

《共同的财富》（A Common Wealth）建议（Anderson, 1997），英国的博物馆需要确保其藏品、学问、专门知识和技能触手可及，以便为学习提供机会。"可及性"已成为所有博物馆的关键词，它们在加大力度鼓励所有当地社区成员使用展室。结果是，博物馆不仅为残疾人提供了更好的服务，而且通过讲座、展演和外延项目，创新地使用了藏品和专门知识。例如，开放式博物馆（The Open Museum）等举措，把格拉斯哥博物馆（Glasgow Museum）的藏品带进了社区，并向团体、场地和社区活动组织者免费提供了怀旧套件、可触摸的展品和展览。这是一个了不起的项目，致力于"与代表性不足、贫困的或者边缘化的社区合作"（Carrington, 1995）。在格拉斯哥执行的另一个外延项目是创建"加勒多尼亚旅店"（*Hotel Caledonia*），这是一个基于城市无家可归者的经历而举办的展览。博物馆正在作出越来越多的努力，并跨越少数族群的文化边界，以确保所有文化的代表性。还有很多例子（见 Hooper-Greenhill, 1997），包括沃尔索尔博物馆（Walsall Museum）与锡克人社区的合作（Cox and Singh, 1997），以及杰弗瑞博物馆（Geffrye Museum）与哈克尼（Hackney）华人社区的联系（Hemming, 1997）。阿杰曼和金斯曼（Agyeman and Kinsman, 1997）将博物馆和遗产地称为微观环境，进而类比了从它们中排除的少数族群与宏观环境（包括乡村在内的更广泛的环境）。

与更广泛的社区建立密切关系，并发挥博物馆的社会角色，其具体的想法和实践包括展览规划、外延项目和教育活动。博物馆必须尝试确定社区中的地理或社会部分，这不仅有助于打破族群壁垒，而且也能打破他者文化的壁垒。在 20 世纪 90 年代后期，博物馆出现了广泛的"公众的展览"现象（Lovatt, 1997），即公众有机会在当地博物馆展出其私人收藏。展览的主题多变，例如，当时泰恩-威尔郡（Tyne and Wear）的博物馆就请求弱势社区的公众从他们的收藏中挑选绘画等艺术品，以在莱恩美术馆、桑德兰博物馆和美术馆分别举办"来自保险库"（*From the Vaults*）和"公众的选择"（*People's Choice*）等展览。"壁橱里的衣服"（*Clothes from the Closet*）是纽卡斯尔发现博物馆（Discovery Museum, Newcastle）举办的一个展览，展览由一群小学生布置，他们从该博物馆的服装收藏中挑选展品。后续展览工作与全国青少年罪犯关怀与安置协会（The National Association for the Care and Resettlement of Young Offenders, NACRO）关心下的年轻人一起完成，他们中的许多人在学校或与警察相处过程中遭受过相当多的挫折，在参与该展览项目之前，他们甚至都没有参观过博物馆。现在，大多数地方博物馆都在推介外延项目和社区计划，并寻求与各种不同的观众接触，如少数族群、老年人、妇女团体、缓刑服务机构、青少年收容所、当地历史团体、无家可归者和残疾人支持团体。

对博物馆而言，吸引新社区并不是一个容易的选项。迪克森（Dickerson, 1995）曾在芝加哥策划了一个项目，与 4 个跨越不同族群、阶层、地理和世代边界的社区合作，他回忆道："所吸取的最重要教训是需要建立牢固的基于社区的联系……建立连续性和信任感，这是成功的关键，与此同时也能达到充分了解该社区社会和政治动态的目的。"作为非传统博物馆访客的社区成员，总会对此产生不信任感和忧虑感，他们不确定会从体验中学到什么。当然，博物馆也会收获颇丰，不仅通过接触不同观众获得自豪感，而且还能获得良好的宣传效果、强有力的政治支持和新的联系。作为个体的博物馆工作人员会更多地了解自己，以及自己的态度和观点。

如果博物馆希望与各种社区接触，并让社区参与博物馆的活动，他们就必须从根本上改变其工作方式。博物馆需要重新审视员工招聘、人员配备和培训等方面的工作，设法改善其观众服务和收藏管理的态度。威尔（Weil, 1990）积极倡导这一观点，指出："我们必须设想有一种更高的专业水平，即博物馆工作人员要作为专家，熟练地回应社区的需求和愿望，像他们如今在收集、保存、研究、展示和阐释藏品方面一样。"

八、地方的重要性——社区身份认同

本章和第一章提及了许多关键词。显然，遗产、身份、文化认同和社区这些术语必须被视为动态概念。同样显而易见的是，赋予我们认同感的因素，无论是自我、民族还是社区的身份，有很多且复杂，其中一些可能会发生变化。有了这些可变因素，我们又怎样理解什么是自己社区、地方或地域的最重要特征呢？尽管物理环境（景观、栖息地、建筑）很重要，但地方更复杂，是人与环境、人与邻里、人与历史之间的理解之网，它必须发生改变以使新思想、新实践和新人群能够进入。在不断变化的世界中，文化认同要求我们努力去坚持过去重要的东西，并采用最佳的新东西。

在第一章中提到了"共同点"（Common Ground）组织，他们的工作及其使用的"地方独特性"术语，试图去概括某个地理区域的特殊之处。他们认为小事物（细节）、以前生活与景观的片段（岁月的痕迹）是"给予街道或田野意义"的属性。"共同点"组织提到：

> 地方独特性无处不在，不仅仅是美丽的地方，它涉及细节、岁月的痕迹和含义，以及塑造身份的事物。重要的是，它注重本地性，而非区域性。它是累积的和集合的……调和的和变化的……它包括物质的和非物质的。方言、节日、神话，可能与树篱、山丘和房屋一样重要。
> （Common Ground, 1996）

"共同点"组织主要将这种方法应用于较小的地理区域，他们制作"带插图的字母表"或教区地图以鉴别"文化展示点"，从而帮助我们去定义或识别自己的地方。大教堂或山脉，又或者是小细节，诸如农场大门的设计、人行道或红色邮筒旁遇到的台阶类型等，这些都可能是重要的景观特征。这种方法可以在各种范围内使用。如在英格兰的萨塞克斯郡（Sussex），几个小村庄用教区地图绘制作为遗产项目的活动起点，以试图反映当地的独特性（Leslie, 2006）。

当考虑更大的地理区域时，这种方法似乎不太奏效。泰恩赛德（Tyneside）就是个例子，它是英格兰北部一个具有浓郁文化传统的地区。当我与学生集思广益，思考使纽卡斯尔成为一个"特别"地方的文化要素时，一系列对"高地人"（Geordie）身份认同至关重要的因素浮现出来。以下"字母表"列出了使泰恩赛德具有文化独特性的一些要素：

A—Armstrong, Sir William（威廉姆·阿姆斯特朗爵士，发明家和工程师）；Angel of the North［北方天使，安东尼·戈姆利（Anthony Gormley）的雕塑作品］

B—Blaydon Races（布莱登赛马，传统歌曲）；Bewick, Thomas（托马斯·比威克，雕刻大师）

C—coal（煤炭）；collective memories（集体记忆）；coastline（海岸线）；Central Station（中央车站）

D—Dress codes (old and new)［着装规范（旧与新）］；Dobson, John（约翰·都布森，建筑大师）

E—Enjoyment（享受）；especially（特别）

F—Friday evenings in the Bigg Market（星期五晚上的毕格市场）

G—Geordie accent（高地人口音）；Geordie warmth and friendship（高地人的热情与友善）；Grainger Street（格兰杰街）；Grey Street（格雷街）；glass and ceramics（玻璃和陶瓷）

H—History（历史）；Hoppings (Fair on Town Moor)［跳跃赛（在城市沼泽地举行）］；Hancock Museum（汉考克博物馆）

I—Industrial past (coalmining, shipbuilding, engineering)［昔日的工业（采煤、造船、工程）］

J—Jesmond Dene（杰斯蒙德-丹尼，当地公园）

K—Keep (of the New Castle)［保留（新城堡）］

L—Leek growing（韭葱种植）；Literary and Philosophical Society（文学与哲学会）；Laing Art Gallery（莱恩美术馆）

M—Magpies（喜鹊，见 NUFC）；Metrocentre（美罗购物中心）；Monument［纪念碑，致敬格雷伯爵（Earl Grey）］；Maritime Heritage（海洋遗产）；Metro（地铁）；Mining（采矿）

N—Newcastle Brown Ale（纽卡斯尔棕色艾尔啤酒），Newcastle United Football Club（纽卡斯尔联合足球俱乐部，简称 NUFC，绰号喜鹊）；Northumberland Street（诺森伯兰街）

O—Objects which reflect the rest of this alphabet（反映此字母表的其余物件）

P—Pigeon racing（信鸽赛）；people（人）

Q—Quayside（码头区）

R—River Tyne（泰恩河）；railways and railway history（铁路和铁路史）

S—Shopping（购物）；stottie cake（斯科蒂蛋糕，当地美食）；Stephenson, Robert（罗伯特·史蒂芬森，铁路工程师）；scientific heritage（科学遗产）

T—Tyne Bridge（泰恩桥）；Town Moor（城市沼泽）；traditions and tragedies（传统和灾难）

U—Unemployment and hardship（失业和艰难）

V—Verve for life（生命活力）

W—Walls（city, Roman, Byker）［墙（城市、古罗马、拜克墙）］；Whitley Bay（惠特利湾），whippets（小灵狗）

X—Exhibition Park（展览公园）；Exhibition Ale（艾尔啤酒展销会）

Y—Youth culture（青年人文化）

Z—and all the rest（其余所有）

必须考虑到，该表是以新来的外地人，而不是以当地人的观点制作的，所以它让人觉得相当别扭，从某些方面看更像是当地旅游部门编制的特色表。将该表与沃尔森德（Wallsend）居民编写的字母表进行比较会十分有趣，后者将他们自己与泰恩河及其产业，或与市中心的本威尔（Benwell）亚洲社区紧密相连。尽管该表存在瑕疵，但有此观念很重要，从中呈现出的一系列特征的确引人入胜。上述列表包含了建筑学、机构设施、艺术、建筑物、服饰、口音、消遣、饮食、学会、行为、态度、人、过去的成就、自然特征、传统、事件、歌曲和历史感。过去与现在、传统与新思想、外观与语言、有力的象征与有形组织的独特组合隐含其中，这些组合有助于给予特定的身份认同。博物馆可以通过其活动来接纳、反映和颂扬所有这些特征，从而提高它们对文化认同的意义。

九、新的社区方法

在较大的机构中，博物馆和社区之间紧密而持久的互动在某种程度上是受传统观念、大型历史藏品、学术专家、纪念性建筑物以及提供的各种项目的限制。许多较小的地方博物馆、露天博物馆和民俗博物馆，是由志愿者管理的，不受这些限制的约束，并已发展出与社区更为紧密的工作方法。要使博物馆与社区充分融合并受社区推动，就需要在环境、理念和组织上进行彻底改变。也许，这样的情况更容易发生在具有强烈认同感的农村地区。然而，除地理因素外，还需要综合包括社会、经济、文化和博物馆学在内的多种因素，才能共同展示出一条不同的前进道路。这恰好发生在 20 世纪 60 年代末至 70 年代初的法国，在这里，石板上所描绘的传统博物馆及其组织和功能的清晰有力的线条已被擦拭干净，并重新绘制上生态博物馆的模糊阴影和虚线。

参 考 文 献

Almond, M. (1991) 'Nine-tenths of the law?', *The Times*, 26 March.

Anderson, B. (1991) *Imagined Communities*, Verso, London.

Anderson, D. (1997) *A Common Wealth: Museums and Learning in the United Kingdom*, Department of National Heritage, London.

Agyeman, J. and Kinsman, P. (1997) Analysing macro-and microenvironments from a multicultural perpective. In Hooper Greenhill, E. (ed.) *Cultural Diversity; Developing Museum Audiences in Britain*, Leicester University Press, London and Washington, pp. 81-98.

Bauman, Z. (1996) From Pilgrim to Tourist-or a short history of identity. In Hall, S. and Du Gay, P. (eds) *Questions of Cultural Identity*, Sage, London, pp. 18-36.

Bauman, Z. (2004) *Identity*, Polity Press, Cambridge.

Bellaigue, M. (1986) Museums and identitites. In Sofka, V. (ed.) *Museums and Identity*, ICOFOM

Study Series No. 10, pp. 33-38.

Benson, K. (1995) 'Community connections', *Curator*, 38(1), 9-13.

Boggan, S. (1996) 'Scots get the Scone, but Major wants the jam', *Independent*, 16 November, p. 3.

Boylan, P. (1990) 'Museums and cultural identity', *Museums Journal* 90(10), 29-33.

Boylan, P. (1995) 'Thinking the unthinkable', *ICOM News*, 48(1), 3-5.

Cameron, D.F. (1992) 'Getting out of our skin: museums and a new identity', *Muse*, summer/autumn, 7-10.

Cannon-Brookes, P. (1984) The nature of museum collections. In Thompson, J.M.A. *The Manual of Curatorship*, Butterworth, London, pp. 115-126.

Carrington, L. (1995) 'Power to the people', *Museums Journal*, 95(11), 21-24.

Carter, J.C. (1992) 'Escaping the bounds; putting the community back into museums', *Muse*, winter, 61-62.

Carter, J. (1994) Museums and the indigenous peoples in Canada. In Pearce, S. *Museums and the Appropriation of Culture*, The Athlone Press, London, and Atlantic Highlands, NJ, pp. 213-226.

Catalani, A. (2009) Yoruba identity and Western Museums: ethnic pride and artistic representations. In Anico, M. and Peralta, E. (eds) *Heritage and Identity*, Routledge, London and New York, pp. 181-192.

Chadwick, A.F. (1980) *The Role of the Museum and Art Gallery in Community Education*, Nottingham Studies in the theory and practice of the education of adults, University of Nottingham, Nottingham.

Common Ground (1996) *Promotional Leaflet; Common Ground*, Common Ground, London.

Corsane, G. (2006) From outreach to inreach: how ecomuseum principles encourage community participation in museum processes. In Davis, P., Maggi, M., Su, D., Varine, H., and Zhang, J. *Communication and Exploration*, Provincial Authority of Trento; Trento, Italy, pp. 109-124.

Cox, A. and Singh, A. (1997) Walsall Museum and Art Gallery and the Sikh community: a case study. In Hooper-Greenhill, E. (ed.) *Cultural Diversity: Developing Museum Audiences in Britain*, Leicester University Press, London and Washington, pp. 159-167.

Crooke, E. (2008) An exploration of the Connections among Museums, Community and Heritage. In Graham, B. and Howard, P. (eds.) *The Ashgate Research Companion to Heritage and Identity*, Ashgate, Alderdshot, pp. 415-424.

Cusick, J. (1996) 'Scots open new chapter in fight to reclaim past', *Independent*, 18 November, p.5.

Dickerson, A. (1995) Museums and cultural diversity: the new challenges. *In Museums and Communities*, International Council of Museums, Paris, pp.19-22.

Diop, C.A. (1982) 'The building blocks of culture', *UNESCO Courier*, August/September.

Goddard, T.R. (1929) *History of the Natural History Society of Northumberland, Durham and Newcastle upon Tyne, 1829-1929*, Andrew Reid, Newcastle.

Hall, S. (1996) Who needs identity? In Hall, S. and Du Gay, P. (1996) *Questions of Cultural Identity*,

Sage, London, pp. 1-17.

Hall, S. and Du Gay, P. (1996) *Questions of Cultural Identity*, Sage, London.

Hemming, S. (1997) Audience participation: working with local people at the Geffrye Museum, London. In Hooper-Greenhill, E. (ed.) *Cultural Diversity: Developing Museum Audiences in Britain*, Leicester University Press, London, and Washington, DC, pp. 168-182.

Herle, A. (1997) 'Museums, politics and representation', *Journal of Museum Ethnography*, 9, 65-78.

Hooper-Greenhill, E. (1994) Museum education; past, present and future. In Miles, R. and Zavala, L. (eds) *Towards the Museum of the Future; New European Perspectives*, Routledge, London, p. 138.

Hooper-Greenhill, E. (1997) *Cultural Diversity: Developing Museum Audiences in Britain*, Leicester University Press, London, and Washington, DC.

Hooper-Greenhill, E. (2000) *Museums and the Interpretation of Visual Culture*, Routledge, London and New York.

Jenkinson, P. (1994) Museum futures. In Kavanagh, G. (ed.) *Museum Provision and Professionalism*, Routledge, London, pp. 51-54.

Kaplan, F.E.S. (1994) *Museums and the Making of 'Ourselves'; The Role of Objects in National Identity*, Leicester University Press, London and New York.

Karp, I. And Levine, S.D. (eds) (1991) *Exhibiting Cultures: The Poetics and Politics of Museum Display*, Smithsonian Institution Press, Washington, DC, and London.

Koshar, R. (1998) *Germany's Transient Pasts: Preservation and National Memory*, University of North Carolina Press, Chapel Hill.

Kreps, C. (2008) 'Appropriate museology in theory and practice', *International Journal of Museum Management and Curatorship*, 23(1), 23-41.

Kreps, C. (2009) Indigenous curation, museums and intangible cultural heritage. In Smith, J. and Akagawa, N. (eds) *Intangible Heritage*, Routledge, London and New York, pp. 193-208.

Leslie, K. (2006) *A Sense of Place: West Sussex Parish Maps*, Chichester, West Sussex County Council.

Lovatt, J.R. (1997) The People's Show Festival 1994: a survey. In Pearce, S.M. (ed.) *Experiencing Material Culture in the Western World*, Leicester University Press, London, and Washington, DC, pp. 196-221.

Macdonald, A.M. (ed.) (1977) *Chambers Twentieth Century Dictionary*, Chambers, Edinburgh.

Macqueen, E. (1998) *Museums and their Communities; A Case Study in Argyll and Bute*, unpublished M.Phil. thesis, University of Newcastle upon Tyne.

Magga, O.H. (1995) Museums and cultural diversity: indigenous and dominant cultures. *In Museums and Communities*, International Council of Museums, Paris, pp.16-18.

Magnusson, M. (1989) Introduction to Greenfield, J. *The Return of Cultural Treasures*, Cambridge University Press, Cambridge, pp. 1-9.

Makins, M. (ed.) (1997) *Collins English Dictionary and Thesaurus*, Harper Collins, Glasgow.

Marschall, S. (2006) 'Visualising memories: the Hector Pieterson Memorial in Soweto', *Visual Anthropology*, 19, 145-169.

Mason, R. (2005) Museums, galleries and heritage: sites of meaning-making and communication. In Corsane, G. (ed.) *Heritage, Museums and Galleries: an Introductory Reader*, Routledge, Abingdon, pp. 200-214.

Mason, R. (2007) *Museums, Nations, Identities: Wales and its National Museums*, University of Wales Press, Cardiff.

Maure, M. (1986) Identités et cultures. In Sofka, V. (ed.) *Museums and Identity*, ICOFOM Study Series No. 10, pp. 197-199.

McDowell, S. (2008) Heritage, memory and identity. In Graham, B. and Howard, P. (eds) *The Ashgate Research Companion to Heritage and Identity*. Ashgate, Aldershot, pp.37-53.

Merriman, N. (1992) The dilemma of representation. *In Les Cahiers de Publics et Musées; La Nouvelle Alexandrie*, Ministère de la Culture et de la Francophone; Direction des Musées de France, Paris, pp. 135-140.

Merriman, N. (1995) 'Hidden history: the peopling of London project', *Museum International*, 47(3), 12-16.

Miles, R. (1994) Introduction. In Miles, R. and Zavala, L. (eds) *Towards the Museum of the Future: New European Perspectives*, Routledge, London.

Misztal, B. (2007) Memory experience: the forms and function of memory. In Watson, S. (ed.) *Museums and their Communities*, Routledge, London and New York, pp. 379-396.

Museums and Galleries Commission (1986) *Museums in Scotland; Report by a Working Party 1986*, HMSO, London.

Pickering, M. (2007) Where to from here? Repatriation of indigenous human remains and 'The Museum'. In Knell, S.J., MacLeod, S. and Watson, S. (eds) *Museum Revolutions: How Museums Change and are Changed*, Routledge, London and New York, pp. 250-260.

Sandell, R. (2002) *Museums, Society, Inequality*, Routledge, London.

San Roman, L. (1992) Politics and the role of museums in the rescue of identity. In Boylan, P.J. *Museums 2000: Politics, People, Professionals and Profit*, Museums Association and Routledge, London and New York, pp. 25-41.

Simpson, M. (2007) Charting the boundaries: indigenous models and parallel practices in the development of the post-museum. In Knell, S.J., MacLeod, S. and Watson, S. (eds) *Museum Revolutions: How Museums Change and are Changed*, Routledge, London and New York, pp. 235-249.

Sola, T. (1986) Identity-reflections on a crucial problem for museums. In Sofka, V. (ed.) *Museums and Identity*, ICOFOM Study Series No. 10, pp. 15-18.

Spielbauer, J.K. (1986) Introduction to identity. In Sofka, V. (ed.) *Museums and Identity*, ICOFOM

Study Series No. 10, pp. 273-282.

Šuler, P. (1986) The role of museology. In Sofka, V. (ed.) *Museums and Identity*, ICOFOM Study Series No. 10, pp. 283-286.

Taborsky, E. (1982) 'The sociological role of the museum, *International Journal of Museum Management and Curatorship*, 1, 339-345.

Turner, V. (1967) *The Forest of Symbols*, Cornell University Press, Ithaca, NY, and London.

UNESCO (1982) Mexico City Declaration on Cultural Policies, adopted by the World Conference on Cultural Policies, Mexico, 6 August 1982. In *World Conference on Cultural Properties, Mexico City, 26 July-6 August 1982, Final Report*, UNESCO, Paris, pp. 41-46.

Van Mensch, P. (1986) Museums and cultural identity. In Sofka, V. (ed.) *Museology and Identity*, ICOFOM Study Series, 11, pp. 201-209.

Viet, J. (ed.) (1980) *The International Thesaurus of Cultural Development*, Clearing House and Research Centre for Cultural Development, UNESCO, Paris.

Wasserman, F. (1995) Museums and otherness: community challenges and the ecomuseum of Fresnes. In *Museums and Communities*, International Council of Museums, Paris, pp. 23-28.

Watson, S. (2007) Museums and their communities. In Watson, S. (ed.) *Museums and their Communities*, Routledge, London, pp. 1-24.

Weil, S.E. (1990) Dry rot, woodworm and damp. In Weil, S.E. *Rethinking the Museum and other Meditations*, Smithsonian Institution Press, Washington, DC, p.24.

Witcombe, A. (2003) *Re-imaging the Museum; Beyond the Mausoleum*, Routledge, London.

Zerubavel, E. (1997) *Social Mindscape: An Invitation to Cognitive Sociology*, Harvard University Press, Cambridge, MA.

第三章　博物馆、社区、环境：
生态博物馆的出现

前文探讨了传统博物馆在过去和现在与其环境的关系、以及与博物馆相关的身份认同和社区概念。20 世纪 60 年代，一些"传统"博物馆开始改变长期以来形成的理念和实践，以适应社会的需求。为了抢救"遗产"碎片，并与地方认同建立更密切的联系，通常在地方层面上开始建设不同类型的博物馆。博物馆实践中的这些变化发生在社会大动荡时期，社会上的革命性关注催生了关于博物馆性质和宗旨的新观念。生态博物馆成为国际上讨论博物馆宗旨的焦点。它着重强调社区参与，以满足社区在其地理区域或地域内采取行动保护自己物质文化和自然遗产的要求。

本章首先考察了促使生态博物馆建立的政治、社会和博物馆学力量。想要了解生态博物馆的理论基础，首先是要建立它们的谱系：思考影响其发展的早期博物馆模式，观察同时进行的博物馆演化所共享的某些特征。在圣地亚哥"圆桌会议"以及国际博物馆协会会员大会上提出的决议都表明，人们日益认识到社会需求和"第二次博物馆革命"的影响。在所谓"新博物馆学"概念与生态博物馆之间存在着的相当大的混淆也值得去探讨。本章最后回顾了早期的一些生态博物馆在法国的发展情况，以期了解这些新思想被付诸实践的方式。

一、生态博物馆的前身

博物馆的演化一直是一个持续的过程。尽管第一座生态博物馆建设背后的思想是创新的，但它与早期博物馆模式密切相关，并受其影响。新的和激进的思想早在 20 世纪后期就开始出现，其中许多思想，包括家乡博物馆

（heimatmuseum）、地方博物馆（hembygdsmuseet）、露天博物馆、民俗博物馆和邻里博物馆（neighbourhood museums）都对参与生态博物馆创建的博物馆学家产生了重要影响。

（一）家乡博物馆和地方博物馆

在德国，家乡博物馆的起源可以追溯到 19 世纪（Hauenschild, 1989）。虽然定义"家乡"（heimat）或家园含义的意识形态在不断变化，但其自始至终都对博物馆产生了深远影响。克莱尔（Clair, 1992）记录到，在民族主义／社会主义（即纳粹的民族社会主义）政权统治下，德国大约建立了 2000 个家乡博物馆，其目的是形成对家园、德国土地和人民的持久依恋。它们是许多不同类型的博物馆，颂扬着不同地方的富庶、早期工业的意义或当地人的才华。

纳粹德国见证了传统博物馆的"净化"和"腐朽"艺术的覆灭，以及宣传性展览和说教性活动的到来。这也导致了既有的家乡博物馆和其他创立的博物馆开始在重心上发生变化，成为提供民族主义宣传的工具。从这一时期起，家乡博物馆就具有了种族主义的内涵。克鲁斯-拉米雷斯（Crus-Ramirez, 1985）介绍了德国博物馆学家莱曼（Lehmann）和克莱施（Klersch）（分别于 1935 年和 1936 年发表）的观点，他们认为家乡博物馆是第一次世界大战后社会凝聚力与安抚民心需要的体现。其中安抚民心部分来自德国人对家乡的深深眷恋，这种情感可以通过创立地方博物馆来表达。莱曼提到了支撑家乡博物馆的哲学，包括将大众文化视为必不可少的元素，以及需要提及个人与环境之间的关系。整体观和教育模式的采用也至关重要。当时"大众文化"在德国兴起是通过瑞典的"地方运动"（hembygdrörelse）、法国 1935 年建立的民间艺术与传统博物馆和欧洲其他地方对民俗生活高涨的兴趣反映出来①。

克鲁斯-拉米雷斯将家乡博物馆描述为生态博物馆"误入歧途的先驱"。这种误用是因纳粹利用博物馆曲解德国人的生活和历史。科学，特别是自然科学，被用来证明雅利安人的优越，所传达的信息成为纳粹政权鼓吹者的工具。莱曼认

---

① 由于纳粹分子滥用"民俗学"这一概念，导致德国、荷兰的社会精英在战后基本上都忽视了它。冯·门施（Van Mensch，私人通信，1998）指出，直到最近，当"民俗学"与社会史的学术方法相结合时［与法国年鉴学派（French Annales school）有关］，这种情况才有所改观。

为，家乡博物馆必须"使个人产生一种精神状态，这种状态以某种形式将他牢不可破地依附于其故土，从而构成了他生活的基础"。精神烙印成为第三帝国统治下家乡博物馆的新角色。戈培尔（Goebbels）在出席纪念莱茵兰归属德国1000年的展览后，又于1936年在科隆参加了祖国莱茵兰之家（Has der Rheinischen Heimat）的落成典礼。该馆旨在提供一个场所，为当地人重新建立起与当地历史的联系，"科学地展现这些历史，以便从中汲取种族的道德力量"。迎接访客的是一个等级分明的展览，该展抹去了所有冲突，强调了莱茵兰的同质性，并夸耀了国家的美德。

第三帝国时期，当权者对家乡博物馆进行了控制和利用，它们传达了虚假的信息，同时灌输了特定的意识形态，但最初的家乡博物馆确实是博物馆学思想的真正创新，而社区是其哲学的基石。正如克莱施（Klersch, 1936）指出的那样，它也被视为动态的机构：

> 家乡博物馆一定不是死者的王国和墓地。它是为生者而生的，必须属于生者，生者在那里必须感到自在。生者在不断地迁移，从昨天到明天，博物馆必须帮助他们从过去的镜子中看到现在，从现在的镜子中看到过去。因此，他们将感受到过去和现在的紧密凝聚力，从而孕育未来。家乡博物馆的关键任务是为人民和现在服务，如果这个任务失败，它只能成为一个无生命的物件收藏地。

克鲁斯-拉米雷斯（Crus-Ramirez, 1985）向生态博物馆和其他由地方和州政府负责运营的博物馆发出了警告，他建议这些博物馆应该吸取家乡博物馆的教训，因为后者曾存在于纳粹政权统治之下。博物馆应该提防"这个地域认同的大本营，防止任何政治权力都可以用它来宣扬自己的思想，同时利用易变且含糊的情感"。

如今在重新统一的德国，已经摒弃了种族主义色彩的家乡博物馆正在复兴。豪恩席尔德（Hauenschild, 1989）指出，它们将自己重新定义为反映自然和文化环境的博物馆，成为当地人认同和安全感的来源。她认为，由于它们是"活跃的"机构，是一个公众相互交流，了解其历史、现在和未来的地方，故而重生的家乡博物馆是20世纪80年代新博物馆学到来的标志之一。比厄尔家乡博物馆（Heimatmuseum Beuel）是一个典型的例子，它是地方历史博物馆，位于波恩，1986年在比厄尔地方历史学会的倡议下建立，其博物馆建筑可以追溯到1662

年。该博物馆关注比厄尔地区从古罗马时期到现在的历史，并由一群当地志愿者管理。

在 19 世纪末至 20 世纪 30 年代的瑞典，人们对自然和文化遗产的保护与弘扬的兴趣越来越浓。名为 "hembygdrörelse" 的家乡运动，促使小型社区博物馆和相关机构建立起合作关系网，以推动当地环境和景观的保护。根据比约克罗斯（Björkroth, 2000）的说法，"hembygdrörelse" 是：

> 两个独立的单词 hembygd 和 rörelse 的连接……后一个词很容易译为运动。Hembygd 也可以视为两个词，hem 是家，bygd 是景观。hembygd 这个词在使用时常常带有感情色彩，并且暗示一种地方的归属感。

她在对家乡运动兴起的详细研究中，反思了其结果，特别是年轻人的参与是如何带动瑞典民俗高中的发展，以及随着瑞典从一个以农业为主的国家转变为一个工业国家，小型博物馆是如何越来越关注收藏和记录民俗文化的。区域性联盟，如在瑞典中部的达拉纳（Dalarnas），家乡历史协会（hembygdsförbund）汇集了当地博物馆，以及园艺、狩猎和林业等不同利益协会的代表，以 "保存，并复兴继承下来的文化和自然的价值观"（Björkroth, 2000）。

如今，瑞典的家乡运动仍在持续蓬勃发展。在当地遗产协会的管理和推动下，瑞典大约有 1400 家这样的博物馆，其中大多数是免费的，有些甚至能为访客提供住宿。他们的主要目标仍然是保护当地的物质文化，通常这些物件是放置在传统建筑之中的，如 18 世纪和 19 世纪的大型农舍、小屋、谷仓和栈房等，这些建筑可以洞悉瑞典的建筑史。当地遗产协会的中心指南宣称 "协会自愿保护这些独一无二的老建筑，这在世界上其他任何地方都没有过"（Sveriges Hembygdsförbund, 2009）。雪恩故乡协会（Tjörns Hembygdförening）是一个典型的例子，它位于瑞典西部布胡斯（Bohusläns）的雪恩岛上，在这里的 19 世纪农场建筑群中，当地协会保存着代表农村生活和当地考古发现的大量且丰富的藏品（图 3.1）。这让博物馆成为当地社区的焦点，尤其是在庆祝活动期间，如仲夏之际。

由于对保护迅速消失的农业经济碎片有着浓厚的兴趣，瑞典诞生了世界上最具标志性的博物馆——斯堪森（Skansen），也就不足为奇了。

图 3.1　雪恩故乡协会保存着代表当地农村生活的藏品
戴安娜·瓦尔特斯（Diana Walters）　摄

（二）斯堪森和露天博物馆的起源

对博物馆的影响，很少有人比得过瑞典人阿图尔·哈兹里乌斯（Artur Hazelius）。作为瑞典军官的儿子，他目睹了 19 世纪下半叶瑞典发生的许多重大变化。工业化和经济财富的创造是与剧烈的社会和环境动荡相伴的。依据亚历山大（Alexander, 1983）的说法，哈兹里乌斯对保护斯堪的纳维亚（Scandinavian）民族志的兴趣来自于 1872 年他走访达拉纳省（Dalarna）时，当时他：

> 很苦恼地发现，在结婚前，他作为一名学生到达拉纳旅行时注意到的那些愉悦的、协调的和高度个性化的生活方式，现在开始消失了。他担心工业革命会带来沉闷且乏味的一致性，并威胁到环境的自然美和瑞典生活的文化多样性。繁荣的谷物市场使农民变得富裕，诱惑他们购买奢侈品，从而改变了传统的着装、饮食，甚至宗教信仰方式。

1872—1873 年，哈兹里乌斯开始收集物质文化遗产，并汇编有关传统、舞蹈、音乐和民间故事的资料。1873 年斯堪的纳维亚民族学博物馆向公众开放，他的藏品作为"生活场景"被展出。穿着服装的蜡像被布置在一组藏品物件中，极其受欢迎。许多蜡像藏品，包括"拉普人营地"（Lapp Encampment）曾在 1878 年巴黎世界博览会上展出过。利用蜡像这一常见媒介的时兴方法，使博物馆成为一个令人愉悦的参观场所，并激发人们对最近历史的好奇心和兴趣。1875 年，瑞典政府意识到博物馆需要更多的空间和资金支持，于是划拨土地修建了一座新博物馆，即北欧博物馆（Nordiska Museet），该馆于 1907 年开放，秉承"认识你自己"的格言，成为了解瑞典丰富的地区、文化和社会多样性的中心。卡瓦纳（Kavanagh, 1990）指出，哈兹里乌斯"在社会和政治发生重大变革的时刻……使瑞典国民意识到工业化的某些影响"，以及"在很大程度上是由于他的贡献，使民族学或民俗学作为一门学科出现在瑞典"。作为斯德哥尔摩滨水区的雄伟建筑，北欧博物馆是这座城市的地标，是瑞典身份认同的参照点。

1891 年，哈兹里乌斯将其兴趣更进一步，创建了世界上第一座露天博物馆——斯堪森。它位于俯瞰斯德哥尔摩的山丘上，与北欧博物馆毗邻，为瑞典的乡土建筑提供了新家。建筑内部进行了适当的布置，带有花园和附属建筑，成为瑞典一瞥的缩影。斯堪森不仅仅是建筑物和物件的集合，更是一个活生生的场所，在这里导游们着传统服饰进行手工艺、音乐、节日活动和舞蹈的展演。哈兹里乌斯不仅提供了一种新型博物馆，而且让参观这类博物馆变得很有趣，在那里娱乐与学习齐头并进。由于他对瑞典遗产的认真记录，确保了斯堪森拥有坚实的知识基础，使其成为全世界露天博物馆发展的典范。卡瓦纳（Kavanagh, 1990）指出：

> 在本世纪的欧洲和美国，很少有民俗博物馆或露天博物馆在不提及斯堪森的情况下发展起来。瑞典的工作促使其他国家建立了民俗博物馆和露天博物馆。战前时期，最突出的有成立于 1881 年的丹麦民俗博物馆（Danish Folk Museum）、成立于 1887 年的挪威民俗博物馆（Norsk Folkemuseum）和 1887 年桑德维格（Sandvigske）在利勒哈默尔（Lillehammer）开始进行的收集工作从而创建的麦豪根露天博物馆，以及 1909 年始建的丹麦老城区（Den Gamle By）露天博物馆。

（三）民俗博物馆及社会史与工业博物馆的兴起

两次世界大战期间，在数个国家建立的许多民俗生活博物馆，都受到了哈兹里乌斯的影响，尤其是他的物质文化知识与教育方式。在英国，这些都离不开另一些人的倾注，如约沃思·皮特（Iorwerth Peate, 1901—1982 年），他的努力促成了威尔士民俗博物馆（Welsh Folk Museum）的建立（Stevens, 1986）；又如伊索贝尔·格兰特（Isobel Grant），她收集了代表苏格兰高地生活方式的藏品（Noble, 1977）。格兰特访问了斯德哥尔摩和利勒哈默尔的博物馆，以及阿姆斯特丹的国立博物馆（Rijksmuseum），并开始发展自己的"民俗生活"（folk life）哲学。她发现"民俗"这个词存在明显的欠缺，它带有农村文化中田园牧歌般生活的味道。依据卡瓦纳（Kavanagh, 1990）的说法，"格兰特认为，当代策展需要关注的不是稀有的和奇特的物件，而是那些熟悉的和普通的物件，以及人们在古老贵族文化中的生活"。尽管人们对"民俗"一词的忧虑持续加剧，但在 20 世纪 60 年代后期英国开始出现这样一种观念，即此类博物馆应寻求表现当地文化的多样性和独特性。

显然，历史是当地独特性中最为重要的一个亮点，它为人们提供机会以独一无二的地方记忆来区分其社区。本地历史对任何社区的既定成员和新成员来说都很重要。珍贵的不仅仅是遥远过去（新石器时代、中世纪时期）的遗产，我们生活中的片段也尤为重要，它们在时间上离我们更近，这些证据（我们的集体记忆）确实在 20 世纪 60 年代以前被极大地忽视了。在城镇和乡村，传统行业的衰落意味着它们在物质文化和景观方面的存在感正在丧失。因此，废弃的工厂、老火车站、运河、水磨坊、谷仓，以及传统的田地形态或干草甸的多样化植物群，在人们对它们的消失感到惋惜时，便获得了新的意义。马威克（Marwick, 1981）指出："很简单，人类社会需要历史。"

在英国，地方历史学会和口述史项目的增长表明，人们对当地历史的兴趣正在复苏，这与人们需要保护国家工业遗产的意愿相吻合。自 20 世纪 70 年代以来，涌现出了越来越多的历史博物馆，这些博物馆大多是小型的地方博物馆，其中有几个重要的博物馆，如铁桥谷博物馆和比米什博物馆。这些兴起的工业和乡村生活博物馆，通常环布在重要的地方周围，暗示着一种保护我们近期历史的新运动，并与法国生态博物馆的发展同时进行。与生态博物馆类似，这些博物馆的任务不仅致力于保护建筑物和相关物件，还致力于拯救技术和技艺。通过了解人们过去的生活，这些博物馆保存了如哈德森（Hudson, 1987）所说的"家乡的历史与风俗"。这些运动的基础是意识到博物馆及藏品只有在讲述关于人的故事和为人讲述故事时才有意义。"图画书"（源自"民俗"一词所产生的图像）被抛弃，取而代之的是更受推崇的"社会史"。与世界其他地方一样，新情绪、对收藏的新态度、对工业史和地方重要性的新欣赏是英国新博物馆运动的一部分。

（四）美国民俗生活博物馆

1877 年，当定居在艾奥瓦州的挪威人创建了维斯特海姆挪威裔美国人博物馆（Versterheim, the Norwegian-American Museum）时，美国便感受到了民俗运动的影响，按理说这是北美第一家民俗博物馆。尽管起步较早，但民俗博物馆运动直到 20 世纪 50 年代才在美国取得了实质性进展，当时就有了突然而显著的增长，并一直延续至今。琼斯和马特利克（Jones and Matelic, 1987）评论道：

> 几乎每个月都会有关于这类项目的新闻，通常是当地人的努力，他们希望保留祖先的遗产和他们城镇或地区所具有的开创性经济……结果是形成了一个由活生生的历史农场、村庄、堡垒、采矿地、工业点组成的新兴关系网……雇佣了一支志愿者队伍来运营它们，并在此过程的每个步骤中提出有关收藏、阐释和管理的博物馆学问题。

显然，美国需要为开展良好的实践建立更多的民俗博物馆，同时也需要致力于以欧洲模式为建立基础的研究，该研究对欧洲模式也至关重要。

贾布伯（Jabbour）在《民俗生活与博物馆》（*Folklife and Museums*, 1987）一书的前言中提供了一些有说服力的见解，以帮助我们识别和理解美国民俗博物馆与法国生态博物馆的同步演化。他说：

> 除涉及特殊主题之外，民俗生活似乎还为博物馆提供了一种使其展览、研究和其他活动民主化的方法。其他学科的重点是国家性或国际性，而民俗可以突出本地性和区域性。其他学科的方法似乎有点精英化或上层人士化，而民俗可以是朴实的，以唤起基层民众的生活。其他学科的方法强调异乎寻常，而民俗可以探索和弘扬日常的生活。民俗提供了一种能从之前看似平凡中见到结构和辉煌的方式，它强调的传统为过去与现在的重新连接提供了可能。

用"生态博物馆"一词代替"民俗、民俗生活"，上述所言仍然是正确的。贾布伯强调了日常的和当地环境的重要性，以及通过社区所有权与社区参与使博物馆和集体遗产民主化的意义。

（五）安那考斯提亚社区博物馆（Anacostia Community Museum）
——第一个邻里博物馆

民俗生活运动在美国发挥了重要作用，但邻里博物馆或社区博物馆的发展同样重要。它们的起源是相近的，植根于 20 世纪 60 年代的社会动荡中。社会动荡影响了包括博物馆在内的所有文化机构，对博物馆角色任务的重新评估与重建，要求博物馆超越公认的和长期存在的惯例，摆脱博物馆建筑的限制，并与社区互动。在美国的城市里这一点尤为重要，那些靠近博物馆的种族社区，其特征已完全改变，"在 1968 年的国内骚乱后，白人从市区逃离，许多博物馆发现自己被不同的群体和不和谐的声音所包围"（Kinard, 1985）。为了应对这一挑战，当时的史密森学会（Smithsonian Institution）秘书长狄龙·里普利（S. Dillon Ripley）于 1966 年开始思考在华盛顿特区建一座邻里博物馆。凯纳德（Kinard）认为，里普利可能是受到了大约同时期在法国开始兴起的生态博物馆运动的影响，他指出：

> 安那考斯提亚社区被选为美国第一个实验性的邻里博物馆所在地，是因为大安那考斯提亚人民公司（Greater Anacostia Peoples Inc.）满怀热忱的兴趣，它是一个活跃的有广泛群众基础的社区团体，为史密森学会提供了绝佳的机会，使后者能够越过它的购物中心到达活跃的城中居民区，并与社区合作创建了一座小型的区域或地域博物馆，类似于那些在加拿大和法国被称为生态博物馆的分散式文化设施。

但是这完全不可能，因为第一座生态博物馆直到 1968 年才建成，比安那考斯提亚晚了一年。

1967 年 9 月 15 日，在类似节日的氛围中，一家经过改造的电影院作为安那考斯提亚邻里博物馆开放。不到一年的时间，它被誉为一种在市中心居民区建博物馆的新模式。盖特雷恩和刘易斯（Getlein and Lewis, 1980）指出，博物馆展览"探索了社区的历史，非洲的主题，黑人，尤其是女性的社会状况……这里没有永久的藏品，但是特定的展览总是激励人的，即使它们关注的是令人惊骇的社会现实"。安那考斯提亚关注社区的经验是一次真正的启发，之后其他邻里博物馆在美国各地被创建，如布鲁克林、底特律、亚特兰大、斯普林菲尔德、图森。像斯堪森一样，它改变了博物馆人对博物馆的思考方式。

作为美国博物馆越来越关注社会问题的时代产物，安那考斯提亚被描述为"最持久，并且从某种程度上讲，是对专业长久思考的革命性结果"（Getlein and Lewis, 1980）。随着时间的推移，它继续吸引着博物馆学家的关注。卡里尔·马什（Caryl Marsh，1966 年参与博物馆的建设者之一）认为，未来安那考斯提亚面临的挑战将是"保持其知识独立和视角独特的同时，继续囊括除高雅艺术和历史展览之外的，关于人们普遍感兴趣和关注的社会问题的前沿介绍"（Marsh, 1996）。

安那考斯提亚证明了发展观众和赋权社区的可能性，但也面临着相当多的实践和专业上的困难。1982 年，博物馆位于市中心贫民区，毒贩的存在与威胁令访客望而生畏，因此当时博物馆的地理位置被视为限制其发展的严重阻碍。后来，博物馆搬到了公共公园的中央，并更名为安那考斯提亚博物馆，这是其身份的两个细微变化。詹姆斯（James, 1996）对安那考斯提亚博物馆在基于社区认同变化的历史性回顾中指出，直接的社区可及性是博物馆使命的一部分，但史密森学会管理层、博物馆工作人员和社区居民似乎都对"邻里博物馆"概念的含义有不同的看法。她指出，尽管安那考斯提亚博物馆作为史密森学会的前哨站而创建，旨在吸引非洲裔美国人参观购物中心里的博物馆，但博物馆的使命实际上是由专注于非洲裔美国人文化和历史的社区咨询小组决定的。曾有一段时间，"博物馆专业化"的泛滥威胁到展览研发中的社区参与，从而减少了社区／博物馆与教育部门在外延项目的联系，直到 1994 年"黑色马赛克"（*Black Mosaic*）展览提供了新方法，即整合当地社区的观点。社区重申了其拥有博物馆的所有权。2010 年，安那考斯提亚博物馆正式更名为安那考斯提亚社区博物馆，继续其使命"挑战观念，拓宽视野，创造新知识，并加深对不断变化的概念和现实社区的了解，同时维持与安那考斯提亚和华盛顿哥伦比亚特区大都市圈的牢固联系"（ACM, 2010）。

从这些例子中可以明显看出，20 世纪及 20 世纪以前的社会变革，使博物馆以各种方式发展。对遗产保护和展示的再度强调促使一系列新博物馆的出现。民俗博物馆、露天博物馆、农场博物馆、乡村博物馆、工业博物馆、煤矿博物馆、学校博物馆、交通博物馆、邻里博物馆和社区博物馆都发挥了重要作用。博物馆的多样性本身就揭示出，人们对没有安全感的过去有深刻的感受，并表明当地社区为保护这一过去所做的承诺。通过获取对土地的物质与精神依恋，人们可以了解其社区是连续体的一部分。生态博物馆提供了处理这种社会需求的机制，因此也加入到新型博物馆的行列，然而，它可以说比其他任何博物馆都更能概况"第二次博物馆革命"的思想。

二、社会变革和"第二次博物馆革命"的影响

由米利斯（Miers, 1928）所定义的博物馆精英主义态度一直持续到 20 世纪 60 年代。这种定义不仅发生在英国而且遍及全世界。在这动荡不安的十年里，我们见到了对社会目标的重新评估，对世界和平、种族包容、公民权利和核裁军的再次呼吁。总的来说，随着社会开始审视其价值观，博物馆界也进行了自我反思，"第二次博物馆革命"郑重其事地开始了（Van Mensch, 1995）。重新评估的基础是"博物馆有什么用？"面对这个问题，很显然博物馆的概念需要重新修订，以应对动荡的社会。当然，博物馆一直在不断改变其工作方式。不可否认，在第一次博物馆革命的 19 世纪下半叶至 20 世纪上半叶，博物馆在保护、阐释和教育方面取得了进步。20 世纪 60 年代至 70 年代初期，博物馆自我批评的程度和巨大的变革速度是惊人的。在对博物馆理论和实践进行了彻底的重新评估后，富有想象力的想法渗透到博物馆的所有职能之中。这项变革一方面是对环境运动的回应和保护伦理的接纳，这对当今所有博物馆（尤其是自然历史博物馆）的运作方式产生了深远影响（Davis, 1996）。另一个方面是，博物馆要为社会、社区及其发展服务，这一强烈意愿在国际博物馆协会会员大会上掷地有声。首先是在 1968 年 8 月于德国慕尼黑举办的第九次大会上浮出水面。这次会议商定的第一个决议，即"博物馆被认为是为发展服务的重要机构"，因为它们可以为文化、社会和经济生活做出贡献。第十次会议（1971 年在法国格勒诺布尔）敦促博物馆"为其所服务的公众的需求进行连续和完整的评估"，以及"逐步发展行动方法，以便在未来更加牢固地确立其为人类服务的教育和文化功能"。第一个决议还包括如下一些有趣的附加要点：

- 博物馆必须接受正在时刻变化的社会。
- 博物馆的传统观念值得怀疑，它保存人类文化和自然遗产，并使有关的价值永续，但它仅仅作为物件的拥有者，未能展现人类发展中的所有重要事物。
- 每个博物馆都必须承认其有责任发展专门设计的行动手段，更好地服务于其运行的特定社会环境。

- 参观博物馆的公众并不一定是博物馆应该服务的全部公众。
- 博物馆没有利用好存在于社区其他部分的广泛的专业技能和知识。

这些观点挑战了博物馆及其员工长久以来形成的价值观。此后几年，它们成为国际博物馆协会会员大会争辩的中心议题，在哥本哈根（1974 年）、魁北克（1992 年）和斯塔万格（1995 年）举办的会员大会通过了类似的决议。1998 年的墨尔本会员大会继续呼吁博物馆承认其社区的多样性本质，而首尔会员大会（2004 年）的决议则专注于博物馆的需求上，即考虑如何更好地保护和加强其社区的非物质文化遗产。上海会员大会（2010 年）的主题是"博物馆致力于社会和谐"，当时的决议号召博物馆要确保社区参与，并运用民主方式。

自达成决议以来（在格勒诺布尔），博物馆需要积极寻求与其社区的更多对话，也就毫不奇怪了，这也是 1972 年联合国教科文组织与国际博物馆协会在圣地亚哥举行的"圆桌会议"上提出的要点之一。这次会议是继 1969 年 11 月在巴黎举行的"当代世界博物馆国际研讨会"（International Symposium on Museums in the Contemporary World）之后召开的，后者开始了对"博物馆在当代世界中的作用和地位"的质疑。联合国教科文组织第十六次会员大会，采纳了专题讨论会的一项决议，该决议支持博物馆的发展，并设立了圆桌会议组织。应智利政府（可能有阿连德政权的协助）的邀请，圆桌会议于 1972 年 5 月 20 日至 31 日在智利的圣地亚哥举行。在那里，博物馆专业人士和其他专家探讨了在拉丁美洲现代社会中博物馆对社会和经济需求的作用。他们事先确定了四个关键主题进行讨论：

- 乡村环境中的博物馆与文化发展，以及农业发展。
- 博物馆与环境的社会和文化问题。
- 博物馆与科技发展。
- 博物馆与终身教育。

讨论博物馆与科技发展的负责人是马里奥·泰鲁吉（Mario Teruggi），当他写道"人类的生存、悲伤、渴望和希望并没有进入博物馆"时，便抓住了会议的气氛（Terrugi, 1973）。他认为："博物馆被嫁接到社会的大树上，除非它能从宿主的树干中获得极其重要的汁液，否则就一文不值，汁液源于田野、作坊、实验室、学校、家乡和城镇。"换句话说，需要社区的参与来激励博物馆和当地人，以反映和保护当地环境，并有潜在的经济利益作为额外激励。对博物馆社会角色的认识是与许多弱势社区对自己必须寻求自我救赎的新信念相一致。例如，利恩（Lean，1995）援引了印度、南美地区、新西兰和英国的社区行动实例，以说明其中许多实例都具有重要的文化和环境目的。对这种社区需求（来自居民和博物馆专业人士）的认知带来了博物馆的新理念，即博物馆可成为一个既与社会和环境相融合，又与服务于当地人的其他组织相融合的机构。吉多（Guido，1973）在会议记录中写道，"马里奥·泰鲁吉博士建议创建一种新型博物馆，在该博物馆中，人类将连同其环境一起被展出。每个展览，无论其主题，无论是哪家博物馆，都应将物件与环境、人类、历史、社会学和人类学联系起来"。这类博物馆最初被参与者贴上了"社会博物馆"的标签，最后被称为"整体性博物馆"。

　　正是这一概念构成了 1973 年在圣地亚哥通过的，并由联合国教科文组织在《博物馆》杂志中发布的相关决议的基石。博物馆在社区及社区发展中起着重要作用的观点，在以下段落中清楚地展现：

　　　　博物馆是一个为社会服务的机构，它是社会不可分割的部分，就其本质而言，它包含的要素使其能够为塑造所服务的社区的意识提供帮助，凭借这些要素，博物馆可以通过规划历史活动以激发这些社区采取行动，使之最终展现当代问题。也就是说，通过将过去和现在联系在一起，使自己与不可或缺的结构性挑战相关联，并唤起适合其特定国情的其他挑战……博物馆学活动的转变要求馆长和管理者的观念以及他们所负责的制度性结构有一个逐步的变化。此外，整体性博物馆需要来自包括社会科学在内的各个学科专家永久性或暂时性的协助。新型博物馆，按其具体特点，似乎更适合作为地区性博物馆或中小型人口中心的博物馆。

　　尽管这些激进的想法最初被忽略了，特别是在当时英语国家的博物馆界中几乎未被注意到，但圣地亚哥大会仍可被视作博物馆学思想的转折点之一。这些想法花了很多年才渗透到大多数英语国家博物馆从业者心中。哈德森（Hudson，1977）厥功至伟，他将整体性博物馆的概念从默默无闻中解救出来，使其在英语国家广为人知。随着争辩的继续，人们逐渐意识到博物馆与社区之间联系的重要性，而且各种协会现在也被认为对博物馆及其社区至关重要。正如圣·罗曼（San Roman，1992）所建议的那样，博物馆必须反映所在地的生活与发展，并且必须在"国家与其社会经济发展的争论中发挥作用"，如果不这样，它们将会消失。

三、新博物馆学与生态博物馆

自 20 世纪 60 年代以来，博物馆哲学与实践的许多变化都与后现代主义有关。或者更确切地说，与后现代主义在博物馆和画廊界作为"新博物馆学"的表现有关。但是，这种现象究竟是什么？冯·门施（Van Mensch, 1995）认为，该术语至少在三种不同的场合、不同的地方和以不同的含义被引入到博物馆学文献中。20 世纪 50 年代，它被引介到美国，试图重振博物馆的教育功能。20 世纪 80 年代后期，它在英国的出现标志着人们对有效的博物馆交流和博物馆社会角色的兴趣与日俱增。该术语的第三种用法（作为新博物馆学）及其作为一个运动的名称，可以追溯到 1980 年安德烈·德斯瓦莱（André Desvallées）的贡献，他将其写进了《环球百科全书》（Encyclopedia Universalis）。冯·门施（Van Mensch，私人通信）认为"新"（new）一词被用作前缀，仅仅是因为这篇文章旨在更新一个有关博物馆学的旧有条目，而德斯瓦莱并无意创造一个新词或新思想流派。尽管如此，德斯瓦莱的总结仍得到了一群年轻博物馆人的热忱欢迎，他们迫切希望改变法国博物馆的僵化结构，因而作为一个运动的新博物馆学就诞生了。

彼特·维尔戈（Peter Vergo, 1991）对新博物馆学的定义是恰当的，他认为新博物馆学是"博物馆行业内外对旧博物馆学普遍不满的状态……旧博物馆学……太过关注博物馆的方法，而忽视了博物馆的目的"。然而，由他主编的《新博物馆学》（The New Museology）这本书，汇集的论文几乎全部聚焦在博物馆物件的展示上，这意味着新博物馆学最初的关注点是新原理与新技术的发展，以使博物馆能够与其访客之间进行更有效的交流。但是，认识到新博物馆学远不止于此很重要，最好可以将其定义为，是对博物馆在社会中的角色进行彻底的重新评估。这还包括对职责的看法和接受的批评（Rivard, 1984）、交叉学科和多义性的观点（Duclos, 1987）。冯·门施（Van Mensch，1995）引用了迪尔德雷·斯塔姆（Dierdre Stam）的看法：

> 新博物馆学的理论家，由于固有的共同偏见和臆想将博物馆视为具有政治目的的社会机构，主张将博物馆与这些批评者认为应该代表和服务的多元文化社会群体更紧密地整合起来。新博物馆学特别质疑传统博物馆在处理价值、意义、控制、阐释、权威性和真实性等问题上的方法。

实际上，新博物馆学始于 20 世纪 60 年代后期，是博物馆所采用的不断变化的态度与实践的结合。

值得注意的是接受新博物馆学的信条并不意味着博物馆要放弃其背后的教育理念或学术意图。新博物馆学与以前的旧博物馆学一样，也只能在可靠的学术和策展背景下才能成功。但是，不可否认，其学术或研究的类型可能不同。例如，博物馆研究人员可能会研究文物，以告诉我们有关社会状况或社会关系的信息，而不是传统的物质文化研究。我们还需要在更广泛的遗产背景下考虑新博物馆学的发展，以及是否可以将对文化认同、文化财产和非物质文化遗产的高涨兴趣归类为新博物馆学的一部分或合作伙伴。

许多人（如 Heron, 1991）将生态博物馆的出现视为新博物馆学的物证。当然，这两种现象的历史是密切相关的。两者均源于战后博物馆行业的普遍萎靡，因博物馆在当时无法应对其所面临的当代、社会、文化、环境、政治和经济的变化。雨果·戴瓦兰（Hugues de Varine, 1996）提出，新博物馆学是漫长过程的结果，这一过程发生在 20 世纪 60 年代，它"为博物馆的新方法奠定了基础，并与发展政治学有密切的联系"。德斯瓦莱（Desvallées, 1992）将其起源进一步追溯到法国，以及乔治·亨利·里维埃（Georges Henri Rivière）和戴瓦兰的早期工作。他还提到了美国，以及费门·提尔顿（Freeman Tilden）创新的环境阐释方法论、狄龙·里普利（S. Dillon Ripley）的先见之明和约翰·基纳德（John Kinard）的个人能量。德斯瓦莱还提到了其他重大事件，包括圣地亚哥大会和 1982 年 8 月成立的"新博物馆学与社会实验"（Muséologie Nouvelle et Expérimentation Sociale）。像戴瓦兰一样，他对"新博物馆学"出现的确切时间持怀疑态度，他还认为，这不仅仅是法国的现象，也是全世界的运动。戴瓦兰（Varine, 1988a）渴望在作为运动的新博物馆学与生态博物馆之间做出明确的区分，"我们不应将生态博物馆这个方便且时髦的词，与新博物馆学的基本原理混为一谈"，必须将生态博物馆视为博物馆专业人士回应社会需求的一种方式。

事实上，新博物馆学与生态博物馆之间的联系在一定程度上与 20 世纪 70 年代末至 80 年代初的争论有关，由此推动了这两个概念，而且它们往往包括同样的参与者。国际博物馆协会将新博物馆学的起源追溯到 20 世纪 80 年代的法国业界，当时它代表了一场批评与改革运动。国际博物馆协会博物馆学委员会（ICOFOM）成立于 1977 年，它为早期博物馆学的讨论提供了平台。冯·门施（Van Mensch, 1992）认为，当新博物馆学开始寻求在该委员会中的地位时，紧张关系就开始出现了。以里维埃为首的团体成员试图使新博物馆学成为该委员会政策与活动关注的焦点，但在墨西哥（1980年）和巴黎（1982年）的会议上遇到了一些困难。相关讨论继续在伦敦（1983年）召开的国际博物馆协会会员大会上进行，当时皮埃尔·梅兰德（Pierre Mayrand）被要求组建一个关于生态博物馆和新博物馆学的临时工作组，为1984年在加拿大举行的国际博物馆协会博物馆学委员会大会做准备。由于国际博物馆协会博物馆学委员会无法组织大会，因此该会议未能召开。然而，梅兰德和他的同事们继续发起了"首届生态博物馆和新博物馆学国际研讨会"，并于1984年在魁北克举行。这次会议通过了一项政策性声明，即后来人人皆知的《魁北克宣言》，附在梅兰德具有开创性的论文《新博物馆学声明》之后（Mayrand, 1985）。同年，葡萄牙里斯本召开了第二届国际研讨会，会上成立了"国际新博物馆学运动"（MINOM）的组织，作为国际博物馆协会的附属机构。

梅兰德（Mayrand, 1985）指出，人们感到沮丧的原因是博物馆的运作体系僵化以及代表他们的机构发挥不了作用。"在我们看来，不满的主要原因是博物馆学机构庞大而单一，所提出的改革流于表面化，以及被任何可能描述为全心全意执行的实验或观点边缘化。"他认为，随着法国"新博物馆学与社会实验"（MNES）和魁北克生态博物馆协会（Association des Écomusées du Québec）的成立，变化已经发生了，这得到了越来越多的文献支持。《魁北克宣言》在某种程度上有助于明确新博物馆学的新兴角色。最有说服力的句子是：

> 保存昔日文明的物质成果、保护当今诉求和技术所特有的成就，同时新博物馆学（生态博物馆学、社区博物馆学和所有其他形式的动态博物馆学）主要关注社区发展，反映社会进步的驱动力，并将它们与其未来的规划联系起来。

"动态博物馆学"（active museology）这一术语并不能用英语很好地解读出来。但尽管如此，梅兰德的新博物馆学观点要求博物馆与其社区有关联，并且首要发挥的便是其社会和经济作用。

当时，新博物馆学的最初形式是与社区建立密切关系。因此，它与生态博物馆和其他形式的社区博物馆以及在圣地亚哥首次提出的"整体性博物馆"思想有着紧密的联系。戴维斯（Davis, 2008）指出，关于新博物馆学及其实践的学术与专业之争经常忽视其早期历史，这可能是因为许多文献都是用英语以外的其他语言发表的。其结果是最初的新博物馆学，即着眼于可持续的社区发展，在很大程度上被遗忘了，或被纳入无所不包的一套复杂的后现代博物馆实践方法的简略表达之中（表3.1）。进入21世纪，新博物馆学不仅仅等同于"社区博物馆学"，任何背离"标准"理念和实践的内容都被包含在概念之中。当然，现在应该质疑的是，新博物馆学或社区博物馆学是否仍然是新颖的思想。20世纪80年代初确定的许多需求现在都已得到了满足，随着世界各地的博物馆从现代转向后现代，传统的阻碍已经被打破，新的工作实践也开始采用。

表 3.1　现代博物馆、后现代博物馆和新博物馆学实践方法

现代博物馆	后现代博物馆	新博物馆学
男性主导	女性支配	女性视角在展览中得到更好的表现；女性在博物馆中得到更多（好）的工作
专业化	多学科化	多学科的展陈；博物馆人掌握多种技能
数量	质量	业务评估；博物馆学标准
形态（是什么？）	功能（为什么？）	展览主题在于促进探索；研究的不同取向
权威的等级制度	互动的合作网络	（内部和外部的）合作网络组群与机构目标
个人	社区	社区参与；博物馆外延项目的工作团队
封闭的系统	开放的系统	（内部和外部的）合作网络
物质至上的利己主义	理性的利己主义	终身学习；完善的培训；利他主义
开发	保护	保护的伦理；循环利用；节能
个人权利	个人和集体的责任	使命声明；博物馆专业人员和机构的道德准则
对抗	合作	与文化领域的其他组织建立合作联系
排外的	包容的	可及性政策；外延项目；社会角色
解决问题	防范问题	改变了的保护策略
短期	长期	制定长期工作目标；使命声明和明确的工作目标
独立性	相互依赖性	博物馆间的合作网
物质增长	可持续性	遵循保护的伦理；在有限的资源条件下工作；对工薪阶层的态度
竞争	共存	关系网；组织间的合作
产量	投入与产出的质量	完善的策展标准，包括收藏与展览的工作方针
传统的	未来主义的	新方法；社会和环境目标；新技术
集权制	分权制	在地博物馆
占支配地位的文化	文化差异	赞美他者文化；包含他者文化
无限的物质增长	增长上限	保护的伦理
表征	真实	展览的忠实与"真实"

四、社区与生态博物馆的兴起

最初设想的新博物馆学的基本特征是，博物馆应该为其社区现在和将来的需要服务。1972 年，即举办圣地亚哥大会那一年，"生态博物馆"一词已经被创造出来，成为整体性博物馆中一个极富魅力的术语。博物馆学家雨果·戴瓦兰（Hugues de Varine，图 3.2）发明了"生态博物馆"（ecomusée）一词，供法国环境部长罗伯特·布热德（Robert Poujade）使用。根据休伯特（Hubert, 1989）的说法，布热德是一位负责环境问题的现代政治家，他对守旧的"博物馆"不屑一顾，非常不愿意使用带有负面形象的博物馆（musée）一词，因此雨果·戴瓦兰经过反复尝试后，创造了"écomusée"这个词。戴瓦兰（Varine, 1992）将这一时刻描述如下：

图 3.2　雨果·戴瓦兰
经雨果·戴瓦兰许可转载

> 最后，我以开玩笑的方式说放弃博物馆这个词是荒谬的，最好是更改它的形象……我们可以尝试利用"musée"创建一个新词。我在"écologie"和"musée"两个词之间进行了各种音节的组合。在第二或第三次尝试时，我发出了"écomusée"的音，塞尔日·安托万（Serge Antione，环境部长的助手）仔细听，并表明这个词可能会为部长提供他所寻求的机会，为其部级战略开辟一条新道路。

杰斯特龙（Gjestrum, 1995）对这一事件提供了一个完全不同的版本，暗示该词与环境问题有密切的联系："在讨论主题时，戴瓦兰说'有人在谈论与法国地方公园博物馆（regional park museums）有关的，生态学的博物馆（ecological museums）、绿色博物馆（green museums），还有生态博物馆（ecomuseum）等'，部长说'我选这个词'，于是 ecomuseum 就诞生了。"1971 年 9 月 3 日在第戎

（Dijon）举行的一次国际博物馆会议上，布热德首次使用了这个词。一年后，1972年9月，在卢尔马兰（Lourmarin）、伊斯特尔（Istres）和波尔多（Bordeaux）举行的国际博物馆协会会议上（会议主题：博物馆与环境，Musées et environnement），布热德借机再次使用了该词（Varine, 1992; Wasserman, 1989）。

　　生态博物馆诞生在环境保护主义取得巨大且突出成就的时代，这是绿色运动影响整个社会的前兆。但很明显，在政治利益的驱使下，它作为权宜的术语被选了出来。布热德认为生态博物馆能提升他的形象，但并非所有人都同意。戴瓦兰（Varine, 1992）回忆了第戎《快报》（Les Dépêches）所表达的强烈观点，该观点谴责了这种创造，认为"令人遗憾的和无用的新词只不过是增加了一些专业上的术语罢了"。然而，正如戴瓦兰所指出的那样，"太晚了，生态博物馆已经诞生了"。

　　戴瓦兰和他的同事乔治·亨利·里维埃（Georges Henri Rivière, 1897—1985年，图3.3）是推动包括生态博物馆在内的博物馆新思想发展的核心人物。里维埃浸透于法国民族志的传统，渴望在环境背景下阐释人类历史和与历史相关的物件和文物（Hudson, 1992; Rivière, 1973）。戴瓦兰执着地致力于博物馆的民主化，希望在经济和政治框架内推动博物馆的社区职能。尽管生态博物馆这个词是在1971年被首次使用的，但"人们普遍认为是里维埃在25年前规划雷恩的布列塔尼博物馆（Bretagne Museum）时，奠定了生态博物馆运动的基础"（Boylan, 1992）。

　　这件事始于1947年。1953年，里维埃在热讷维耶（Gennevilliers）当地人的帮助下策划了一个展览。1966年9月，他是设在吕尔斯（Lurs，隶属普罗旺斯）的工作组成员之一，该工作组为拟议的搭建法国地方公园系统框架提供帮助。大约从1967年起，他开始帮助菲尼斯泰尔省（Finistère）和加斯科涅朗德（Landes de Gascogne）的地方自然公园发展博物馆，在此期间，逐步形成了生态博物馆的

图3.3　乔治·亨利·里维埃
摄于1980年，当时他被授予"法国荣誉军团勋章高等骑士勋位"（经巴黎的国际博物馆协会许可转载）

理念。勒鲁-蒂伊斯（Leroux-Dhuys, 1989）引用里维埃的话说：

> 在这些年里，我创建了一些博物馆，在那里人与自然的关系必须找
> 到从地质年代到今天的历时性和共时性表达，因为博物馆走出了大门，
> 延伸到了环境之中。

波洛（Poulot, 1994）表示，户外博物馆的出现，尤其是斯堪森的出现，可能是里维埃 20 世纪 30 年代创立国家大众艺术与传统博物馆（National Museum of Popular Arts and Traditions）时的灵感启发。特罗谢（Trochet, 1995）在他对国家大众艺术与传统博物馆起源的历史性叙述中指出，里维埃已经实现了他的梦想，他将新博物馆创建为一个"整体性博物馆"（Musée de Synthèse），一个可以自豪地与人类博物馆（Musée de l'Homme）相媲美的法国民族志博物馆。这里展示的是法国文化、历史，以及被概括和颂扬的法国生活方式，区别于世界其他地方的文化。国家大众艺术与传统博物馆最初藏品的展示是按类型学系列布置或根据进化论和功能进行设计的。该博物馆的展陈是基于法国乡村主义者学派（French ruralist school）所开展的学术工作，该学派试图定义法国乡村的特殊性。但是，战后其展陈方式转变为对物件的语境化阐释，它们重新构建展品的原生环境，如壁炉里点着的火、罗网中捕获的鸟、加工原材料的工具（Poulot, 1994）。毫无疑问，里维埃在法国民族志方面的深度参与，改变了他的阐释方法和他对传统生活方式受到威胁的认识，而这些都是推动生态博物馆运动的重要诱因。也许他的经历和影响力也是一种解释，即为什么在法国，生态博物馆与民族学和社会史有如此紧密的联系，而不是与博物学。

生态博物馆兴起的另一个维度，也是之前有关新博物馆学的讨论，即法国的博物馆需要进行彻底的变革，这是许多法国博物馆专业人士在 20 世纪 60 年代深信不疑的观点。博伊兰（Boylan, 1992）在表达对新博物馆学的欢迎时指出，"布热德、戴瓦兰和里维埃都想挑战当时非常传统和集权化的法国博物馆，想让它们走出大门往外看，去为环境和博物馆机构的改革而奋斗"。生态博物馆是这次斗争运动的中心，有人认为（Anon., 1993a）：

> 在法国，至少在 20 世纪 70 年代，它（生态博物馆）是一个极富挑
> 战性的术语，用来打开博物馆传统的堡垒式围墙，并为这场运动争取支
> 持，进而迫使这些非常独立的机构开始考虑周围社区的需求和特色。

生态博物馆受到了来自当权派的大量批评，这不足为奇。波米耶（Pommier）引用波洛（Poulot, 1994）的话写道：在 1986 年首届（法国）生态博物馆会议上，一位法国博物馆管理局（Direction des Musées de France）的成员认为，与会代表是"反博物馆"（antimuseum）的拥护者。这种观点表明，法国的传统博物馆、美术馆和其他文化与科学机构之间仍存在很深的分歧。

波洛（Poulot, 1994）将 20 世纪 70—80 年代的这 20 年描述为"博物馆学繁荣"时期，他认为这一时期标志着法国博物馆的重生，当时"省级博物馆成功地摆脱了常令人担忧，有时甚至是灾难性的局面"。除部分博物馆学家意识到改变势在必行外，这种情况还得益于政治和社会的变革。法国的乡村地区开始从"国家发展与乡村行动代表团"（Delegation for National Development and Rural Action，成立于 1963 年）的活动中受益，该代表团对促进地方经济感兴趣，并将其作为地区发展计划的组成部分。这是一个资本被分配用于保护自然资源的时期，1967 年 3 月 1 日颁布的一项法令，建立了由里维埃深度参与的地方自然公园体系。公园的职责是保护野生动植物和传统的土地利用系统，以鼓励人们去理解人与环境之间的相互作用（Castaignau and Dupuy, 1995）。在 20 世纪 80 年代初期，新的社会党政府支持倾向于社区和工人阶级价值观的文化政策改革，相关提议是在对法国认同的本质进行强烈反思的时候讨论出来的。这些新的框架、态度和关注点不仅为最初基于社区的博物馆学"幼苗"提供了播种机会，而且在适宜条件的维持下，能确保其开花，并结出有生命力的果实。

五、生态博物馆的早期实验

20 世纪 60 年代末至 70 年代初，里维埃和戴瓦兰提出的理论得到了检验，特别是在法国和加拿大的法语区。生态博物馆以两种截然不同的样子出现：第一种被称为"发现式生态博物馆"，它基于生态学原理，并与法国的自然保护区运动紧密相关；第二种被称为"社区博物馆"或"发展式博物馆"，是为了更紧密地适应社区的需求。

（一）布列塔尼阿莫里克生态博物馆（The Ecomuseums of Armorique, Brittany）

生态博物馆的首次实验发生在 20 世纪 60 年代后期的法国农村地区，它与自

1969 年以来建立的地方自然公园体系紧密相关。阿莫里克地方自然公园（Parc Naturel Régional d'Armorique），位于菲尼斯泰尔省（Finistère，隶属布列塔尼大区）约 1720 平方千米的区域内，旨在保护从沿海到 387 米高山丘的各种栖息地景观（Gestin, 1995）。这是一个多样性的农业实践地区，重要的考古遗址和工业建筑，如风磨、水磨、皮革与制陶作坊位于其间。在乔治·亨利·里维埃的指导与热忱帮助下，两个生态博物馆得以建立［阿雷山生态博物馆（Ecomusée des Montes d'Arrée）和威桑岛生态博物馆（Ecomusée de l'île d'Ouesant）］，它们展现了两种截然不同的景观，一个是沿海地区的，另一个是山区的。在威桑岛，三间房屋和一座风磨作坊最终被选定为生态博物馆。然而，1968 年 7 月开放的"威桑技术与传统之家"（Maison des techniques et traditions ouessantines）和相关的"博物馆学之旅"（circuit museographique）则被德斯瓦莱（Desvallées, 1983）视为世界上第一座生态博物馆，尽管这个词在当时还没出现。这里布置了有关该地区昔日传统和环境的展览，展览特别注重当地的农业和渔业实践。当生态博物馆开始与鸟类学研究中心联合运营时，就提供了自然历史的维度（Notteghem, 1976）。1989 年，莫雷讷－威桑（Molène-Ouessant）群岛被联合国教科文组织列为"生物圈保护区"。

　　三个遗产点被选定出来组建阿雷山生态博物馆。第一个遗产点是圣里瓦奥尔村（village of St Rivaol）始建于 18 世纪的科内克（Cornec）故居，这里旨在阐释花岗岩丘陵上的传统农业实践，并尽一切努力确保这些传统得以延续，包括对河谷和泥炭沼泽在内的荒野进行的精心保护。第二个遗产点是凯鲁阿（Kerouat）的水磨坊（图 3.4），经修复后正常运行。第三个遗产点是一个叫伯德伯恩（Bod Bern）的小村庄（隶属布拉斯帕尔特），这里有一组建于 17—19 世纪的建筑群，一些传统工艺在其间展示。

　　根据诺特让（Notteghem, 1976）的说法，在自然公园内创建生态博物馆是总体规划项目的一部分，其目的是：

- 为游览乡村和无人区的季节性访客提供资源。
- 协助保护当地民族志和布列塔尼的文化及自然资源。
- 保护稀有的动物和传统的农作物品种。
- 建立一个常设的环境教育中心，以便利用公园的其他服务资源。

　　最后一个目标是在 1975 年实现的，它为不同年龄段的人群提供了更多了解

图 3.4　位于布列塔尼凯鲁阿的水磨坊

该地的机会，而生态博物馆则是此项目和游览的重要资源。教育也是公园管理机构试图应对该地区需求多样性的一种方式，这些需求来自猎人、徒步者、博物学家，以及负责土地管理的当地人、开发新服务和道路设施的人员。有意思的是，正是在这种广泛的环境保护与管理框架内，生态博物馆思想首次得到了检验。盖斯汀（Gestin, 1995）指出："从一开始，公园就通过实施和发展生态博物馆理念，为环境博物馆学做出了重大贡献。"他还提到如今生态博物馆在其中扮演的角色，即充当了保存和保护该地区复杂且丰富遗产的研究工具。

（二）加斯科涅朗德生态博物馆（The ecomuseum of the Grande Lande, Gascony）

在加斯科涅，朗德（Grande Lande）这一地名源于莱尔河（River Leyre）流域的大片荒野与沼泽。直到 19 世纪中叶，这里未改良的牧场都被用来饲养绵羊。后来，随着提供木材和树脂的海岸松大批种植，林业逐渐成为当地的主导产业。如今这里的森林占地约 200 万英亩。加斯科涅朗德的地方自然公园（Landes de Gascogne Regional Natural Park）于 1970 年 10 月获得官方认可，它不仅有森林区域，还包括阿尔卡雄海湾（Bassin d'Arcachon）周围的沿海与潮间带生境。

朗德是一个人口严重锐减的地区，在许多人眼中，只有旅游业才有潜力去拯救该地。促进旅游业发展的首要工作是创建露天博物馆，它以 20 世纪 40 年代初提出的斯堪的纳维亚博物馆模式为建设蓝本（Moniot, 1973; Tucoo-Chala, 1989）。地方公园的名称赋予了它新的动力，并于 1969 年开始正式运营。朗德的居民和土地按传统归集在 "社区"（quartiers），分属于若干个 "小农庄"（airials），土地所有者与其工人和佣人生活在这里，土地能满足人们日常的大部分所需。生态博物馆的使命是，尽可能如实地将 19 世纪末期社区的所有组成部分汇集在一起。朗德的传统建筑被拆除后，重建在生态博物馆内，位于萨布雷（Sabres）的马奎兹（Marquèze），建筑内布置了与农场工人家庭和农业生活相关的物质文化展品。这些建筑和展品分散在一个大的场地内，给人以永恒和现实的印象。根据哈德森（Hudson, 1996）的说法，这有 "欺骗的成分"，为营造农村田园诗般的景象，博物馆还增添了家畜。国家农学研究院（Institut National de Recherche Agronomique）的区域办事处提供了恢复传统农作物种植的专业知识，包括未受根瘤蚜侵害的葡萄（Notteghem, 1976）。为阐释朗德的景观还增建了一座环境博物馆（里维埃称之为 "系统博物馆"），来诠释人类与自然环境之间古往今来的相互作用。1975 年，公园管理机构在距离萨布雷约 20 千米的吕克塞（Luxey）建立了 "雅克和路易·维达尔树脂产品" 作坊，用以解释朗德的经济、社会与当地森林开发之间的关系。在里维埃的指导下，"露天博物馆" 这个简单的构想，自 1971 年以来，已成为更宏大和更雄心勃勃的事业。该生态博物馆非常成功，1975 年吸引了约 4.5 万人，由于访客的激增开始对当地环境造成破坏，因此需要采取新的策略将访客指引到该地区的其他参观点（Notteghem, 1976）。

卡斯塔尼奥和杜普伊（Castaignau and Dupuy, 1995）指出，朗德生态博物馆的成功持续了大约十年，随后是一段威胁其生存的 "严重危机" 时期。生态博物馆所面临的问题反映了地方自然公园本身的情况。然而，自 1990 年以来，它重新成为了 "文化行动和地域扩张的有效工具"，并额外拓展至索尔费里诺（Solferino）和穆斯泰（Moustey）。马奎兹是第一个在朗德的森林中心开发出的参观点，至今仍被认为是访客进入的主要通道，也是阐释其丰富且多样性的展柜和手段（Castaignau, 1993）。

（三）卡马尔格博物馆（Camargue Museum）

卡马尔格博物馆处于阿尔勒（Arles）附近，在卡马尔格地方自然公园（Camargue Regional Nature Park）内，其建立的最初目的是为当地人与因野生动植物和美景慕名而来的访客之间建立联系。乔治·亨利·里维埃（Rivière, 1974）实施了这项研究，并检验了一座旧庄园（马斯德·蓬杜庄园，Mas de Pont du Rousty）是如何被改造成一座能讲述该地及其居民故事的博物馆。最初，基于两个原则来指导这项工作：对当地民族志的迫切反思，这为收藏和阐释策略奠定了基础；协调一致的努力，促使当地年轻人参与到项目之中。1977 年当筹备工作达到高潮时，记录当地资源、为首次展览收集藏品以及与当地人进行讨论齐头并进（Duclos, 1989）。卡马尔格博物馆于 1978 年 7 月 4 日对公众试开放，1979 年 6 月 23 日正式开放（Anon., 1988），同年获得欧洲博物馆年度奖（European Museum of the Year Award）。

　　尽管该博物馆没有使用"生态博物馆"一词，但在专家团队的协助下，里维埃和他的同事让-玛丽·鲁瓦特（Jean-Marie Rouquotte）、让-克洛德·杜克洛斯（Jean-Claude Duclos）确保了它始终在生态博物馆理念基础上建立。哈德森（1996）指出，当地人不仅在项目创建期间与专家们一道参与，在博物馆开放时他们还被邀请前来与"他们的客人"进行互动。

　　　　住在该地区的人们感到自己有责任积极参与，为博物馆提供物件和想法。他们通过这种方式做出直接贡献，从一开始就参与规划，使他们有机会对自己的传统和环境获得更深的了解。他们是这个博物馆的参与者，而非旁观者……卡马尔格博物馆依靠了其组织者所称的"双重投入体系"（the double input system），即专业人士和业余爱好者之间富有成效的合作。专业人士提供有关什么是必须做的指导，业余爱好者收集物件和信息，然后专业人员对其进行整理、分类，并以吸引人的方式呈现出来。

这种博物馆发展的方式具有相当大的意义，表明了当地社区与博物馆活动的密切结合。卡马尔格博物馆的其他功能，如从博物馆出发探索当地乡村的发现小径，体现了其与生态博物馆运动的紧密联系。因为它没有用"生态博物馆"定名，所以被归属为"社会博物馆"，由法国博物馆管理局负责管理。它是一家成功的博物馆，拥有令人瞩目的永久收藏，有全面的临展计划，并持续接待大量的访客，据了解每年约有 3.75 万人次参观（Marie-Hélèene Sibille，私人通信）。

　　在地方自然公园建生态博物馆的方法与整个欧洲其他保护区制定的阐释和保护策略有很多共同点。所有的国家公园，其管理机构都在努力确保建筑物、景观、栖息地和传统得到保护，而且很难看到所谓的"发现式"生态博物馆有什么特别之处。尽管当地社区参与了规划阶段的部分工作，但似乎仍缺乏与这些生态博物馆中的当地人进行持续对话的机会。它们是专业人士为特定的目的而创建的博物馆，是保护和阐释其所在地环境策略计划的组成部分。休伯特（Hubert,1987）指出，到 1971 年的这一时期，他目睹了阿莫里克和朗德地方自然公园的发展，这代表了生态博物馆三个发展阶段的第一个阶段。接下来是第二个阶段（1971—1980 年），随着生态博物馆在卡马尔格、塞文山国家公园（Cevennes National Park）内的洛泽尔山（Mont-Lozère）和克勒索（Le Creusot）的创建，不同的方法陆续被提出。休伯特认为，早期的（公园）博物馆致力于空间，而第二个阶段则引入了时间、地域和当地社区参与等重要元素。第三个阶段（1980年后），使里维埃能够完善其对生态博物馆的定义，并见证了社区参与的强化和对经济复苏的日益重视，以及生态博物馆在建数量的迅速增加。

（四）城市社区生态博物馆：克勒索-蒙特索（Le Creusot-Montceau）

克勒索的重要性无论怎么强调都不为过。肯尼思·哈德森（Kenneth Hudson,1996）曾评论道："来自世界各地的博物馆人走上了一条由克勒索开辟出的道路，它已成为博物馆界的路德（Lourdes）或孔波斯特拉（Compostella）。"[①] 从戴瓦兰（Varine, 1973）最初的介绍性文章，到其他人的进一步描述与评论[②]，再到另一些人的回顾性研究[③]，它都受到了广泛的关注，这毫不奇怪。

克勒索是法国 18 世纪末至 20 世纪中叶重要的工业区之一，其昔日的繁荣是建立在军械和机车生产基础上的。该行业在第二次世界大战后彻底崩溃，使得这一地区——勃艮第（Burgundy）经济落后和社会贫困。马塞尔·埃夫拉德（Marcel Evrard）与乔治·亨利·里维埃合作，提议将该地区变成一个实验性场所，即利用生态博物馆概念作为一种复兴该地区、赋予人们新自豪和创造新收入的工具。该生态博物馆的地理面积相当大——约 500 平方千米，有 15 万居

---

① 译者注：路德位于法国上比利牛斯省，是欧洲天主教的朝圣重地；孔波斯特拉全称圣地亚哥-德孔波斯特拉（Santiago de Compostela），位于西班牙加利西亚自治区，也是欧洲天主教的朝圣重地，其古城 1985 年被列为世界文化遗产。

② 参见 Silvester, 1975; Evrard, 1980; Bellaigue-Scalbert, 1983; Nouenne, 1992; Anon., 1993b。

③ 参见 Notteghem, 1992a, 1992b; Debary, 2002。

民，一部分属农村地区，一部分是工业区。该项目除克勒索的城市中心外，还包括一个采矿小镇——蒙特索（Montceau）矿区，当地的许多场所都被用来帮助建立第一个有真正影响力的"碎片博物馆"（fragmented museum）①。一座 18 世纪的城堡成为该博物馆的运营中心，城堡以前是施耐德（Schneider）家族的住所，该家族曾深度参与当地的工业建设。这个博物馆最初被命名为人类与工业博物馆（Museum of Man and Industry）。展览于 1974 年对公众开放，"旨在说明该地区的一般历史和特征，以及数百年来当地人的日常生活和当地的艺术与工业品"（Hudson, 1996）。

从克勒索发展出的关于博物馆实践的新方法，我们已经了解了很多。戴瓦兰（Varine, 1988b）提到了许多事情，涉及从社区中挑选活跃分子、志愿者和专业人士，并利用这些当地的人才、原料和物件来制作展品。其中，必不可少的是倾听社区声音与激起社区的兴趣、建立自信、寻求合作关系以筹集资金，以及为社区表达创造足够的自由等。尤其重要的是，当地社区可以在博物馆中认识自己，同时利用博物馆去发展和拥有永久控制权。克勒索取得了显著的成功，令人遗憾的是，尽管其具有开拓精神与先锋成就，但在 20 世纪 80 年代中期它开始面临相当大的困难，因为"新的参与经济活动的人口更多地在遭受经济困难和面临就业压力，而不是在重新认识和挽救已经崩溃的昔日工业"（Varine, 1996）。

克勒索与阿莫里克、加斯科涅朗德和卡马尔格博物馆的目的截然不同，后三个馆是发现式生态博物馆的早期案例。尽管如保存工业遗产和建立新的自豪感等基本观念在该地仍然存在，但正如需要社区参与一样，克勒索还有其他更紧迫的目标。这里的社区需求被卷入到经济、政治和复苏之中。该项目的内向性，尤其是在社会层面带来的特殊共鸣，使其成为随后众多发展式生态博物馆的典范。尽管它在历史上经历了许多艰难时期（Debary, 2002），但克勒索-蒙特索生态博物馆仍在蓬勃发展。克勒索的主要参观点是拉维勒里城堡（Château de la Verrerie），里面提供了对施耐德工业王朝及其当地的介绍；拉布里克特瑞（La Briqueterie）是一家昔日的陶瓷厂，由凡睿-巴多特（Vairey-Baudot）家族在西里勒诺布尔（Ciry-le-Noble）经营；在埃库斯（Ecuisses），水闸看管员的房子成为阐释当地运河系统重要性的合适场所；在蒙特索矿区还有一所校舍，以及一个位于布朗齐

---

① 碎片博物馆指博物馆散落在一个区域内，由管理中心协调。译者注：中国台湾学者张誉腾博士将该词译为"离散式博物馆"，意思大体相近，特此说明。

（Blanzy）的煤矿地表遗址，该煤矿于 2002 年关闭。该生态博物馆还拥有一个大型图书馆与档案馆，并提供广泛的教育设施和外延项目（Anon., 2010）。

现在，生态博物馆已在法国牢固地建立起来了，使该国成为"研究当代文化遗产和博物馆学变革问题的虚拟实验室"（Poulot, 1994）。生态博物馆不仅与博物馆文化有重要关系，而且在乡村生活和经济发展中占有重要地位，该运动在法国的发展将在之后的章节讨论。其他国家，尤其是那些与法国有密切联系的国家，迅速运用了生态博物馆理念。加拿大，特别是讲法语的魁北克省，以及斯堪的纳维亚半岛诸国，都处在这场运动的最前沿，到 21 世纪该运动已成为一种全球现象。尽管取得了如此大的成功，但"生态博物馆"一词仍然引起人们的忧虑和困惑。下一章节介绍了生态博物馆的定义，并展示出了一些与之相关的理论模型。

参 考 文 献

Alexander, E.P. (1983) *Museum Masters*, Nashville [Artur Hazelius pp. 241-275].

Anacostia Community Museum (2010) *Museum History and Mission*. Available online at http://anacostia.si.edu/Museum/Mission_History.htm (accessed 6 January 2010).

Anon. (1988) 'Connaissance, conservation et mise en valeur du patrimoine culturel', *Courrier du Parc Naturel Regional de Camargue*, 32, 27-36.

Anon. (1993a) 'Ecomuseums-a real need or a passing fashion?', *European Museum of the Year Award News*, summer, 8.

Anon. (1993b) 'A la découverte de l'Écomusée de Creusot-Montceau; un musée d'histoire dans une region industrielle', *La Lettre de l'OCIM*, 30, 28-30.

Anon. (2010) *Creusot-Montceau Ecomuseum*. Available online at http://ecomusee-creusot- montceau.com/sommaire.php3 (accessed 7 January 2010).

Bellaigue-Scalbert, M. (1983) *Territorialité, Memoire et Developpement: L'Écomusée de la communauté Le Creusot/Montceau-les-mines (France)*, ICOFOM Study Series, 2, pp. 34-39.

Björkroth, M. (2000) *Hembygd: I samtid och framtid 1890-1930*. Papers in Museology 5, Institutinen för kultur och medier, Umeå Universitet, Umeå, Sweden.

Boylan, P. (1992) 'Ecomuseums and the new museology-some definitions', *Museums Journal*, 92(4), 29.

Castaignau, M. (1993) Le Parc Naturel Regional des Landes de Gascogne, L'écomusée de la Grande Lande à Marquèze. In Barroso, E. and Vaillant, E. (eds) *Musées et Sociétés*. [Actes du colloque Mulhouse Ungersheim, Juin, 1991.] Publié avec le concours de la ville de Mulhouse et de l'association Musées sans frontiers, pp. 75-76.

Castaignau, M. and Dupuy, F. (1995) 'L'écomusée de la Grande Lande', *Géographie et Cultures*,

16(winter), 31-44.

Clair, J. (1992) Les origines de la notion des écomusées. In Desvallées, A. (ed.) *Vagues-une anthologie de la nouvelle muséologie*, Editions W, Macon, pp. 433-439.

Crus-Ramirez, A. (1985) 'The Heimatmuseum: a perverted forerunner', *Museum*, 37(4), 242-244.

Davis, P. (1996) *Museums and the Natural Environment; The Role of Natural History Museums in Biological Conservation*, Leicester University Press/Cassells Academic, London.

Davis, P. (2008) New museologies and the ecomuseum. In Graham, B. and Howard, P. (eds) *The Ashgate Research Companion to Heritage and Identity*, Ashgate, Aldershot, pp, 397-414.

Debary, P (2002) *La fin du Creusot, ou L'art d'accommoder les restes*, Éditions du CTHS, Paris.

Desvallées, A. (1983) Les Ecomusées. *Universalia*, 80, pp. 421-422. Reproduced in *ICOFOM Study Series*, 2, pp. 15-16.

Desvallees, A. (1992) 'Présentation', *Vagues*, 1, 15-39.

Duclos, J-C. (1987) Les écomusées et la nouvelle muséologie. In *Écomusées en France* (Premières rencontres nationales des écomusées, L'Isle d'Abeau, 13/14 Novembre, 1986). Published by Agence Régional d'Ethnologie Rhône-Alpes and Écomusée Nord-Dauphiné, pp. 61-69.

Duclos, J-C. (1989) Collecte et restitution en Camargue. In Various Authors, *La Muséologie selon Georges Henri Rivière*, Dunod/Bordas, Paris, pp. 183-192.

Evrard, M. (1980) 'Le Creusot-Montceau-les-Mines: the life of an ecomuseum, assessment of seven years', *Museum*, 32(4), 227-234.

Gestin, J-P. (1995) Le parc naturel régional d'Armorique. In *Patrimoine culturel, patrimoine naturel*. Colloque 12 and 13 Decembre 1994. La Documentation Française, Ecole Nationale de Patrimoine, Paris, pp. 94-101.

Getlein, F. and Lewis, J.A. (1980) *The Washington D.C. Arts Review: The Art Explorer's Guide to Washington*, The Vanguard Press, Washington, DC.

Gjestrum, J.A. (1995) Norwegian experiences in the field of ecomuseums and museum decentralisation. In Schärer, M.R. (ed.) *Symposium on Museums and the Community, Stavanger, Norway, July, ICOFOM Study Series*, Vol. 25, Vevey, pp. 201-212.

Guido, H.F. (1973) *UNESCO Regional Seminar: Round Table on the Development and the Role of Museums in the Contemporary World. Santiago de Chile, Chile, 20-31 May 197*, UNESCO, Paris. [SHC-72/Conf.28/4; Typescript, 39pp.]

Hauenschild, A. (1989) Le Heimatmuseum. In Various Authors, *La Muséologie selon Georges Henri Rivière*, Dunod/Bordas, Paris, pp. 58-59.

Heron, P. (1991) 'Ecomuseums—a new museology?', *Alberta Museums Review*, 17(2), 8-11.

Hubert, F. (1987) Les écomusées après vingt ans. In *Écomusées en France (Premières rencontres nationales des écomusées*, L'Isle d'Abeau, 13/14 November 1986). Published by Agence Régional d'Ethnologie Rhône-Alpes and Écomusée Nord-Dauphiné, pp. 56-60.

Hubert, F. (1989) Historique des écomusées. In Various Authors, *La Muséologie selon Georges Henri*

Rivière, Dunod/Bordas, Paris, pp. 146-154.

Hudson, K. (1977) *Museums for the 1980s*, Macmillan for UNESCO.

Hudson, K. (1987) *Museums of Influence*, Cambridge University Press, Cambridge.

Hudson, K. (1992) 'The dream and the reality', *Museums Journal*, 92(4), 27.

Hudson, K. (1996) 'Ecomuseums become more realistic', *Nordisk Museologi*, 2, 11-19.

Jabbour, A. (1987) Foreward. In Hall, P. and Seemann, C. (eds) *Folklife and Museums: Selected Readings*, The American Association for State and Local History, Nashville, Tennessee.

James, P. (1996) 'Building a community-based identity at Anacostia Museum', *Curator*, 39(1), 19-44.

Jones, L.C. and Matelic, C.T. (1987) Folklife and museums: how far have we come since the 1950s? In Hall, P. and Seemann, C. (eds) *Folklife and Museums: Selected Readings*, The American Association for State and Local History, Nashville, Tennessee, pp. 1-11.

Kavanagh, G. (1990) *History Curatorship*, Leicester University Press, Leicester and London.

Kinard, J.R. (1985) 'The neighbourhood museum as a catalyst for social change', *Museum*, 37(4), 217-223.

Klersch, J. (1936) 'A new type of museum: the Rhineland House', *Mouseion*, 35/36, 7-40.

Lean, M. (1995) *Bread, Bricks, Belief: Communities in Charge of their Future*, Kumarian Press, West Hartford, CT.

Lehmann, O. (1935) 'The development of German museums and the origins of the Heimatmuseum', *Mouseion*, 31/32, 111-117.

Leroux-Dhuys, J.F. (1989) Georges Henri Rivière, un homme dans le siècle. In Various Authors, *La Muséologie selon Georges Henri Rivière*, Cours de Muséologie; textes et temoinages, Dunod/Bordas, Paris, pp. 11-31.

Marsh, C. (1996) 'A view from the Anacostia Museum Board', *Curator*, 39(2), 86-89.

Marwick, A. (1981) *The Nature of History*, Macmillan, London.

Mayrand, P. (1985) 'The new museology proclaimed', *Museum*, 37(4), 200-201.

Miers, H. (1928) A report on the public museums of the British Isles. In Chadwick, A.F. (1980) *The Role of the Museum and Art Gallery in Community Education*, University of Nottingham, Nottingham.

Moniot, F. (1973) 'The ecomuseum of Marquèze, Sarbres: part of the Regional Natural Park of the Landes de Gascogne', *Museum*, 25(1/2), 79-84.

Noble, R.R. (1977) 'The changing role of the Highland Folk Museum', *Aberdeen University Review*, 27, 142-7.

Notteghem, P. (1976) 'Des Ecomusées dans le cadre de Parcs Naturels Regionaux', CRACAP *Informations: Bulletin de l'activités arts plastiques dans les regions [Special Éomusées]*, 2/3, 5-8.

Notteghem, P. (1992a) Un écomusée il y a vingt ans et aujourd'hui. *La Nouvelle Alexandrie* (Colloque sur les musées d'ethnologie et les musées d'histoire, Paris, 25-27 May), Ministère de la Culture et de la Francophonie/Direction des Musées de France/College International de Philosophie, Paris.

Notteghem. P. (1992b) L'écomusée de la communauté urbaine Le Creusot/Montceau-les- Mines a la croisée des missions. In Rautenburg, M. and Faraut F. (eds) *Patrimoine et Culture Industrielle; Les Chemins de la Recherche*, 19, 39-45.

Nouenne, P. Le. (1992) Un écomusée, ce n'est pas un musée comme les autres. In Desvallées, A.(ed.) *Vagues-une anthologie de la nouvelle muséologie*, Editions W., Macon, pp. 494-515. [Originally published in Histoire et Critique des Arts, 'Les Musées', December 1978.]

Poulot, D. (1994) Identity as self-discovery; the ecomuseum in France. In Sherman, D.J. and Rogoff, I. (eds) *Museum Culture: Histories, Discourses, Spectacles*, Routledge, London.

Rivard, R. (1984) *Opening Up the Museum*, Quebec City. [Typescript at the Documentation Centre, Direction des Musées de France, Paris.]

Rivière, G.H. (1973) 'Role of museums of art and of human and social sciences', *Museum*, 25(1/2), 26-44.

Rivière, G.H. (1974) *Étude pour la réalisation d'un musée de Camargue dans le cadre de l'ancienne bergerie du Mas du Pont de Rousty en Arles*, typescript [Documentation Centre, Direction des Musées de France, Paris.]

San Roman, L. (1992) Politics and the role of museums in the rescue of identity. In Boylan, P.J. (ed.) *Museums 2000: Politics, People, Professionals and Profit*, Museums Association/ Routledge, London.

Silvester, J.W.H. (1975) 'The fragmented museum project at Le Creusot', *Museums Journal*, 75(2), 83-84.

Stevens, C. (1986) *Writers of Wales*, Iorwerth C. Peate, Cardiff.

Sveriges Hembygdsförbund (2009) *Hembygdsguiden*, Sveriges Hembygdsförbund, Stockholm, Sweden.

Teruggi, M.E. (1973) 'The round table of Santiago (Chile)', *Museum*, 25(3), 129.

Trochet, J.R. (1995) 'Sciences humaines et musées: du Musée d'ethnographie du Trocadéro au Musée national des Arts et Traditions Populaires', *Géographie et Cultures*, 16(winter), 3-30.

Tucoo-Chala, J. (1989) Du musée forestier à l'écomusée de la Grande-Lande: un espace entrouvert. In Various Authors, *La Muséologie selon Georges Henri Rivière*, Dunod/Bordas, Paris, pp. 158-163.

Van Mensch. P. (1992) *Towards a Methodology of Museology*, unpublished Doctoral thesis, University of Zagreb.

Van Mensch, P. (1995) Magpies on Mount Helicon. In Schärer, M. (ed.) *Museum and Community*, ICOFOM Study Series, 25, pp. 133-138.

Varine, H. de (1973) 'A fragmented museum: the Museum of Man and Industry, Le Creusot-Monceau-les-Mines', *Museum*, 25(4), 292-299.

Varine, H. de (1988a) New museology and the renewal of the museum institution. In Gjestrum, J.A. and Maure, M. (eds) *Okomuseumsboka-identitet, okologi, deltakelse*, ICOM, Tromso, Norway, pp. 62-74.

Varine, H. de (1988b) Rethinking the museum concept. In Gjestrum, J.A. and Maure, M. (eds) *Okomuseumsboka-identitet, okologi, deltakelse*, ICOM, Tromso, Norway, pp. 33-40.

Varine, H. de (1992) L'Écomusée. In Desvallées, A. (ed.) *Vagues-une anthologie de la nouvelle muséologie*. Editions W., Macon. [Originally published in *La Gazette* (Association des musees canadiens) 1978, No. 11, 28-40.]

Varine, H. de (1996) 'Ecomuseums or community museums? 25 years of applied research in museology and development', *Nordisk Museologi*, 2, 21-26.

Vergo, P. (ed.) (1991) *The New Museology*, Reaktion Books, London.

Wasserman, F. (1989) 'Les écomusées, ou comment une population reconnait, protège, met en valeur les richesses naturelles et culturelles de son territoire', *Musées et collections publiques de France*, 182/3, 53-55.

第四章　生态博物馆的定义、理论模型和特征

  1998 年夏季版的《欧洲博物馆论坛杂志》(*The European Museum Forum Magazine*) 简要地报道了在意大利阿真塔 (Argenta) 举行的生态博物馆会议，并指出："关于什么是和什么不是生态博物馆的争论一直在持续，而且几乎没有显示出停歇的迹象。"字典的定义无法帮助我们，例如《新拉鲁斯法语词典》(*New Larousse French Dictionary*) 错误地将"生态博物馆"定义为"自然保护区"(Carney, 1993)。该词不能很好地被翻译成英语也是一个主要问题。肯尼思·哈德森 (Kenneth Hudson, 1996) 指出了原因，一个非常现实的问题是，尤其是在英国和英语国家，"eco"意指"echo"(回声)，即反射或回响的声音，而不是"生态"(ecological) 的缩写，因此"生态博物馆"变成了"博物馆的回声、不真实的博物馆或博物馆的影子"，这个概念不太可能吸引支持者。以我的经验，情况并非如此，相反，前缀"eco"的确暗示了其与生态和自然的联系。劳斯等人 (Lawes *et al.*, 1992) 认为，生态博物馆理念在很大程度上被证明是失败的，是因为与之相关的术语被视作英语世界的人依据"经验主义和实用主义"制造了屏障。众所周知且令人遗憾的是英国人的语言技能不足，再加上其保守的天性，必然影响他们对该词的接受和理解。

  曾经有人对"生态博物馆"一词持怀疑态度，即便在其支持者中也是如此。博伊兰 (Boylan, 1990) 特别提到，戴瓦兰本人指出的一个现象，即当今法国的任何机构可通过展示一些 19 世纪晚期的明信片来将自己标榜为生态博物馆。戴瓦兰 (Varine, 1996) 说道："1971 年，我在偶然间发明了这个词。我认为这只是一种偶然发现。但我必须声明，我对此感到后悔，因为很多人在太多的事情上使用了该词。"1998 年，在我与戴瓦兰的私人通信中，他又重申了这一观点：

   在法国，"生态博物馆"(écomusée) 一词涵盖了各种各样的事物，

从小村庄里的一间独室明信片展到自然公园中的露天博物馆，再到克勒索（Le Creusot）这样的大型社区博物馆。我们不应该再使用这个词了……它会造成误解。

然而，戴瓦兰所发明的这个词并未消失。恰恰相反，它得到了钦佩"生态博物馆"哲学基础的学者和专业人士的支持，使"生态博物馆"声誉日隆，并在使用频率上有所增长。

这个词的创造者不是唯一一个对该词感到困惑的人。1998年我向生态博物馆的馆长们分发了调查问卷，结果显示他们对本机构宗旨的看法多种多样，并非所有人都支持使用此名称，而且他们中的许多人认为该词对访客而言多半毫无意义。从本书第二部分的描述中可以明显看出，有些机构在没有正当理由的情况下使用了生态博物馆术语。实际上，有许多生态博物馆是专业运营的遗址博物馆、工业博物馆或露天博物馆，它们完全可以不使用这个名称。如果它们采用更为清晰的馆名（即明确说明其宗旨的博物馆名称）则将对其发展更有利。对于许多小型的地方博物馆或那些在当地社区中广泛开展工作以保护和促进文化认同的博物馆而言，它们使用"社区博物馆"这一名称可能更为合适。这将更准确地向当地人和访问者表明其作用。在墨西哥等中美洲国家这一变化已经发生了，许多生态博物馆已演变成了更为传统的博物馆，并且它们可能也会放弃这个名称，正如加拿大上比沃斯（Haute-Beauce）生态博物馆所做的那样。对于所有的这类博物馆，现在使用"生态博物馆"一词是不合适的。但在第十章中，我认为该术语在帮助定义基于社区的遗产保护方法时仍然是有效的。

尽管生态博物馆作为博物馆的组成部分已有40年的历史，但因为它们与许多由志愿者主导的且也显示出生态博物馆特征的小型博物馆相混淆，所以它们依旧被人们所误解。因此，对生态博物馆的定义，直到21世纪都在不断地进行修订，这是可以理解的。最近，更多的生态博物馆建立在强大的"发展地方"议题基础之上，以帮助少数族群社区或为农村贫困地区的经济发展提供支持，这在不断变化的定义和特征中得到了体现。

一、生态博物馆的定义

随着实验工作的不断进行，乔治·亨利·里维埃对生态博物馆的定义进行了修订和完善。里维埃（Rivière, 1992）给出了定义的三个主要变化（以及每个细微变化的日期与位置），从而为由其经验所塑造的概念演变提供了引人入胜的视角。早期的定义（1973 年）对生态和环境持有偏见，1978 年的定义，则强调生态博物馆的实验性质及其在地方自然公园中的演变，并说明了当地社区的作用。1980 年 1 月 22 日的最终版，发表在 1985 年的《博物馆》（*Museum*）杂志上，是经常被引用的版本。

　　生态博物馆是由公共权力机构和当地居民共同构思、共同修建和共同经营的一种工具。公共权力机构的参与是通过专家、设施和资源的提供来实现的。当地居民的参与则靠其志向、知识和个人的途径。它是一面镜子，当地居民以此来自我观察，发现自己的形象，并寻求对该博物馆所处地域以及在该地域上之前居民的诠释，因此它被视作受限于时间或世代的延续性。它也是一面当地居民向访客展示当地的镜子，以便当地能更好地被人了解，使其行业、风俗习惯和身份受到尊重。生态博物馆是人类和自然的一种表现。它将人类置于其周围的自然环境之中，用荒野来描绘自然，但又被传统的和工业化的社会按照其自身的设想所加以改造。它是时间的一种表现，其提供的诠释可以追溯到人类出现之前，并沿着他们生活的史前和历史时期的进程继续延伸，最终到达人类的现在。它还提供了关于未来的展望，而且具有提供信息和进行批判性分析的职能，但却从不标榜自身在决策中的作用。它是对可以在里面停留和游览的特殊空间的一种阐释。就其致力于研究本地区居民的过去和现在及其周围环境、促进这些领域专门人才的培训以及与外界研究机构进行合作而言，它是一所实验室。就其助力于保护和发展自然及本地的文化遗产来说，它也是一个保护中心。就其使本地区居民参与到研究和保护工作之中，并鼓励人们更清醒地掌握自己的未来而言，它还是一所学校。这个实验室、保护中心和学校以共同的原则为基础。以其名字而存在的文化，将在最广泛的意义上为人们所了解，它们关心的是培养人类的尊严和艺术表现形式，不管这些文化来自于哪个阶层。生态博物馆的多样性是无限的，组成要素从一个样本到另一个样本也极不相同。这种三位一体的组合并不是自我封闭的：它是既接受又给予的。（Rivière, 1985）

　　这是一篇美文，但它能否帮助我们理解什么是真正的生态博物馆？在所有试图阐释当地历史、文化及周围自然环境的地方博物馆中，都可以找到许多被提及的生态博物馆特征。它的确包括许多关键概念，如本地身份认同、地域、景观、历史感和连续性，这些概念对于营造归属感至关重要。里维埃的生态博物馆定义最重要的特征可能是不断重复的"居民"一词（即对社区的强调），以及认为生态博物馆具有"无限多样性"的想法。生态博物馆可以是当地人和博物馆专业人员希望它成为的任何东西。选择、更改和利用生态博物馆的最初概念来创建丰富遗产地的多样性方式，将在本书的第二部分中进行介绍。

　　"生态博物馆是对空间，可以在里面停留和游览的特殊空间的一种阐释"，这是里维埃定义里最有趣的特征。这表明，生态博物馆不限于一栋建筑，甚至不限于一座博物馆场所，而是囊括被该博物馆称之为"属地"的区域内的一切事物。在那个地理区域内，具有特殊意义的关键点被整合到博物馆中，可以称为"文化展示点"（Davis, 2005）。这些可能是自然物（岩层、稀有的或有趣的植物品种）、历史古迹或考古遗址，又或是乡土建筑实例（谷仓、农舍或水磨坊）。柯赛和霍勒曼（Corsane and Holleman, 1993）指出：

> 　　生态博物馆以相当开放的方式将更大的地域纳入其中。这里的地域不是简单地用地理或行政术语来定义，而是用居民共享的共同生活方式、文化、职业或传统习俗的任何整体来定义。生态博物馆依靠中心总部运行，并在博物馆地域内设有一系列的展示"触角"（antennae）。这些"触角"形成一个联系网络，通过该网络可以执行信息收集、研究、展示和教育等活动。

　　对于博物馆访客而言，遗产点经常通过有路标的小径相连，若去更远的地方，则推荐驾车观光。生态博物馆是一个遗产点网络的看法导致了"碎片博物馆"（fragmented museum）一词的使用。克勒索-蒙特索生态博物馆是最早运用这种阐释策略的博物馆之一，并且所谓的关联遗产点的"博物馆化"（musealisation）作为生态博物馆理念的内容，已被许多新近建设的生态博物馆采用。

　　除"助力于保护和发展自然及本地的文化遗产"之外，里维埃的定义几乎没有提及类似传统博物馆的收藏活动。"遗产"也没有被定义，但我们必须假定它不只是物质文化，还包括记忆、民俗、音乐和歌曲。最极端的形式，生态博物馆应包括其地域内的一切。非物质的当地技艺、行为方式、社会结构和传统，与景观、基础地质、野生动植物、建筑物和物件、人及其家畜等物质证据一样，都是生态博物馆的组成部分。正如冯·门施（Van Mensch, 1993）敏锐地注意到的那样，"看清博物馆在何处终止以及现实世界从何处开始，已变得日益困难"。由于这个原因，戴瓦兰（Varine, 1973）提出，生态博物馆不能采用常规的收藏策略，因为物件最好是留在当地，在相关背景下进行阐释。或者说，如果物件被带到了博物馆的建筑内，在经过研究、整理和一段时间的展出后，它们应该回到其所有者那里或是当地（Querrien, 1985）。这种方法的采用需要戴瓦兰和里维埃所寻求的双重投入体系，即通过专业人员、博物馆志愿者和当地社区的共同努力，以确立生态博物馆各个组成部分的意义，并加以阐释。

还有许多其他尝试，以简洁明了地说明什么是生态博物馆，以及如何将其与传统博物馆区分。它们都具有比"进化的定义"更简短的优点。国际博物馆协会自然史委员会（The Natural History Committee of ICOM）显然对里维埃定义的使用表达关切，并评论道（Anon., 1978）：该定义似乎可以在多种情形下使用，貌似已经偏离了其最初的"生态学"背景。因此，该委员会提出了如下定义：

> 生态博物馆是一个通过科学、教育和一般文化手段来管理、研究和开发一个特定社区内全部遗产（包括整个自然和文化环境）的机构。因此，生态博物馆是一个公众参与社区规划和发展的工具。为此，生态博物馆会使用所有可支配的手段和方法，准许公众以自由的和负责的态度去理解、批评和克服其所面临的问题。本质上，生态博物馆是使用文物的语言、真实的日常生活以及具体的境况来实现其想要的变化。

此定义并不简短，但甚是绝妙，至今仍然适用，其充分认可了当地居民的意愿。皮埃尔·梅兰德（Pierre Mayrand, 1982, 引自 Rivard, 1988）进一步提出了公众参与的想法，他认为："生态博物馆……是一个整体，是一个延展至整个地域，被居民视为他们自己的工作坊……它本身并不是结果，而是被定义为想要实现的目标。"相反，希拉·斯蒂芬森（Sheila Stephenson, 1982, 引自 Rivard, 1988）认为："生态博物馆与收藏管理有关，收藏包括特定区域内的一切……植物、动物、地形、天气、建筑、土地利用实践、歌曲、态度、工具等。"尽管德斯瓦莱（Desvallées, 1987）在探究生态博物馆一词的含义时，从未表明他给出了一个定义，但他提到，如果我们接受里维埃的定义，那么生态博物馆必须是一个身份认同的博物馆（时间、空间和镜子的概念）和一个地域的博物馆。前缀"eco"表明生态博物馆所处的自然和社会环境的重要性。有趣的是，斯蒂芬森和德斯瓦莱专注于遗产本体的保护，却忽略了在最新定义中提及的且尤为重要的社区发展与可持续性问题。

勒内·里瓦德（René Rivard, 1988）通过比较传统博物馆（建筑＋藏品＋专家＋观众）（图4.1）和生态博物馆（地域＋遗产＋记忆＋居民）（图4.2），以此来给出一个可行的定义。他还对传统的"生态学博物馆"（museums of ecology，指自然历史博物馆）、生态学的博物馆（ecological museum，指户外中心、阐释场所、自然公园和自然保护区）和生态博物馆（ecomuseum）做了区分。他建议生态博物馆用来阐释人与自然环境的相互作用，并主张它们可以通过保护传统的栖息地和生态系统，让社区参与对环境的塑造和"改善"。然而，依我的

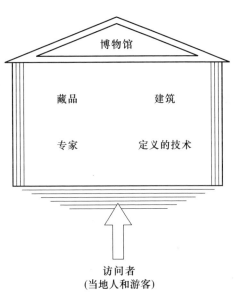

图4.1 传统博物馆图示（Rivard, 1984）

经验，尽管生态博物馆通常会在与户外中心相似的展示空间内（如法国的洛泽尔山）阐释传统的农业管理技术，但它们却很少做促进生物多样性的实践工作，而自然遗产地的管理则留给了其他机构。

里瓦德还确定了四个类别的生态博物馆：

● 发现式生态博物馆：探索自然与文化间相互作用的传统和整体模式，类似于在法国地方公园中创建的范例。

● 发展式生态博物馆：更关心社区、文化身份认同、经济复苏和既定政治目标的机构。

● 专题性生态博物馆：涉及某个地方特定行业的生态博物馆，这些行业受益于特定的自然资源，如矿产、森林或水。

● "纷争"式生态博物馆：通常位于市区，致力于解决社区内过去与现在的社会问题。

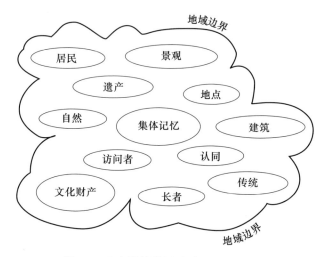

图 4.2　生态博物馆图示（Rivard, 1984）

这些分类表明，某些生态博物馆可以在处理社会需求方面发挥积极作用。然而，一向充满争议的和具有前瞻性的雨果·戴瓦兰则驳斥了"生态博物馆是一个特殊的小工具，一个神奇的产品，是新博物馆学的必要条件"这样的说法。实际上，他认为"生态博物馆"这个标签不过是一个运用新思想、富有想象力、开创工作新方式，甚至变得更大胆的机会而已（Varine, 1992）。值得注意的趣事是，戴瓦兰（Varine, 1988）在对生态博物馆进行回顾性评价时，将生态博物馆的目标减为四个要点，但他却使用了里维埃定义中的一些关键词：

- 作为社区的实体和数据银行。
- 充当变化的观测站（并帮助社区应对变化）。
- 成为实验室——一个会议、讨论和新举措的中心。
- 作为展柜——向访问者展示社区及其地域。

这并不是一个真正的定义，但经过约 20 年的实验，它确实提供了有用的标识，以说明生态博物馆的角色是什么以及它实际可以实现什么。

在法国，生态博物馆的官方定义被写入法令，即人们熟知的《生态博物馆宪章》（Ecomuseum Charter），在法国文化和交流部的指导下，它于 1981 年 3 月 4 日获得批准（Chatelain, 1993）：

　　　生态博物馆是一个文化机构，它在一定的地域内，在居民的参与下，把代表一个环境及在其中继承下来的生活方式的自然与文化遗产作为整体，以持久的方式，确保其发挥研究、保护、展示和利用的功能。

这个定义的重要特征是强调社区参与的重要性。在社会发生巨变的时候，或许可以说，传统博物馆发现其适应变化愈加困难，原因是它们通常与环境和社会中的社区距离更远。对博物馆而言，获取物件会导致物质文化与其时空环境脱节。柯赛等人（Corsane *et al.*, 2005）建议，应鼓励生态博物馆与社区建立更紧密的关系，这种现象被称为"内延"（inreach），而社区成员被视为博物馆运营的积极参与者。柯赛（Corsane, 2006a）进一步提出运用生态博物馆原理去鼓励社区参与的主张。

安来顺和杰斯特龙（An and Gjestrum, 1999）在介绍中国生态博物馆的创建时，对传统博物馆和生态博物馆作了区分，他们指出：

> 传统博物馆是将遗产转移到博物馆的建筑之中，往往该遗产远离了它原有的主人及其环境。而生态博物馆则是基于将特定社区内的遗产原地保存的思想。遗产，包括该特定社区内的景观、建筑物、可移动物件、传统、文化内涵等，都被生态博物馆赋予了价值，与此同时，生态博物馆将成为其保护和未来保存的工具。

这一言论要求生态博物馆对本地的需求和意愿保持敏感，而且由于其保护者的角色，还需要可持续的解决办法。在最近一段时间，世界范围内的生态博物馆数量急剧增加，可能与变革和发展的愿望，以及与利用文化和自然遗产去培育社区和促进经济发展有关。再多说一个词——可持续性，即认识到需要长期的解决办法。生态博物馆的最新定义聚焦在发展和可持续性上。例如，欧洲生态博物馆合作关系网（长期联络网，The Long Network）2004年5月在意大利特伦托（Trento）举行的会议上采用了如下定义：

> 生态博物馆是社区为可持续发展而保护、阐释和管理其遗产的一种动态方式。它是基于社区的共识。（Ecomuseum Observatory, 2010）

该合作网继续将社区定义为"具有普遍参与、共同责任和互换角色的群体，政府官员、代表、志愿者和其他当地参与者都在生态博物馆中发挥着至关重要的作用"。社区参与并不意味着地方当局（欧洲民主的独特历史遗产）是无关紧要的。相反，为了使生态博物馆发挥效果，就必须让所有人参与进来，而不仅仅是一个只有"得到授权的人员"的狭窄圈子。这是一个有用的观点，因为如果没有其他地方或地区组织提供的财力支持与专业知识，只靠志愿者主导的生态博物馆项目是不可能具有可持续性的。尽管意识到了这一需求，但戴维斯（Davis, 2007: 119）仍然进一步简化了"长期联络网"的定义，并指出生态博物馆是"一个由社区主导的，支持可持续发展的遗产或博物馆项目"。

二、生态博物馆的模型

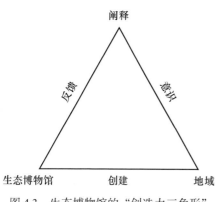

图 4.3　生态博物馆的"创造力三角形"
（Mayrand, 1994）

加拿大博物馆学家皮埃尔·梅兰德在魁北克建立上比沃斯生态博物馆时，以"创造力三角形"（creativity triangle）的形式表达了这一过程，表明生态博物馆的发展是其地理区域内一系列阐释活动的结果（图 4.3）。阐释中心位于顶端，通过其活动，包括创建各种"触角"，以提高地理区域或地域内的公共意识。随着该地域（及其自然和文化遗产）知名度的不断提高，创建生态博物馆并让当地社区参与的需求就已成熟。一旦生态博物馆建立，就会有当地人和专业人士对阐释过程进行反馈。

运用这一模式，他于 1978 年建成了上比沃斯博物馆及地方阐释中心（Musée et centre régional d'interprétation de la Haute-Beauce）。博物馆购置了藏品，举办了首个主题展览"上帝创造上比沃斯"。1980 年，使用者委员会成立，成员由来自 13 个村庄的代表组成，之后便在圣伊莱尔德多塞特（Saint-Hilaire de Dorset）建立了首个生态博物馆的前哨站，开设了非专业的博物馆学课程，有 260 人参加，这直接促成"创造性的上比沃斯"（Haute-Beauce créatrice）的成立，并在 1983 年成为被正式认可的生态博物馆（Rivard, 1984）。

随后，梅兰德（Mayrand, 1994, 1998）又重新定义了他的"创造力三角形"模型，将其置于"三年周期"（three-year cycle）的理论框架内。这意味着在三年时间内，可以将想法变为现实，化漠然为共情，并可能跨过博物馆学的几个阶段，即前博物馆学（pre-museology）、博物馆学（museology）、类博物馆学（para-museology）、后博物馆学（post-museology）和超博物馆学（trans-museology）

（图 4.4）。前博物馆学在理论框架建立前就已存在。博物馆学阶段则见证了基于博物馆和收藏的框架体系，较之前者更为鼓励研究与交流。类博物馆学超越了博物馆和收藏的根基，涉及其他机构和社区，且包含新博物馆学的要素。这三个博物馆学阶段大致相当于三角形的三个边。梅兰德进一步提出的另外两个博物馆发展阶段可能更具争议，后博物馆学要求社会角色能够作为主导力量出现（博物馆策展人兼具社会工作者身份），而超博物馆学则是一个乌托邦式的阶段，即社区内的个人不再需要博物馆的社会服务。

　　这类理论思想有助于我们理解生态博物馆形成的过程，但不能定义生态博物馆。里瓦德早先定义的生态博物馆是最容易让人理解的一种，尤其是以图形方式呈现时（图 4.1、图 4.2）。里瓦德（Rivard, 1984）对传统博物馆和生态博物馆做了直接的比较。他还特别呼吁要重新定义作为传统博物馆四个要素之一的"专家"，并指出"科学的僵化常常忽视了实践知识，因此博物馆中的许多东西失去了所有的意义，即与现实的所有联系"。他还着重强调，在生态博物馆的所有活动中需要利用当地居民的集体记忆，因为"这能使博物馆沿着长者的道路前进，能将久远的人类活动带入现实，同时得以触及日常生活中的隐秘宝藏"。尽管

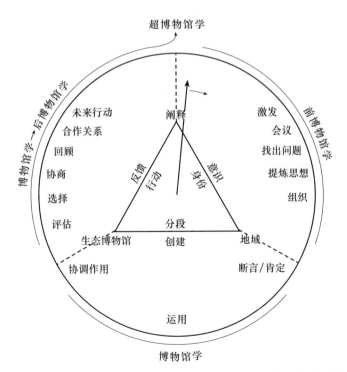

图 4.4　梅兰德在"三年周期"理论框架内发展出的"创造力三角形"

传统博物馆以收藏作为其主要参考依据，但生态博物馆则希望社区去确定自己的遗产，并对应该保存的遗产进行优先排序，同时采取相应的行动。

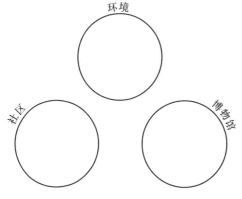

图 4.5　传统博物馆常常被认为远离了
其社区和环境

我在第二章中提到过的"三个圆圈"模型可能会为生态博物馆提供另一种图示。代表博物馆、环境和社区的圆圈，其重叠量可以使我们了解理论思想的利用程度以及传统博物馆的改变幅度（图 4.5、图 4.6）。但真正的生态博物馆，其最好的模式也许是将其嵌入社区，而社区又被置于环境之中，外部的圆圈则是该地域的地理边界（图 4.7）。

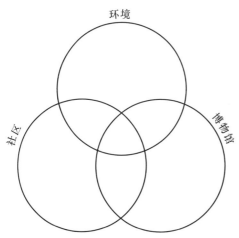

图 4.6　可通过模型中的重叠量来衡量博物馆
展现出的真正生态博物馆特性的程度

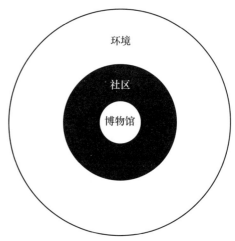

图 4.7　生态博物馆必须位于其社区
和当地环境之中

尽管人们对这些术语存有疑虑，但在世界范围内生态博物馆仍是一个显著的现象。虽然第十章我将回到术语问题上，但不可否认的是，与当地社区进行协商，并鼓励社区参与管理自身遗产的过程的确产生了巨大的影响。经过 40 多年的发展，生态博物馆已以各种形式稳固地建立起来，包括在工业遗址点、农场建筑群、少数族群村庄、地理上分散的阐释性设施网络，甚至还在重要城市的郊区。生态博物馆多样性的特征暗示了其哲学方法是如何产生影响，以适应当地的文化、自然、物理和政治环境。然而，它最初是作为一种非常特殊的工作方式、一种有利机制，以确保文化及自然遗产的保存、当地文化身份的延续、博物馆的民主化，以及对当地人的赋权。

　　将生态博物馆确定为一种有利机制，是将展现地方特性的各种遗产要素结合在一起的过程，这在本书第一版中已经作为一个新的生态博物馆模型被提出。依据福楼拜（Flaubert）的看法，"不是珍珠构成了项链，而是链子"，项链为生态博物馆提供了一个实用的比喻。如果将生态博物馆当作一条线，则可以将其视为一种将各种要素（"珍珠"、特殊地点、"文化展示点"）结合在一起的机制，这些要素使各个地方变得独具特色。因此，瑞典伯格斯拉根生态博物馆（Ekomuseum Bergslagen）[①] 的 "线" 将其地域内的 61 个遗产点（展示点）联系在一起。或者，我们也可以将生态博物馆看作是里瓦德（Rivard, 1984）模型中将各种要素结合在一起的线。在这里，珍珠就是诸如景观、自然、社区、记忆、遗产点、故事、歌曲和传统等这些必不可少的要素。这个生态博物馆的 "项链" 模型（图 4.8），有

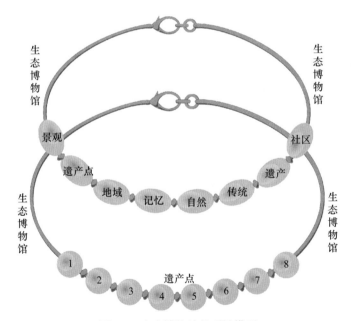

图 4.8　生态博物馆的项链模型

在这里，生态博物馆被视为一种在特定地域内将重要文化及自然要素结合在一起的机制。同样，生态博物馆可以将许多重要的遗产点串联在一起。搭扣代表着负责运作和策划生态博物馆的 "活动家" 等（图：简·布朗 Jane Brown）

---

① 见本书第 159 页。

助于我们理解：正是生态博物馆结合地域的特征，将那些遗产要素串联在一起，从而使地方变得如此与众不同。任何项链至关重要的特征之一就是搭扣，若没有它，珠宝就毫无用处。在此生态博物馆模型中，搭扣代表参与执行这些遗产项目的个体，尤其是那些来自当地社区的"活动家"，以及提供专业指导和财政援助的支持者。

这类模型并不完全令人满意，但是它们确实在某种程度上有助于我们理解生态博物馆是什么。需要强调的是，生态博物馆不同于传统博物馆的关键因素是社区参与。在生态博物馆中，当地居民必须对博物馆负有主要和最终的责任：他们才是主人。当然，这仅仅是归属于生态博物馆的特征之一。

三、生态博物馆的特征

1998 年，我对世界上所有相关的博物馆（25 个国家的 166 个生态博物馆）进行了问卷调查，这些博物馆要么出现在生态博物馆清单中，要么在名称中使用了"生态博物馆"一词，即便名称中未使用该词，但在宣传资料中有使用，或由另外的机构将其称为"生态博物馆"。本书第一版的最后一章对那次调查进行了全面分析。问卷调查的主要目的是确定生态博物馆的共有要素，并就其明确的特征得出结论。但是，调查结果却表明这些机构差异巨大。它们在筹资来源、地理尺度和社区重视程度方面不尽相同。它们具有广泛的明确作用与目标，人员配备水平差异明显，所达到的专业水准也各不相同。有没有什么因素使这些博物馆具有凝聚力？有没有一些共同的特点以说明"生态博物馆"名称的采用是合理的？有没有任何易于识别的"生态博物馆指标"？倘若有的话，何种特征可以将生态博物馆，从诸如美国爱达荷州的农业博物馆、中国台湾的矿业博物馆、瑞典的水磨坊博物馆或苏格兰的乡村手工艺博物馆中区分开来？

哈姆林和胡兰德（Hamrin and Hulander, 1995）的工作有助于找寻生态博物馆的这些指标，他们早先曾试图定义生态博物馆的显著特征，从而建议生态博物馆应该是这样的：

- 覆盖广阔的区域。
- 由文化景观中选定的环境组成。
- 尽力解释"是什么""在哪里""如何做"。

- 在原生环境中展示事物发生了什么、发生在哪里以及如何发生。

- 尽力保存、修复和重建。

- 尽力激活访客的兴趣，并使文化遗产可触及。

- 以文化与旅游之间的相互作用为基础。

- 看护已经存在的东西。

- 基于地方当局、协会、机构、公司和私人的共同努力。

- 依靠积极主动的努力。

- 旨在使访客（游客）可以进入到一个鲜为人知的区域。

- 呼吁当地居民尽力去营造一种地方认同感。

- 呼吁各层级的学校与教育。

- 处在不断演化的过程中，将长期与短期的新功能和改进技术引入发展规划。

- 旨在展示整体——从一般到特殊。

- 与艺术家、手工艺者、作家、演员和音乐家合作。

- 借助研究圈子，在学术层面上推动研究。

- 旨在说明技术与个人、自然与文化、过去与现在、当时与此刻之间的联系。

值得注意的是，上述列表并未提及自然环境、地理区域内的特殊需求、过去或当前的环境问题、活态藏品的角色或由生态博物馆看护的藏品性质。尽管存在这些缺点，但我还是使用了该列表的修改版来制作调查问卷，以探讨可能被认为是"生态博物馆指标"的特征。然而，调查结果（Davis, 1999: 229-236）尚无定论。似乎生态博物馆正以多种方式发展，并且用生态博物馆能指的遗产类型也多种多样，该术语被采用有许多不同的原因。由此看来，生态博物馆经常与传统博物馆共享某些特征，尽管有些生态博物馆可能展现出一些其他生态博物馆没有的特点来。某些生态博物馆确实延伸到了一个较大的地理区域内，但许多生态博物馆仍旧是小型的且独立的点；某些生态博物馆通过旅游促进经济发展，有些则没有；某些生态博物馆尝试与各种各样的艺术家和手工艺人建立联系，而有些生态博物馆则是针对特定的主题或行业，且仅关注与这些行业相关的手工技艺；某些生态博物馆倡导和发表相关研究，但大多数生态博物馆则没有。在认识到这些悖论和问题的同时，某些共有的特征确实显现出来了，从而表明以下指标可能适用于大多数生态博物馆：

- 采用不一定由传统边界定义的地域。因此，传统的政治边界可能会被忽略，而由诸如方言、特定行业、宗教或音乐传统等支配的边界所取代。

- 采用与原地保护和阐释相关联的"碎片展示点"策略。
- 放弃遗产所有权的传统观点，通过联络、合作和伙伴关系的建立来执行遗产的保护与阐释。
- 赋予当地社区权力，推动当地人参与生态博物馆的活动，并建立其文化身份认同。
- 经常使用潜在的跨学科方法和整体性阐释。

博伊兰（Boylan, 1992）给出了类似的特征列表。他的五个关键概念是地域、碎片和生态博物馆的"藏品"性质、跨学科的阐释方法、生态博物馆的"客户"性质，以及地方民主和社区赋权。他建议，如果将这五个特征中的每一个按 1（传统博物馆学方法）到 5（生态博物馆学方法）的范围进行评分，得分 13 及以下的为传统博物馆；得分 14—19 的是一个热衷于环境问题，以社区为中心的外向型博物馆；得分 20 及以上的则是真正的生态博物馆。博伊兰表示，如果以这一标准进行检验，许多自称为生态博物馆的机构将被归入中间类别，它们并不是真正的生态博物馆。

柯赛（Corsane, 2006b）曾利用"生态博物馆指标"去评估罗本岛博物馆（Robben Island Museum）和世界遗产地，他最初使用的指标列表是基于戴维斯（Davis）的修改版，而评估工作是由柯赛和霍勒曼（Corsane and Holleman, 1993）提出的。柯赛与纽卡斯尔大学的同事以及位于都灵的皮埃蒙特经济社会研究所（IRES）合作，进一步完善了评估指标。后者是地方政府的一个部门，其职能是研究和提升农村地区的经济，并且近年来深度参与了生态博物馆的建设。新发展出的指标列表用于实地调查，以评估生态博物馆达到理念宗旨的程度，以及生态博物馆对参与者的影响（Corsane *et al.*, 2007a, 2007b）。所使用的关键原则或指标（称为"二十一条原则"）表明生态博物馆将会是这样：

- 由当地社区主导。
- 允许所有利益相关者和利益团体以民主方式公开参与所有决策过程和活动。
- 通过当地社区、学术顾问、当地企业、地方当局和政府机构的投入，激励共有权和管理权。
- 将重心放在遗产管理的过程上，而不是放在用于消费的遗产产品上。
- 鼓励与当地手工艺人、艺术家、作家、演员和音乐家合作。

- 依靠当地利益相关者大量且积极主动的努力。

- 关注地方认同和地方感。

- 包含一个"地理"区域，该区域由不同的共享特征所确定。

- 涵盖时间与空间两个方面，其中就时间而言，它关注随时间过去的变化和连续性，而不只是简单的试图将事物冻结在时间里。

- 采取碎片化的"博物馆"形式，由一个网络构成，其中包含一个"中心"和若干个由不同建筑与遗产点（展示点）组成的"触角"。

- 促使遗产资源的原地保存、保护与安全防护。

- 对不可移动和可移动的有形物质文化，以及非物质遗产资源，给予同等重要的关注。

- 促进可持续发展和资源的合理利用。

- 允许为更加美好的未来而变革和发展。

- 鼓励进行一个持续不断的规划，以记录过去和现在的生活，以及人们与所处环境（包括物理、经济、社会、文化和政治）的相互作用。

- 推动多层次的研究——从本土"专家"的研究与理解到学者的研究。

- 推动多学科和跨学科的研究方法。

- 鼓励运用整体观方法来阐释文化与自然的关系。

- 试图说明技术/个人、自然/文化和过去/现在之间的联系。

- 在遗产与负责任的旅游之间建立交集。

- 使当地社区受益，例如自豪感、复兴和/或经济收入。

博雷里等人（Borrelli *et al.*, 2008）进一步阐述了该列表，以供参与者对生态博物馆项目进行自我评估。上述列表，以及一个简短的负面因素列表，在详细的指导说明中进行了解释，并使用了很好的实践案例，以使社区能够评估他们在完成生态博物馆实践和理念方面是否成功。参与者能够基于此给他们的项目"打分"，但更重要的是，他们能够确定哪些是表现良好的领域以及哪些是需要额外投入的过程。被称为"MACDAB"的方法（在作者表的姓名首字母之后），也不是为了"检测"而有意为之，仅仅是为将来的发展提供帮助。

该方法已由意大利和其他热衷于生态博物馆的地区实践者们进行了初步检验。2008 年一项针对 16 个生态博物馆的调查，其中 12 个在意大利，尽管没有提供统计上的有效归纳，但结果很有意思。分析回收的问卷调查表明，生态博物馆多半符合关键的标准，它们注重地域的一致性，其地域具有悠久的历史，并与地方有着紧密的联系。它们往往由非常了解当地，且熟悉当地文化的负责人来管理，这些个人与当地协会和当地行政管理部门之间有良好的关系。它们接触的群体，往往更多的是那些对文化方面（历史、音乐、考古）感兴趣，而不是对自然环境感兴趣的人。这很有趣，尤其是在意大利，因为对自然环境感兴趣的人才是"积极公民意识的第一批捍卫者"（Maggi，私人通信，2010）。然而，生态博物馆与普通民众的互动似乎很弱，且不具有包容性，通常是基于传统的"自上而下"的方式传播信息。结果是，生态博物馆的活动家们意识到，很难使所有当地人都承认生态博物馆和遗产具有带来变革和创造新机会的潜力。因此，受众通常仅限于有组织机构的团体，如当地协会和学校。尽管生态博物馆的负责人很称职，但后续规划仍存在一些问题。

这些发现表明，生态博物馆需要更好的战略规划，以指导机构的长期发展，并允许将权力从创建者团体下放到更广泛的社区。如果要实现社区的发展、遗产的保护、经济的提升和旅游基础设施的改进，需要鼓励对先进经验的传播。评估工具（例如 MACDAB 一览表或其他相当的工具）显然可以发挥作用，因为它们可以从"内部视角"提供对生态博物馆动态和关系的更深入了解。

即使评估工具尚处于起步阶段，但如今的生态博物馆理念已经以各种方式在世界上许多国家和地区铺开。生态博物馆对当地的自然、经济、社会、文化和政治环境作出反应，以便鼓励公众通过参与的进程来管理各种环境和遗产资源。上述列表中的所有原则很少全部使用，它们的采用很大程度上取决于当地的条件，而选择性的使用促进了不同类型生态博物馆的创建。尽管存在许多不同类型的生态博物馆，但似乎在运用生态博物馆理念时，它们通常会强调：自我表征，社区的充分参与及拥有遗产资源和管理过程的所有权，农村或城市的复兴，可持续发展和负责任的旅游。本书第二部分将深入探讨生态博物馆是如何确立其存在的，并着重考察众多独立机构的相关活动。在生态博物馆的"家乡"法国，这一现象如今已深入人心。它不仅在博物馆文化中，而且在农村生活和经济发展方面都占有重要地位，下一章将讨论生态博物馆运动在该国的发展情况。

参 考 文 献

An, L. and Gjestrum, J. A. (1999) 'The ecomuseum in theory and practice: the first Chinese ecomuseum established', *Nordisk Museologi*, 2, 65-86.

Anon. (1978) 'The ecomuseum', *Newsletter of the ICOM Natural History Committee*, 2, 3-4.

Borrelli, N., Corsane, G., Davis, P. and Maggi, M. (2008) *Valutare un ecomuseo: come e perché. Il metodo MACDAB*, Istituto di Ricerche Economico Sociali del Piemonte, Torino, Italy.

Boylan, P. (1990) 'Museums and cultural identity', *Museums Journal*, 90(4), 29-33.

Boylan, P. (1992) 'Ecomuseums and the new museology-some definitions, *Museums Journal*, 92(4), 29-30.

Carney, F. (ed.) (1993) *French-English English-French Dictionary*, Larousse, Paris.

Chatelain, J. (1993) *Droit et Administration des Musées*, La Documentation Française, Ecole du Louvre, Paris.

Corsane, G. (2006a) From 'outreach' to 'inreach': how ecomuseum principles encourage community participation in museum processes. In Davis, P., Maggi, M., Su, D., Varine, H. de and Zhang, J. (eds) *Communication and Exploration, Guiyang, China-2005*, Provincia Autonoma di Trento, Italy, pp. 157-171.

Corsane, G. (2006b) 'Using ecomuseum indicators to evaluate the Robben Island Museum and World Heritage Site', *Landscape Research*, 31(4), 399-418.

Corsane, G. and Holleman, W. (1993) Ecomuseums: a brief evaluation. In De Jong, R. (ed.) *Museums and the Environment*, Southern Africa Museums Association, Pretoria.

Corsane, G., Davis, P. and Elliott, S. (2005) Liberating museum action and heritage management through 'inreach'. In Maggi, M. (ed.) *Museums and Citizenship*, QR IRES, No.108, IRES, Torino, Italy.

Corsane, G., Davis, P., Elliot, S., Maggi, M., Murtas, D. and Rogers, S. (2007a) 'Ecomuseum evaluation: experiences in Piemonte and Liguria, Italy', *International Journal of Heritage Studies*, 13(2), 101-116.

Corsane, G., Davis, P., Elliot, S., Maggi, M., Murtas, D. and Rogers, S. (2007b) 'Ecomuseum performance in Piemonte and Liguria, Italy: the significance of capital', *International Journal of Heritage Studies*, 13(3), 223-239.

Davis, P. (1999) *Ecomuseums: A Sense of Place*, Leicester University Press/Cassell, London and New York.

Davis, P. (2005) Places, 'cultural touchstones' and the ecomuseum. In Corsane, G. (ed.) *Heritage, Museums and Galleries*: *An Introductory Reader*, Routledge, London and New York, pp. 365-376.

Davis, P. (2007) Ecomuseums and sustainability in Italy, Japan and China: concept adaptation through implementation. In Knell, S., MacLeod, S. and Watson, S. (eds) *Museum Revolutions: How Museums Change and are Changed*. Routledge, London, pp. 198-214.

Desvallées, A. (1987) L'esprit et la lettre de l'écomusée. In *Écomusées en France* (Premières rencontres nationales des écomusées, L'Isle d'Abeau, 13/14 November 1986). Published by Agence Régional d'Ethnologie Rhône-Alpes and Écomusée Nord-Dauphiné, pp. 51-55.

Ecomuseum Observatory (2010) *Ecomuseum: what is it?* Available online at http:www. observatorioecomusei.net/start.php?PHPSESSID55760d82333f065891d7d8c0da2dd3ce1&stat=& ris=h&mf=cosem (accessed 14 January 2010)①.

Hamrin, O. and Hulander, M. (1995) *The Ecomuseum Bergslagen*, Falun, pp. 72.

Hudson, K. (1996) 'Ecomuseums become more realistic', *Nordisk Museologi*, 2, s, 11-19.

Lawes, G., Sekers, D. and Vigurs, P.F. (1992) 'Defining the undefinable-ecomuseums-a Cindarella or another Ugly Sister?', *Museums Journal*, 92(9), 32.

Mayrand, P. (1994) 'La reconciliation possible de deux langages', *Les Cahiers de développement local* [Conférence des CADC du Quebec], 3(2), 3-5.

Mayrand, P. (1998) *L'exposition à l'heure juste du développement local: cycle théoretique de trois ans*, unpublished ms., Reinwardt Academy, Amsterdam.

Querrien, M. (1985) 'Taking the measure of the phenomenon', *Museum*, 37(4), 199.

Rivard, R. (1984) *Opening Up the Museum*, Quebec City, typescript at the Documentation Centre, Direction des Musées de France, Paris.

Rivard, R. (1988) Museums and ecomuseums-questions and answers. In Gjestrum, J.A. and Maure, M. (eds) *Okomuseumsboka-identitet, okologi, deltakelse*, ICOM, Tromso, Norway, pp. 123-128.

Rivière, G.H. (1985) 'The ecomuseum: an evolutive definition', *Museum*, 37(4), 182-183.

Rivière, G.H. (1992) L'Écomusée, un modèle évolutif. In Desvallées, A. (ed.) *Vagues-une anthologie de la nouvelle muséologie*, Editions W., Macon, pp. 440-445.

Van Mensch, P. (1993) Museology and the management of the natural and cultural heritage. In De Jong, R. (ed.) *Museums and the Environment*, Southern Africa Museums Association, Pretoria, pp. 57-62.

Varine, H. de (1973) 'A fragmented museum: the Museum of Man and Industry, Le Creusot-Monceau-les-Mines', *Museum*, 25(4), 292-299.

Varine, H. de (1988) Rethinking the museum concept. In Gjestrum, J.A. and Maure, M. (eds) *Okomuseumsboka-identitet, okologi, deltakelse*, ICOM, Tromso, Norway, pp. 33-40.

Varine, H. de (1992) L'Écomusée. In Desvallées, A. (ed.) *Vagues-une anthologie de la nouvelle muséologie*, Editions W., Macon. [Originally published in *La Gazette* (Association des musees canadiens), 1978, 11, 28-40.]

Varine, H. de (1996) 'Ecomuseums or community museums? 25 years of applied research in museology and development', *Nordisk Museologi*, 2, 21-26.

---

① Ecomuseum Observatory 现在（2011 年）可以通过网址 http://www.irespiemonte.it/ecomusei 查询。

第二部分

全球生态博物馆纵览

第五章 从理论到实践：
法国的生态博物馆

　　20世纪60年代末至70年代初，乔治·亨利·里维埃和雨果·戴瓦兰在法国进行的实验引发了人们对生态博物馆哲学的极大热情。这种热忱表明，许多遗产和博物馆界专业人士相信，生态博物馆的想法在包容性强的博物馆实践方面是有效的，而且也为他们的活动提供了思想和理论基础。遗产消失速度的加快，尤其是乡村和后工业地区的民族志遗产，开始被法国和欧洲其他地方意识到，并为之痛惜，而生态博物馆方法的采用为它们提供了一种保护机制。然而，这一概念被迅速接受，某种程度上是对萎靡不振的法国博物馆界渴望深刻变革的回应。尽管法国的美术馆令人尊重和钦佩，但其他博物馆，尤其是那些致力于社会史、科学或自然史等方面的博物馆，则需要重树其形象。由新博物馆学、整体性博物馆和加强对社区的关注所推动的这些想法，大有可为。1998年，法国大约有60座生态博物馆。2010年，至少有87家博物馆在使用"生态博物馆"的名称（Outlook on Ecomuseums, 2010）。这远非法国博物馆学史上的过渡阶段，而是生态博物馆继续以惊人的速度大发展的时期。这类博物馆种类繁多，包括大型的且非常专业的露天博物馆、对社会问题具有浓厚兴趣的城市博物馆、农耕博物馆、专门针对特殊行业甚至个别物种的博物馆、关注乡土建筑的博物馆，以及运用整体观方法阐释广泛的半自然景观的博物馆。本章考察了法国生态博物馆的发展与专业性，并提供了一些研究案例来说明其多样性。

一、法国生态博物馆的发展与专业性

　　1986年，拉齐尔（Lazier, 1987b）向法国所有已知的生态博物馆分发了调查问卷，并收到了30份回复。之后，巴罗佐和维兰特（Barroso and Vaillant, 1993）

也对法国生态博物馆的建立与进展进行了另一项重要调查。尽管远非全貌，但结合这两次调查中有关生态博物馆建成开放的时间数据（总共有 37 家生态博物馆），可以看出法国生态博物馆发展迅速。依图 5.1、图 5.2 所示，1968—1989 年法国生态博物馆的数量每年都在增加，这表明早期的"发现式生态博物馆"与在 20 世纪 70 年代末至 80 年代初对生态博物馆理念突然高涨的兴趣有明显的不同。柱状图是生态博物馆概念得到修订的反映，也是生态博物馆从关注自然环境到关注社区的逐步转变，这一变化对里维埃定义的最终版（1980 年）产生了影响[1]。20 世纪 80 年代中期是一段相当长的增长期，该时期与休伯特（Hubert, 1987a）所谓的生态博物馆发展的"第三个阶段"相吻合。然而，很明显法国的生态博物馆已经在 21 世纪经历了复兴，生态博物馆的数量从 1993 年的 37 家跃升至本书第一版（1999 年）编写时所见的 63 家。2010 年，在生态博物馆瞭望台（Ecomuseum Observatory）[2] 网站中列出了 87 家，而且这个数字无疑是被低估了的。

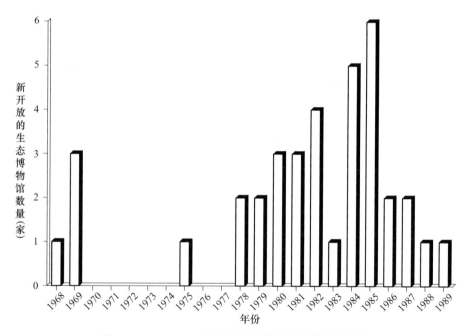

图 5.1　1968—1989 年法国新开放的生态博物馆数量
基于拉齐尔（Lazier, 1987a）、巴罗佐和维兰特（Barroso and Vaillant, 1993）的数据

① 见本书第四章。

② www.irespiemonte.it/ecomusei/.

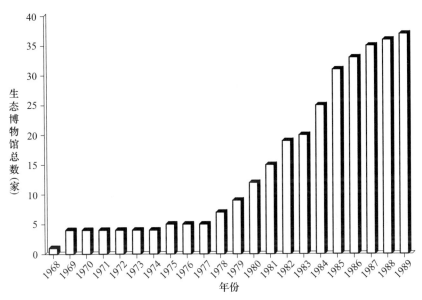

图 5.2　1968—1989 年法国生态博物馆总数
基于拉齐尔（Lazier, 1987a）、巴罗佐和维兰特（Barroso and Vaillant, 1993）的数据

法国生态博物馆得到了相当大的政治支持，1990 年法国文化部部长杰克·朗（Jack Lang）将其归功于它们以实用且明智的做法维护了本地认同。如今，生态博物馆已被写入了法令，并拥有了自己的宪章——《生态博物馆宪章》（Charte des Écomusées），它是 1981 年 3 月 4 日在法国文化和交流部的指导下获批的（Chatelain, 1993）。《生态博物馆宪章》讨论了藏品的状态（可以是不可移动的或可移动的、静态的或活态的）、生态博物馆的职能和组织机构，它还提供了前一章所介绍的生态博物馆定义。《生态博物馆宪章》规定，生态博物馆的主要活动是：

- 建立该地区遗产（可移动的和不可移动的）清单。
- 物理保护和展示与该地区有关的物件和文献。
- 筹备展览、公开活动和其他活动。
- 通过购买、捐赠或遗赠等手段来充实藏品。
- 与其他地区机构联系，研究构成当地遗产的重要元素。
- 在没有收购计划的情况下，尽可能采取措施确保"不可移动"遗产的保存和保护。
- 策划研究项目，记录当地人的技艺、知识和社会生活。
- 鼓励与教育和研究机构合作组建专家团队（文物保护人员、技术人员、教师、研究人员）。

- 保护并交流研究成果。
- 在学术机构的帮助下，实施知识的传播。
- 推动与生态博物馆所在地有关的教育活动。

《生态博物馆宪章》对生态博物馆的管理提出了严格的指导原则。其中明确规定生态博物馆的日常管理由来自三个委员会的代表所组成的理事会负责："使用者委员会"（Users' Committee），由当地居民选出的成员组成；来自不同学科的"科学顾问委员会"（Committee of Scientific Advisers），提供可靠的学术支持和专业意见；"管理委员会"（Administrative Committee），成员来自地方当局、政府部门、赞助公司和私人捐助者，负责处理财政事务和规划发展战略。

法国的博物馆若符合与专业知识、藏品质量和资金基础相关的特定标准，即可被法国博物馆管理局认定为"受控"的博物馆。这对博物馆资金有影响，即允许博物馆从大区文化事务局（Direction Régionale des Affaires Culturelles, DRAC）、省议会、大区议会和大区博物馆基金会（Fonds Régional d'acquisition des Musées, FRAM）中获得资金。1986年，法国博物馆管理局将约26家生态博物馆认定为"受控"状态的博物馆（Lazier, 1987a）。1989年，瓦瑟曼（Wasserman）指出应该有30家，而哈德森（Hudson, 1992）则把这个数字定为28。1999年，在本书第一版中，我列出了26家"受控"的生态博物馆。该清单包括位于加勒比海地区瓜德罗普（Guadaloupe）岛上的生态博物馆，该岛由法国管理。不包括"受控"的（由法国博物馆管理局认定的），但未被认证的生态博物馆，如于松昂福雷（Usson-en-Forez）、利翁河畔沙泽莱（Chazelles-sur-Lyon）、旺代（Vendée）。位于勒布朗克（Le Blanc）的生态博物馆占有独特地位，该博物馆虽然不是"受控"的，但其鸟类学收藏符合标准。这种不"受控"的状态在2002年发生了变化，2002年1月4日通过的2002-3号法令赋予了勒布朗克和其他30家生态博物馆完全"受控"的身份（图5.3）。生态博物馆瞭望台也明确指出了这些情况，并简要介绍了数据库中目前列出的所有87家法国生态博物馆。

1986年11月在利斯勒-达贝奥（L'isle-d'Abeau）举行的首届法国生态博物馆全国会议，标志着生态博物馆的专业性日益增强。这次会议有来自28家生态博物馆的代表参加，他们是推动1988年12月20日成立的生态博物馆协会（Fédération des Écomusées）的主要力量，该协会通过的口号是"记忆传递"，并设计了徽标（图 5.4）。最初，这 28 家生态博物馆达成了合作意向。同年，协会与合作信贷银行（Crédit Coopératif）的企业基金会（Fondation d'enterprise）建立了伙伴关系。该银行希望与文化部门保持联系，他们意识到生态博物馆的活动，尤其是生态博物馆在社会中的角色，以及对遗产保护的共有态度，体现出生态博物馆与银行有相似的精神特质。1990 年 1 月，来自该银行赞助商的资金使生态博物馆能够首次与传统博物馆并肩出现在巴黎大皇宫（Grand-Palais）举行的国际博物馆沙龙与展览（Salon International des Musées et Expositions, SIME）上，同时资金也为工作人员和专业技能培训提供了进一步支持。

在 20 世纪 80 年代，积极寻求共同目标的不仅仅是生态博物馆。在法国举行的历次全国性会议，将矿业博物馆（1985 年）、海事博物馆（1985 年）和农业博物馆（1986 年）的馆长们齐聚一堂，促成他们对独特理念和目标的认识。值得注意的是，当大多数学术机构的负责人开始表达自己的声音时，在英国也是其"专家团体"出现的时候。法国各个工业和社会史博物馆的集体行动似乎是要求认可其活动。这种要求是建立在维兰特（Vaillant, 1993）所描述的悠久且卓越的历史之上。

20 世纪 90 年代初期，法国文化部下属的法国博物馆管理局单方面决定将所有涉及社会史和社区生活的博物馆（历史博物馆、人类学和民族志博物馆、海事博物馆、民间生活博物馆及生态博物馆）归类为"社会博物馆"（musées de société）。尽管博物馆总检察署（Inspection Générale des Musées, IGM）负责人杰曼·维亚特（Germain Viatte）认为它们属于"未来博物馆"（Vaillant, 1993），但在许多方面，新名称产生的影响是将它们与那些被视为最重要的机构，即艺术博物馆区分开来。雨果·戴瓦兰（私人通信）认为，此类博物馆相当于沦为二流的地位，这在很大程度上是由不理解或不喜欢"生态博物馆"一词的官僚们所推动的。博伊兰（Boylan, 1992）提到，20 世纪 90 年代初期，法国成立的社区博物馆最初采用"社会博物馆"的称谓，而不是用生态博物馆。这可能是对法国博物馆管理局做出决定的一种回应。然而，值得注意的是，尽管政府对生态博物馆缺乏重要的支持，但实际上，在法国各地的基层社区，生态博物馆的数量与多样性仍在持续增加，这与全球范围内生态博物馆数量的激增相一致。

法国博物馆管理局做出此决定的另一个结果是，增强了生态博物馆与其他一起被归为同一类且有共同利益的博物馆之间的凝聚力。1991 年 6 月，由法国博物馆管理局发起的学术研讨会在米卢斯（Mulhouse）举行。许多变体的"社会

阿尔萨斯大区 （Alsace）	昂格瑟姆 （Ungersheim）	阿尔萨斯生态博物馆 （Écomusée de Alsace）
阿基坦大区 （Aquitaine）	马奎兹（萨布雷） ［Marqueze（Sabres）］	朗德生态博物馆 （Écomusée de la Grande Lande）
奥弗涅大区 （Auvergne）	吕讷昂－马尔热里德 （Ruynes-en-Margeride）	马尔热里德生态博物馆 （Écomusée de la Margeride）
下诺曼底大区 （Basse Normandie）	圣西尔－罗西埃 （Saint-Cyr-la-Rosière）	佩尔什生态博物馆 （Écomusée du Perche）
勃艮第大区 （Bourgogne）	克勒索－蒙特索 （Le Creusot-Montceau） 皮埃尔－德布雷斯 （Pierre-de-Bresse）	克勒索－蒙特索生态博物馆 （Écomusée du Creusot-Montceau） 勃艮第布雷斯生态博物馆 （Écomusée de la Bresse Bourguignonn）
布列塔尼大区 （Bretagne）	科马纳 （Commana） 威桑岛 （Ouessant） 默河畔蒙福尔 （Montfort-sur-Meu） 雷恩 （Rennes） 布雷克（欧赖） ［Brec'h（Auray）］ 格鲁瓦 （Groix） 安赞扎克－洛克里斯特 （Inzinzac-Lochrist）	阿雷山生态博物馆 （Écomusée des Monts d'Arrée） 威桑岛生态博物馆 （Écomusée de l'île d'Ouessant） 蒙福尔地区生态博物馆 （Écomusée du Pays de Montfort） 雷恩地区生态博物馆 （Écomusée du Pays de Rennes） 圣德甘生态博物馆 （Écomusée de Saint-Dégan） 格鲁瓦岛生态博物馆 （Écomusée de l'île de Groix） 锻造工业生态博物馆 （Écomusée industriel des Forges）
中部大区 （Centre）	勒布朗克 （Le Blanc） 萨维尼－韦龙 （Savigny-en-Veron）	布雷讷生态博物馆 （Écomusée de la Brenne） 韦龙生态博物馆 （Écomusée du Veron）
香槟－阿登大区 （Champagne-Ardenne）	普尔西 （Pourcy）	兰斯山生态博物馆 （Écomusée de la Montagne de Reim）

图 5.3　获法国博物馆管理

弗朗什-孔泰大区 （Franche-Comte）	富日罗勒 （Fougerolles）	喜瑞丝地区生态博物馆 （Écomusée du Pays de la Cerise）
上诺曼底大区 （Haut Normandie）	圣母院-布利克图 （Notre-Dame-de-Bliquetuit）	下塞纳河生态博物馆 （Écomusée de la Basse Seine）
法兰西岛大区 （Île-de-France）	弗雷斯内斯 （Fresnes） 圣康坦-昂伊夫林 （St-Quentin-en-Yvelines） 萨维尼-勒唐普勒 （Savigny-le-Temple）	弗雷斯内斯生态博物馆 （Écomusée de Fresnes） 圣康坦-昂伊夫林生态博物馆 （Écomusée de St-Quentin-en-Yvelines） 萨维尼-勒唐普勒生态博物馆 （Écomusée de Savigny-le-Temple）
格多克-鲁西永大区 （anguedoc-Roussillon）	勒蓬德-蒙特韦尔 （Le Pont-de-Montvert）	洛泽尔山生态博物馆 （Écomusée du Mont Lozère）
南部-比利牛斯大区 （Midi-Pyrénées）	拉巴斯蒂-代鲁艾鲁 （Labastide-Rouairoux）	努瓦尔山生态博物馆 （Écomusée de la Montagne Noir）
北部-加来海峡大区 （Nord-Pas-de-Calais）	富尔米 （Fourmies）	阿维诺斯生态博物馆 （Écomusée de l'Avesnois）
海外大区 （Outre-Mer）	格朗堡（瓜德罗普） ［Grand-Bourg（Guadaloupe）］ 雷日纳（法属圭亚那） ［Regina（French Guyana）］ 里维埃-皮洛特（马提尼克） ［Rivière-Pilote（Martinique）］	玛丽-加兰特生态博物馆 （Écomusée de Marie-Galante） 阿普鲁瓦格生态博物馆 （Écomusée de l'Approuague） 马提尼克生态博物馆 （Écomusée de la Martinique）
卢瓦尔河大区 （Pays de la Loire）	圣纳泽尔 （Saint-Nazaire）	圣纳泽尔生态博物馆 （Écomusée de Saint-Nazaire）
普罗旺斯-阿尔卑斯-蓝岸大区 （Provence-Alpes-Côte d'Azur）	皮热罗斯唐 （Puget-Rostang）	鲁杜勒地区生态博物馆 （Écomusée du Pays de la Roudoule）
罗讷-阿尔卑斯大区 （Rhône-Alpes）	蒂济 （Thizy） 于松昂福雷 （Usson-en-Forez）	上博若莱生态博物馆 （Écomusée du Haut-Beaujolais） 福雷山生态博物馆 （Écomusée des Monts du Forez）

身份的 31 家生态博物馆

博物馆"馆长们首次聚首，会议增进了博物馆间的进一步对话和理解（Barnoud, 1993; Barroso and Vaillant, 1993）。这些博物馆与既有的生态博物馆之间的共同目标，促成了它们加入生态博物馆协会，并于 1991 年将协会更名为"法国生态博物馆和社会博物馆协会"[①]。从那时起，该协会的会员一直稳步增长。合作信贷银行的企业基金会作为几个合作伙伴之一，与法国博物馆管理局、弗朗什-孔泰大区议会（Conseil régional de Franche-Comté）一道，继续支持该协会的发展。截至 2010 年，协会已有约 140 个成员单位，它们共同负责约 200 个博物馆和遗产地，代表大约 1500 名员工和 3000 名志愿者。据法国生态博物馆和社会博物馆协会估算，其下属博物馆每年吸引约 400 万访客参观，约占法国博物馆总参观人数的 1/10。协会采用了充满活力的新徽标（图 5.5），且鼓励人们就生态博物馆的角色和未来展开讨论。2004 年发行的一期《法国博物馆与公共收藏》（*Musées et Collections Publiques de France*）杂志，刊载了法国生态博物馆和社会博物馆协会成员贡献的稿件，回应的问题包括参与（Delarge, 2004）、当代收藏（Guiyot-Corteville, 2004）、可持续发展（Casteignau, 2004）和博物馆与旅游之间的关系（Griffaton, 2004）。

图 5.4　法国生态博物馆协会最初的徽标
经生态博物馆和社会博物馆协会许可转载

图 5.5　法国生态博物馆和社会博物馆
协会的徽标
经法国生态博物馆和社会博物馆协会许可转载

　　显然，生态博物馆和社会博物馆扮演着相似的角色。它们之间的关系因生态博物馆哲学的运用而得到巩固。它们所涵盖的博物馆可以被归类为专题博物馆

---

① 法国生态博物馆和社会博物馆协会，位于法国贝桑松市亚瑟加拉德大街 2 号（2 Avenue Arthur Gaulard, 25000 Besançon Cedex, France），网址 www.fems.asso.fr。

（如格拉斯的香水博物馆、利翁河畔沙泽莱的帽子博物馆）或地方博物馆（地区博物馆、大区博物馆和生态博物馆）。它们都融入到了其所在的社区之中。此外，根据里比埃尔（Ribière, 1993）的说法，为生态博物馆所赋予的经济复苏与社会复兴角色对所有的社会博物馆同样重要。对维兰特（Vaillant, 1993）来说，"社会博物馆"一词很有用，因为它汇集了具有相同目标的各种博物馆，即"研究人类在其社会和历史构成中的演化，并作为传输通道，以理解文化和社会多样性"。但是，由于没有环境方面的目标，以及未能强调经济与社区发展这个社会目标的重要性，生态博物馆可能会感到有些受束缚。这样的定义也没有囊括如今生态博物馆通常采用的、非常独特的包容性过程。因此，尽管出于管理上的目的，人们将生态博物馆归为社会博物馆可能是有用的，但必须承认，它们各自具有独特的目标和博物馆学特征。

基于 60 个法国生态博物馆的调查，拉齐尔（Lazier, 1987a）评述了法国生态博物馆的现状，其得出的结论在 20 多年后仍然有价值。她研究的主要发现是：

• 生态博物馆在全国分布相对均衡，但特别集中在布列塔尼、法兰西岛、阿尔萨斯、罗讷-阿尔卑斯和南部-比利牛斯等大区，而在法国中部地区［利穆赞（Limousin）、洛林（Lorraine）和下诺曼底（Basse-Normandie）］和科西嘉岛则明显偏少。

• 生态博物馆大致可分为由大区或地方当局管理的博物馆［国家公园，如洛泽尔山（Mont-Lozère）；大区自然公园，如阿雷山（Monts d'Arrée）；地方当局或省，如雷恩地区（Pays de Rennes）、旺代省（Vendée）］和由协会运营的博物馆，后者约占法国生态博物馆总数的 2/3。

• 不同生态博物馆的管理方式和获得财政支持的情况大相径庭。部分生态博物馆（如布列塔尼的圣德甘 St-Dégan）的运营模式是自收自支，除观光收入外，没有任何财政援助。这与较大型的生态博物馆形成了鲜明对比，例如阿尔萨斯生态博物馆（Écomusée de Alsace），该馆 1986 年的年度预算为 540 万法郎。政府提供的预算比例也相差很大：在雷恩地区生态博物馆（Écomusée du Pays du Rennes）的预算中，雷恩市贡献了 60%；而旺代生态博物馆（Écomusée of the Vendée）则从旺代省获得了 100% 的资金投入。

• 各部委向部分生态博物馆给予了直接的财政支持。例如，1986 年勃艮第的布雷斯生态博物馆（Écomusée de la Bresse），其经费预算的 55% 来自法国文化部文化发展局、法国博物馆管理局、民族遗产代表处（Mission de Patrimoine Ethnologique）、法国旅游部和环境部。

● 生态博物馆关注的主题非常多样，但主要围绕其所在地的历史、地理和经济活动。它们常常反映出与其有关的专家个性，以及其周围环境的特殊性。

● 生态博物馆获得的藏品与其展览中探讨的主题基本一致。生态博物馆的一个显著特点是维系着活的藏品——"可替换的物品"（biens fongibles），即牲畜、药用植物、果树和适于耕种的作物，它们在阐释中扮演着重要角色。拉齐尔表示，1/3 的法国生态博物馆拥有活态藏品。

● 生态博物馆的地理边界通常（但不总是）与行政区划一致，如省、市、县、镇、区、街区。生态博物馆的展示"触角"能够拓展其地理和主题范围，它们通常是由当地市镇的志愿者负责。

● 生态博物馆的"三个委员会"体系在实践中，其运作方式存在很大的差异。"使用者委员会"作为行动催化剂的效果似乎不如魁北克的同行。

● 大多数生态博物馆的访客并不太多。在旅游景区的生态博物馆或较大型的生态博物馆是个例外，如阿尔萨斯，它在 1986 年 8 月就吸引了超过 2.7 万人前来参观。

● 大多数生态博物馆只聘用了少量的固定职员（通常为 3—6 人），并且馆长负责行政和策展工作的方方面面。志愿者在许多生态博物馆中都发挥了重要作用。

她还补充了 32 个生态博物馆的活动简况（Lazier, 1987b），并提供了其展览、出版物和藏品的梗概。此评述特别强调了生态博物馆的多样性。各个生态博物馆的起源、发展方式，以及当前的管理和财务制度都与其公开展现的多样性相匹配。这种多样性使生态博物馆成为法国博物馆学学生撰写学位论文的热门话题，为诸如博韦西（Beauvaisis）（Doyen and Virole, 1987）和弗雷斯内斯（Fresnes）（Arcos and Malara, 1987）等个别生态博物馆提供了有参考价值的分析。

二、法国生态博物馆的研究案例

格雷厄姆·罗布（Graham Robb）在其《探索法国》（*The Discovery of France*, 2007）一书中指出，有关"法国人"或确切地说作为一个统一国家"法国"是相对新的概念，并且从历史观点上看其具有误导性。他绘制了一幅法国的图画，即便在 19 世纪后期，法国都还是一个非常独立且经常被孤立的地理单元。如今，法国仍然是世界上最重要的旅游目的地之一，它以美食、美酒和艺术表现向全球公众营销自己。尽管法国美景、美食的多样性及高雅文化特征印在了光鲜的小册子里以吸引度假者，但罗布所描述的关于其民众、语言、方言、风俗和行业的多样性却鲜有提及。乔治·亨利·里维埃不仅意识到法国文化的这些区域变化，尽管通常是在小范围内的，而且还意识到独特的物质文化、景观和非物质文化遗产消失的速度越来越快。正如本书第三章所述，他决心保护这些历史，因此提出了"地方博物馆"或地域博物馆的概念，随后又将其命名为"ecomusée"或"ecomuseum"（生态博物馆）。罗布清楚地阐释了拥有丰富物质文化和非物质遗产的法国具有难以捉摸的特性，而生态博物馆的兴起有助于捕捉这一特性。生态博物馆和社区博物馆展现了（如旺代、塞文山和比利牛斯等）不同地方的昔日社区如何依赖自然资源，以及这将如何导致景观的改变，并形成特别的建筑风格、多样化的生存方式和独特的物质与非物质文化。

我对以下所选取的法国生态博物馆进行了描述，旨在对法国生态博物馆及其活动范围作一个全面的介绍。这些选择受到我对它们熟悉程度的影响，我是通过与这些生态博物馆馆长们的对话、15 年的私人访问、详细的观察以及从公开的信息中获得的了解。

（一）雷恩地区生态博物馆（Écomusée du Pays de Rennes）

该生态博物馆项目建设的诱因是城市侵蚀了周边的农田，该地区是往日农村的证据逐渐消失。项目由布列塔尼博物馆馆长让·伊夫·维亚德（Jean-Yves Viellard）倡议，同时得到雷恩市的大力支持。当地政治人物皮埃尔-伊夫·赫尔汀（Pierre-Yves Huertin）建议将拉宾蒂尼斯（La Bintinais）的农场作为合适的建设地点。该构想最初始于 1979 年，直到 1987 年 5 月博物馆才向公众开放，布列塔尼博物馆的专业人员策划和实施了该项目，总耗资约 1300 万法郎。生态博物馆的名称被认为符合其使命，这在某种程度上是因为需要阐释人与景观之间的相互作用，以及受到"公众对生态和地区文化兴趣"的影响（Hubert, 1987）。它是"受控于政府的生态博物馆"，并聘有 9 名固定职员。拉宾蒂尼斯的主要经费由雷恩市提供，同时它也获得了法国电力公司（Electricité de France）、农业信贷银行（Crédit Agricole）、圭亚马动物饲料公司（Guyomarc'h Nutrition Animale）和史克必成公司（SmithKline Beecham）等主要合作伙伴的可观赞助。

休伯特（Hubert, 1987）指出，雷恩市由于其地理位置和作为主要行政中心的角色，使它在该地区的农业发展中发挥了重要作用。在一座令人印象深刻的农舍里有一个常设展览，展览追溯了自16世纪以来的城市历史，记录了由于城市的逐渐侵蚀而引起的农村环境变化（图5.6）。拉宾蒂尼斯的历史也被详细地记录，交织在这个故事中。展览复原了19世纪后期的农舍内部，并放置有工具、家具和服饰。它采用传统的以"物"为中心的方法，辅以视听技术与互动展示，呈现当地建筑的特点及农业实践的变化。博物馆有一个令人印象深刻的用于临时展览和举办相关活动的空间。2010年1月博物馆又新开放了一栋接待大楼。展览维护、藏品管理和研究由布列塔尼博物馆的工作人员负责。休伯特（Hubert, 1987b）将这个博物馆的常设展览描述为"时间博物馆"（musée de temps），从而将其与占据生态博物馆其余部分的"空间博物馆"（musée de l'espace）明确区分。

图5.6　拉宾蒂尼斯的美丽农舍是雷恩地区生态博物馆的中心
莎莉·罗杰斯（Sally Rogers）摄

这个生态博物馆最吸引人的地方是对重要作物的老品种和稀有动物的保护。在拉宾蒂尼斯占地15公顷的博物馆中，有相当大的一部分空间专门用来展示这些物种。克拉克（Clarke, 1995）指出，这是"一个保存雷恩地区记忆的活的生态博物馆"。该生态博物馆保护与展示活态藏品的首次尝试是建立了两座果园，如今包含有约 60 个用于酿酒和食用的苹果品种，以及其他果树。其他作物如小麦、大麦、荞麦、三叶草、甜菜、向日葵和玉米也种植在这里的不同区域内。从大约 1994 年开始，在合作伙伴和赞助商的帮助下，博物馆建立了针对家畜稀有品种的活态收藏。与其说选择各种各样的家畜，还不如保护那些在西阿尔莫里克（West Armorique）、布列塔尼或雷恩地区历来饲养的品种。这些动物包括布雷顿马（Breton horses）、杂色巴约猪（the pied Bayeux pigs，其中只有约 100 头幸存）、阿尔莫里克牛（Armorique cattle）、富塞山羊（Chevre des fossés），以及具有独特条纹羽毛的雷恩斑点鸡（poule coucou de Rennes）和矮小的威桑绵羊（Ouessant sheep）。

除扮演保护非常特殊的基因遗产的重要角色外，该博物馆也很受访客的欢迎。他们中的许多人还乘坐马车在博物馆周围闲逛，这是一种探索地方的愉悦方式。对那些悠闲漫步的访客而言，大型的说明性标识提供了各个物种的有关信息。全年举行的临时展览和特别活动（马耕、蜂蜜生产、果树嫁接、家猪集市、苹果展销）也提升了额外的吸引力，并有助于在地阐释。

雷恩生态博物馆具有资金充裕的地区性博物馆的所有特点。它受博物馆专业人员的指导，举办精心设计的现代展览，这些展览通过使用先进的技术手段讲述该地区农业历史的故事。当地社区对博物馆的投入，是其通过与作为当地社会特色的地方协会保持密切联系来实现的，这对生态博物馆的理念来说至关重要。休伯特（Hubert, 1987b）认为，拉宾蒂尼斯因此成为"业余爱好者、专家和公众的聚会场所"。很明显，尽管它使用了"生态博物馆"的名称，但并不满足前一章列出的所有"二十一条原则"。

（二）格鲁瓦岛生态博物馆（Écomusée de l'île de Groix）

格鲁瓦岛位于布列塔尼大区南部海岸附近，拥有丰富的自然和文化遗产。20世纪 70 年代后期，出于对复苏历史的兴趣，岛上的居民们开始积极开展实地调查，还为此出版了一些书籍。穆塞特·皮纳德（Mousset-Pinard, 1987）认为，这些活动是岛民们为了应对岛上的社会变迁，并意识到他们的古老生活方式和当地方言正在迅速消失。1981 年，应地方当局的要求，专业的博物馆学家主导了该项目的建设。而建设之初的当务之急是设法确定岛上的哪些元素是当地人认为最重要的：地质、与大陆分离、野生动植物和海洋生活。当地格鲁瓦岛人的反馈相当可观。这就促成了大量有用信息的提供，以及不少与社会和海事历史有关的物件被捐赠。1984 年 7 月 13 日，位于土迪港（Port Tudy）的生态博物馆正式向公众开放，它每年接待约 1.6 万名访客。它现在由法国博物馆管理局主管，是经过认定的市镇博物馆，得到了文化部、大区议会和省政府的各种资金资助。该生态博物馆于 1989 年开设了一个培训中心，主要是通过为成人和儿童举办工作坊和相关活动，以保护传统的手工技艺，同时研究成果通过其出版物《格鲁瓦岛手册》(*Cahiers de l'île de Groix*) 进行传播。包括馆长、教育人员和保护技术人员在内的固定团队在持续为博物馆做出重要贡献的暑期工和当地志愿者的协助下工作。后者在口述史项目的访谈和协助开展教育活动等方面的工作尤其重要。

该岛的西部有坚硬的岩浆岩裸露峭壁，而在更遮蔽的南部和东部则有长长的沙滩，岛上的人类居住历史悠久，最早可追溯到旧石器时代早期。如今，它已成为一个颇受欢迎的旅游胜地，在大陆的洛里昂（Lorient）附近有渡轮可以上岛。居住在格鲁瓦岛上的居民，其历史以及他们与景观和自然资源的关系是生态博物馆相关活动的重点（Écomusée Groix, 2010）。博物馆基于之前的一座沙丁鱼工厂来建造，馆内设有自然历史展区、考古展区 [①] 和格鲁瓦岛中世纪定居点展区。但是，展览内容的重点还是该岛过去 200 年的历史，以及岛上进行的农业和渔业等经济活动。人们尽一切努力通过物件和照片来展示独特的岛上生活：装运海藻给小块田地施肥的担架、用来耕作的"留胡子的"马及与格鲁瓦岛金枪鱼船队有关的专用渔具。岛上救生艇站的历史、为当地人提供酒精饮料和聚会空间的商店、布列塔尼诗人让-皮埃尔·卡洛奇（Jean-Pierre Calloch, 1888—1917 年）的故居等都是引人入胜的元素。这些长期展陈由临时性展览和一项活动计划支持，该活动计划包括让访客有机会在海上学习海钓和蟹笼的使用，以及在博物馆的渔船凯纳沃（*Kénavo*）上学习利用传统索具航行。这里还提供自行车骑行观光，访客还可以通过两条环形步道发现该岛昔日的遗存，如石室墓、立石、灯塔、要塞、水井、公共洗衣房和废弃的打谷场。凯拉德（Kerlard）村的一间传统渔民小屋是生态博物馆的展示"触角"，是在该岛西面进行徒步时的特色展示点。

为了将访客带到"墙外"，并提供岛上生活的整体视角，该生态博物馆做了很多工作。但它最重要的成果是其参与当地社区的方式。自生态博物馆成立以来，它与当地人建立的联系就在不断加强。当地人向博物馆提供捐助，协助手工技艺的研究和培训，并为《格鲁瓦岛手册》的出版作出了贡献，同时帮助开展了针对

---

① 包括一个遗址，是法国唯一已知的维京人船葬点。

儿童的正规教育活动。因此，格鲁瓦岛人重新理解了自己的文化身份和地方感。

（三）圣德甘的欧赖地区生态博物馆（Écomusée du Pays d'Auray, Saint Dégan）

位于布雷克（Brec'h）市镇的圣德甘，毗邻流入布列塔尼莫尔比昂（Morbihan）海湾的勒洛（Le Loch）河。该博物馆由一家协会于 1969 年负责筹建，1970 年 7 月建成开放，1978 年归法国博物馆管理局主管，并更名为"欧赖地区的自然与传统——圣德甘生态博物馆"（Écomusée de Saint Dégan, Nature et Traditions du Pays d'Auray）。它位于一片经翻修后的农场建筑内，这些建筑的历史可追溯到 17 世纪至 20 世纪初。这里陈列有家具、日常物件、衣物、工具和机械，以展示欧赖地区 19 世纪的乡村生活。虽然木屐制作、盖草屋顶技术、打铁、篮子编织和纺纱等乡村手艺得到了很好的呈现，但动物仅限于利用传统蜂箱饲养的蜂群。老建筑里的厨房和客厅得到了复原，为访客提供了一种真实的氛围，让他们觉得原来的居民只是暂时性离开，并随时都有可能会回来。

庇隆（Peron, 1984）列出了该生态博物馆的三个基本目标：

- 为了更好地认识欧赖地区的丰富遗产。
- 在教育环境中，让年轻人知道遗产是从过去继承而来的。
- 使访客更好地了解该地区的自然美景和灵魂。

这些目标是在非常特殊的环境中实现的。协会完成了对重要农舍建筑（图 5.7）的就地精细化修复，因其出色的工作而被授予 1984 年的法国基金会奖（Prix de la Fondation des Pays de France）和 1986 年的雷内·方丹奖（Prix René Fontaine）。农舍收藏的精美物件主要由当地人捐赠。因为关键的阐释方式主要依靠导游，所以很少有说明标签展示。游览由满怀热情且知识渊博的当地人和协会成员用法语进行引导，通过他们讲述当地建筑、家具、机械、工具、服饰和技艺的特色。人行小道从博物馆延伸至周围的乡村，以鼓励人们去进一步探索。附近市镇布雷克的乡村世界博物馆与该生态博物馆合作紧密，它提供了多种阐释方式，包括当地风景画展览。

在许多方面，圣德甘都是生态博物馆的一个典范。它由当地人创建，完全靠他们志愿运营。他们的行动保护了这个令人愉悦的地方，让当地的历史得到了细致的研究与记录，并以专业方式收集和编录了莫尔比昂的物质文化。

图 5.7　圣德甘生态博物馆的传统建筑

莎莉·罗杰斯（Sally Rogers）　摄

（四）索尔日松露生态博物馆（Écomusée de la truffe, Sorges）

这个极具吸引力的生态博物馆位于佩里戈尔德（Périgord）中心地带，它专注于一种活的生物——松露，反映出该地作为美食中心的地位。索尔日的松露之家（Maison de la Truffe）于 1982 年 4 月建成开放，致力于展示这个神秘真菌的生物学和文化史的各个方面。在萨维尼亚克市镇议会（Savignac Town Council）、博物馆专业人士和科学家的支持下，一个由当地人组成的工作组于 1979 年发起了该项目。当地人一直是推进该项目的核心，是信息和物件的主要提供者。博物馆的建筑以前是一座谷仓，现里面设置有一个展览、一个研究中心和一个图书馆，在建筑物外面，有一块用于"松露栽培"的实验性林地，可经"松露探索小径"到达，这是一条自行游览的步道，沿途设施解说了这种要求极其苛刻的真菌所需的环境特性。该博物馆是一个独立的机构，由萨维尼亚克市镇提供财政支持。两名专业人员依靠大约 10 人的志愿者团队协助，在旅游旺季还有额外的工作人员。它每年吸引约 1 万名访客，基本上都是游客，其中 80% 来自法国。

博物馆展厅面积约 300 平方米，展示了松露的品种、在欧洲发现并推崇松露的具体地区、用狗和猪寻找松露的传统方法（图 5.8），以及它在美食中扮演的角

图 5.8　在索尔日松露生态博物馆，这幅透景画展示了用猪寻找
松露的传统方法
莎莉·罗杰斯（Sally Rogers）　摄

色和其他附加特性[①]。展览也说明了该真菌的生物学特征和所取得的决定松露生长
条件的最新科学进展。当地协会之所以采用生态博物馆的名称，是希望通过松露
和"松露之乡"将博物馆与自然界联系起来。

（五）弗雷斯内斯的比耶夫尔谷生态博物馆（Écomusée de Val du
Bievre, Fresnes）

　　弗雷斯内斯可以说是城市生态博物馆的最佳案例之一，它恰好属于里瓦德所
谓的"纷争"式生态博物馆类别。它位于巴黎的南郊，该地区见证了定居于此的
欧洲与非欧洲国家少数族群间的紧张关系。该生态博物馆以一座古老的农场（科
丁维尔农场，La Ferme de Cottinville）为基础进行建设，其建筑包含一个 1200 平
方米的庭院，1981 年正式向公众开放。这是继克勒索生态博物馆的实践与成功
之后，新创建的生态博物馆之一。它现在是受控于法国博物馆管理局的市立博
物馆，由弗雷斯内斯市镇、瓦勒德马恩省（Val de Marne）和国家提供资金资助。
每年吸引约 2 万人参观，其中 80% 是当地人。

---

① 药用和催情。

　　该生态博物馆收藏了与弗雷斯内斯的农业、工业和社会史有关的物件及档案。博物馆建筑的各个部分都用作常设展览，以展示大区和本地的历史。教育活动主要依托"想象工坊"（Workshop of the Imagination），孩子们在这里参与艺术和摄影计划。其重点是放在富有创造力和想象力的项目上，以培养他们的实用技能（Coutas and Wasserman, 1993）。例如"口述影像"（Images parlées）项目就邀请了50名小学生去为这个城镇做他们自己的摄影记录（图5.9）。

图 5.9　当地少年儿童参与"口述影像"摄影项目
经比耶夫尔谷生态博物馆许可转载

　　弗雷斯内斯以其基于社区的活动和临时展览而闻名。博物馆工作的重点现已逐渐从回顾社区的过去转变为强调当代社会和当前的社会问题。第一任馆长弗兰西丝·瓦瑟曼（Françoise Wasserman）受教于乔治·亨利·里维埃，在他的引导和帮助下，瓦瑟曼积极参与法国新博物馆学运动。她是博物馆社会作用的坚定支持者，认为博物馆可以搭建一种反对种族主义和社会排斥的机制，并且可以通过促进与地方相关的共同文化认同，将多族群社区联系在一起。她坚信博物馆可以赋权社区，"所有社会的少数群体，他们在历史上以及博物馆的生命周期内都无法发表意见，而现在他们有机会这样做了"（Wasserman, 1995a）。

　　1995年，瓦瑟曼（Wasserman, 1995b）在斯塔万格（Stavanger）举行的国际博物馆协会会员大会上慷慨陈词，呼吁博物馆应该采取社区行动，同时建议以认识不同文化的独特性和相似性的需求为导向。她认为，博物馆需要创造机会与少数群体、各族裔社区、儿童和年轻人对话，"使博物馆有机会感受到城镇的脉搏，回应附近居民的关切，并通过聆听当代文化，让博物馆成为一个受欢迎的空间，一个向公众开放的活跃场所"。

　　弗雷斯内斯的临时展览经常试图改变人们对过去的刻板印象，以使少数群体可见（Wasserman, 1994）。一个关于主要雇员为妇女的洗衣业展览（1986 年）将相关的物件视为"刑具"（instruments of torture），反映出该行业的劳动妇女面临长时间工作、灼伤、泛滥的酒精中毒和工会斗争的现实。与生态博物馆位于同一街区的弗雷斯内斯监狱成为另一个展览（1990—1991 年）的关注点，展览讲述了囚犯与看守的故事、监狱社区的双重性及监狱的传言和恐惧。一项关于"嘻哈"（hip-hop）的活动使该生态博物馆与社区保持了联系，这在很大程度上是被传统博物馆所忽略的。社区年轻人利用舞蹈、音乐（说唱）或绘画（涂鸦）来反抗社会、文化、学术和职业的排他性。该生态博物馆则向他们提供了展示创造力的机会。该活动项目的不同元素见证了年轻人的实践，他们研究嘻哈的历史、收集与之相关的文献资料、在博物馆举办研习会，并最终完成了大型展览（1991 年）。

　　这座生态博物馆如何与占该市镇人口 10% 的移民社区建立联系也许是其面临的最大挑战。瓦瑟曼（Wasserman, 1995b）指出："阿尔及利亚人、摩洛哥人、突尼斯人和欧洲人一直占该市镇人口的绝大多数，直到 90 年代，他们的人口数量才开始减少，而来自撒哈拉以南非洲的人逐渐定居下来，如今这些人约占弗雷斯内斯外来人口的 8%。其他人……来自亚洲和土耳其。"该生态博物馆把一栋名为"卢泰西亚"（La Lutèce）的公寓楼作为工作对象，楼里面居住有大量的移民，为了记录和了解他们的生活，博物馆持续开展了一年的人类学研究。所收集的证据（照片、档案、录音）用于该博物馆在 1993 年举办的一个大型临时展览——"重聚：法兰西岛一个世纪的移民"（*Rassemblance: un siècle d'immigration en île-de-France*）中描绘移民社区的生活。当普通访客在思考移民的重要性时[①]，来自移民社区的访客会对自己的过去及其克服在新国家定居时所面临问题的方式产生新的自豪感。德尔加多（Delgado, 2001）讨论过博物馆在处理社区中的偏见和排外方面所发挥的作用。

　　进入 21 世纪，该博物馆继续致力于处理关键的社会问题，如展览"说说我的周围"（*Speak my Suburb*, 2008）使用了由 160 位居民提供的录音和照片，去理

---

① 1/5 法国人的祖父母或外祖父母是外国血统。

解人们如何遭遇和面对周围的环境，同时关于他们地方观的建构似乎主要是围绕社会关系来建立的。又如展览"当工作不再有报酬"（*When Work no Longer Pays*，2008）回应了工人阶级的贫困问题，它利用了当地的档案材料，从历史视角看待贫困及其如何被表征。这与同时期对来自比耶夫尔谷贫困地区工人的采访有明显的联系，表明歧视和贫困依然存在。

（六）勒布朗克的布雷讷和布兰科斯地区生态博物馆（Écomusée de la Brenne et du Pays Blancois, Le Blanc）

这座生态博物馆坐落在令人印象深刻的建造于 12 世纪的奈拉克城堡（Château Naillac）里，俯瞰克勒兹河（River Creuse）和勒布朗克市镇，它致力于阐释布雷讷地方自然公园（Parc Naturel Regional de la Brenne, PNRB）的自然环境和人类历史。该市镇东北部的乡村地势低洼，分布着数千个湖泊，使其成为具有国际重要性的湿地。这是鸟类学家众所周知的地方，有包括须浮鸥、黑颈鹛䴘和白头鹞在内的许多稀有鸟类，同时还有大量越冬的野禽，总共有 250 多种鸟类被记录在案。湖泊中栖息有约 30 种蜻蜓以及众多珍稀植物，并且还是欧洲淡水龟的重要避难所。受湿地景观及野生动植物的决定性影响，建设小型的在地博物馆联络网，以展示布雷讷生活各个方面的设想，以及博物馆本质的多学科性，共同促成了生态博物馆名称的使用。

1986 年，生态博物馆在一群当地人的推动下成立，它由一个协会负责管理，该协会与勒布朗克市镇和布雷讷地方自然公园合作，后两者也负责提供资金。门票收入有限，每年大约有 8000 名访客，其中 60% 是当地人，其余 40% 是法国其他地区的访客，很少有外国游客。20 世纪 90 年代后期，该博物馆的活动偶尔会得到志愿者的协助，但无法开展其所希望的全部研究和记录工作（H. Guillemot，私人通信，1998 年 4 月）。现在的情况仍然如此，特别是在记录当地技艺和口述传统方面，而这正是博物馆所确定的主要工作目标。目前，生态博物馆与当地社区的联系似乎很少，作为专注社区行动和社区赋权的生态博物馆概念尚未得到广泛运用。尽管资金和人力资源存在问题，但该协会还是在 1998 年 1 月 21 日通过了其政策声明，这为博物馆的未来设定了清晰的目标（Anon., 1998）：

- 在布雷讷地方自然公园内进行自然和文化遗产的研究与多学科探索。
- 与包括布雷讷地方自然公园、当地协会和地方当局在内的其他负责任的机构合作，共同保存与保护这些遗产。

- 通过举办展览、发行出版物和开展其他活动进行学习，增进对当地遗产和研究成果的了解。
- 创建一个可供公众访问的资料信息中心。
- 与布雷讷地方自然公园的遗产团队一道工作。
- 创建文化展示点网络，并正式列入布雷讷地方自然公园设计的"博物馆图形章程"（museo-graphic charter）中。
- 开展活动（引导参观、探索小径）以增加文化和自然遗产的乐趣。
- 继续在奈拉克城堡开设常设展览，并围绕它开展活动和临时展览。
- 通过田野工作、捐赠和其他协定建立馆藏。
- 与具有类似使命的组织机构和协会合作。
- 与当地记者和专家建立联络网。

奈拉克城堡（图 5.10）曾是一座要塞和一所监狱，最近成为一所学校。作为生态博物馆的建设之基，它提供了一个壮观的环境，东侧的豪华大厅作为接待区持续提供便利。常设展览"人—地区—历史"（Des hommes, un pays, une histoire）以时间先后为序探索了布雷讷的人类历史，以试图帮助访客理解人类与自然环境之间的相互影响。尽管博物馆并不收集自然史标本，但它的确有大量由当地藏家收藏的 19 世纪的鸟类藏品。博物学家作为其研究室里"会说话的头"（talking head），向博物馆访客介绍他所知的布雷讷的野生动植物，并解释湿地的起源。如今，布雷讷是以自然景观为人所知。但它是在 7 世纪之后被创建的，在梅奥贝克（Méobecq）、圣西朗（Saint-Cyran）和方戈堡（Fongombault）建立修道院的僧侣们是最早在此地挖建池塘并为牲畜提供饮用水的一批人。在自然资源稀少和土壤贫瘠的地区生存是非常困难的，后来人们在池塘里放养鱼类以提供食物资源和收入来源，进而为自给自足的农业作补充。养鱼者的运气[①]时好时坏，在 20 世纪初，随着更多科学方法的运用而得以好转。如今，湿地比以往任何时候都要宽广，它提供了以水和林地为主的景观。关于这片荒野以及由狼、诡异的雾气、磷火，还有白色的雌鹿[②]所构成的危险，流传着很多传说。这些传说、历史、人类

---

① 养鲤鱼、丁鲷、拟鲤、狗鱼和梭鲈。

② 看见它就预示着溺亡。

图 5.10　布雷讷和布兰科斯地区生态博物馆的奈拉克城堡
作者　摄

活动和野生动植物的结合构成了一个强有力的故事，抓住了布雷讷这个地区的本质。尽管故事的叙述手法从地质时代一直延伸到现在，但是人们仍不断提及人与湿地之间的关系，以及这种关系是如何影响他们的物质文化和生活方式的。尤其令人着迷的是，如今的"布兰科斯人"关于该地区对他们意味着什么的反思，以及他们对该地区所寄予的希望，都可通过录音和肖像画得以展现。

　　布雷讷地区生态博物馆的特色是有多个"在地博物馆"或展示"触角"，它们让访客可以亲自探索乡村及其历史。位于乌尔谢（Oulches）古代冶金作坊的临时展览描述了高卢-罗马（Gallo-Roman）时期的冶铁技术，而在布雷讷梅齐耶尔（Mezieres-en-Brenne）的养鱼之家（Maison de la Pisciculture）则展示了鱼类养殖的方法和布雷讷湖泊的管理技术。蜂蜜博物馆（位于安格朗德 Ingrandes）、农业机械博物馆（普里萨克 Prissac）、考古博物馆（马尔蒂宰 Martizay）、社会史博物馆（布朗克友谊之家 Maison des Amis du Blanc）和致力于展示当地作家、画家、探险家亨利·德·蒙弗里德（Henry de Monfried）生活的博物馆（安格朗德），组成了这一系列的展示点。导览小径也是该生态博物馆的特色之一，从奈拉克城堡出发可徒步访问 15 世纪的房屋和勒布朗克的其他有意思的遗产点（展示点）。

（七）塞文山国家公园内的生态博物馆（Ecomuseums in the Cévennes National Park）

塞文山国家公园包括三个自然景观区：塞文山（Cévennes）、洛泽尔山（Mont Lozère）、喀斯和峡谷（Causse and Gorges），每个自然景观区都有自己的博物馆和阐释路网。位于弗洛拉克（Florac，图 5.11）的国家公园管理局，将这些独特的景观确定为三个完全不同的生态博物馆，每个生态博物馆的任务是阐释这里拥有的截然不同的环境、野生动植物、文化和历史。

图 5.11　弗洛拉克市镇昔日的城堡是塞文山国家公园管理局的总部

作者　摄

1. 塞文山生态博物馆（Écomusée de la Cévenne）

国家公园以"塞文山生态博物馆"的总称将几个展示点（遗产点）与各个博物馆联系在一起，使访客能够深入了解构成该地区的关键因素——页岩、板栗、

丝绸和新教。丝绸生态博物馆位于圣伊波利特（Saint Hippolyte）。加莱宗山谷
（la vallée du Galeizon）生态博物馆位于森德拉斯（Cendras）。四个社会史博物馆
分别是位于蓬特-拉瓦格斯（Pont-Ravagers）的塞文博物馆、位于圣让-迪加尔
（Saint-Jean-du-Gard）的塞文山谷博物馆、位于米亚莱特（Mialet）的沙漠博物馆
和位于勒维甘（Le Vigan）的塞文博物馆。此外，还有一个旨在鼓励人们了解丝
绸工业的组织（丝绸之路）、一个恐龙化石遗址和一个板栗博物馆（栗子和栗树
之家）。上述这些都只是塞文山生态博物馆其中的一些参观点。这种对多样性的
"塞文"自然和文化遗产进行区域阐释的策略为吸引访客提供了巨大的机会。由
博物馆、展示点（遗产点）和步道组成的网络遍布国家公园及其周边，促进了人
们对该地区景观和历史的了解，并在自然资源、农业、工业、经济和生活方式之
间建立起了牢固的联系。

　　圣伊波利特-迪福尔（Saint-Hippolyte-du-Fort）的丝绸博物馆就是许多小型
展示点的典型代表。它坐落在塞文山南部边界的小集镇圣伊波利特-迪福尔，以
路易十四的兵营沃邦堡（Vauban）为基地，访客在博物馆可以参观从活蚕到各种
成衣的生产过程。作为该地区曾经一度发达的家庭手工业[①]，丝绸制造已在昔日
的养蚕房和废弃的纺纱厂等建筑的周围景观中留下了印记（图 5.12）。在组成该
地区分散社区的建筑群附近还经常可以看见桑树（毛虫的食物）。圣伊波利特是
一个在纺织业（丝绸、棉花和羊毛）中起着重要作用的小镇，一个由当地人组成
的协会负责收集与丝绸制造有关的工业机器、工具、照片和纪念品，以这些为基
础的博物馆于 1986 年建成开放。它是完全独立的机构，通过门票收入和商店销
售获得资金。博物馆每年吸引约 3 万名访客，主要是法国人（占 85%）。

　　当地社区的参与是被动的，主要是通过捐赠，来协助创建与丝绸贸易有关的
专业图书馆和资料信息中心。该博物馆被公认是当地重要的教学资源与查阅中
心，但它对社区的经济复苏几乎没有任何作用。它所涉及环境的活动与保护丝绸
业物质证据有关，特别是重要的建筑遗址。在 20 世纪 90 年代后期，该博物馆馆
长在讨论中表明，重新发现对自然的尊重以及关注天然材料和古老工艺，为使用
"生态博物馆"一词提供了正当的理由。尽管许多访客可能会视其为社会史博物
馆，但馆长坚信，活态层面（在这里是指活蚕）是一个能为该术语的使用提供进
一步辩护的关键因素。

————————————————

　　① 1853 年法国大部分的蚕茧由塞文和加尔地区供应。

图 5.12　塞文山的景观受到丝绸业的影响，建筑被修建起来作为蚕房，
桑树环绕其间
作者　摄

2. 洛泽尔山生态博物馆（Écomusée du Mont-Lozère）

洛泽尔山位于塞文山国家公园的核心地带，它花岗岩山体的特殊性促使公园管理局去创建一个独立的生态博物馆，来阐释其最高峰（海拔 1699 米）周围的景观。洛泽尔山之家（Maison de Mont-Lozère，图 5.13）是一栋位于蓬德蒙特韦尔（Pont-de-Montvert）市镇的建筑，由国家（国家公园）和当地市镇共同出资修建。它为当地居民提供会议室，并作为国家公园的信息站，同时也是生态博物馆的中心和行政总部，它收藏涉及社会史的物件与档案，有用于临时展览和工作坊的空间。这里有一个由当地专家和外来专业人员共同设计的常设展览，展示该地区的考古、野生动植物和社会史。展览按时间先后顺序叙事，探讨人与自然之间的相互作用，从地质时代一直到有大规模人类影响的时期[1] 开始，直至今天。洛泽尔山之家仅在夏季开放，每年吸引大约 7000 名访客。

蓬德蒙特韦尔在接待生态博物馆访客的同时，也鼓励他们自行去探索该地区。馆长杰拉德·科林（Gerard Collin）的策略是确定几个可以为该地区提供整体性

---

① 以参考当地泥炭沼泽中发现的花粉证据来说明。

图 5.13　洛泽尔山之家是洛泽尔山生态博物馆的总部，
建筑屋顶与该地区传统建筑风格相呼应
作者　摄

认识的遗产点。这些遗产点大多数是在 1977 年才被选定的（Collin，1981）。其中一个主要的遗产点是修复后的特鲁巴农场（Ferme-de-Troubat，图 5.14），那里还有面包烤炉、谷仓和打谷场，以及一个小型的水磨坊遗址。其他特色建筑包括人工喷泉、钟楼，甚至整个小村庄，它们可以让人们了解该地区过去和现在的生活方式。通过马斯德拉巴尔克（Mas de la Barque）和马斯卡马尔格（Mas Camargues）的自助游线路，访客可以进一步探索当地的景观和野生动植物，这些线路穿越了山地牧场、山毛榉树林、人工针叶林和亚高山草甸。线路指南和宣传册解释了当地人与景观及野生动植物之间的相互影响。1974 年，乔治·亨利·里维埃和杰拉德·科林（Gerard Collin）在弗洛拉克（塞文山国家公园管理局的总部）讨论后，决定将马斯卡马尔格的探索小径列为构成该生态博物馆的最早元素之一（Collin，1989a）。

　　科林（Collin，1983，1989b）讲述了相关人员为使当地人参与生态博物馆的建设所做的巨大努力。最初（1970—1972 年），当地人误以为是国家[①]干预了当地事务，因此滋生了对立情绪，使得项目建设困难重重。然而，通过与当地人坚持不懈的对话、激励他们（包括向每个洛泽尔人散发国家公园的资讯）和鼓励参

---

① 假借国家公园管理局的名义。

图 5.14　特鲁巴农场是一座传统的农舍，是洛泽尔山生态博物馆的一部分
作者　摄

与，项目最终取得了胜利（科林列举了合作、默许和协谋），以确保通过档案研究和田野工作将当地民俗、记忆和知识添加到数据库中。科林认为桥梁建设与研究的这段时期促成了洛泽尔山之家长达 11 年的孕育。该生态博物馆最初成立于 1971 年，而洛泽尔山之家直到 1983 年夏季才向公众开放。尽管在项目建设中遇到了相当多的困难，但如今国家公园与当地居民之间建立了牢固的联系，他们通过捐赠物件和成为"生态博物馆的人"，展现了其对自然及文化遗产的更多理解与尊重。

3. 喀斯和峡谷生态博物馆（L'écomusée du Causse et des gorges）

塞文山国家公园的第三座生态博物馆是由塔恩河（Tarn）和容特河（Jonte）切割石灰岩而形成的深谷所划定。这里有壮丽险峻的景观，尤其是在梅让高地（Causse Méjean）的石灰岩高原上，粗放式地养殖了大群绵羊。这是一个历史悠久的地区，自史前时期起就一直有人类居住，石室墓和竖石纪念碑散布于此。这里的自然特色包含宏伟的洞穴、非常多样化的植物群和令人惊叹的鸟类，其中有三种在峡谷的峭壁上筑巢的秃鹫。国家公园建立了一个重要的遗产点网络，通过步道、乘船和驾车相连，包括秃鹫观测台、体验地下之旅的洞穴、古老的农舍以及索沃泰尔（Sauveterre）与梅让之间的"老房子"。它们共同为访客提供了一个整体视角，去理解非同寻常的环境以及人类与环境之间的关系。

（八）阿尔萨斯生态博物馆（Écomusée d'Alsace）

阿尔萨斯生态博物馆位于昂格瑟姆（Ungersheim），于 1984 年 6 月向公众开放，其口号是"过去和现在：生活"（le passé, le présent: la vie）。它的建立是阿尔萨斯农民房屋协会①从 1971 年开始工作的结果。该协会致力于在当地尽可能地原地保存古建筑。格罗德沃尔（Grodwohl, 1995a, 1995b）描述了该协会是如何由一群被环境保护主义所"点燃"的年轻（16—18 岁）激进分子组建而成的。他们意识到在阿尔萨斯的某些农村地区，人口流失造成基于其特色建筑的文化认同锐减。由于认识到并非所有的建筑都可以保存在原处，该协会随后开始拆除建筑物，最终于 1980 年在昂格瑟姆进行了易地重建。这里根本不是一个适合建立前工业化乡村田园般景象的开阔之地，它实际上是一个被水淹没的古老的钾盐开采场，被一个旧矿渣堆和与该矿有关的坍塌工业建筑所占据。昂格瑟姆的市长远见卓识，他很好地利用了此地，并得到了回报。随着重建工作一点一点继续，古建筑构成的街区越来越长。该协会逐渐将其职责从挽救当地建筑拓展到更为广阔的领域，涵盖一系列文化和教育项目。协会仍在积极参与生态博物馆的工作，为此成立了一家名为"生态公园"（Ecoparcs）的私人公司，它与另一个代表社区的协会——生态博物馆所有者协会（Association Propriétaire pour l'Écomusée）共同管理和开发阿尔萨斯生态博物馆。

作为一个受控于法国博物馆管理局的独立博物馆，它现在是一家相当大的商业性企业，一个重要的旅游地，每年吸引约 35 万访客。其中 40% 的人来自当地，30% 的人来自法国其他地区，还有 30% 为外国游客。到 2010 年，它仍是法国最大的露天博物馆。自 1984 年开放以来，它累计接待访客 640 多万人次。博物馆有 180 名固定的职员，其中大多数是当地人，另外还有一支约 150 人的志愿者队伍。旅游收入对生态博物馆的生存至关重要。博物馆预算的 1/3 来自门票、商店销售和餐饮。剩下 2/3 来自多种渠道，包括上莱茵省议会（Conseil Général du Haut-Rhin）、阿尔萨斯大区当局、国家（尤其是法国地区旅游部）、欧洲的基金会以及各种公共和私人组织。

---

① 该协会于 1972 年更名为阿尔萨斯农民房屋协会：生态博物馆之友（L'Association Maisons Paysannes d'Alsace: Les Amis de l'Écomusée）。

　　阿尔萨斯生态博物馆是一家大型露天博物馆，致力于保护传统的建筑，因此与早期斯堪的纳维亚半岛的博物馆有直接的历史联系。在 25 公顷的土地上，它重建了约 70 座建筑，每座建筑都是一个典型时期、一个地区、一个社会团体或一个特定行业的代表。访客可以顺着建筑结构的演变进行参观，欣赏从 15 世纪[①]至 19 世纪后期所使用的各种建筑材料。博物馆考虑周到的是，将地理上彼此相关的建筑组合在一起，从而有效地创建了许多微型群落。房屋内部进行了适当的布置，以展示居住者的生活方式。然而，生态博物馆不仅仅是建筑物的集合。着传统服装的导游与手工技艺展示、大型活动项目（尤其是与季节相关的传统集市），使这里生机盎然（图 5.15）。活态藏品，如家畜和粮食作物[②]将自然资源与社区过去和现在的生活联系起来。该地区的耕种方式采用传统的技术，并得到了马鞍制作、打铁和车轮修造作坊的支持。博物馆重建的场景以假乱真到吸引了鹳前来筑巢，现在这种美丽的鸟已作为生态博物馆的徽标使用。

　　最近，博物馆将制炭和冶铁等活动作为实验性工业考古计划的组成部分。尽

图 5.15　再造的传统集市是阿尔萨斯生态博物馆的特色之一
经阿尔萨斯生态博物馆许可转载

---

① 最古老的房子可追溯到 1492 年。
② 69 种不同的谷物、270 种苹果。

管这个举措存在一定的风险，但实质上此项工作主要还是为了振兴乡村经济。由于意识到该地过去的工业经济发展不足，并且博物馆还处在之前的钾盐开采场上，因此"生态公园"公司目前正在开发出保障他们未来的目的而购买的卡罗鲁道夫（Carreau Rodolphe）工业建筑（时代为 20 世纪 20 年代）。从生态博物馆的中心出发，穿过一片森林区域，经由一条全长 1.2 千米的小径即可到达该遗产点，在夏季有向导陪同参观解说。颇具讽刺意味的是，多年来协会一直试图拆除这些建筑，理由是它们不适合乡村模式。实际上，它们是博物馆唯一真实的建筑结构，也是唯一的纯本土建筑物。如今，该遗产点发挥了一项非常重要的功能，即让访客了解该地区的工业历史，并通过其对地方真实的表达，帮助生态博物馆获得相当可观的可信度。

阿尔萨斯生态博物馆承担了许多传统博物馆的职能，如对涉及民族志、社会史的物件和档案的收藏。它有一个广泛的教育活动计划，每年吸引约 4 万名小学生来访。博物馆通过口述史、视频项目，以及在社区进行的追忆工作，为记录该地区的生活付出了巨大的努力。馆长马克·格罗德沃尔（Marc Grodwohl）认为，当地社区是生态博物馆的主要支持者，博物馆作为不同世代间的纽带，给社区提供了教育机会，并在当地经济中发挥了重要作用。值得注意的是，即使在阿尔萨斯农民房屋协会成立之初，对建筑进行原地保护的工作仍给当地的小型社区带来了可观的经济收益（Grodwohl, 1987）。当地通过重建来打造一个新旅游胜地的想法正是源于这些经验，且已满怀信心地贯彻执行。

（九）阿维诺斯生态博物馆（Écomusée d'Avenois）

富尔米-特雷隆（Fourmies-Trélon）地区位于法国的东北部，毗邻比利时边境。在这里创建生态博物馆的想法可以追溯到 1977 年，当时召开了一次当地社会文化委员会会议，讨论了一场严重危机对当地纺织业的影响。人们意识到不仅需要采取行动来保护对当地人生活产生重大影响的工业遗产，而且还需保持自豪感、加强地方认同，并给未来带来希望。保护和研究的需求与区域方法、社会和经济目标的结合促成了生态博物馆模式的运用，以解决这些相关目标。

1978 年一个地方协会成立，1980 年 6 月富尔米-特雷隆地区生态博物馆（Écomusée de la region de Fourmies-Trélon）开放了它的第一个遗产点。2004 年，该生态博物馆更名为"阿维诺斯富尔米-特雷隆地区生态博物馆"（Ecomuseum of the region Fourmies-Trélon in Avenois），直到 2005 年才最终决定采用更简短的名称——阿维诺斯生态博物馆（Écomusée d'Avenois）。尽管它是一个独立的博物馆，但它"受控"于法国博物馆管理局，并得到国家 [①]、北部-加来海峡大区议会（Regional Council of Nord-Pas-de-Calais）、当地市镇以及欧盟（欧洲地区发展基金会）的行政指导与财政支持。以上机构提供的资金占总运行费用的 70%。博物馆雇用了约 30 名固定职员。协会有约 160 名活跃的会员，他们在博物馆里扮演了重要的志愿者角色，如承担管理职责、研究和保护任务、迎宾，以及提供导游服务和展演活动。

　　现在，该生态博物馆通过区域内 9 个遗产点（展示点）组成的网络，来保护和阐释工业、乡村和自然遗产，并且已发展到涵盖除纺织以外的当地生活的其他方面。在桑迪诺尔（Sains du Nord），小型乡间别墅提供了一种 19 世纪乡村生活的视角。而维涅（Wignehies）周围的步道与自行车道，使人们发现野生动植物和建筑成为可能。在特雷隆（Trélon），该地区玻璃生产的历史 [②] 在昔日的玻璃工厂中进行了展示，该工厂旧址现在是一家博物馆（1983 年开放），收藏有可追溯到 1850 年的熔炉（图 5.16）。萨尔波特里（Sars-Poteries）的水磨坊（1780 年），为一个运转中的玉米磨坊。此外，还有费勒里（Felleries）的风磨坊以及位于利斯（Liesses）的一家允许专门参观的宗教博物馆。位于沃勒斯-特雷隆（Wallers-Trélon）的法格（Fagne）屋是用当地的蓝石建造，是一个与地质和自然史有关的展示中心，从这里可以步行进入周围的乡村和拜弗山（Monts de Baives）。位于富尔米的博物馆原址，其前身是昔日的普鲁沃斯特-马索雷尔（Prouvost-Masurel）纺织厂，现在是纺织和社会史博物馆，它重建了 19 世纪 90 年代的街道、商店和教室。最后一个展示点是位于富尔米的生态博物馆总部，它充当资料信息中心的角色。地方市镇在生态博物馆及其口号"阿维诺斯，神奇北方"（L'Avenois, Le Nord Magique）的名义下，做了大量保护这些遗产的工作。他们现在仍然负责遗产的修复与维护，而生态博物馆的员工则负责阐释和制定多样化的活动计划。

　　该遗产点（展示点）网络在 1991 年的旺季接待了约 8 万名访客。本地和大区的访客占这一数字的 60%，这些遗产点（展示点）同时也受到法国其他地区（25%）和外国（15%）游客的欢迎。访客数量是确保生态博物馆存续的重要因

① 文化部、就业部、教育部。
② 可追溯到古罗马时期。

图 5.16　吹制玻璃是特雷隆玻璃工厂的特色展示项目，该工厂是由
阿维诺斯生态博物馆管理的一个展示点
经阿维诺斯生态博物馆许可转载

素，但尚未达到 10 万人的目标，为了实现 1998 年的财务安全，这个目标数字被
认为是合理的（Marc Goujard，个人通信）。2000—2009 年，博物馆每年的参观
人数一直稳定在约 4.5 万。

　　阿维诺斯生态博物馆的研究及学术活动由一个成立于 1982 年的活跃的"科
学委员会"指导，该委员会号召在地质学、历史学、民族学、社会学、科学技术
和博物馆志等方面具有专长的个人参加。善于利用当地人的知识、才干和热情是
该生态博物馆成功的诀窍（Camusat, 1989）。现在博物馆已采用了与发展问题密
切相关的研究策略（Barbe, 1987），其中包括与该区域或特定遗产点有关的，更
具哲学性的[①]、实践性的[②]和纯粹历史性的研究。这一学术工作的基础是考古学、
艺术、社会史、科学技术、服饰和地质学藏品，以及与当地工业有关的重要档案
收藏。资金的缺乏限制了博物馆积极的田野工作[③]以及对当地更多的非物质文化

---

　　① 区域认同的构成、认同的地理限制。
　　② 欧洲化对地方政治的影响。
　　③ 例如口述史或当代收藏研究。

遗产的研究。

该生态博物馆的实践方式，已演变为其政策文件中所体现的一种精益求精的哲学：

> 生态博物馆不仅要推动地方文化和自然遗产的保护，而且也要关注其科学和民族志遗产，以及具有历史价值的场所和机器。生态博物馆不只是一座博物馆，它还通过当地居民的参与促进社会反思、辩论和实验，并使之成为地区事务和发展的积极参与者。它为社会科学、民族学、环境科学、历史、城市规划、地方发展、经济、旅游等领域的研究提供了必要联系，并提出了有关我们社会的认同和遗产等关键性议题，以及它们的差异与边界，其所面临的当前问题与新方向。这是通过将物件视为人类与社会所留下的遗迹，并将博物馆学视为向公众传播这些遗迹的一种手段来实现的。

当地人参与了该生态博物馆的发展建设。通过他们呈现的文化橱窗，访客得以了解当地和参与相关的环境教育活动①，这成为该博物馆满足里维埃生态博物馆定义的最重要的途径。毫无疑问，通过保护地区的文化历史，该生态博物馆对当地经济产生了积极影响。富尔米-特雷隆地区生态博物馆的专业性得到了认可，它在 1990 年被授予"欧洲年度博物馆奖"（European Museum of the Year Award）。

（十）达维奥生态博物馆（Écomusée Daviaud）

这个位于法国旺代省（Vendée）拉巴尔勒德蒙特（La Barre-de-Monts）的生态博物馆建于 1982 年，其目的是阐释居住在这片恶劣②地区的人们的昔日生活。自 11 世纪以来，这片土地通过围海造田的方式被逐渐开垦出来。17 世纪，荷兰工程师在短时间内改善了该地区的排水系统，依据季节和潮汐，各个系统通过调节可以使沟渠灌满淡水、盐水或海水。这是一个非凡的生态环境，灌溉渠与排水沟如迷宫一般，植物、昆虫和鸟类异常丰富。在 60 公顷的土地上，许多原有的建筑都得到了精心修复，包括达维奥农场、传统民居"布林"（bourrine）和泥墙茅草房（图 5.17）。该地区的其他乡土建筑也得到了抢救和搬迁，其中两座是现代重建的。

---

① 通过与阿维诺斯地方公园的联系而受到激励。

② 有着难以应对的低洼盐沼。

图 5.17　达维奥生态博物馆的传统民居——"布林"
作者　摄

生态博物馆依托这些建筑布置了由当地人捐赠的展品，并利用邻近的农田，展示了该地区两个主要行业（制盐和农业）从业人员的生活、传统与手艺。

　　当地一名志愿者使盐田恢复了生产。有证据表明，随着人们对天然产品兴趣的不断提升，该名志愿者对博物馆事业的投入正在激发其他人参与到该行业的复兴之中。一个名为"盐堆"（salorge）的盐店是该博物馆的两个重建项目之一。高产的家庭菜园和当地的牲畜品种，包括贝勒岛（Belle-île）和旺代的绵羊，马拉钦（Maraîchine）的奶牛和役用的马，使农业景观活泼生动。在达维奥农场，视听技术增强了其阐释性，其中有用篙撑平底船和利用"长杆"来跨越沟渠的壮观画面。在谷仓建筑中，还有与盐沼地生活相关的且全面的物质文化的传统展示。该生态博物馆是当地吸引小学生和访客的一个主要景点，访客可以自行探索或带向导徒步游览。达维奥生态博物馆是旺代省生态博物馆合作网的活跃成员，由德蒙特的海洋-盐沼地（Océan-Marais）市镇一同管理。合作网连接了阐释这一非凡景观的各个遗产点。该生态博物馆将当地人的参与、对自然与文化间相互作用的关注，以及保护传统建筑和当地生物多样性的努力结合起来，使之成为生态博物馆的典范。

（十一）阿尔岑生态博物馆（Écomusée d'Alzen）

阿尔岑生态博物馆于 2002 年在南部-比利牛斯大区（Midi-Pyrénées）维达拉克（Vidalac）的小村庄建成开放，它归市镇所属和管理，其主要目的是进行环境教育。1999 年，该城镇的居民共同努力筹措资金购买了维达拉克农场（图5.18），两年后又收购了邻近的另一家农场。在农村地区发展行动联合基金会和市镇的资助下，生态博物馆现已在社区创立，许多当地项目都在这里举行研讨会和推进会。生态博物馆的首要目标是利用农场作为弘扬和保护当地传统的基地，同时通过直接就业和吸引访客到此，来改善当地的经济。2010 年，农场除有美丽的建筑外，还展示有 19 世纪农村生活的物质文化。这里还有一个针对当地稀有动物品种的展览和繁殖计划，一个由当地小学生管理的展示菜园，一个专门供应当地美食的餐馆，该餐馆作为一系列活动的音乐与娱乐中心。此外，博物馆还设有针对儿童的林地冒险区。

该生态博物馆于 2006 年成立了一个独立的协会——CASTA，协会通过使用传统技术来推动农场的农业生产[①]，目前有 16 名雇员，其中 4 名是专业的培训

图 5.18 阿尔岑生态博物馆的维达拉克农场

作者 摄

---

① 包括奶酪制作和牲畜养殖。

师。它还与当地的阿里埃日（Ariege）博物学家协会有密切的联系，以努力创建一个阐释当地野生动植物的资源中心。2007 年，该生态博物馆建造了一个公用的烧柴锅炉来为村庄的建筑供暖，并通过管道将热水输送到各个家庭。2009 年博物馆的年参观人数约有 6000 人次，尽管访客相对较少，但人们对该博物馆的兴趣正与日俱增。作为一个社区主导的项目，它满足了生态博物馆"二十一条原则"的大部分内容。

（十二）阿斯佩山谷生态博物馆（Écomusée de la Vallée d'Aspe）

位于比利牛斯-大西洋（Pyrenees-Atlantique）心脏地带的阿斯佩山谷是朝圣者沿圣地亚哥-德孔波斯特拉（St Jacques de Compostela）朝圣之路所走的路线之一。萨朗斯（Sarrance）、卢尔迪奥-伊谢尔（Lourdios-Ichère）、阿库斯（Accous）和博尔斯（Borce）四个村庄的相关遗产点阐释了这样一个因其延续了季节性移牧、林业活动和当地传统食物而闻名的山谷。阿斯佩山谷生态博物馆由一个当地协会管理，旨在增强和保护所涉及的 13 个市镇的遗产、传统和记忆。除保护重要的遗产外，该生态博物馆还全年组织讲座[①]、徒步旅行和展演活动，以吸引当地人和访客。

在卢尔迪奥，一座老房子使用当地学校老师兼市镇文书吉恩·巴尔都（Jean Barthou）于 19 世纪书写的日记来描述季节的变化、季节性移牧和乡村生活的往复。在阿库斯，贝阿恩-巴斯克（Bearn-Basque）的农民们策划了一个展览，展出在阿斯佩山谷的农场里生产的各式奶酪。在博尔斯，圣地亚哥-德孔波斯特拉朝圣之路上的小教堂"奥斯皮塔莱特"（Hospitalet，图 5.19）是许多走过山谷的朝圣者们记忆的见证。16 世纪的壁画装饰着教堂的唱经楼（choir），而拿破仑士兵们留下的涂鸦则给教堂增添了一股人文气息。附近的萨朗斯是一个传奇的地方，也是重要的玛利亚圣地。传说有一头美丽的公牛突然开始出现在伯杜（Bedous）地区，每天如此，直至晚上才消失。一位牧羊人决定尾随它，发现公牛走到密林深处的一处神秘泉眼，在一尊圣母玛利亚（Virgin Mary）的石像前跪了下来，随后石像就消失了。愤怒的当地人找到公牛，将它扔进了一个山洞里，结果公牛不久又出现在它最初的活动区域。萨朗斯的博物馆描述了这个传奇故事和古老的皮埃尔圣母（Notre Dame de la Pierre）修道院教堂的建立。博物馆鼓励

---

① 主题包括比利牛斯的抵抗运动、朝圣和漂流。

图 5.19　奥斯皮塔莱特是专为圣地亚哥-德孔波斯特拉朝圣之路而建的
小教堂，是阿斯佩山谷朝圣者的庇护所
作者　摄

访客去发现更多不同寻常的历史，建议他们自己去探索村庄，并指引他们前往
保护萨朗斯圣母雕像的教堂及回廊、耶稣受难像、加略山教堂（Calvary Chapel）
和盖威（Gave）河畔的小型"公牛喷泉"等地。

在阿斯佩山谷，发展中的生态博物馆推动了当地人之间的对话，从而促进了
他们对其文化和自然遗产的更深入了解。对访客来说，这四个地方的相关遗产点
共同为他们提供了一个观察和了解当地生活的有趣视角。

以上对法国生态博物馆的简短回顾，体现了它们的多样性和复杂性。法国的
生态博物馆找不出两个以完全相同方式运营的例子，但它们以共同的志趣去描绘
环境、文化、人群及他们自己特定地方的过去。每个生态博物馆都采用了某些能
证明其符合"生态博物馆"的行为准则、工作方式或主题内容。随着这一概念在
欧洲的进一步传播，生态博物馆工作方法的多样性在不断增加，但它却始终强调
"地方"，以帮助当地社区树立自己的认同，并促进社会和经济的发展。

参 考 文 献

Anon. (1998) *Écomusée de la Brenne. Statuts adoptés par la réunion plenière du 21 janvier 1998,*
typescript supplied by Hélène Guillemot, Conservateur, 4/1998.

Arcos, P. and Malara, M. (1987) *Etude comparative des statuts et modes de gestion des écomusées*, Monographie de Muséologie. Ecole du Louvre, Paris. 38pp., typescript, Centre de Documentation, DMF, Paris.

Barbe, J.-M. (1987) Recherche et développement local; l'expérience de Fourmies-Trélon. In *Écomusées en France. Premières rencontres nationales des écomusées*. [L'isle d'Abeau, 13 and 14 November 1986.] Agence Regionale d'Ethnologie Rhône-Alpes et Écomusée Nord-Dauphiné, pp. 223-228.

Barnoud, M. (1993) Les musées de société: problèmes d'une documentation spécifique à travers l'étude du Centre de Documentation de la Direction des Musées de France, Diploma Thesis, Ecole Nationale Supérieure des Sciences de l'Information et des biblio- thèques. Copy at DMF, Paris.

Barroso, E. and Vaillant, E. (eds) (1993) *Musées et Sociétés*. [Actes du colloque Mulhouse Ungersheim, June 1991.] Publié avec la concours de la ville de Mulhouse et de l'association Musées sans frontières.

Boylan, P. (1992) 'Ecomuseums and the new museology-some definitions', *Museums Journal*, 92 (4), 29.

Camusat, P. (1989) Une expérience concrète de participation de la population à l'écomusée de Fourmies-Trélon. In Various Authors La *Muséologie selon Georges Henri Rivière*, Dunod/ Bordas, Paris, pp. 320-322.

Casteignau, M. (2004) 'Écomusées, musées de société, et développement durable; des valeurs partagées de longue date', *Musées et Collections Publiques de France*, 3(243), 43-48.

Chatelain, J (1993) *Droit et Adminstration des Musees*, La Documentation Francaise, Ecole du Louvre, Paris.

Clarke, A. (1995) 'Le nouveau parc agro-pastoral de l'Écomusée du Pays de Rennes', *La Lettre de l'OCIM*, 40, 16-19.

Collin, G. (1981) 'L'Écomusée du Mont-Lozère; système d'interprétation d'un espace granitique', *Musées et collections publiques de France*, 150, 17-21.

Collin, G. (1983) 'L'Écomusée du Mont-Lozère', *ICOFOM Study Series*, 2, 40-44.

Collin, G. (1989a) Présentations extérieures: sur les sentiers des écomusées. In Various Authors La *Muséologie selon Georges Henri Rivière*, Dunod/Bordas, Paris, pp. 299-301.

Collin, G. (1989b) L'écomusée du Mont-Lozère, à la rencontre d'une population. In Various Authors La *Muséologie selon Georges Henri Rivière*, Dunod/Bordas, Paris, pp. 323-324.

Coutas, E. and Wasserman, F. (1993) 'Réel et réalités: l'atelier de l'imaginaire', *Musées et Collections Publiques de France*, 199, 26-29.

Delarge, A. (2004) 'La participation, Pierre angulaire et moteur des écomusées', *Musées et Collections Publiques de France*, 3 (243), 26-28.

Delgado, C. (2001) 'The ecomuseum in Fresnes: against exclusion', *Museum International*, 53 (1),

37-41.

Doyen, V. and Virole, A. (1987) *Etude comparative des statuts et des modes de gestion des écomusées*, Monographie de Muséologie, Ecole du Louvre, Paris, 80pp., typescript, Centre de Documentation, DMF, Paris.

Écomusée Groix (2010) *The ecomuseum of the island of Groix*. Online. Available at http://ecomusee. groix.free.fr/ (accessed 20 March 2010).

Griffaton, M-L. (2004) 'Les relations entre tourisme et musées: à la recherche d'un subtil équilibre', *Musées et Collections Publiques de France*, 3 (243), 49-53.

Grodwohl, M. (1987) L'Écomusée d'Alsace vu sous angle de la valorisaton touristique. In *Écomusées en France. Premières rencontres nationales des écomusées*. [L'isle d'Abeau, 13 and 14 November 1986.] Agence Regionale d'Ethnologie Rhône-Alpes et Écomusée Nord-Dauphiné, pp. 229-234.

Grodwohl, M. (1995a) L'Écomusée d'Alsace: quand le musée crée le site. In *Patrimoine culturel, patrimoine naturel*, Colloque 12 and 13 December 1994, La Documentation Française, Ecole Nationale du Patrimoine, Paris, pp. 102-107.

Grodwohl, M. (1995b) 'Les territoires de l'écomusée d'Alsace', *Geographies et Cultures* [Special edition: Musées, écomusées et territoires], 16, 45-59.

Guiyot-Corteville, J. (2004) 'Territoires du présent: plaidoyer pour une collecte de contemporain', *Musées et Collections Publiques de France*, 3 (243), 38-42.

Hubert, F. (1987a) Les écomusées après vingt ans. In *Écomusées en France. Premières rencontres nationales des écomusées*. [L'isle d'Abeau, 13 and 14 November 1986.] Agence Regionale d'Ethnologie Rhône-Alpes et Écomusée Nord-Dauphiné, pp. 56-60.

Hubert, F. (1987b) Pays de Rennes: un écomusée de la fin des années quatre vingt. In *Écomusées en France. Premières rencontres nationales des écomusées*. [L'isle d'Abeau, 13 and 14 November 1986.] Agence Regionale d'Ethnologie Rhône-Alpes et Écomusée Nord-Dauphiné, pp. 235-238.

Hudson, K. (1992) 'The dream and the reality', *Museums Journal*, 92 (4), 27.

Lazier, I. (1987a) Les écomusées en 1986, radiographie. In Écomusées en France. [Premières rencontres nationales des écomusées, L'Isle d'Abeau, 13 and 14 November 1986.] Agence Regionale d'Ethnologie Rhône-Alpes and Écomusée Nord-Dauphiné, pp. 41-50.

Lazier I, (1987b) Fiches signalatiques des écomusées. In *Écomusées en France*. [Premières rencontres nationales des écomusées, L'Isle d'Abeau, 13 and 14 November 1986.] Agence Regionale d'Ethnologie Rhône-Alpes and Écomusée nord-Dauphiné, pp. 141-181.

Mousset-Pinard, F. (1987) Territoire et identité: l'example de l'Écomusée de l'île de Groix. In *Écomusées en France*. [Premières rencontres nationales des écomusées, L'Isle d'Abeau, 13/14 Novembre, 1986.] Agence Regionale d'Ethnologie Rhône-Alpes and Écomusée nord-Dauphiné, pp. 245-248.

Outlook on Ecomuseums (2010) *France*. Available online at http://www.ecomuseums.eu/ (accessed 11 February 2010).

Peron, J. (1984) *Écomusée St. Dégan en Brec'h*, Association Nature et Traditions du Pays d'Auray, Auray, France.

Ribiere, G. (1993) Musées de société et programmes de developpement. In Barroso, E. and Vaillant, E. (eds) *Musées et Sociétés*. [Actes du colloque Mulhouse Ungersheim, June 1991.] Publié avec la concours de la ville de Mulhouse et de l'association Musées sans frontiers, pp. 63-65.

Robb, G. (2007) *The Discovery of France*, Picador, London.

Vaillant, E. (1993) Les musées de société en France: chronologie et definition. In Barroso, E. and Vaillant, E. (eds) (1993) *Musées et Sociétés*. [Actes du colloque Mulhouse Ungersheim, June 1991.] Publié avec la concours de la ville de Mulhouse et de l'association Musées sans frontiers, pp. 16-38.

Wasserman, F. (1989) 'Les écomusées, ou comment une population reconnait, protège, met en valeur les richesses naturelles et culturelles de son territoire', *Musées et Collections Publiques de France*, 182/3, 53-55.

Wasserman, F. (1994) L'exposition peut-elle être un outil pour lutter contre l'exclusion: la mise en exposition des minorités à l'Écomusée de Fresnes. In *Vagues, Une anthologie de la nouvelle muséologie*, Volume 2, Editions W., Mâcon, pp. 293-301.

Wasserman, F. (1995a) 'Museums and otherness-the community challenge of the Écomusée de Fresnes' (Synopsis), *ICOM News*, 48 (4), 7.

Wasserman, F. (1995b) Museums and otherness-the community challenges of the Ecomuseum of Fresnes. In *Museums and Communities*, International Council of Museums, Paris, pp. 23-28.

第六章　欧洲大陆的生态博物馆

在 20 世纪 70 年代末至 80 年代初，欧洲大陆其他地区饶有兴趣地注意到法国生态博物馆运动所取得的成就。然而，在这些地区生态博物馆理念与术语的采用最初千差万别，只有在斯堪的纳维亚半岛诸国、葡萄牙和比利时的法语区表现出了对这一理念和术语的热情。20 世纪 90 年代，越来越多的国家开始进行生态博物馆实践，在意大利和西班牙，生态博物馆有了显著的发展。在欧洲，生态博物馆"长期联络网"的建立，专业网站与数据库生态博物馆瞭望台的开发[1] 以及雨果·戴瓦兰推动的"在线互动"（interactions-online）讨论[2] 等，都使人们有了更多关于生态博物馆概念的对话，并增进了对其的了解。随着欧盟的不断扩张，越来越多的东欧国家对生态博物馆表现出日益浓厚的兴趣，其中波兰就位居前列。生态博物馆瞭望台（2010b）指出，2010 年欧洲有约 340 个生态博物馆，自本书第一版出版以来（1999 年），生态博物馆的数量有了巨大的增长。但欧洲某些国家也存在没有或只有少量生态博物馆的现象，例如荷兰和希腊，这也是在意料之中的。

一、挪威的生态博物馆

斯堪的纳维亚半岛诸国相互联系的历史对阿图尔·哈兹里乌斯（Artur Hazelius, 1833—1901 年）的收藏活动，以及他渴望将瑞典正在迅速消失的物质文化进行"封装"的愿望产生了相当大的影响。哈兹里乌斯的收藏活动主要集中在挪威，当时该国附属于瑞典，直到 1905 年才恢复独立。尽管奥斯陆大学

---

① 两者均由位于都灵的皮埃蒙特经济社会研究所建立和运营。

② 在线互动官网 http://www.interactions-online.com。

在 19 世纪 50 年代就创建了民族志博物馆，但哈兹里乌斯还是将其收集到的物质文化运往了斯德哥尔摩，这些物件是他 19 世纪 70—80 年代在挪威进行相关活动时所得。莫雷（Maure, 1993）讲述了安德斯·桑德维格（Anders Sandvig）的回忆，他目睹了哈兹里乌斯满载挪威物质文化的马车队，途经利勒哈默尔（Lillehammer），前往斯德哥尔摩的情景。桑德维格（1862—1950 年）是一名职业牙医，他显然受到了其所认为的挪威文化被掠夺的影响，并在利勒哈默尔创建了麦豪根博物馆（Maihaugen Museum）。他先是收集物件（1887 年），然后是建筑物（1894 年）。汉斯·艾尔（Hans Aall, 1869—1946 年）于 1894 年在奥斯陆创建了挪威民俗博物馆（Norsk Folkemuseum），其藏品于 1902 年与国王奥斯卡二世（King Oscar Ⅱ）在比格比（Bygby）的民族志物件合二为一。莫雷（Maure, 1993）认为奥斯卡二世的收藏标志着露天博物馆的兴起，这比斯堪森早了十年。尽管奥斯卡国王、桑德维格和艾尔在博物馆学上的成就远不及哈兹里乌斯有名，但他们三人均为后来 20 世纪初在挪威创建的众多地方民俗博物馆提供了灵感，这些博物馆成为挪威从瑞典独立后的身份表征。莫雷（Maure, 1985）认为，这段时期的博物馆建设反映了席卷全国的浪漫民族主义（romantic nationalism）思潮。挪威人选择的身份认同集中在他们的农村生活上，与农民社会典型的木屋、农场、农具、服饰和手工艺有关。

杰斯特龙（Gjestrum, 1992）认为，挪威的地理位置处于欧洲北缘，该国居住地的分散性，为挪威人的身份认同增添了一个非常特殊的维度，这个维度与自给自足有关。这种认同承认中心与外围之间、远距离控制与自给的小型社区之间可能出现的矛盾与冲突。这类冲突在 20 世纪 70 年代初的挪威成为政治话题，当时偏远农村地区的开发 ① 促使当地人积极捍卫环境，并更加意识到他们的自然和文化遗产。20 世纪 70 年代是环境保护主义运动的高潮期，随之而来的对话对挪威人产生了重大影响，并最终极大地影响到了知识分子（包括博物馆学家）所认为的博物馆可能发展的方式。

1900—1940 年，挪威大约建设了 111 个新博物馆，主要是反映当地小型社区遗产的"民俗博物馆"。尽管挪威很早就建立了国家博物馆，但这些强调农村和地方身份认同的小型博物馆仍在蓬勃发展，并就挪威人身份认同的构成给出了

---

① 主要与利用水力发电有关。

自己的说明。挪威博物馆学家里卡德·贝尔格（Rikard Berge）早在 1919 年就称赞了这场运动，他说：

> 在家乡社区中保存遗产比将其集中在博物馆更为重要。对当地居民而言，每天目睹他们引以为傲的遗产比一生中到远处的博物馆去看一眼更为重要。对学者而言，在妥当的环境中研究一个主题比孤立去研究它更为重要。（Gjestrum, 1992）

在这里这些评论适用于小型地方博物馆，它与博物馆民主化、原地保护和地方赋权的生态博物馆理念相一致。

地方自豪感、自给自足和社区身份认同促成了民俗博物馆的建立。1967 年，挪威政府把国内所有已知的博物馆分为两类，这为民俗博物馆带来了巨大的发展契机。203 个博物馆被归入"民俗博物馆"[①]，其余 57 个博物馆被归为"有特色馆藏的博物馆"（museums with special collections）。从 1975 年起，挪威政府建立了一个能使所有的博物馆获得一部分国家资助的系统，但对资金如何使用则没有较多的限制。许多民俗博物馆第一次有机会变得更专业和去探索新工作方式[②]。应运而生的新方式，其中就包括之前被专注于农业历史的民俗博物馆所忽略的社会群体[③]的文化史。挪威博物馆数量不断增加的现象一直持续到 1983 年，这时国家的支持达到了上限并开始减少。据莫雷（Maure, 1985）估计，到 20 世纪 80 年代中期，挪威有 350 家博物馆，其中大约 80% 的博物馆不是露天博物馆就是涉及乡村生活的博物馆。它们中的许多都是小型的博物馆，只有本地的收藏，而且财政与专业的支持有限，其运作方式与生态博物馆类似。

挪威博物馆发生变化的这一时期恰好与法国生态博物馆的发展与鼎盛期高度重合。1976 年在瑞典的于默奥 / 谢莱夫特奥（Umeå/Skellefteå）举行的国际博物馆协会教育与文化活动委员会（ICOM/CECA）会议上，雨果·戴瓦兰呼吁博物馆可以在权力下放的文化政策中发挥作用，扮演更重要的社会角色。斯堪的纳维亚诸国拥有许多小型农村社区，以及在地理上分布广泛的文化与自然遗产点和许多小型博物馆，因此在实施当地居民参与的"碎片博物馆"模式中处于

---

① 包括 191 个大区、地方和市镇的博物馆。

② 参见 Ingvaldsen, 1981。

③ 沿海社区、工业工人、萨米人。

有利地位。这是一种有助于加强遗产保护与阐释的模式。1984 年国际博物馆协会（在挪威）与泰勒马克大学（University of Telemark）举行了首届大型研讨会，从主题"生态学与身份认同——博物馆界的新方法"（Ecology and identity-new ways in the museum world）可以明显看出保护自然环境对挪威人的重要性。在阿兰·乔伯特（Alain Joubert）[1] 和安德烈·德斯瓦莱（André Desvallées）[2] 的推动下，会议讨论了 6 家挪威博物馆可能采用生态博物馆方法的方式。莫雷（Maure，1985）解释道，尽管挪威人对生态博物馆概念的要素很感兴趣，但他们还是不愿将这一术语用于实际情况及博物馆。杰斯特龙（Gjestrum, 1992）估算，约有 40 家挪威博物馆使用了生态博物馆的思想，并表明实际上所有的地方和大区博物馆都从"生态博物馆中获得了动力"。但是，到 2010 年，只有一家博物馆——边境生态博物馆（Økomuseum Grenseland）使用了生态博物馆的名称。昔日的图顿生态博物馆（Toten Ecomuseum）已与耶维克博物馆（Gjörvik Museum）和姆约萨姆林根（Mjøssamlingen）合并，并成为姆约斯博物馆（Mjøsmuseet）这个多站点博物馆（multi-site museum）的组成部分。位于相同地方的另一个大区博物馆——瓦尔德雷斯博物馆（Valdresmusea），坐落在美丽的保护区内，它是政府特殊计划的一部分，该计划打算将自然与文化遗产联系起来，也采用生态博物馆的方法（Dahl，私人通信，2010）。

（一）姆约斯博物馆和图顿生态博物馆（Mjøsmuseet and Toten Økomuseet）

图顿地区位于挪威南部内陆米约萨湖（Lake Mjøsa）以西，面积约 800 平方千米，人口约 2.8 万。这里拥有峡湾和林地景观，是大约 5000 年前游牧民族的家园，如今当地经济的支柱产业是农业和工业。图顿博物馆 1923 年在这里建立。通过"图顿历史协会"（Toten History Association）的活动，社区对博物馆实践产生了影响。该协会常年累积的档案成为 1986 年图顿生态博物馆资料信息中心建立的基础，该中心于 1991 年进行了重组。2006 年 1 月 1 日，在与其他地方博物馆合并，创建成一个区域性博物馆服务联盟后，该博物馆成为姆约斯博物馆的组成部分。尽管姆约斯博物馆管理着三个不同类型的博物馆，但馆长马格尼·鲁格

---

① 来自下塞纳河生态博物馆（Écomusée de la Basse Seine）。
② 来自法国博物馆管理局。

斯文（Magne Rugsveen）表示，"我们仍然认为图顿是一座生态博物馆"（私人通信，2010）。

莫雷（Maure, 1985）指出，从传统的露天博物馆到生态博物馆的转变，意味着博物馆采用了一种视原地保护为首要任务的新行为准则，将博物馆的兴趣范围扩展到了农村生活这一主题之外，并通过志愿者的协助开展口述史项目，旨在尽力去记录当地身份认同的非物质方面。杰斯特龙（Gjestrum, 1992）认为资料信息中心是与其他生态博物馆要素（或文化展示点）进行相互作用的"大脑"。该中心坐落在卡普（Kapp）的原奶制品加工厂[①]内，用来举办临时展览，也用作音乐学校和演奏大厅。在米约萨湖畔，该生态博物馆还拥有一个小港口和一个码头，世界上服役时间最长的明轮船——"斯基布拉德那"号（*DS Skiblander*）在那里作为一个漂浮的博物馆运营（图 6.1）。其他五个展示点（遗产点）为生态博物馆提供了特别的元素。其中斯坦伯格露天博物馆（Stenberg open-air museum）是挪威最大的博物馆，它提供了对文化景观和 18—19 世纪乡村生活的描述。它的农

图 6.1　"斯基布拉德那"号是世界上最古老的明轮船和一个漂浮的博物馆，它作为一个人们定期参观的展示点，是挪威图顿生态博物馆的重要建筑物
经姆约斯博物馆许可转载

① 该工厂 1889 年建成，1928 年关闭。

场建筑、农舍、花园、林地、田地以及一栋英式风格的景观园林，是在 19 世纪初由当地一位富有的长官所建造，自 1836 年最后一栋房屋在这里建成以来，其变化甚小。佩德·巴尔克美术馆（Peder Balke art gallery）展出了巴尔克（Balke，1804—1887 年）的壁画，它承担了展览、会议和培训中心的角色。位于博弗布鲁（Bøverbru）的罗德·斯科尔（Rod Skole）曾是旧时的一所学校和教区执事的农场土地，其历史可追溯到 1750—1880 年，现恢复了学校百年前的内部面貌。劳福斯（Raufoss）博物馆坐落在镇上最古老的房屋内，该房屋为当地火柴和炸药厂前厂长所有。它设有一个展览，以展示劳福斯 AS 公司（Raufoss AS）的历史和该地区的工业史。在图顿森（Totenåsen），一座第二次世界大战期间游击队员的小屋被修复，但在 2009 年被大火烧毁。

图顿历史协会的成员扩大了该生态博物馆的固定职员队伍，他们中的许多人充当了志愿者，直接参与博物馆的工作（记录、展览、教育和导游）。该生态博物馆拥有大量的与考古、社会、航海史和艺术有关的收藏，藏品约 1.5 万件，存放在资料信息中心。资料信息中心的资源非常丰富，除有约 400 米长的架子存放该地区的档案资料外，还有一个藏书 1.1 万册的图书馆，这里保存有约 13 万张照片和 1800 个对当地人采访的磁带（Dahl, 2006）。图顿生态博物馆前馆长陶维·达儿（Torveig Dahl）（私人通信）表示，生态博物馆学的工作方法最初是在 20 世纪 80 年代初期受到法国运动的启发。该模式似乎为展示点（遗产点）分散的地区提供了很大的帮助。这意味着博物馆可以"跨越机构和科学的界限，与当地社区合作"。该博物馆的活动重点是针对当地需求，如提供教育场所和聚会空间。由于远离挪威的传统旅游线路，因此它在经济复兴中所起的作用十分有限。

（二）边境生态博物馆（The Borderland Ecomuseum: Økomuseum Grenseland and Ekomuseum Gränsland）

边境生态博物馆（Økomuseum Grenseland）位于挪威的东南部，是一个跨过了瑞典边境的生态博物馆，通过与瑞典伙伴——瑞典边境生态博物馆（Ekomuseum Gränsland）合作，共同建立了一个文化与自然遗产的区域合作网，从而共享了对该地区移民史和定居史的诠释。创建边境生态博物馆的主意 1993年由挪威东福尔郡和瑞典布胡斯兰省（Østfold/Bohusläns）边境委员会共同提出，因其采用"分散站点"（split-site）的方法来进行原地保护和阐释，故命名为边境生态博物馆。如今，它是东福尔郡、布胡斯兰省、达尔斯兰省（Dalsland）的合作项目。该生态博物馆的主要任务是通过向访客推销新景点和信息，来发展旅游和当地经济。同时该生态博物馆还通过为当地历史学会组织研讨会、开展口述史项目、记录工业历史遗址和创建"边境图书馆"来服务当地社区。以下几个博物馆，诸如瑞典的斯特伦斯塔德（Strömstad）博物馆、布胡斯兰博物馆和挪威的哈尔登历史收藏馆（Halden Historical Collections），都为该项目提供重要的档案与藏品。其他重要的博物馆和遗产都是生态博物馆的旅游点，如维特里克（Vitlycke）的史前岩画艺术世界遗产。

这里总共有 52 处展示点（遗产点）——教堂、工业遗址、城堡、博物馆，它们都是生态博物馆网络的组成部分。生态博物馆的既定目标是：维护现存的遗址，并与非营利组织合作来增加访客的参观次数；编写信息材料；开展地方研究；建立边境地区的文化历史"知识银行"（knowledge bank），并组织课程培训以提高当地人能力（Økomuseum Grenseland, 2010）。这些目标是围绕着史前史，中世纪史，贸易和海关，工业史，城堡、要塞和防御，以及交流等主题进行。

二、瑞典的生态博物馆

有关阿图尔·哈兹里乌斯（Artur Hazelius, 1833—1901 年）在创建北欧博物馆和斯堪森过程中所扮演的角色，前文已有讨论[①]。鲜为人知的是其同胞乔治·卡林（George Karlin, 1859—1939 年），他于 1882 年在隆德（Lund）开始民族志收藏，部分藏品在 1892 年还被作为"露天博物馆"的展品展出。作家卡尔·埃里克·福斯伦德（Karl Erik Forsslund, 1872—1941 年）也成为瑞典文化运动的伟大倡导者和传统的"分门别类化"（departmentalized）博物馆的批评者。他将博物馆形容为"一个大墓地，物件像木乃伊般堆放在坟墓里，对知识分子、考古学家和历史学家来说，它们仍然是活着的，但对普通人而言，却已经死了"（Sörenson, 1987）。福斯伦德坚信，物质文化不应该被堆积在一处，而应该被广泛地传播。博物馆也不能总是回味过去，我们不仅要保存已经死去的物件，而且还要让那些沉睡的物件恢复生机。换言之，博物馆需要照顾最近的历史，即我们当前的文化遗产。这三个人在拯救瑞典物质文化的证据和提高人们对其地区差异的兴趣方面发挥了重要作用。

---

① 见本书第 62 页。

被福斯伦德等人的热情所感染，地区和地方博物馆在瑞典的建设于 20 世纪初加快了步伐。但是，与大多数欧洲国家一样，博物馆的主要变化始于 20 世纪 70 年代。恩斯特伦（Engström, 1985）将瑞典博物馆学的这一发展时期描述为"动态的"，包含了关于博物馆在社会中的作用的激烈辩论，以及对新博物馆学和生态博物馆相关原理的探索。自 1973 年起，由乌拉·奥洛夫森（Ulla Olofsson）在斯德哥尔摩组织的国际研讨会推动了这些讨论（Olofsson, 1996）。在参加完 1971 年的国际博物馆协会会议（在法国格勒诺布尔举办）后，乌拉·奥洛夫森对新博物馆学和生态博物馆运动着了迷。1983 年，时任克勒索（Le Creusot）生态博物馆副馆长的玛蒂尔德·斯卡伯特（Mathilde Scalbert）来访，她的演讲"无藏品的博物馆——克勒索生态博物馆的经验"，对乌拉·奥洛夫森的影响尤为深远。第二年，伯格斯拉根生态博物馆（Ekomuseum Bergslagen）的想法被提了出来，它相当于瑞典的克勒索。这一构想发表在位于法伦（Falun）的达拉纳博物馆（Dalarna Museum）的一份报告中。同年，在瑞典拉普兰（Lapland）的约克莫克（Jokkmokk）建立一座新博物馆的行动正式迈出了第一步。如今，瑞典有 9 家博物馆使用了"生态博物馆"的名称，另有运用了相同原理的 3 家博物馆（Ecomuseum Observatory, 2010b），包括约克莫克的萨米博物馆（Sami museum）。

（一）约克莫克瑞典山区和萨米博物馆（Ájtte, Svenskt Fjäll-och Samemuseum, Jokkmokk）

生物学家克耶尔·恩斯特罗姆（Kjell Engström）强烈地认为，生态博物馆应该以生态学原理为基础，"必须依据相关地区自然环境所设定的条件和限制，真实地反映出文化与经济生活的发展"（Engström, 1985）。他也认识到学科整合、地域与社区参与的重要性，并指出在 20 世纪 80 年代中期的瑞典，没有任何一家博物馆符合生态博物馆所要求的标准。尽管他承认，有些博物馆，尤其是那些与斯堪森类似的许多小型地方博物馆，它们有建筑物、家具和农具，是符合生态博物馆的许多标准的，但他认为这些"碎片博物馆"不是真正意义上的生态博物馆，因为它们缺乏社区参与。

恩斯特罗姆深度参与了由瑞典拉普兰约克莫克国家公园管理局（National Parks Service）牵头建设的一个新博物馆，他充分运用生态博物馆理念，取得了良好的效果（Engström, 1985）。在当时，山区环境由于水力发电、采矿、修路和旅游的推进受到了相当大的威胁，传统的萨米文化和经济正在发生深刻的变化。

经过长时间磋商，一个新的博物馆最终落成。该博物馆的各项活动由一个包括萨米人在内的理事会和一个独立的代表其用户和当地人的萨米委员会管理。博物馆在组织结构的许多方面都类似于法国生态博物馆管理法所建议的那样，由萨米委员会、专家委员会和负责财务与发展问题的理事会组成。恩斯特罗姆希望"该博物馆应该发挥生态博物馆的功能，呼吁它在当地及其更广大地区的文化与社会发展中发挥重要的作用"。

尽管该博物馆不使用"生态博物馆"的名称，其自称为"Ájtte①, Svenskt Fjäll-och Samemuseum"（阿杰特——瑞典山区和萨米博物馆，Swedish Mountain and Sami Museum），但它对当地人的承诺和自然环境的保护至关重要。例如，它特别重视建立萨米文化的资料与研究中心，其中包括对物件、电影和录像、口述史、音乐项目和书写材料的收集。博物馆研究人员可以利用不断投入的资源去探索瑞典极北地区人与自然环境之间的关系，这种关系在过去几十年间发生了显著的变化。人与环境之间的关系是常设展览的重要主题，该展览非常重视当前的情况，但也关注自然栖息地开发方面的未来选择，尤其是生态旅游开发，以及传统萨米文化的消失问题。专题展览探讨了萨米人的服饰、宗教、神话、游牧生活和河流景观。它还提供拉波尼亚（Laponia）世界遗产（1996 年列入）和北博滕（Norrbotten）国家公园的介绍。该博物馆在自然保护方面发挥了积极作用，并在1992 年主办了一次大型会议，讨论极北地区森林的可持续利用问题。它还是泰加林拯救网络联盟（Taiga Rescue Network）的协调员，该联盟与世界极北地区森林的保护、恢复和可持续利用相关，由约 120 个非政府组织和原住民团体组成。

（二）伯格斯拉根生态博物馆（Ekomuseum Bergslagen）

"钢铁铸就了这个地区"（Iron made the country）是伯格斯拉根生态博物馆的口号。该地区由瑞典中部的 7 个采矿区和工业区组成，是瑞典铜、铁和钢的主要产地。当地的"红土"和沼铁矿（bog iron ore）已被冶炼了 2000 多年。在中世纪，地下作业的开展和熔炉技术的改进促进了该行业的扩张，且在 18 世纪后期达到了发展的顶峰。该行业利用水的动能转化来提供电能，并砍伐森林为约 400座高炉提供冶炼用的木炭。伯格斯拉根生态博物馆保护和阐释的正是钢铁产业的

---

① Ájtte 是萨米语中的一个词，意为搭在桩子上的木棚屋，在秋季从山区牧场迁移到森林以及春季的返回期间，萨米人用它来存放家什、衣物和设备。

物质类遗存及其所代表的社会历史，这个机构被贝格达尔（Bergdahl, 2006）称之为"真正的生态博物馆"。

　　该生态博物馆是早期一系列拯救工业考古遗址活动的结果（Hamrin, 1996）。卡尔-埃里克·福斯伦德（Karl-Erik Forsslund）是伯格斯拉根的当地人，他意识到当地许多冶铁厂正在关闭和废弃。正是他的举动使斯梅杰巴肯（Smedjebacken）附近的弗朗滕贝格（Flatenberg）铸造厂得以保留，其大部分机械、设备和工具都得到了保护。1938年，他与古斯塔夫·比约克曼（Gustaf Björkman）共同在卢德维卡（Ludvika）创建了世界上第一个露天采矿和工业博物馆。阿克塞尔·埃克森·约翰逊（Axel Axison Johnson）则对恩格尔斯堡（Ängelsberg）的建筑物、熔炉、锻造锤和水轮进行了妥善的修葺。恩格尔斯堡是几个"布鲁克"（bruk）[①]之一，它们属于自给的社区，并且恩格尔斯堡（图6.2）还是其中一个保留了"布鲁克"最初形式的典型代表，1993年被联合国教科文组织认定为世界遗产。它也是构成"钢铁旅程"的数个"布鲁克"之一，该项目是由伯格斯拉根生态博物馆

图6.2　恩格尔斯堡工业（冶铁厂）综合体一角
经伯格斯拉根生态博物馆许可转载

---

① 自16世纪以来建立的，以个别行业为基础的独立定居点。

与其他两个当地生态博物馆^①共同开发和推广的（Iron Route, 2010）。

埃里克·霍夫伦（Eric Hofrén）1967 年担任达拉纳博物馆的馆长，他认为该地区的历史遗产点网络具有发展潜力。1970 年，一条长 60 千米的遗产与自然小径——胡斯比林根建成，作为一个由几个小型博物馆、遗址点和收藏馆共同构成的综合性组织。胡斯比林根的成功促使人们产生了类似的愿景，即扩大博物馆和文化遗产点网络将会带来社会、文化和经济效益。伯格斯拉根生态博物馆于1986 年夏季开馆，其使命是为当地居民提供所需，并吸引访客到来（Sörenson, 1987）。

斯梅杰巴肯、卢德维卡和恩格尔斯堡成为该生态博物馆的三个重要的遗产展示地。此后，该生态博物馆逐渐发展成为一个在更宽松的地理区域内，占地约750 平方千米，包含约 50 个遗产点（展示点）的网络，大致相当于伯格斯拉根的核心采矿区和工业区。主要的遗产点（展示点）包括诺伯格矿业博物馆（Norberg Mining Museum）、15 世纪的格兰加德（Grangärde）乡村教堂、塞米亚（Semia）的运河闸、巴斯特纳斯（Bastnäs）矿产丰富的矿山、维什布（Virsbo）的工业村、莱恩希塔（Lienshytta）的高炉、卡尔曼斯布（Karmansbo）的冶铁厂（图 6.3）、

图 6.3　卡尔曼斯布冶铁厂，厂内布置有"兰开夏锻铁炉"（Lancashire Forge）和水轮
克里斯蒂娜·林德维斯特（Christina Lindeqvist）摄

---

① 加斯特里克兰（Gästrikland）和胡斯比林根（Husbyringen）生态博物馆。

格尔斯堡（Grängesberg）的机车博物馆、博尔格松（Borgåsund）的港口和斯特龙（Strön）的运河。一份内部的政策文件明确指出了选择这些点的初始标准。原则是访客进入遗产点是否便捷，对伯格斯拉根冶铁历史是否有显著意义以及它们是否能够补充既有遗产点，并与之相关联。各个点的历史与描述可以在哈姆林和胡兰德的文章中找到（Hamrin and Hulander, 1995）。

伯格斯拉根与瑞典其他的生态博物馆不同，它的遗产清单中没有自然遗产点，尽管这一重心正在逐步转变。有几个遗产点（展示点）将自然环境的价值诠释作为材料和动力的主要来源，并充分讨论了环境对定居方式和人类活动的影响。例如，18 世纪初，塞巴斯蒂安·格雷夫（Sebastian Grave）决定在赛夫斯奈斯（Säfsnäs，位于弗雷德里克斯堡 Fredriksberg）改变以往在矿山附近建冶铁厂的传统模式，选择在一个拥有充足木材和水力供应、但却相对荒芜的地方建立自己的工厂。他将矿石运进了森林，从而为该地区带来了就业和繁荣，生产持续了大约 200 年。这项活动所遗留的物质遗存分散在整个景观中。1991 年建成开放的萨夫森工人博物馆（Säfsen Workers' Museum）展示了该地区在 20 世纪 20 年代的冶铁情况。

需要特别注意的是，这 50 个遗产点（展示点）没有一个归伯格斯拉根生态博物馆所有，博物馆也没有它们的任何藏品或档案。生态博物馆在这里纯粹是一种便于保护和阐释的手段。各个点的所有权仍属个人、当地历史学会、协会团队或私人企业，而该生态博物馆则提供了一种确保合作得以开展的机制与专业知识。实际上，之所以叫"生态博物馆"，是因为该博物馆的使命就是要与当地人、当地企业和协会密切合作。在这个经济严重萧条的地区，博物馆对工业遗产进行阐释并发展可持续的旅游，这成为该地区命运好转的希望。

自 2006 年 4 月起，伯格斯拉根生态博物馆的管理中心一直设在卢德维卡农庄（Ludvika Homestead）和矿业博物馆（Mining Museum）。它依靠一种共有的方式来对遗产进行阐释和保护，并不断努力促进自身与其他组织之间的联系。作为一个独立的基金会，它得到了达拉纳（Dalarna）和西曼兰（Västmanland）两省及其市镇的财政与行政支持，总计有约 144.2 万瑞典克朗（约合 16 万欧元）的经费预算。资金由理事会管理，他们每年召开 5—6 次经费会议（Lindqvist, 2005）。该生态博物馆每年实施几个重大项目。它与两个省的博物馆、地区和当地博物学会以及当地旅游组织一起合作开发教育项目和策划展览。博物馆的有关消息通过资讯和年刊进行发布。它做了巨大的努力，以鼓励当地人通过教育项目、研讨会、讲座和会议，参与到该生态博物馆的工作中来。1997 年，伯格斯拉根生态博物馆采取了一项新举措，它为瑞典的生态博物馆创建了一个总括机构[①]，以提供瑞典所有生态博物馆的实用介绍。这项工作由 3 名固定的职员负责，同时得到了生态博物馆约 1500 名志愿者的协助，其中有约 100 人是训练有素的导游和故事讲述者。这支志愿者队伍对接待大量访客至关重要，1996 年该馆的参观人数就超过了 50 万。1997 年，这一数字下降到了 42.1 万，其中 85% 是本地访客。2009 年，随着 20 个新遗产点合并到该生态博物馆，其参观人数增至 61.5 万（Lindqvist，私人通信，2010）。诸如法格什塔（Fagersta）的韦斯坦福什农庄（Västanfors Homestead）等个别遗产点就吸引了 15 万人，瓦斯塔克瓦恩磨坊（Västarkvarn Mill，也是一家酒吧）也吸引了 8.5 万人。这些访客主要是家庭团体，其中 10% 来自国外，尤其是德国和荷兰。

伯格斯拉根生态博物馆的馆长指出，生态博物馆必须被视为"过程博物馆"（process-museums）。换句话说，它们是不断变化的、活态的组织，各个点及其各自的协会可以离开该组织，其他点及其协会也可以加入进来（Lindqvist，2005）。她意识到，伯格斯拉根的一些当地市镇现在对生态博物馆的兴趣有所减退。因为，当协会的信心和能力不断增强，并感到他们可以独立发展时，则无需置身于生态博物馆这把保护伞下，这是常有的事。因此，伯格斯拉根生态博物馆的边界以及其中的各个遗产点（展示点），都在不断地变化。苏拉哈马尔（Surahammar）几年前就离开了生态博物馆这个组织，没有再重新加入，而诺伯格（Norberg）离开后又回来了，结果是原来的 7 个市镇仍有 6 个参与其中。生态博物馆遗产点（展示点）的数量也有显著的增加，2009 年又有 18 个新的点加入进来。这样一来，总数便达到了 61 个。它们计划在 2013 年前进行几项新工作，包括在卢德维卡建造一个"生态屋"（eco-house）和一个专为儿童设立的自然中心，在雷德海坦（Ridderhyttan）建设一个"地质中心"（geocentre），这将作为地质步道的起点。自 2007 年以来，这种对自然环境的日益重视得益于瑞典自然历史博物馆协会成员的帮助，与自然科学家建立联系对实施新策略非常重要。促进自然与文化领域之间联系的举措反映在林德维斯特的评论中（私人通信）：

也许该生态博物馆正在缓慢地转变工作方式，即更加利用自然科

---

① 参见 http://www.ecomuseums.se。

学——可能这就是未来，它将使该生态博物馆得以生存，并永远持续下去。变革与生存是一对好伴侣，自然和文化亦是如此。

（三）克里斯蒂安斯塔德湿地生态博物馆（The Kristianstad Wetlands Ecomuseum）

该生态博物馆成立于 1989 年 9 月，由克里斯蒂安斯塔德地方当局资助，旨在保护和阐释瑞典南部这一地区丰富的湿地生境，该栖息地范围包括海尔根（Helgeån）河下游的最后 30 千米，从北部的托尔塞博（Torsebo）直到海岸，并包括所有的湖泊和支流。与斯堪的纳维亚半岛的其他生态博物馆一样，克里斯蒂安斯塔德湿地生态博物馆也为地方当局、协会和私人在该地开展许多保护项目提供框架和策略。土地管理采用传统方式①，并合理利用季节性洪水，这对该地区野生动植物的生存以及独特的历史和文化景观的保护至关重要。这是一个野生动植物价值极高的地区，依据《国际湿地保护公约》（International Convention for the Conservation of Wetlands），它被认定为"拉姆萨"（RAMSAR）湿地。2005 年，它被列为"人与生物圈自然保护区"（Man and the Biosphere Reserve）。该地区发现了许多濒临灭绝的鸟类，包括黑尾塍鹬、白眉鸭、黑燕鸥和乌灰鹞。每当春季和秋季的迁徙时期，成百上千只大天鹅、成千上万只野鸭和约 2 万只野鹅在这里栖息和觅食。这里还有丰富的鱼类区系②、珍稀的两栖动物和淡水贻贝群。伟大的瑞典博物学家卡尔·林奈（Carl Linnaeus, 1707—1778 年）到访过克里斯蒂安斯塔德，并记录了许多至今仍生存在那里的稀有植物③。

与湿地和海岸毗邻的高地一直吸引着人类去定居，因此该地区拥有一个重要的考古遗址。另外，这里还有丰富的工业遗址，尤其是利用海尔根河上游湍急的河水作为动力的作坊。在托尔塞博周边的北部地区，许多与面粉、火药、骨粉和木材生产相关的作坊已经得到了修复。在该地区非常贫瘠的沙质土地上，农业一直依赖为动物提供饲料的浸水草甸。同时，这些动物又为贫瘠的旱地提供肥料。克里斯蒂安斯塔德的湿地与旱地之间的这种联系提供了一个独一无二的农业景观，这正是该生态博物馆试图保护的东西。

---

① 合理的放牧制度、干草牧场和湿地牧场的耕种方式。

② 已记录了约 35 种鱼。

③ 水野芹和美洲线叶芹。

尽管只有 3 名专职人员为该生态博物馆工作，但来自其他地方政府部门（教育、建筑、规划）的人员也积极支持其活动。许多其他组织也提供资金，以支持该生态博物馆完成各种项目，包括世界自然基金会（Worldwide Fund for Nature）、瑞典环保署（Swedish Environmental Protection Agency）、瑞典国家自然历史博物馆（Swedish National Museum of Natural History）、斯科讷旅游局（Skåne Tourist Board）以及私人部门、当地协会和个人。舒尔茨等人（Schultz et al., 2004, 2007）对湿地内部关系的复杂性进行了探讨，并以图表的形式呈现了出来。他们着重强调该生态博物馆是如何将个人和各种组织汇聚在一起，最终成为鼓励可持续的生态系统管理的核心。该生态博物馆所倡导的社会——生态学方法（social-ecological approach）被认为可以在其他地方推广。

上述 3 家瑞典生态博物馆各有不同的侧重：约克莫克专注于少数族群文化，伯格斯拉根致力于工业历史，克里斯蒂安斯塔德主要是生物保护。然而，它们都表现出相似的特征：需要在当地人、当地协会和其他地方当局之间建立伙伴关系，并采用"分散站点"的方式进行保护和阐释。这 3 家生态博物馆都提升了地方的重要性、自然与文化之间的牢固联系以及实施生物文化保护实践的意义。

三、丹麦的生态博物馆

伯恩哈德·奥尔森（Bernhard Olsen, 1836—1922 年）于 1868—1885 年担任哥本哈根蒂沃利公园（Tivoli Gardens）的艺术总监，他在 1878 年巴黎举办的世界博览会上参观了哈兹里乌斯的展览，并深受其影响。从那时起，他毕生致力于丹麦民俗博物馆（Dansk Folkemuseum）的创建，该博物馆于 1885 年正式开放。斯科尔德（Skougaard, 1993）指出，尽管丹麦国家博物馆[①]是该国文化历史的中心宝库，但地方博物馆在 20 世纪的发展却是相当惊人的，有约 94 家专题博物馆和地方博物馆得到了国家的认可，并获得了支持。为取得财政援助的资格，地方博物馆必须雇用合格的工作人员，同时要达到特定的策展管理标准。随着丹麦博物馆的专业化不断提升，意味着本地藏品在持续地增多以及人们对区域文化有了更好的理解。与其他斯堪的纳维亚国家一样，尽管生态博物馆理念的各种要素

---

① 该博物馆于 1926 年将丹麦民俗博物馆纳入旗下。

在丹麦被广泛运用，但目前只有 3 家博物馆使用生态博物馆的名称。瑟夫兰德斯生态博物馆（Søhøjlandets Ecomuseum），在本书第一版中称为丹麦湖区博物馆（Danish Lake District Museum），它于 2009 年 1 月 1 日更名为奥普列夫瑟夫兰德斯（Oplev Søhøjlandets）即"发现瑟夫兰德斯"。它仍然在使用生态博物馆的理念开展工作，并建立了一个由当地人和专家团体组成的合作网，以完成一系列的保护任务。从 1997 年到 2007 年，瑟夫兰德斯实施了价值 600 万丹麦克朗的系列项目（Oplev Søhøjlandets, 2010）。

萨姆索生态博物馆（Økomuseum Samsø）

萨姆索博物馆创建于 1917 年。后来，该博物馆运营者在造访伯格斯拉根生态博物馆后，受其启发，开始在这个丹麦岛屿上运用新理念进行专业实践。筹备工作始于 1989 年，1990—1991 年调整了商定后的组织机构。最初的博物馆建筑是一栋 19 世纪的农舍，1917 年被改造为博物馆，以举办历史和考古的展览。现在，它只是构成该生态博物馆的众多搬迁建筑之一。博物馆在弗雷登斯达尔（Fredensdal）收购了一片农田，并在那里种植传统的农作物和饲养传统的动物，另外还将购得的特兰比约奶制品厂（Tranebjerg Dairy）改建为游客接待中心，一家归博物馆所有的铁匠铺由志愿者经营，1998 年 11 月博物馆又开设了一家可正常营业的邮局。生态博物馆的档案藏品存放在当地的图书馆。该地区的其他几个遗产点都"非正式地"隶属于它。

该馆在从国家和地区机构（包括文化部）获得额外的一次性资金投入后，实现了从博物馆到生态博物馆的蜕变。萨姆索现在获得的财政支持除来自国家外，也有大区和地区的资金。基金会、门票和商店销售是生态博物馆的其他收入来源。萨姆索生态博物馆只有 1 名固定的专业人员，它在很大程度上要依赖由 50 人组成的志愿者队伍，志愿者担任向导、档案助手、手工艺表演者和音乐演奏员。数个"非正式"的独立遗产点也由支持使用生态博物馆名称的志愿者们运营管理。

1998 年，萨姆索生态博物馆的宗旨是（John Enevoldsen，私人通信）"强调岛屿及其传统文化与现有居民之间的相互作用，从而增强地方认同。这将有助于保护该岛成为一个理想的居住或游览场所，并将其向世界推广"。约翰·恩诺沃尔森（John Enevoldsen）也表示，该生态博物馆在许多方面都参与文化遗产的保护，且与不同的岛上居民合作，这极大地扩展了博物馆最初的工作范围，我们相信这会带来"地方感"。

四、芬兰的生态博物馆

普马拉的利赫塔兰尼米生态博物馆（*Liehtalanniemi Ecomuseum, Puumala*）

利赫塔兰尼米生态博物馆位于南萨沃区（South Savo）的农村，是芬兰第一个也是唯一一个生态博物馆，它覆盖了占地约 23 公顷的广袤乡村和一个建于 1851 年的小农场。这片土地一直以传统方式进行耕种，直到 1978 年最后一位所有者去世，农场随即由国家接管。随后，它被捐赠给普马拉市，并由其负责。而农场的恢复和维护，以及使用传统技术（从而保护重要的野生动植物栖息地）进行的土地耕种，都得到了世界自然基金会的资助。

土地贫瘠意味着小块农田的所有者必须有足够的智慧，善于从周围环境中寻找燃料、建筑和工具的原料，并依靠田野、森林和湖泊的恩惠来获取食物。鱼是当地饮食中的重要补充，他们通过制作各种各样的渔网和捕鱼器来抓鱼。额外的收入，主要依靠猎杀狐狸获取皮毛，以及捕杀海豹获取用于医药和皮革保养目的的海豹油来实现。如今，利赫塔兰以一种重现 20 世纪初小农渔民家庭自给自足的生活方式而得以保留。建筑物、物质文化（农具和家用器具）、农田、草地、林地、农作物和牲畜都展现了这种生活方式。最初的想法是在这里创建一个"运转中的生态博物馆"（working ecomuseum），即让一个以周围自然资源为生的家庭居住于此，采用传统的方法利用资源，使其对环境产生微弱影响。就实际情况而言，这被证明不可行，因此只能采用其他方式来创建一个"真实的"环境。如今，在一群展示传统手工技艺的志愿者协助下，向导让农场重新焕发了生机。

五、比利时的生态博物馆

比利时南部是法语区，但令人惊讶的是，生态博物馆并未在该国得到更广泛的推广，目前使用该名称的博物馆只有 4 家。

（一）拉卢维耶尔的布瓦杜吕克生态博物馆（Écomusée du Bois-du-Luc, La Louvière）

比利时中部地区的工业以煤矿开采和相关的重工业（包括钢铁制造）为基

础。与欧洲大多数采矿区和工业区一样，在矿山和工厂关闭后，该地区的失业率居高不下。过去，该地区吸引了许多人前来寻找工作，来自意大利、波兰、希腊以及新近来自北非和土耳其的移民都想方设法地前往该地。生态博物馆通过捕捉该地区身份的本质和增强人们对昔日成就的自豪感等方式，来诠释这个移民与工业交织的故事。这个地区也有丰富的民俗，种族融合带来了艺术、音乐和文学的传统以及独特的物质文化，这些特征都融入到了该生态博物馆的展览与活动之中。

1983 年 5 月，当地历史学家雅克·利宾（Jacques Liebim）负责在比利时中南部的布瓦杜吕克建立生态博物馆，他得到了许多不同地方当局的帮助，其中包括埃诺省（Hainaut）和拉卢维耶尔市。布瓦杜吕克非凡的建筑群不仅包括工厂、作坊、铸造厂和矿井，而且还包括被设计成早期"花园城市"的工人住房、医院和教堂。该生态博物馆的 10 个分散遗址点包括一个于 1973 年关闭的煤矿。除卷扬机、矿井的井口塔、工程师车间和水泵以外，博物馆还重建或策划了矿工们的小屋、铁匠和木屐制造者的商店，以及一个可追溯该地区 4 个世纪以来煤矿开采史的常设展览。生态博物馆的资料与管理中心存放着与煤矿有关的资料和档案，它也是一个会议中心，设有临时展览，并有一间自助餐厅和一个书店，是生态博物馆进行教育服务的基地。该生态博物馆由一家独立的协会运营，与埃诺省文化事务厅（Cultural Affairs Department of the Province of Hainaut）合作密切，后者提供了其大部分预算经费。布瓦杜吕克的遗产仍属国家所有。博物馆的固定职员，包括历史学家、文物保护人员、技术人员和展演人员，他们在当地志愿者的支持下共同运营该博物馆，志愿者负责提供捐赠和专业知识，以及协助举办展览。博物馆充当社区集会和学校活动的实用中心，正是这种社区联系是其使用生态博物馆名称的主要原因。布瓦杜吕克和其他三个采矿点——格朗霍奴（Grand Hornu）、卡齐尔（Bois du Cazier）和布雷尼（Blégny）被视为"瓦隆"（Wallonie）的主要采矿区，在 2010 年已被联合国教科文组织列入《世界文化与自然遗产预备名单》。

（二）特里涅的维鲁万地区生态博物馆（Écomusée de la Région du Viroin, Treignes）

该生态博物馆成立于 1978 年，它在管理上是非同寻常的，由布鲁塞尔自由大学（Université Libre de Bruxelles）下属的环境中心^①负责，资金由大学和一个公共机构的财团提供。这是一个乡村生活与乡村技术生态博物馆（Écomusée de la vie et des techniques rurales），位于维鲁万瓦尔（Viroinval）的一座可追溯到16世纪的城堡中，该城堡具有相当高的建筑价值，并经过了精心的修复。广泛的社会历史与行业技术藏品被用来展现该地区自然资源（木材、皮革、金属和石材）在当地木作、烧炭、打铁和石雕等手工技艺中的使用。它有两个展示点"触角"，一个是村里的铁匠铺，另一个是废弃的火车站。与其他许多生态博物馆一样，它也有一个资料中心，储存有行业档案、照片、剪报、口述史录音以及手工艺（例如烧炭）和当地节日的视频。因为它是唯一一个具有"大学生态博物馆"身份的例子，所以值得特别提及。

六、意大利的生态博物馆

1999年，我提到了生态博物馆概念在意大利的出现，但没有任何具体的实例去说明。1996年，有人曾提到计划在拉格西岛（Isola del Laghi）为威尼斯潟湖（Venice Lagoon）建造一个露天的民族志博物馆，即威尼斯潟湖生态博物馆。1998年6月，阿真塔（Argenta）举行了一次生态博物馆会议，其主题是"博物馆与环境：生态博物馆，地方之声"。从会议的专题介绍和与会者名单显示，意大利已经启动或正在建设的生态博物馆大约有16家。由塞拉托、德罗西和佛朗哥（Cerrato, De Rossi and Franco, 1998）主编的论文集还提及运用生态博物馆理念的都灵地区，并特别提到了在圣伯纳多（Bernardo）的博尔戈（Borgo）建造"大麻加工生态博物馆"的动议。然而，在我形成对意大利生态博物馆认识的论断时，我想引用欧洲博物馆论坛成员马西莫·内格里（Massimo Negri）的一段评论，他认为在意大利创建生态博物馆是"有疑问的"。

普雷森达和斯特拉尼（Pressenda and Sturani, 2007a）指出："意大利并未受到露天博物馆推广扩散的影响，甚至对生态博物馆的接受似乎也相当迟缓。"但他们还是提请人们注意，皮埃蒙特（1995年）和特伦托（2000年）曾通过了关于在各自地区建立和发展生态博物馆的法律。它们反映出这样一个事实，即这些

---

① 环境管理与土地规划研究所（Institut de gestion de l'Environnement et de l'Aménagement du territoire）。

法律充当了催化剂，为生态博物馆的发展提供了所需的开放资金，且影响到了其他地区。仅仅一年后，马吉与法莱蒂（Maggi and Falletti, 2000）就列举出了意大利的几家生态博物馆，并加以描述和说明。毛里齐奥·马吉（Maurizio Maggi）是都灵皮埃蒙特经济社会研究所的研究员，该机构是大区政府的一个部门，其任务是研究和改善农村地区的经济，它在促进意大利皮埃蒙特和欧洲地区生态博物馆的发展方面发挥了重要作用。该大区对生态博物馆学特别感兴趣，他们对运用这种遗产保护与阐释方法的劲头和热情很大程度上要归功于毛里齐奥·马吉的工作和研究所的支持。生态博物馆的数量在皮埃蒙特大区和意大利其他地区的增长也十分明显。1999 年，我列出了整个意大利的 15 家生态博物馆。2006年，仅在皮埃蒙特就有 50 家生态博物馆得到了省和大区政府机构的正式认可（Maggi，引自 Corsane et al., 2007a）。如今（2010 年），意大利版的生态博物馆瞭望台（Ecomuseum Observatory, 2010d）列出了 142 家生态博物馆，包括皮埃蒙特的 38 家。2010 年，里瓦（Riva）列出了意大利的 193 家生态博物馆，一些正在建设的生态博物馆也囊括在内。虽然确切的数字尚有争议，但在短短的 10 年间，意大利在生态博物馆的数量和多样性上都远超了法国。普雷森达和斯特拉尼（Pressenda and Sturani, 2007a, 2007b）依据意大利生态博物馆的多样性，将其分为四类：与某一行业或特定传统产品有关的生态博物馆；保护单一景观要素的生态博物馆；源自既有的民族志博物馆，但使用了生态博物馆名称；地域和景观生态博物馆。他们列举了梯田和葡萄藤生态博物馆（Murtas and Davis, 2009）作为后一类生态博物馆的典型例子。

　　马吉与研究所的同事们一起为推动这些变化做了大量工作，并充分论述了生态博物馆现象与皮埃蒙特（Maggi, 2004）和欧洲（Maggi, 2002）文化旅游联系起来的方式。研究所还在皮埃蒙特负责执行了有关生态博物馆评估工具的研究（Corsane et al., 2007a, 2007b; Borelli et al., 2008），同时促使大区（Corsane et al., 2009; Murtas and Davis, 2009）乃至整个意大利（Riva, 2010）进行有关生态博物馆的其他研究。里瓦（Riva, 2010）对意大利生态博物馆的分析是最新且最全面的，包括大量来自意大利各地的详细例子。另一些学者也对意大利的生态博物馆进行了描述与分析，如佩特鲁奇（Petrucci, 2009）、韦基奥（Vecchio, 2009）、穆尔塔斯和戴维斯（Murtas and Davis, 2009）。

　　下面介绍两个都在皮埃蒙特，但截然不同的生态博物馆。柯赛等人（Corsane et al., 2007a, 2007b）对此作了详细的说明，以下是简要概况。

（一）大麻生态博物馆（Ecomuseo della Canapa）

位于都灵南部卡尔马尼奥拉镇（Carmagnola）的大麻生态博物馆是皮埃蒙特的众多生态博物馆之一。19 世纪末，在大麻行业的鼎盛时期，仅卡尔马尼奥拉的一个"行政小区"（borgata）——圣贝尔纳多（St Bernardo），就有 87 家麻绳厂。它们通常是家族企业，由当地农场供应大麻（学名：Cannabis sativa L.）。这些工厂搭有工棚（制绳工场），在那里进行大麻加工，并纺制成绳。麻绳制作产业在 20 世纪 30 年代走向衰落，圣贝尔纳多的最后一家麻绳厂于 1955 年关闭。到 1975 年，只有一家工厂逃过了被拆除的命运。圣贝尔纳多历史协会发起了一个项目，以拯救最后的麻绳厂遗产。该协会于 1991 年在公开场合举办了一次制绳的展览和表演，活动很受当地人欢迎，其中许多人与之前的制绳业都有一定的联系。一些当地人留有相关的物件、照片或纪念物，他们将其捐赠给了这次活动。为了提高该活动项目的知名度，协会还在其他地方进行制绳的展演，当国家电视台表现出兴趣并制作了一部反映协会工作的纪录片后，市镇当局的支持也就有了保证。麻绳厂得以被收购，且在 1997 年迎来了后续的修缮。

一支志愿者队伍负责管理该博物馆，同时提供展示（图 6.4）。这些志愿者与当地艺术家建立联系，还与卡尔马尼奥拉的其他博物馆合作。该生态博物馆成为

图 6.4　生态博物馆正在进行麻绳制作展示
莎莉·罗杰斯（Sally Rogers）摄

向公众推荐的一系列当地景点之一。历史协会对当地人的热情和支持感到惊讶。当地人也因此收获到了其他意想不到的结果，包括被邀请到其他国家进行制绳表演，以及来自访客和专业设计公司对麻绳的购买需求。其中小学生是最主要的访客，协会还在原址上修建了一个小教室。市镇当局也已意识到生态博物馆的重要性，以及其所展现的东西在获得地方认同方面的意义，他们利用生态博物馆的潜力来协助卡尔马尼奥拉发展文化旅游。博物馆是当地维护独特性，推销地方特产，推广农业旅游和"慢食"（slow food）战略的一部分。

根据省政府的建议，该项目从立项开始就被当作生态博物馆来设计。从任何意义上说，它从未被视为是"传统的"博物馆。这里具有重要的历史意义，但共同合作去保护和阐释它的过程更为重要，参与其中的当地人有着共同的目的，即保护其重要的遗产片段。当地志愿者通过麻绳产业这一共同的纽带分享了地方感，并在这里发挥了积极作用。当在现场工作时，志愿者们使用着当地方言，让这一项重要的非物质遗产保持了生命力。博物馆本身已成为一个聚会点，一个社区集体自豪感的焦点，一种颂扬过去和行业历史自豪感的手段。该项目维系行业记忆并珍视它们的最初目标似乎已经实现。

（二）陶土生态博物馆（Ecomuseo dell'Argilla）

陶土生态博物馆位于都灵市东面坎比亚诺（Cambiano）小镇外的一处旧砖厂里。该地区拥有丰富的陶土蕴藏，砖厂一直是当地的一个特色景观。陶土生态博物馆占据了目前仍活跃的砖厂及其周围环境，但其大部分活动都是特意利用砖厂中最古老且已废弃的砖窑。在生态博物馆建立之前，有一小群曾在砖厂工作时建立了深厚友谊的工友们，决定为旧砖厂找到新未来。他们成立了一个小型的协会，随即开始将这家旧工厂作为艺术场所进行推销，尤其是利用雕塑和陶器艺术品，并在1987年举办了第一次展览。这个由前工人组成的初始群体现在仍然非常活跃，他们为这个新兴的生态博物馆提供了持续的财力和实际的支持。

该协会关心"如何保持住对工厂的活态记忆"，因此从2000年起，一位协会成员的亲属决定将其精力投入到砖厂开发上，即作为一个生态博物馆项目。她的目标是向公众开放，并恢复与当地社区的联系。从项目立项之日起，与当地社区合作至关重要。一个由主要积极分子组成的委员会对博物馆进行管理，共担职责对相关工作的开展非常有效。当管理机构获得了大区政府的官方认可后，一个正式的生态博物馆协会成立了。

该项目成功与可持续的关键是核心活动得到了可靠和稳定的资金来源。在成为"大区的生态博物馆"之前，管理团队从省政府、之前的协会和当前的工厂所有者那里筹措了大量项目资金，一些特别的活动也得到了银行、信托基金会和大区政府的赞助。这个项目在进行的过程中变得越来越专业，原来从直觉出发的管理风格转变为运用战略思维的方法，这被视为生态博物馆在创建过程中的一个重大突破。该项目团队肯定了领导的必要性，并意识到需要有包容精神。换句话说，需要立下一个愿景，再加上有一个愿意采用专业方法管理项目和贡献领导才能的个人或核心团队，同时也要鼓励当地人广泛参与。

该项目已经实现了它的最初目标——使其"焕发生机"（becoming alive）。2001年，在都灵省财政的支持下，该生态博物馆设立了一个专门的工坊（命名为MUNLAB），用于培训陶土捏塑的操作技能，并提供遗产点的介绍。事实证明，这对学校①和当地人都极具吸引力。当地尽管已经意识到旅游业的潜力，但吸引外地游客前来的目标尚未实现。现在，此处已作为当地交流的场所，取得成功部分是因为与当地学校和原先工人一起开展的戏剧和视频项目有关。该活动是在晚间进行，博物馆将该遗产点及其工人的历史搬上舞台，取得了意想不到的成功。活动吸引了几乎全部的居民，3场展示每场各有300人参加。这样的支持给生态博物馆项目带来了真正的信誉，增强了当地社区的主人翁意识。

该生态博物馆团队将过程的重要性置于结果之上，正如戏剧活动清楚显示的那样。这项活动通过捐赠照片、提供口述史让当地社区参与进来，是一项重大而又有益的挑战。口述史可以说是生态博物馆正在进行的重要工作之一，这说明了非物质文化遗产的重要性。该团队并未以任何有组织的方式收集物质文化。尽管尚未对该处景观及其自然资源进行阐释，但显然它已具有巨大的潜力。延伸出的步道能让人们进入丰富的湿地栖息地，只是目前缺乏专业知识和对该地区自然资源的研究，如当前该地不断变化的动植物群尚无人能识别。经过砖厂和陶土坑区域时，有向导陪同，并采用文学和诗歌方式进行讲解，这些都极大地增强了体验感，作为此处特色之一的艺术品亦是如此（图6.5）。

这个生态博物馆项目引人注目的成果之一是提高了两名关键员工的技能和知识。两人都承认，在项目开始之初，他们没有任何的经验，也对生态博物馆的发展愿景没有充分的认识，而是基于直觉和自信开展工作。这两人在很早的时候就

---

① 学校再次参观的次数出乎意料。

图 6.5　利用天然材料制作的雕塑是陶土生态博物馆的特色之一
作者　摄

获得了许多新技能，尤其是在筹款、项目管理和战略规划上。该项目的成功充分证明了他们两人的协商能力，并影响和实现了其愿景。

（三）相互联系的意大利生态博物馆

生态博物馆受益于合作网，正如法国生态博物馆和社会博物馆协会（FEMS，1989 年）、日本生态博物馆学协会（JECOMS，1995 年）、波兰生态博物馆（Ekomuzea，2006 年）、中国博物馆学会的生态博物馆（Ecomuseums CSM，2006 年）、巴西生态博物馆和社区博物馆协会（ABREMC，2007 年）所证明的那样。马吉（Maggi，2009）指出，2004 年 5 月为庆祝欧盟扩大到几个东欧国家，一群生态博物馆的活动家在意大利碰头讨论了建立合作关系网和泛欧（pan-European）生态博物馆合作网的可能性。这次会议在特伦托举行，吸引了来自波兰、意大利、瑞典和捷克的大约 20 个生态博物馆的人员与会。会议最终签署了国际层面合作的"意向宣言"（Declaration of Intent），并指定了 8 个工作小组，以进一步讨论所关心的主要问题。2005 年，在阿真塔生态博物馆（Ecomuseum of Argenta）举行的一次研讨会上，他们提出了审议意见。2006 年，以"本地世界"（Local Worlds）为名的联系网络开始搭建。2007 年，意大利这一分支在该国商会注册了"本地世界"作为其集体的商标。同年，该合作网开始测试在皮埃蒙特试点的自我评估系统（Corsane *et al.*, 2007a），并制定了一些有志于加入的会员所应达到的先决条件，这些条件已在其网站上列出。正是通过该合作网，一个类似于法国生态博物馆和社会博物馆协会的机构最终可能会成为意大利全国性生态博物馆的交流讨论平台。

七、瑞士的生态博物馆

1996 年，《瑞士博物馆指南》（*Guide des Musées Suisses*）第七版表明，该国有 5 家博物馆归属于生态博物馆，但只有 2 家[①]使用了这一名称。2010 年，这两家活跃的生态博物馆分别与两家由瑞士工业遗产协会创建的生态博物馆[②]和由当地协会管理的与航空史有关的阿旺什生态博物馆（Ecomusée Avenches）合并了。

辛普朗生态博物馆（Ecomuseum Simplon）

该生态博物馆建立的目的是阐释辛普朗地区不断变化的景观、建筑和文化历史。历史上，辛普朗山口是穿越阿尔卑斯山的国际通道，数世纪以来其周围的乡村一直采用传统技术进行耕作。博物馆鼓励访客沿着斯托卡佩（Stockalper）小径步行，并参观设在辛普朗的老旅馆和布里格（Brigue）斯托卡佩城堡（Chateau Stockalper）中的常设展览来探索该地方。这条小径是发现该地景观多样性和植被的关键，小径长 35 千米，需要步行 2—3 天，期间可以选择到其他感兴趣的地方，包括萨斯山谷（Saas valleys）和碧茵山谷（Binn valleys）。这里的广袤山野与深谷形成鲜明对比，多样化的植被，高山牧场、松林和泥炭沼泽并存。这

[①]　上阿雷塞斯生态博物馆（Écomusée de la Haute-Areuse）和辛普朗生态博物馆（Ecomuseum Simplon）。

[②]　伏尔泰生态博物馆（Ecomusée Voltaire，1998 年建立）和维西生态博物馆（Ecomusée de Vessy）。

条线路沿袭了中世纪时期修建的驴道，17世纪又进行了改建，沿途有许多迷人的景点，包括斯托卡佩城堡、一座在拿破仑指令下建造的临终安养院、贡多（Gondo）的金矿遗址以及许多小教堂。

老旅馆位于辛普朗村的中心，它也是该生态博物馆的一个重要展示点。这座建筑坐落在乡村广场之上，是在14—18世纪分阶段建造的。当地社区将其购买下来，于1991—1995年进行了全面翻修。由几个地方机构组成的"辛普朗基金会"（Stiftung Simplon）负责了这项工作，并在1991年3月26日正式揭幕启用。常设展览利用物件、图像和声音来展示辛普朗地理位置的重要性、数百年来它作为交通路线所扮演的角色以及旅游对该地区的影响。辛普朗山口的重要性在19世纪达到了顶峰，这要归功于拿破仑在1805年修建的一条道路——大斯托卡佩，这条道路使大量的欧洲访客得以到来。但是，随着辛普朗隧道的建设，大多数旅游交通与贸易都转移到了布里格，由于避开了辛普朗村，对其产生了较大影响。

该生态博物馆是一家独立的机构，拥有自己的章程和理事会，并与当地其他组织密切合作。它从当地市镇财团获得资金，再加上门票和捐款收入，可用于支付兼职专业人员和前台接待人员的报酬。除保护和维修建筑物外，该生态博物馆还拥有丰富的地方史收藏、大量的档案资料和一个活跃的口述史计划。使用"生态博物馆"名称的决定反映了该项目与当地社区的融合，以及它对周边乡村的影响，对原地保护的重视和所提供的整体性阐释策略。

八、葡萄牙的生态博物馆

随着1974年4月葡萄牙民主制度的到来，政治、社会和经济变革对博物馆学产生了重大影响（Moutinho, 1992）。社区重建其文化认同的需要促使许多基于社区的项目产生，以及众多小型地方博物馆的成立。纳拜斯（Nabais, 1985）指出：

> 这些博物馆没有忽略其作为博物馆的总体目标，即收藏、保护、研究、展示和传播周围环境中人类生活的物质和精神遗迹，它们为传统博物馆学增添了新维度。除构建馆藏外，它们还寻求利用物质和非物质文化遗产，以帮助理解、解释和体验塑造不同社区的社会、经济和历史环境。

这些新的地方博物馆，许多都摒弃了传统的博物馆概念，转而成为一个颂扬其城市、教区或小镇独特性的组织，有些采用生态博物馆的名称。纳拜斯（Nabais, 1985）提及了卡尔塔索（Cartaxo）和塞沙尔（Seixal）的生态博物馆（2010 年它们仍在运行），以及贝内文特（Benevente）、埃斯卡良（Escalhão）、费尔门特厄斯（Fermentoes）、卡雷圭罗斯（Carregueiros）、埃斯特雷莫什（Estremoz）、沃泽拉（Vouzela）、佩尼奇（Penich）、蒙泰雷东杜（Monte Redondo）和梅尔托拉（Mértola）的社区博物馆。它们每个馆都建有一个中心基地，内部有常设展览、办公室、实验室、藏品库房，以及教育和活动区域，访客可从这里前往其他遗产点。它们都是在原地保留下来的文化遗址，通常在当地人的帮助下进行保护和阐释。如蒙泰雷东杜民族志博物馆（Ethnographical Museum of Monte Redondo，创建于 1981 年）有着面向社区的经济和社会改善目标。当地人在该博物馆的所有活动中发挥着积极作用。针对其发展问题，公众、博物馆专业人士和当地政客之间有着持续不断的对话。该博物馆主要致力于当地手工工具、农具、家具和服饰的收藏，另外还有一个运营中的盐厂作为其分馆。蒙泰雷东杜和葡萄牙的其他许多小型博物馆一样，都运用了新博物馆学原理，即便它们并不总是采用生态博物馆的名称。

据纳拜斯（Nabais, 1985）的记载，葡萄牙创建生态博物馆的想法最初是与 1979 年为埃斯特雷拉山自然公园（Natural Park of Serra da Estrela）制定管理计划有关。该山脉是葡萄牙境内的最高峰（海拔 2000 米），这一带有着迷人的自然景观和历史文化。这是一个乔治·亨利·里维埃密切参与的项目，当时他刚参加完法国地方自然公园的建设，他曾两次到访过该地，鼓励当地采用"生态博物馆"的方法。前期工作大部分是在景观设计师费尔南多·佩索阿（Fernando Pessoa）的热情领导下，由一组研究人员完成。遗憾的是，由于中央政府不愿提供财政和行政支持，该项目在很大程度上未能实现。尽管开局并不顺利，但在当地人的协助以及市政府的资助下，生态博物馆最终还是建成了。卡尔塔索（Cartaxo）的乡村以及同样建在金塔达斯帕拉斯（Quinta das Paras）葡萄园的酿酒博物馆，为访客提供了一段能够探索里巴特茹（Ribatejo）建筑与景观的旅游行程（包括一条"葡萄酒线路"）。虽然它具有生态博物馆的特征，但却不使用这个名称。另一个生态博物馆项目计划放在阿尔科切特（Alcochete），打算以市博物馆为基地，但这个想法也未能成行。

《欧洲生态博物馆指南》（*The European Ecomuseum Guide*）介绍了葡萄牙

的 14 个生态博物馆，但其中只有 8 个使用了生态博物馆的名称，包括纳拜斯所列出的一些社区博物馆（Maggi, 2002）。生态博物馆瞭望台（Ecomuseum Observatory, 2010f）列出了葡萄牙的 13 个生态博物馆，尽管其中的波尔蒂芒和卡尔塔索不使用该名称，另外还有 4 个生态博物馆正在建设。有趣的是，纳拜斯（Nabais, 1985）所提及的梅尔托拉社区博物馆现在已改名为 "瓜迪亚纳生态博物馆"（Ecomuseu do Guadiana）。该国的生态博物馆保护并阐释多种类型的文化遗产，包括考古遗址（瓜迪亚纳生态博物馆）、景观和传统生活方式（阿尔加维山脉生态博物馆 Ecomuseu da Serra do Algarve）、传统民居（博德城堡生态博物馆 Ecomuseu da Castelo do Bode）以及运营中的面粉作坊（帕加多尔磨坊生态博物馆 Ecomuseu Moinho do Pagadores）。

塞沙尔市生态博物馆（Ecomuseu Municipal do Seixal）

塞沙尔市生态博物馆可以说是葡萄牙第一个，也是最成功的一个生态博物馆。它位于塞沙尔市内（该市距首都里斯本仅一小段渡轮的行程），致力于探索当地人与环境之间的关系。纳拜斯（Nabais, 1984）指出：

> 建立塞沙尔市博物馆（Museu Municipal do Seixal）主要是为了保护和加强文化及自然遗产，如果能进行原地保护并遵循动态原则的话，能为当地居民提供一个极其重要的构架，以提高他们对自身文化价值的认识。

纳拜斯还指出，正是雨果·戴瓦兰[①]注意到当地经济与社区发展之间的牢固联系，于是在 1983 年提议将该博物馆更名为塞沙尔市生态博物馆。

塞沙尔市博物馆的成立源于 1979—1981 年进行的一项大型公众咨询活动，活动涉及教区集会和说明性文字资料的分发。这项公众咨询活动的成功促进了人们对这一地区文化史的研究，并与包括造船工人、纺织工人、农民、渔民、学者和教师在内的当地人建立起了进一步的长久联系。一个临时展览——"为塞沙尔市的历史而工作"（*Work in the History of the Municipality of Seixal*），使当地人了解到了博物馆这个项目以及他们自身的文化历史。这不仅鼓励了个人，还鼓励了各个协会、企业、农场和工厂捐赠藏品，以帮助该生态博物馆建立可用于阐释该

---

① 当时他任里斯本的法国—葡萄牙研究所所长。

地经济、社会、文化和宗教生活的藏品资源。

作为生态博物馆之基的金塔达特里尼达德宫（Quinta da Trinidade Palace）现在不仅仅是藏品的主要珍藏地之一，而且还扮演着市政历史档案馆（Municipal Historical Archive）、考古和保护服务中心的角色。它本身是一栋引人入胜的建筑，里面有可追溯到16世纪的令人惊叹的瓷砖收藏。博物馆的总部最初设在一所学校里，2006年搬迁至修复后的满德软木厂（Mundet Cork Factory），现在这里是资料、信息和教育服务的主要站点。以上是构成该生态博物馆8个遗产点（展示点）之中的2个。在塔霍（Tagus）河口的阿伦特拉（Arrentela），一座经过翻修的造船厂被用来阐释这里的海事历史、造船业、渔业和这条河流的经济生活。在这里，人们习得了传统的手工艺知识，将其恢复到正常状态，进而我们可以看到木匠、油漆工和造船工的工作，他们重新建造船只，并用传统图案进行装饰。沿着塔霍河的支流，3艘经修复后的船只（海鸥号 Gaivotas、爱心号 Amoroso 和塞沙尔湾号 Baia do Seixal）用于运送访客和学校团体，以探索潮汐驱动的水磨作坊、鱼类加工厂以及另一个以"塔霍传统造船术"而闻名的卫星城港口。由生态博物馆运营的其他遗产点，还包括位于金塔杜鲁西诺（Quinta do Rouxinal）的古罗马考古遗址和一个潮汐磨坊。在塞沙尔地区有12座保存完好的水磨坊，其中2座已被镇议会所收购，1座作为展示点由生态博物馆负责运营。该磨坊即科罗伊奥斯磨坊（Minho de Corroios，图6.6），它建在1403年的潮汐磨坊遗址之上，经过全面修复，于1986年首次向公众开放。几年前，该磨坊为了进一步整修而关闭，2009年重新开放。访客可以看到正在运行中的碾磨设备，可以访问磨坊主人的小屋，并参观一个有关周围湿地野生动植物的常设展览。水磨坊现已成为该生态博物馆的徽标，因其特色是利用潮汐能，即作为"一个复兴和能源再生的象征"。另外的遗产点还有金塔德圣佩德罗（Quinta de St Pedro）的考古遗址，海军的一个船舶模型车间和一个火药厂。

生态博物馆各个点开展的大部分工作都是基于当地手工技艺的展示，在工作过程中手艺人向访客阐释其技术。纳拜斯（Nabais, 1984）指出，在该生态博物馆运行初期，工厂工人在博物馆负责解说机械的操作，当地水手帮助访客学习航海技能，学生和老师则协助藏品的收集和开展历史研究。发掘和修复项目依靠当地的考古和工业协会，他们还在博物馆里举办自己的展览。纳拜斯的观点是："在所有这些情况下，博物馆的目标是考虑借助该地的全部遗产，以便居民可以积极参与创造自身的环境和社区发展。"这番话的含义是：当地人的参与已经扩展到

图 6.6　葡萄牙塞沙尔市生态博物馆的潮汐磨坊——科罗伊奥斯磨坊
经塞沙尔市生态博物馆许可转载

了生态博物馆运营的方方面面。2010 年，该生态博物馆雇用了 33 名员工，包括专业策展人、技术人员、藏品登记员和教育专员，其中大部分是当地人。除志愿者和实习生外，还有约 18 人受雇于该博物馆。根据馆长豪尔赫·拉波索（Jorge Raposo）的说法（私人通信，2010），塞沙尔主要利用志愿者来协助考古发掘和开展保护工作。

经过约 27 年的运营，塞沙尔市生态博物馆现已成为一个相当重要的旅游胜地，各种展览、讲座、导游陪同徒步和教育活动在 2009 年吸引了约 2 万名游客。作为自然和历史遗产部门的组成部分，它仍是该地的官方博物馆，其资金完全依赖议会。该生态博物馆的使命是研究、保护和阐释塞沙尔地区的自然和文化遗产。就许多方面而言，很难看出它与一个地方博物馆的不同之处。它拥有重要的档案和文献资料，以及相当多的考古学、民族志、科学技术和海事史藏品。原地保护策略与博物馆碎片化性质证明了它使用"生态博物馆"术语的合理性。

九、德国的生态博物馆

德国拥有大量的地方博物馆（包括家乡博物馆）、工业博物馆和一些露天博物馆。在德国，"Freilichtmuseum"一词是一个通用术语，泛指各种民间生活博物馆、考古遗址公园、铁路博物馆和其他专题博物馆。在本书第一版中，我提到了类似生态博物馆性质的农业历史博物馆（Agrarhistorisches Museum），它位于前东德地区，在汉堡东面的旧施韦林（Alt Schwerin）。该博物馆主要关注农业和社会历史，但镇上的许多建筑，包括 1860 年、1920 年、1949 年和 20 世纪 60 年代的民居，都经过了内部整修，并实行了原地保护，使其成为这个"碎片博物馆"的组成部分。20 世纪 90 年代后期，卡塞尔（Kassel）地区建设了两个生态博物馆，它们共同构成了改善旅游设施和促进该地区遗产保护项目的一部分。

哈比锡特森林和莱茵哈特森林生态博物馆（Habichtswald and Reinhardtswald Ecomuseums）

保护历史、文化和自然环境，以及发展生态旅游是这两个生态博物馆的主要目标。人与自然之间的关系在它们的各种场所里展示。处于威悉河（Weser）和迪塞尔河（Diesel）之间的莱茵哈特森林生态博物馆拥有基本未受破坏的广阔森林景观和丰富的动植物群，还有最为人所知的格林兄弟童话故事。该生态博物馆成立于 1998 年，旨在阐释与法国宗教避难者，尤其是胡格诺派教徒（Huguenots）和瓦勒度派教徒（Waldenses）生活密切相关的精彩历史。该地区对玻璃制造、采矿和采石业也很重要。哈比锡特森林（苍鹰森林 Goshawk Forest）生态博物馆建立于 2001 年，数个考古遗址和城堡位于其间。这两个生态博物馆由卡塞尔地区旅游局管理，并依靠当地志愿者为访客提供一系列广泛的活动，包括讲座、展览和野外郊游，以使访客了解该地区经济、文化、自然环境和社会各个方面。

十、荷兰的生态博物馆

1995 年，尽管在北布拉班特省（Noord-Brabant）提出了一个生态博物馆项目计划，但最终似乎没有实现。德容（De Jong, 2001）的调查表明，弗莱福兰省（Flevoland）的纳赫勒博物馆（Nagele Museum）可被视为一个生态博物馆，但它并未使用这个名称。然而，最近（2006 年）有人提出了一个关于费赫特河（River Vecht）周边地区的规划，该地区基本上未受到破坏，以其美景和独特的"荷兰式"景观（包括小村庄、树林、湖泊、草地，以及复杂的运河、堤坝、桥梁和船闸系统）而著称。费赫特地区倡议的团体生态博物馆（Groep Ecomuseum）所具有的长远目标是基于"伯格斯拉根"模式在该地发展生态博物馆（DeClercq, 2005）。生态博物馆被视为一种连接文化与自然遗产点、提高公民身份的手段，也是一个用于经济发展与空间规划的工具。德克莱尔（DeClercq,

私人通信，2010）指出，该项目的 6 个主要参与者认为"我们的景观是一座没有围墙的博物馆，其文化历史作为藏品，其传记则为故事和信息"。费赫特团队现在正在考虑用哪些工具来阐释这个故事，并努力与相关村庄的社区委员会合作，以推进该项目向前发展。德克莱尔评论道："我仍然很惊讶地发现，所有各方都同意这一激进的做法，即从'我的物件'迈向'景观的传记'。"

十一、希腊的生态博物馆

贝拉维拉斯（Belavilas, 2006）叙述了希腊对工业博物馆的长期兴趣，并提到了由协会、私人机构和公司创办的小型博物馆的增长。特别值得一提的是，位于东马其顿（Eastern Macedonia）索弗里（Soufli）的丝绸博物馆（Silk Museum）、位于伯罗奔尼撒（Peloponnese）蒂米萨那（Dimitsana）的露天水力博物馆（Open-air Waterpower Museum）和位于斯巴达（Sparta）的橄榄与希腊石油博物馆（Museum of the Olive and of Greek Oil），后者于 2003 年 4 月开放。2006 年，位于圣帕拉斯凯维（Aghia Paraskevi）的莱斯沃斯工业橄榄加工博物馆（Lesvos Museum of Industrial Olive Processing）、位于蒂诺斯岛（Tinos）皮尔戈斯（Pyrgos）的大理石加工博物馆（Museum of Marble-Working）和位于沃洛斯（Volos）的砖瓦制造博物馆（Museum of Brick and Tile Manufacture）也相继竣工。在比雷埃夫斯文化基金会（Cultural Foundation of the Piraeus）的推动下，伯罗奔尼撒（Peloponnese）斯蒂芬利亚（Stymphalia）的传统职业与环境博物馆（Museum of Traditional Occupations and the Environment）也开始运营。所有这些博物馆都遵循既定的生态博物馆原则，但却没有使用这个名称。

这不足为奇，因为早期的研究表明，最类似于生态博物馆的机构在欧洲，例如本书第一版所述的克里特岛（Crete）上的加瓦罗霍里博物馆（Museum of Gavalochori），但它避开了该名称。在这个特色鲜明的希腊村庄，当地经济长期以来植根于农业，种植水果、葡萄、橄榄以及饲养绵羊和其他牲畜，并已逐渐适应了旅游的影响。当地人利用村庄丰富的文化遗产，吸引自驾游客驻足于此，新路标将他们引向乡村的古井、威尼斯建筑和古罗马墓葬。妇女合作社鼓励复兴当地手工艺 [①]，这些手工艺产品在当地的一家由合作社经营的酒馆出售。妇女们还欢

---

① 包括制陶、刺绣、绘画、烹饪和蒸馏拉克酒。

迎游客去参观加瓦罗霍里博物馆，展品不仅有利于当地人维系自己的身份，而且还将该地推介出去。尽管该博物馆在各个方面都符合"生态博物馆的原则"，但它也未使用这个名称。在整个希腊地区还散布有许多类似的博物馆，但只有一家博物馆——科罗诺斯生态博物馆（Koronos ecomuseum）使用了该术语。

被称为"ECOMEMAQ"的意大利和希腊合作项目（Ferraris and Perticaroli, 2007; ECOMEMAQ, 2010），指的是位于纳克索斯岛（Naxos）上的科罗诺斯生态博物馆，其建设灵感来自由欧洲资助的致力于保护和管理地中海马基群落（Maquis）环境的工程。该项目最终提出了"生态博物馆区"（Ecomuseum Districts）的设想，通过将其与制定共同政策和方法的倡议联系起来，鼓励可持续地利用这些独特的生态系统。科罗诺斯生态博物馆建在一个美丽的村庄里，村庄位于山区的一个山谷中。在这里，传统的民居建在陡峭的山坡上，通过骡道即可到达。村里的民族志博物馆介绍了岛上的传统文化。生态博物馆的接待中心鼓励访客去探索该地区的各种遗产。通往里奥那丝（Lionas）的蜿蜒小径经过该岛的一处特色遗址点——刚玉矿（emery mines）。这种刚玉和磁铁矿的混合物用于研磨和抛光，因纳克索斯的埃默里半岛（Emeri peninsula）而得名。尽管该行业已基本消失，但整个地区采矿的痕迹仍星罗棋布。这里的其他特色参观点还包括喷泉、水磨坊、橄榄油压榨机和尼基福罗斯·曼迪拉拉斯之家（Nikiforos Mandilaras House）——一位被法西斯分子所暗杀的著名律师的故居。

十二、波兰的生态博物馆

生态博物馆瞭望台（Ecomuseum Observatory, 2010e）列出了波兰的 22 个生态博物馆，其中 7 个正在建设。有趣的是，该国生态博物馆的发展与"绿道"（Greenways）概念有关联，"绿道"即"绿色"的廊道，是在农村和城市地区建设的供人们步行、骑自行车或骑马进行探索的小道。它们可能会沿着河流建设，或是历史上的贸易线路，或是被废弃的铁路轨道。其他地方也有类似的项目，例如在英国，"绿道"是由保护自然与乡村的政府官方机构——英格兰自然署（Natural England, 2010）推动的，并为非机动车用户关联其他路网，如国家自行车道网络（National Cycle Network）、内陆水道旁的纤路、国家徒步线路和其他通行道提供服务。在波兰，绿道不受"官方"掌控，而是由当地居民组织和运营。他们寻求鼓励可持续发展以及推动娱乐消遣和健康生活。绿道为基于社区的方案和项目提供了一个框架，该项目方案与文化遗产保护、自然保护、经济复苏和可持续旅游有关。

波兰参与了中欧和东欧的绿道（Central and Eastern European Greenways, CEG）倡议，该倡议通过"促进可持续发展的环境伙伴关系"（Environmental Partnership for Sustainable Development, EPSD）协会进行推广和实施。该协会成员包括波兰的环境合作伙伴基金会（Fundacja Partnerstwo dla Środowiska）、罗马尼亚的合作基金会（Fundatia pentru Parteneriat）、捷克的合作伙伴基金会（Nadace Partnerstvi）、匈牙利的奥科塔斯基金会（Okotars Alapitvany）、斯洛伐克的埃科波利斯基金会（Nadacia Ekopolis）、保加利亚和白俄罗斯的农业与生态旅游协会（Agro and Eco-tourism Association）（Greenways Network, 2010）。"绿道"和生态博物馆有许多共同的目标，如保护文化遗产、改善环境质量和鼓励可持续发展。与生态博物馆一样，它们通过在当地社区、公共部门和企业之间建立合作伙伴关系来实现这些目标。

该倡议所形成的整个路网共有 10 条，其中仅在波兰就有 3 条：奥得河小道（Oder River Trail）、北绿道项链（Necklace of the North Greenway）、波德拉斯基鹳迹（Podlaski Stork Trail）。从布达佩斯（Budapest）到克拉科夫（Krakow）的琥珀小道（Amber Trail）贯穿波兰、斯洛伐克和匈牙利；克拉科夫-摩拉维亚-维也纳绿道（Krakow-Moravia-Vienna Greenway）将波兰、捷克和奥地利的遗产点串联起来；绿色自行车-东喀尔巴阡绿道（Green Bicycle-East Carpathian Greenway）则连接了波兰、斯洛伐克和乌克兰。许多绿道都与基于当地社区的生态博物馆计划有联系，以保护和阐释当地遗产，这为绿道的体验提供了"额外的价值"。在波兰，沿着绿道——琥珀小道制定了几个生态博物馆的建设方案[①]。这条绿道也是斯洛伐克创建的唯一一座生态博物馆——洪都生态博物馆（Ekomuzeum Hont）的特色。卢托维斯科（Lutowisko）的"三大文化博物馆"（Three Cultures Museum）已沿着绿色自行车-东喀尔巴阡绿道建设完成。作为奥得河山谷绿道（Oder Valley Greenway）的组成部分，数座生态博物馆在下西里西亚（Lower Silesia）建成，其中包括塔查利斯（Tarchalice）的熔炉生态博物馆（Smelting Furnace Ecomuseum）和卢比亚兹（Lubiaz）的西多会生态博物馆（Cistercian Ecomuseum）。

① 巴比亚戈拉生态博物馆（Babia Gora Ecomuseum）、兰科罗纳生态博物馆（Lanckorona Ecomuseum）和奥帕托-伊万尼斯卡生态博物馆（Opatow-Iwaniska Ecomuseum）。

兰科罗纳生态博物馆（The Lanckorona Ecomuseum）

这座生态博物馆是由当地政府建设的，旨在通过文化旅游，作为一个当地居民参与乡村振兴和改善当地经济的工具。该地区拥有许多文化资源，包括乡土木造建筑、古老的乡间房屋、老教堂、路边的神龛与十字架。自然资源包括高山动植物群，其中许多是稀有物种。一条生态博物馆小径将引导访客前往 18 个有趣的遗产点，同时也规划了更多小道，用于骑马或滑雪。历史古迹的修复工作仍在继续。手工艺品商店和当地特产，如传统的酒精饮料——伊兹德布斯基雅尔泽比阿克（Izdebski Jarzebiak），吸引着访客来到这个曾是克拉科夫中产阶级和艺术家们避暑的胜地。

生态博物馆项目是兰科罗纳发展战略的重要组成部分。"遗产"主题已被当作一种吸引投资者资助重要项目的手段，例如村庄广场的翻新。地方当局最活跃的合作伙伴是"琥珀小道"生态文化协会（Ecological-Cultural Association），它负责协调生态博物馆的发展和活动。这些热心的协会人士对项目至关重要，并不断协助协会去吸收来自社区的新成员。他们在乡村的博物馆建立了一个信息和资料中心，并在村庄广场竖立了指示生态博物馆各个遗产点的导览招牌，以迎接访客。兰科罗纳生态博物馆还印刷出版了一系列小册子和一本双语（波兰语、英语）指南。

十三、捷克的生态博物馆

捷克环境合作伙伴基金会（Environmental Partnership Foundation）成立于 1991 年，是该国支持可持续发展项目的领导机构。它在可持续发展环境合作伙伴中代表捷克。与波兰一样，该国也参与了绿道的建设，如南摩拉维亚州（South Moravia）的摩拉维亚葡萄酒小道（Moravian Wine Trails）。捷克还发展生态博物馆，将其作为绿道项目的组成部分。目前，生态博物馆瞭望台数据库共列出了捷克的 4 个生态博物馆。其中，鲁日生态博物馆（The Ecomuseum Rùže）最为知名，人们可以从连接布拉格与维也纳的绿道到达。这条小道长约 470 千米，连接众多历史悠久的城镇、乡村、城堡和修道院，途经南波希米亚州的湿地和南摩拉维亚州的葡萄园。

鲁日生态博物馆（The Ecomuseum Rùže）

鲁日生态博物馆构成了绿道——罗森贝格遗产小道（Rozmberk Heritage

Trail）的核心，该小道是布拉格－维也纳路线的环路之一。它让访客有机会通过故事、遗址、古迹和符号去探索传统手工艺、联合国教科文组织和拉姆萨（RAMSAR）认定的湿地，以及位于受保护的科贾科维奇（Kojakovice）村的农民与移民博物馆（Peasant and Emigration Museum）。原地保护和阐释自然与文化遗产是这条小道的关键，当地社区在确保遗产作为一个活跃且生动的过程中发挥了重要作用。该生态博物馆的本质是由众多小型工业作坊组成的合作网，科贾科维奇的博物馆是重要的信息中心，而位于诺夫拉迪（Nove Hrady）具有历史意义的锻造厂则提供了从属支持。

　　该生态博物馆效仿了波兰环境合作伙伴基金会（Polish Environmental Partnership Foundation）制定的那些计划开展工作，并在国际维谢格拉德基金会（International Visegrad Fund）的协助下发展起来。它由独立的且属非政府的罗森贝格协会（Rozmberk Society）运营，协会的使命是利用自然和文化资产来实现可持续的区域发展。该协会以南波希米亚州的鲁日地区和特雷邦生物圈保护区（Trebon Biosphere Reserve）作为其工作地域，旨在推动当地社区参与发展，帮助创造新的就业机会和提高公众对区域遗产的认识。罗森贝格协会与其他几个地区机构并肩合作，共同开展各种项目。它一直在捷克大力推广生态博物馆理念，并且也是欧洲生态博物馆合作关系网（European Network of Ecomuseums）的活跃成员。

十四、西班牙的生态博物馆

　　意大利生态博物馆的数量出现惊人增长的一幕也同样在西班牙上演。本书第一版中没有提供专门的介绍，但马吉（Maggi, 2002）认为西班牙有27个生态博物馆，包括加那利群岛（Canary Islands）上的2个、梅诺卡岛（Minorca）上的1个。其中有2个馆并未使用"生态博物馆"名称，但符合生态博物馆的多数标准。生态博物馆瞭望台列出了39个活跃的机构，其中2个处在建设中。然而，由奥斯卡·纳瓦哈（Oscar Navaja）编写的最新数据（私人通信，2010）则列出了至少77个生态博物馆，这充分表明在过去的十年间，生态博物馆在该国受到了多么热情的欢迎。现在，生态博物馆遍布西班牙全国，特别是在阿斯图里亚斯（Asturias）、卡斯蒂利亚莱昂（Castilla León）、加泰罗尼亚（Cataluna）、安达卢西亚（Andalusia）和阿拉贡（Aragón）最为集中。

　　纳瓦哈（Navaja, 2010）指出，各种因素促进了西班牙生态博物馆的增长，尤其是 1975 年民主制度的恢复、权力下放到了大区和当地社区以及成为欧盟成员（自 1986 年起）。文化旅游和生态旅游的兴起吸引了游客前往这个处在地中海海岸线之外的"隐匿"的西班牙，这也对生态博物馆的发展产生了影响。1994—1995 年，第一批生态博物馆在卡瓦莱里亚角（Cap Cavalleria，位于梅诺卡岛）、巴塞罗那鲁比（Rubi）市区、阿内乌山谷（Les Valls d'Aneu，位于加泰罗尼亚）、加那利群岛（Canaries）的耶罗岛（El Hierro）[①] 和卡塞纳河（Rio Caicena，位于安达卢西亚）建立。到 21 世纪，西班牙生态博物馆的建设活动激增，包括 2002 年在阿尔玛塞拉纳（Alma Serrana，位于哈恩 Jaen）建立的生态博物馆、在韦斯卡（Huesca 位于阿拉贡）建立的农具生态博物馆，2005 年在艾恩萨城堡（Castillo de Ainsa，位于萨拉戈萨 Zaragoza）和龙卡尔山谷（Valle del Roncal，位于纳瓦拉 Navarra）建立的生态博物馆，以及 2007 年在总督府（Casa del Gobernador，位于莱昂 León）和 2008 年在米哈雷斯河（Rio Mijares）峡谷（位于特鲁埃尔 Teruel）建立的生态博物馆。纳瓦哈指出了西班牙生态博物馆的特征，并提到了它们对当地物质文化（包括建筑）、传统手工艺和农村生活方式的重视。除阐释本地采煤和工业化的科托穆塞尔生态博物馆（Ecomuseo del Coto Musel）和萨穆尼奥山谷生态博物馆（Ecomuseo del Valle de Samuño）[②] 外，西班牙很少有类似法国克勒索（Le Creusot）那样遵循"工业"模式的生态博物馆。纳瓦哈认为，这是因为在西班牙，生态博物馆是一种以浪漫方式展现地方和过去的工具。在这种情况下，"露天"的方法似乎更适合在风景如画的环境中运用。当地社区一直是启动生态博物馆建设的主要参与者，以卡塞纳河和韦斯卡农具生态博物馆为例，这些生态博物馆的故事具有强烈的地方性。一些生态博物馆，包括德罗哈莱斯（de Rojales，邻近阿利坎特 Alicante）和比科尔普（Bicorp，邻近瓦伦西亚 Valencia），因靠近重要的旅游胜地而发展起来，并已成为重要的旅游点。

（一）梅诺卡岛圣特雷莎的卡瓦莱里亚角生态博物馆（Ecomuseo Cap de Cavalleria, Santa Teresa, Minorca）

1992 年，在梅诺卡岛上成立了一个地方协会——萨尼塔：地中海遗产管理协会（Sa Nitja: Gestión del patrimonio mediterráneo），以保护萨尼塔港口的考古

---

① 一处人与生物圈保护区。
② 两个馆都位于阿斯图里亚斯。

遗址和该岛最北端的文化与自然遗产。1997 年，协会举办了一个名为"有待探索的世界"（*A World to Discover*）的展览，并在国王二世（Leader Ⅱ）基金会的资助下建立了卡瓦莱里亚角生态博物馆。而圣特雷莎大楼的展览，则利用视听媒体、模型、透景画和考古发掘品，向访客介绍了在萨尼塔港口进行的发掘。博物馆还有当地历史与自然环境的介绍（图 6.7），并印刷了一些供步行导览用的宣传

图 6.7　梅诺卡岛卡瓦莱里亚角生态博物馆鸟瞰图

经卡瓦莱里亚角生态博物馆许可转载

小册子，使访客可以探索该地区。该生态博物馆团队还发起了许多项目，包括发掘一个古罗马帝国晚期的营地，对来自古罗马城市萨尼塞拉（Sanisera）的文物和萨尼塔的文物进行物质文化分析，以及修复一座1800年由英国军队建造的防御塔。该塔是港口的标志性特征，是过去保卫该岛的11个堡垒之一，之前曾一度被人忽视。圣特雷莎大楼每年吸引约1.35万名访客，而整个生态博物馆区域每年有9.5万人参观（L. Johnson，私人通信，2010）。

（二）阿拉贡哈卡的比利牛斯山脉生态博物馆（Ecomuseo de Los Pirineos, Jaca, Aragón）

哈卡小镇位于比利牛斯山脉的中心，与法国边境毗邻。考古发掘表明，人类在该地的居住史可追溯到公元前10世纪，它大约在公元前200年成为古罗马的一个城镇，这是一个兴盛了500年的人口聚居地。之后，它几乎被废弃。直到公元935年，阿拉贡伯爵（Count of Aragon）——加林多·阿兹纳雷斯（Galindo Aznarez）在此建造了圣佩德罗修道院（San Pedro Monastery）。11世纪，在阿拉贡王国的保护下，哈卡再次繁荣起来，其经济以农业为基础。由于穿越比利牛斯山脉只有为数不多的几条小道，哈卡就是其中之一，因此它成为了一处战略要塞。当地的中世纪城墙，作为城市扩张发展计划的一部分于1914年被拆除。

在20世纪，旅游开始在当地的经济中发挥重要作用。该地已发展成为一个重要的滑雪胜地，坎弗兰克（Canfranc）的火车站就是为满足滑雪者、登山者和徒步旅行者的需要而建。由于邻近比利牛斯山脉和由阿拉贡河切割出的美丽山谷，哈卡现已成为西班牙最受欢迎的旅游目的地之一。比利牛斯山脉生态博物馆的建立，为访客提供了探索该地、了解其自然和文化的机会。该生态博物馆的任务是在哈卡地区"推动乡村旅游"（Ecomuseo de Los Pirineos, 2010），带有生态博物馆徽标的指示牌（图6.8）充当了遗产小道的参考标识。当地历史学、建筑学、考古学、地质学、植物学和动物学的专家等参与了该项目，并涉及生态博物馆所有活动的设计与交付。生态博物馆阐释计划的主要目标是通过提供贯穿全年的导游陪同步行与晚间活动计划，来帮助访客理解人与自然之间的关系。由于必须实地旅行和现场参观，它经常被称为"游牧博物馆"（Nomadic Museum）。徒步旅行主要围绕四个主题进行：石头之路、民间信仰、比利牛斯山的生活以及自然与文化财富。每个主题都在哈卡的不同地区进行改编，以讲述各种不同的故事，并诠释自然和文化景观。例如，在"民间信仰"的主题下，名为"比利牛斯

图 6.8　带有哈卡生态博物馆徽标的指示牌将引导访客前往各个重要遗产点
作者　摄

山口述传统"（The oral traditions of the Pyrenees）的徒步之旅向参与者介绍了乌勒（Ulle）、纳瓦西利亚（Navasilla）和格拉西奥贝尔（Gracionepel）几个小镇的口头传统，包括寓言、故事和传说。当参观教堂时，那里的管弦乐器为精灵、妖怪、山灵和魔法树的传统故事提供了解说的背景。其他徒步旅行同样具有娱乐性，也发展出各种主题，如民族植物学、传统音乐、地方建筑、手工艺和本地游戏。

参 考 文 献

Belavilas, N. (2006) *TICCIH-National Reports 2006 Greece*. The International Committee for the Conservation of Industrial Heritage. Available at http://www.ticcih.gr/drasthriothtes/motions.htm (accessed 13 March 2010).

Bergdahl, E. (2006) Ecomuseums in Sweden. In Davis, P., Maggi, M., Su, D., Varine, H. de and Zhang, J. (eds) (2006) *Communication and Exploration, Guiyang, China-2005*, Provincia Autonoma di Trento, Italy, pp. 103-107.

Borelli, N., Corsane, G., Davis, P. and Maggi, M. (2008) *Valutare un ecomuseo: come e perché. Il metodo MACDAB*, Istituto di Ricerche Economico Sociali del Piemonte, Torino.

Cerrato, A., De Rossi, A. and Franco, C. (1999) *Richerche e proposte per il progretto cultura materiale: Ecomuseo*, Politecnico di Torino (Dipartimento di Progrettazione architet- tonica), Provincia di Torino.

Corsane, G., Davis, P. and Murtas, D. (2009) Place, local distinctiveness and local identity: ecomuseum approaches in Europe and Asia. In Perelta, E. and Anico, M. (eds) *Heritage and Identity*, Routledge, London and New York, pp. 47-62.

Corsane, G., Davis, P., Elliot, S., Maggi, M., Murtas, D. and Rogers, S. (2007a) 'Ecomuseum evaluation: experiences in Piemonte and Liguria, Italy', *International Journal of Heritage Studies*, 13(2), 101-116.

Corsane, G., Davis, P., Elliot, S., Maggi, M., Murtas, D. and Rogers, S. (2007b) 'Ecomuseum performance in Piemonte and Liguria, Italy: the significance of capital', *International Journal of Heritage Studies*, 13(3), 223-239.

Dahl, T. (2006) Community participation and professional museologists. In Davis, P., Maggi, M., Su, D., Varine, H. de and Zhang, J. (eds) *Communication and Exploration, Guiyang, China-2005*, Provincia Autonoma di Trento, Italy, pp. 125-129.

De Clerq, S.W.G. (2005) *Vechtstreek: The Natural and Cultural Biography of the Vecht Area*. Available online at http://www.interactions-online.com/page_news.php?id_news=183&filtre_visu=240&pr= (accessed 12 March 2010).

De Jong, M. (2001) Nagele Museum; revisiting the concept of the ecomuseum. Unpublished dissertation, Reinwardt Academie, Amsterdam.

Ecomuseo de Los Pirineos (2010) *Ecomuseo de Los Pirineos: rutas para las sensaciones*. Available online at http://www.pirineodigital.com/agenda/ecomuseo06/ (accessed 20 March 2010).

Ecomuseum Observatory (2010a) *Ecomuseums in Europe*. Available online at http://www.ecomuseums.eu/ (accessed 14 March 2010).

Ecomuseum Observatory (2010b) *Ecomuseums in Sweden*. Available online at http://www.ecomuseums.eu/ (accessed 14 March 2010).

Ecomuseum Observatory (2010c) *Ecomuseums in Denmark*. Available online at http://www.ecomuseums.eu/ (accessed 14 March 2010).

Ecomuseum Observatory (2010d) *Ecomuseums in Italy*. Available online at http://www. ecomuseums.eu/ (accessed 14 March 2010).

Ecomuseum Observatory (2010e) *Ecomuseums in Poland*. Available online at http://www.ecomuseums.eu/ (accessed 14 March 2010).

Ecomuseum Observatory (2010f) *Ecomuseums in Portugal*. Available online at http://www.ecomuseums.eu/ (accessed 14 March 2010).

Engstrom, K. (1985) 'The ecomuseum concept is taking root in Sweden', *Museum*, 37(4), 206-210.

EQOMEMAQ (2010) *The Ecomuseum district network of the Mediterranean Maquis*. Available online at http://www.ecomemaq.org/ (accessed 17 March 2010).

Ferraris, M.R. and Perticaroli, R. (2007) *Ecomuseum district network of the Mediterranean Maquis*. Available online at http://www.ecomemaq.ntua.gr/secure/Files/4th%20Meeting%20PDF/ Ferraris%20Mitti%201.pdf (accessed 12 March 2010).

Gjestrum, J-A. (1992) *Norwegian experience in the field of ecomuseums and museum decentralisation*. Typescript of a paper presented to the ICOM General Conference, Quebec, September; copy held in the library of the Reinwardt Academy, Amsterdam, the Netherlands.

Greenways Network (2010) *Greenways network in Central & Eastern Europe*. Available online at http://www.greenways.pl/en/gws-network-in-central-eastern-europe (accessed 17 March 2010).

Hamrin, O. (1996) 'Ekomuseum Bergslagen-från idé till verklighet', *Nordisk Museologi*, 12, 27-34.

Hamrin, O. and Hulander, M. (1995) *The Ecomuseum Bergslagen*, Falun, 72pp.

Ingvaldsen, A.H. (1981) 'Museum for a heath culture, Norway: a proposal', *Museum*,. 30(2), 94-102.

Iron Route (2010) *The Iron Route*. Available online at http://www.ironroute.se/index.html (accessed 17 March 2010).

Lindqvist, C. (2005) *Ekomuseum Bergslagen: history, organisation and economy*. Available online at http://www.osservatorioecomusei.net/PDF/UK/bergslagen01UK.pdf (accessed 14 March 2010).

Maggi, M. (2002) *Ecomusei: Guida Europea*, Umberto Allemandi, Turin, London and Venice.

Maggi, M. (2004) *Gli Ecomusei Piemonte: Situazione e Prospettive*, Istituto Richerche Economico Sociali del Piemonte/Grafica Esse-Orbassano, Turin.

Maggi, M. (2009) 'Ecomuseums in Italy: concepts and practices', *Museologia e patrimonio*, 2(1) (January-June). Available online at http://revistamuseologiaepatrimonio.mast.br/index.php/ ppgpmus/article/viewPDFInterstitial/47/27 (accessed 12 March 2010).

Maggi, M. and Falletti, V. (2000) *Gli Ecomusei: che cosa sono, che cosa possono diventare*, Umberto Allemandi, Turin, London and Venice.

Maure, M-A. (1985) 'Écomusée et musée de plein air: l'exemple norvégien', *Musées*, 8(spring), 27-28.

Maure, M-A. (1993) 'Nation, paysan et musée. La naissance des musées d'ethnographie dans les pays scandinaves (1870-1904)', *Terrain*, 20, 147-157.

Moutinho, M. (1992) Ecomuseu: A experienca em Portugal. In *Encontro Internacional de Ecomuseus*. [Proceedings of a conference in Rio de Janeiro, 18-23 May.] Prefeitura da Cidade, Rio.

Murtas, D. and Davis, P. (2009) 'The role of The Ecomuseo Dei Terrazzamenti E Della Vite (Cortemilia, Italy) in community development', *Museums and Society*, 7(3), 150-186.

Nabais, A.J. (1984) 'The Municipal Museum of Seixal-an ecomuseum of development,' *Museum*, 36(2), 71-74.

Nabais, A.J. (1985) 'The development of ecomuseums in Portugal', *Museum*, 37(4), 211-216.

Natural England (2010) *Greenways and Quiet Lanes*. Available online at http://www.naturalengland.

org.uk/ourwork/enjoying/places/greenways/default.aspx (accessed 17 March 2010).

Navaja, O. (2010) *Ecomuseos en España. Un nuevo modelo de desarrollo local*, unpublished Ph.D. thesis, UniversityAlcalá de Henares, Spain.

Økomuseum Grenseland (2010) *Økomuseum Grenseland*. Available online at http://www. okomuseum-grenseland.org/Default.asp?catID=1226 (accessed 25 March 2010).

Oloffson, U.K. (1996) 'Kring Riksutställningars Seminarier och Ekomuseibegreppet', *Nordisk Museologi*, 2, 3-10.

Oplev Søhøjlandets (2010) *Oplev Søhøjlandets*. Available online at http://www.ecomuseum.dk/ (accessed 14 March 2010).

Petrucci, M.A. (2009) 'Ecomuseo delle Acque Minerali e svilluppo locale nell'Alta Valle del Naia (Umbria)', *Rivista Geografica Italiana*, 116, 505-524.

Pressenda, P. and Sturani, M.L. (2007a) Open air museums and ecomuseums as tools for landscape management: some Italian experiences. In Roca, Z., Spek, T., Terkeali, T., Pleininger, T. and Hochtl, F. (eds) *European Landscapes and Lifestyles: The Mediterranean and Beyond*, Ediçóes Universetárias Lusófonas, Lisbon.

Pressenda, P. and Sturani, M.L. (2007b) 'Landscape and museums: some critical reflections on initial developments in Italy', *Die Erde*, 138(1), 47-69.

Riva, R. (2010) *Il progetto dell'ecomuseo*, Politecnico di Milano, Maggioli Editore, Milan.

Schultz, L., Folke, C. and Olsson, P. (2007) Enhancing ecosystem management through social-ecological inventories: lessons from Kristianstads Vattenrike, Sweden, *Environmental Conservation* (2007), 34:2:140-152.

Schultz, L., Olsson, P., Johanessen, Å. and Folke, C. (2004) *Ecosystem management by local steward associations: A case study from 'Kristianstads Vattenrike'* MAB. Available online at http:// www.millenniumassessment.org/documents/bridging/papers/schultz.lisen.pdf (accessed 14 March 2010).

Skougaard, M. (1993) *Ethnographical museums in the Europe of the regions*. Paper given at 'Museums and Societies in a Europe of Different Cultures', European Conference of Ethnographical and Social History Museums, Paris, 22-24 February, Documentation Centre, DMF, Paris.

Sörenson, U. (1987) 'L'écomusée en Suede ou l'art de mettre en scene un paysage', *Actualitiés suédoises*, 356, 2-8.

Vecchio, B. (2009) 'Comunicare un'idea. Riflessioni a margine del museo sensese del paesaggio', *Rivista Geografica Italiana*, 116, 463-482.

第七章　英国、北美和澳大利亚的 生态博物馆

1973 年，萨里郡（Surrey）法纳姆（Farnham）的玛奇（Madge）和亨利·杰克逊（Henry Jackson）向公众开放了他们有关农业设备与乡村生活纪念物的私人收藏。他们收藏物质文化的历史始于 1969 年，一架废弃的马拉犁是最早购置的第一件藏品。随后他们开始发展以精通乡村手工艺为主的人员的朋友圈。在朋友们的协助下，代表乡村生活的有趣藏品—— 一间车轮修理店、面包烘房、啤酒花采摘设备、"预制"房、牧羊人小屋、铁匠的锻造铺，甚至一条窄轨铁路，都得到了安置、搬移和保护，并最终成为"古窑博物馆"（The Old Kiln Museum）的一部分。这个占地 10 英亩的地方，位于萨里郡法纳姆附近的蒂尔福德（Tilford），现在作为乡村生活中心（Rural Life Centre），它还有一座美丽的植物园，人们可以通过一条设置有路标的小径进行探索。

越来越多的志愿者团队与博物馆的创办者一道工作。亨利·杰克逊评论道：

> 没有我们的志愿者，我们就无法取得任何成就。我认为他们是全国最好的。他们会做我请求的任何事，我为他们感到骄傲。没有他们的协助，我们将不会有今天的成就（Stevens, 2005）。

这些活跃的志愿者成为"博物馆之友"（Friends of the Museum），他们随后被称为"乡下人"（The Rustics），并继续在教育、摄影、归档、工程、建筑、细木工和畜牧业方面无偿投入时间和技能。志愿者们对一个板球馆、一座粮仓和一间始建于 1857 年的新教教堂（图 7.1）等建筑进行了重建，他们的能力得到了证明。每周三，大约会有 60 名志愿者聚集在博物馆，一起参加集会和社交活动，营造出创办者所希冀的"家庭感"（family feel）。新志愿者得到博物馆唯一的全职员工——总经理的指导和支持。博物馆每年都从地方议会获得一笔小额补助，

图 7.1 可追溯到 1857 年的新教教堂是蒂尔福德乡村生活中心迁建的建筑之一
作者 摄

余下的运营经费靠门票、活动、商店销售、自助餐厅和慈善信托基金的收入来支持。该博物馆逐年不断发展壮大，现已成为当地的一个主要景点，它提供一系列以教育和家庭为中心的活动、音乐节、经典汽车拉力赛、"蒸汽周末"（steam weekends）和季节性集市。如果该乡村生活中心位于法国或意大利，它将毫无疑问地被认定为是一座生态博物馆，因为它符合第四章中描述的所有原则。

像法纳姆这样的露天博物馆运营得如此成功，为什么在以英语为主要语言的那些国家中，生态博物馆的标签却不被馆长们所重视呢？劳斯等人（Lawes et al., 1992）暗示，在英国不仅有语言阻碍，而且还有文化障碍，因为"这些想法是不合英国时宜的，或者说所翻译过来的语言与他们的经验和务实的思维背道而驰"，而我开玩笑地认为这是由于英国人对法国事物存在不信任的偏见所致（Davis, 1996）。然而，乔治·亨利·里维埃对英国的博物馆很钦佩，尤其是莱斯特郡博物馆（Leicestershire Museums）[①]和铁桥谷博物馆。他将这些博物馆确定为具有碎片化性质的博物馆，它们试图讲一个整体性故事，符合生态博物馆模式。然而有趣的是，在 20 世纪 70 年代后期，一度被认为是英国第一个离生态博物馆最近的机

---

① 在 20 世纪 80 年代它还只是地方博物馆的一个部门。

构铁桥谷，也拒绝了这个名称的使用。大卫·德哈恩（David de Haan）是当时铁桥信托基金会（Ironbridge Trust）的高级策展人，他表示，生态博物馆的外衣从未轻易地披在英国人肩上，如果铁桥谷"初衷是要成为一个生态博物馆，我们会把当地居民作为所有努力的目标，但英国人对视自己为博物馆的组成部分这样的认知会感到不满"（Conybeare, 1996a）。

科尼比尔（Conybeare, 1996a）认为，对"英国兴起的新一代社区和景观博物馆"的商业需求 ① 也阻碍了生态博物馆理念的运用。这些陈述暗含着这样一个观念，即所有的生态博物馆都遵循一个单一且纯粹的模式。也就是说，从前景上看，它们都是地方性或区域性的博物馆，是为当地社区的利益而建的相对小型的企业，只吸引了一些当地访客，而且几乎没有收入。在前面的章节中，我们注意到，法国和欧洲其他国家生态博物馆的多样性展示了一种与英国截然不同的且更为复杂的情况。虽然所有的生态博物馆确实是与当地文化和自然遗产联系在一起，但并非所有的生态博物馆都纯粹地忠于其最初的概念，其中有许多是成功的商业性企业，与吸引游客息息相关。一些博物馆，如阿尔萨斯生态博物馆 ②，规模庞大，拥有出色的收藏和专业性展览，每年都能吸引相当数量的游客。因此，很难用纯粹的财政和地域论来解释生态博物馆标签在英国、北美或澳大利亚缺乏成功的原因。简而言之，大众对"生态博物馆"一词还没有真正的理解。由于"eco"前缀的使用，大多数人会认为它与生态学、博物学或环境有关。生态博物馆的真正本质是强调其整体性和以社区为中心的方法，但其依然没有得到广泛的认可。即便是博物馆学家，仍然存在对这个术语的误解，我们将在本书最后一章中谈到。

在英国、北美和澳大利亚，生态博物馆的某些角色已经被其他非传统的博物馆所取代，这同样重要。法国展现的生态博物馆形象正在被民俗博物馆、露天博物馆（如法纳姆）以及受保护景观（如国家公园）中的"访客中心"和其他阐释设施建立的网络所复制。许多露天博物馆常常不只关注有形的物质文化。例如，在英国，佐伊纳（Zeuner, 1992）谈到，威尔德-唐兰德露天博物馆（Weald and Downland Open Air Museum）不仅试图去留存传统的农用机械和建筑物，而且还设法去保护当地的矮林管理、圆材制作和烧炭等技能和工艺。英格兰北部的露天

---

① 吸引游客和获得资金补助。

② 见本书第 138 页。

博物馆比米什博物馆同样抢救性地保护了受威胁的物质文化，重建了乡土建筑，另外还收藏了与英格兰东北部过去记忆有关的大量声音、照片和文献档案。这些博物馆都没有宣称自己是生态博物馆，尽管事实是当地人被雇佣在这里，且他们的技能被用在这些博物馆的阐释活动中。例如，比米什博物馆就雇请了以前的矿工来解说他们过去的地下生活。而威尔德-唐兰德博物馆乡村手工艺的日常展示主要依靠的还是如今西萨塞克斯郡（West Sussex）从事农村经济活动的人群。

　　英国、加拿大、美国和澳大利亚都有基于社区的保护机构，用以开展遗产项目。例如，在加拿大的阿尔伯塔省，阿尔伯塔历史资源基金会（Alberta Historical Resources Foundation）负责分配彩票资金，并向全省各个社区提供专业建议，以帮助他们保护历史资源。其工作内容包括保护和阐释历史建筑以及推动教育活动。在阿尔伯塔博物馆的主要倡议下，该基金会帮助了 200 个社区博物馆，并向参与建档，以及从事历史工作、家谱研究和考古阐释的省级志愿者团体拨款。通过资助当地社区恢复和增强了地方特色，从而促进了当地的商业发展和提升了当地的旅游潜力。在英国，基础工作基金会（Groundwork Foundation）成立于 1981 年，"是一个在地方行动的全国性组织，致力于与其他机构合作，处理一些被忽视的问题，以恢复景观和野生动植物栖息地……帮助人们改善其所在地的环境和经济前景"（Environment Council, 1995）。尽管人们对此有所怀疑，纵使他们还没有意识到这一点，但基础工作基金会的确通过与当地社区的合作和对经济发展的重视，展现了许多能诠释生态博物馆概念的想法。

　　另一个有趣的组织是"共同点"（Common Ground），该组织于 1983 年在英国成立，旨在宣传我们共同文化遗产①的重要性，并探索其情感价值。它力求在艺术与自然、建筑和景观的保护之间建立起实践和理论上的联系来实现这一目标。在这里，重要的是要重视日常。"共同点"认为：就像许多生态博物馆一样，"文化展示点"是我们过去和现在生活中最熟悉的方面，毫无疑问是十分重要的。在《坚持自己的立场》（Holding your Ground, King and Clifford, 1985）一文中，"共同点"为组织地方行动以及通过文学、艺术和节日颂扬地方提供了指南。另在《地方的独特性：地方、特殊性和身份认同》（Local Distinctiveness: Place, Particularity and Identity, King and Clifford, 1994）以及《特别的英格兰：对平凡、乡土、本地和特色的颂扬》（England in Particular: A Celebration of the

---

　　① 共有的动植物、熟悉的地方和当地、本地的独特性和与过去的联系。

Commonplace, the Local, the Vernacular and the Distinctive, Clifford and King, 2006）等书中，他们还描述了"小型遗产"在定义我们地方感上的重要性。

由此看来，在英语国家似乎已经建立了其他方法论、体系和组织，以确保对当地遗产的保护，从而使生态博物馆的方法与实践变得多余。当我们考虑到，自20世纪80年代以来，北美和英国博物馆实践的重大变化时，这一点就变得更加明显。那些地方的博物馆开始对自然资源、工业遗址和考古遗迹进行原地保护。它们看起来并不需要这个看似不明确的概念，特别是这个表述还是用外语来描述时。尽管在过去的15年里，生态博物馆吸引了英语国家学者相当多的学术关注，但在"英语世界"中，考虑采用"生态博物馆"名称或进行生态博物馆实践的博物馆或遗产地则相对较少（本章稍后将介绍）。20世纪90年代末，英国曾有过短暂的一阵活动，并于1997年在阿盖尔（Argyll）基尔马丁（Kilmartin）举行生态博物馆会议时达到了高潮。英国对生态博物馆兴趣高涨的原因仍不甚清楚，可能是随着小型社区博物馆数量的增加，它们需要找到某种机制来阐释特定地理区域内的一系列遗产（工业的、考古的、自然的）。也许人们越来越认识到，生态博物馆学理论具有适应各种遗产实践的能力。至少在短时间内，一些英国的博物馆馆长热衷于利用这个灵活性术语，并将目光投到博物馆的传统模式之外。毫无疑问，在英语国家，生态博物馆是有潜力的。迄今为止，生态博物馆已经在许多地方进行过实践，但其偏少的数量仍表明，人们确实对这个名称的使用感到真正的忧虑。下文将介绍它们在英国、北美和澳大利亚被运用的情况。

一、苏格兰的生态博物馆

1936年，伊索贝尔·F.格兰特（Isobel F. Grant, 1887—1983年）开始在伊奥那（Iona）岛创建阿姆法斯盖德（Am Fasgadh），可以说这是英国第一个真正的"民俗博物馆"。她之所以收藏该岛的物质文化，是因为意识到传统高地生活方式的迅速消失，这详细地记录在她的《高地民风民俗》（*Highland Folk Ways*, Grant, 1961）一书中。这是当地人试图挽救正在消失的身份的物质证据。如果可以将她的博物馆在时间（到今天）和空间（到法国）上进行传输的话，那么毫无疑问，它将被视为是"生态博物馆"。苏格兰最近发展了很多博物馆，它们都显现出了生态博物馆的特征。在对阿盖尔-比特（Argyll and Bute）的博物馆进行评估时，麦奎因（Macqueen, 1998）展示了贯穿整个地区的社区精神能量，这促使了许多小型博物馆的创建，每一个都致力于保护、记录和展示所在地的遗产。

（一）伊斯代尔岛民俗博物馆（Easdale Island Folk Museum）

阿盖尔的伊斯代尔岛是一个工业和社会遗产异常丰富的社区，这一事实在 1980 年得到了当时该岛的所有者克里斯·尼克尔森（Chris Nicholson）的承认。他和采石工家庭的后代吉恩·亚当斯（Jean Adams）共同推动了伊斯代尔岛民俗博物馆的建立（Withall, 1992）。亚当斯记录道，正是"对讲述一个故事的渴望，以及维护社区认同和为了游客的愿望"，才促成这座小型私人博物馆的创立，该博物馆每年接待约 5500 名访客（Macqueen, 1998）。当地人的热情无疑对博物馆的成功起到了很大作用，正如安布罗斯（Ambrose, 1990）所述的那样：

> 该博物馆是在当地人的支持下发展起来的，它追溯了 18 至 19 世纪的板岩业历史……它受到了很好的关照，勾勒出一个引人入胜的故事，并为访客和当地社区保留了许多人文关怀。

博物馆设在一个小屋内，小屋由伊斯代尔信托基金会于 2008 年购买，为社区所有。它为岛上居民提供了就业和志愿服务机会。访客被鼓励自行探索小岛。如今岛民的生活方式、填海而成的采石场以及板岩业的其他遗迹、海港、稀疏的植被、海滨、海鸟和海洋生物与博物馆的藏品一样，都是博物馆的一部分，从各方面来说它就是一座生态博物馆。岛民们推进了生态博物馆概念的发展，博物馆已成为社区行动的焦点，包括抵制渔场开发和反对建设一条连接岛屿与大陆间堤道的提案。

（二）基尔马丁之家博物馆（Kilmartin House Museum）

同样在阿盖尔，毗邻洛赫吉尔普黑德（Lochgilphead）的基尔马丁之家博物馆展现了一个社区保护独特资源的力量。这里是不列颠群岛考古景观最为丰富的地区之一。在方圆 6 英里的范围内，估计有 150 处史前和早期历史时期的遗址，其中 50 多处被列为古迹。基尔马丁的景观由冰、肥沃土地、泥炭沼泽和山脉所塑造，周围地区见证了人类自古以来对它的影响。新石器时代和青铜时代的石冢 ①、石圈、立石、岩画，铁器时代的堡垒、要塞和人工岛可以追溯人类居住

---

① 隔有房间且为圆形。

的历史。早期基督教雕塑石、中世纪城堡和工业革命的特色与如今的农林实践在一起，都位于这个大型庄园的规划景观中。除考古遗产外，该地区还以自然美景而闻名。穆恩穆尔（Moine Mhor）隆起的泥沼是国家自然保护区，而当地的海岸线则是极具科学价值的观测点，两者都是卡那普德尔国家风景区（Knapdale National Scenic Area）的一部分。基尔马丁博物馆通过与当地社区合作，并作为社区的组成部分，力求保护和向公众阐释这些独特的遗产。博物馆的目标之一是关注当地社区，使他们从中获得延续感和地方感。当地社区不仅参与博物馆的工作，而且还从事如社区考古项目的研究活动。2005 年，一支由当地人和博物馆考古学家组成的团队就在北卡那普德尔森林（North Knapdale Forest）的巴恩卢斯甘湖（Barnlusgan Loch）附近对一系列古迹进行了调查和发掘。基尔马丁的共同创始人们坚信，他们向往的生态博物馆理念（Clough and Clough, 1996）是努力去创造一种资源，以适合村庄规模的方式来认识、保护和阐释历史景观，且该资源必须不断发展以满足访客和当地人的需求。

（三）斯凯岛斯塔芬的塞乌曼南生态博物馆（Ceumannan Ecomuseum, Staffin, Isle of Skye）

该博物馆与一系列壮观的自然和文化遗产点的区别在于，它是英国唯一一个使用"生态博物馆"名称的机构。2004 年，斯塔芬社区信托基金会宣布，已获得了近 20 万英镑的资金，用于在斯凯岛东北部建设生态博物馆。该资金来自欧盟旗下的"北高地领导者＋2000—2006 年"项目（North Highland LEADER+ 2000-2006 Programme），以及苏格兰行政院（Scottish Executive）、遗产彩票基金会（Heritage Lottery Fund）、苏格兰自然遗产署（Scottish Natural Heritage）、斯凯-洛哈尔什公司（Skye & Lochalsh Enterprise）和高地议会（Highland Council）。

在任命了两名核心工作人员后，斯塔芬社区信托基金会 [①] 承担了博物馆建设的职责，这是刺激社区经济和社会活动、改善服务和增强地方感等策略的重要组成部分。随着该地区遗产路线的开发，生态博物馆于 2008 年建成开放。信托基金会主席唐纳德·麦克唐纳德（Donald MacDonald）评论道：

我们对塞乌曼南项目的成果非常乐观，并认为其所创建的方法对当

---

① 包括各个当地志愿者团体和组织。

地人和访客都有利。我们相信这种阐释将会为我们所有人打开一片新天地，使社区更加关注其风景、历史和文化。我们的讨论将集中在如何扩展此项目以及如何进一步加强我们社区的基础设施建设等许多方面（Schmidt，私人通信，2010）。

总而言之，信托基金会开展了一系列集中在历史和环境主题上的雄心勃勃的计划，并意识到众多自然和文化资源能吸引地质学家、博物学家和徒步旅行者的到来。特洛登尼许（Trotternish）是位于斯凯岛最北端的半岛，从波特里（Portree）一直延伸到鲁巴汉尼什（Rubha Hunish），它是英国最为壮丽的风景区之一。斯塔芬地区拥有绝妙的山区风光、草坪和小型淡水湖泊，沿着崎岖不平的海岸线前行，石堆、尖峰石阵和隐蔽的小海湾相继映入眼帘。海岸的岩石富含化石，主要是侏罗纪和第三纪出露，并维系着稀有植物种群和鸟类的繁殖。

生态博物馆确立了大约 13 处访客和当地人感兴趣的参观点。弗洛蒂加里（Flodigarry）是该生态博物馆开展众多活动的起点，它与维京人有着密切的关系。维京人于公元 800 年左右抵达斯凯岛，他们称该地为"斯塔芬"（意为支柱地），称最北端的半岛为"斯隆德岬角"（Thrond's headland）或特洛登尼许。在这里，小农场生活节奏世代相袭，在斯坦斯科尔（Stenscholl）镇的布罗达格（Brodaig）可以看到零星的小农场，这表明斯塔芬人与土地仍有密切的联系。爱好冒险的访客可以去探索奎雷英（Quiraing），它是一处耸立在斯塔芬的巨大岩石峭壁，隐藏在山脉的褶皱之中，这处高地因有一个"桌子"而闻名（图 7.2），据称"桌子"曾被用来藏匿牛群以躲避维京人的劫掠。2002 年的一场暴风雨后，在安科兰（An Corran）的海滩上发现了类似巨齿龙（Megalosaurus）的大型肉食性恐龙脚印，从这里放眼望去还可以看到两个小屋和用于晒网的立杆。斯塔芬岛曾被称为弗拉达格（Fladaigh），意为平坦的岛（斯堪的纳维亚语）。该生态博物馆还囊括了什安塔（Shianta）的托巴湖（Tobar Loch）、斯凯岛最著名的水井以及位于埃利沙德（Ellishadder）的斯塔芬博物馆。斯塔芬博物馆由杜格尔德·罗斯（Dugald Ross）创建，收藏有当地极佳的地质与化石标本，以及诠释特洛登尼许史前史和社会史的代表性文物。这个生态博物馆可以作为许多英国其他博物馆效仿的典范，它符合生态博物馆的大多数原则，并且与社区认同、地方感和经济发展紧密相连。

图 7.2　这处高地隐藏在山脉的褶皱之中，因有一个"桌子"而闻名
凯琳·麦克林（Cailean Maclean）　摄

二、英格兰的生态博物馆

在本书第一版中，我提到了几个对生态博物馆实践感兴趣的英格兰遗产机构和博物馆。阿瓦隆 2000（Avalon 2000）是由萨默塞特郡议会（Somerset County Council）设计出的"英国第一个生态博物馆"，但该项目更像是一个区域发展与阐释性的战略计划，现已消失得无影无踪。同样，位于康沃尔郡（Cornwall）雷德鲁斯（Redruth）的成立于 1993 年的特里维西克信托基金会（Trevithick Trust），其目的是保护和管理工业遗产，地方议会和国家信托基金会（National Trust）为其提供资助，但这个基金会于 2004 年停业。尽管它没有使用生态博物馆这个名字，但该基金会是为数不多的承认和接受生态博物馆理念的遗产机构之一。它的雄心是建立一个遗产点网络，以使访客体验康沃尔郡的矿业遗产。我还提到了拉伊代尔民俗博物馆（Ryedale Folk Museum），位于距约克郡（York）约 20 英里的哈顿勒霍尔（Hutton-le-Hole），它是一个约 30 年前由当地人建立的小型博物馆。博物馆的志愿者持续参与博物馆各方面的工作，包括展览、活动、手工艺展示、园艺、与学校的教育活动以及对藏品进行编目和研究的幕后工作。它的主题范围、基础、牢固的地方联系以及在约克郡一处小角落的自豪感使拉伊代尔成为一个生态博物馆的杰出典范，与法纳姆博物馆（Farnham Museum）一样，

它除名字之外，其他方面都具有生态博物馆的特性。一些组织仍然在很随意地借用生态博物馆的理念，目前（2010 年），塔塞特（Tarset）（位于诺森伯兰郡的基尔德 Keilder, Northumberland）和海伯敦桥（Hebden Bridge）（位于约克郡）的当地人与参与解说弗洛登战役[①]的热心人士正在考虑运用生态博物馆的方法开发战役遗址。另外，柯赛（Corsane, 2006）提出的生态博物馆方法也可以应用于坎布里亚郡（Cumbria）的山地。

（一）英格兰保护区的生态博物馆潜力

上述例子表明，尽管规模有限，但生态博物馆的一些理念与实践正在不知不觉地被英国采用。英国大多数地区都忽视了利用生态博物馆理念中一个显著特征的机会，即运用一个区域内的分散遗产点和它们相关社区来讲述一个更加完整的故事。或许可以说，在任何一家英国的国家公园，访客中心、自导小径、观景点的信息标牌等一系列阐释性内容，都是这样做的。这与本书第五章中描述的法国塞文山国家公园的情况类似。后者使用了相同的方法以提供区域阐释策略，但公园内 3 个地理上不同的区域都各自被描述为一个生态博物馆。

这两种情况，主要缺失的要素是当地社区的密切参与。特别是在农村地区，当地人应该有机会从环境、景观和文化角度去认定什么对他们而言重要，并设法为他们自己的社区保护这些东西。生态博物馆不仅可以充当一种遗产和文化保护的工具，而且对地方自豪感和地方经济而言也具有额外的好处，它还为访客提供了一种"身份"选择，无论他们是本地人还是游客。下文将讨论生态博物馆理念与实践在英格兰两个乡村地区的应用前景，这两个地区因其崎岖和优美的景观分别被认定为国家公园和杰出自然风景区。

（二）达特穆尔（Dartmoor）

在英格兰和威尔士，国家公园一直处在环境阐释的最前沿。兼顾处理保护景观和野生动植物、提供更多的公众访问和乐趣以及为当地人谋福利等职责范围内的各种工作任务，意味着公园管理部门必须制定创新性策略。将阐释作为一种管理工具具有重大意义。迄今为止，护林服务、访客中心和阐释计划的相互结合已被证明十分有效，它帮助了每年 800 万的访客去了解和感受达特穆尔的周边环境。

---

① 发生在 1513 年的诺森伯兰郡。

恩达科特（Endacott, 1992）认为土地利用管理的变化，很大程度上是因为对山地农民的农业补贴减少引起的，这对国家公园内的社区产生了广泛的影响。他提出了一个合理的观点，即法国生态博物馆的兴起在某种程度上是与农村的衰败、传统生活方式的消失以及对经济投资的需求有关，而这些条件都能在达特穆尔看到。传统技艺和习俗的消亡，大量的"外来人口"，甚至达特穆尔矮马（Dartmoor ponies）数量的减少，都被视为环境变化的指标。因此，他以达特穆尔为例建议，"现在是时候重新评估过去能提供什么，并考虑如何将生态博物馆概念应用于英格兰农村的当代环境和社会经济问题中"。恩达科特相信，发展生态博物馆可以以可持续的方式为访客带来更多乐趣，获得经济效益，并"通过提供可持续农业方法的工作实例来给予农业复苏所需的历史视角，而博物馆专业人员与社区之间的协定，也将有助于促进该地区的文化认同和增进社会经济福祉"。

（三）北奔宁山杰出自然风景区（The North Pennines Area of Outstanding Natural Beauty）

北奔宁山含银铅矿（方铅矿）的开采①使人们大规模地定居到这个有着英国最荒凉地貌之称的地方。该地区还有农业种植，砂岩和石灰岩以及闪锌矿、重晶石和萤石等其他矿产的开采，但铅矿开采仍是主导产业。北奔宁山与世隔绝，拥有完好的采矿体系，且没有任何替代产业，这就意味着这处非凡工业的众多物质证据已经存在了一百多年。这里有丰富的采矿史，蓄水池、井口、井筒、坑道、弃渣场、损毁的冶炼厂和废弃的更衣室地板、老的矿山建筑、四轮运货车轨道、烟囱和烟道点缀着整个景观，提醒人们一个已经消失的工业和一个被遗忘的社区。

随着铅工业的衰落，北奔宁山逐渐演变成一个山地农业区。矿工们本身也是从事小规模生产的农民，他们中的大多数人都拥有一个农舍花园和一些牲畜。在如今的风景中，也可以看到山谷居民生活的这一特征。图尔布尔（Turbull, 1975）指出：

　　　散落的农舍和错落有致的围地，提醒人们山谷的耕种最初是作为采矿的辅助。矿工的小屋从建筑上看是一个农舍，谷仓、干草棚和居住区都在一个屋檐下。现在，种草和饲养牛羊是山谷里唯一的农事活动。然而，在铅矿开采时期，在700英尺以上的高度进行的农业耕种实践还是

①始于古罗马时代，在12世纪时变得很重要，并在18世纪成为当地的一个主要产业。

不同寻常的。这些小农田是矿工的重要额外收入，在 19 世纪，它们还为妇女们提供了工作机会。

北奔宁及其山谷通常被称为"英格兰最后的荒野"，它为一个关于发现、移民、开发，并最终迁出和衰落的非凡故事提供了发生背景。这个故事涉及艰辛的工作、工程技术、发明和人类智慧、权力斗争以及人们最后为生存而拼搏等内容。最重要的是，这是一个关于山谷中人的故事。目前，北奔宁山的艾伦黑兹（Allenheads）、基尔霍普（Killhope）、嫩特黑德（Nenthead）和艾厄晓普本（Ireshopeburn）4 个主要遗产点都在讲述这个铅矿开采的故事。单独来看，它们各自都有一个独特的当地故事可以叙述，生态博物馆也可以与其他遗产点和地方博物馆联合起来一起发力，阐述一个更加完整的故事。

最新的杰出自然风景区管理计划（AONB Partnership, 2009）显示，该地的遗产异常丰富——包括 16 个保护区、183 个古迹以及大片的干草草甸，并拥有突出且多样的野花、高沼地和激动人心的景观。杰出自然风景区合伙企业（AONB Partnership）与当地社区紧密合作，通过资助项目和活动来保护这些遗产。他们注意到：

> 在当地生活和工作的人们珍视北奔宁山的独特景观，开放性和空间感……在阿尔斯通（Alston）的劳作凸显出当地人对拥有丰富野花的干草草甸的欣赏以及对该地河流和水汽的热爱。同样重要的是，社区自身为地方感做出了巨大贡献。

其中一个掌控自己遗产命运的社区位于艾伦黑兹村，在 20 世纪 80 年代，该地区的人口已经减少到媒体也开始为这个"垂死的村庄"（dying village）敲起丧钟的地步。1985 年，当地人决定采取积极行动，阻止这里的衰败，他们创办了艾伦黑兹村信托基金会（Allenheads Village Trust）来重建社区，并利用其工业遗产作为改善社会、经济和环境的基石。该信托基金会从各种渠道获得资金，以保护和开发这里的建筑，同时修复了水力发电机和筹办了一个关于铅矿开采史及其对村庄影响的常设展览。遗产中心设在一栋 17 世纪的建筑中，它也充当乡村商店的角色。展览通过视听技术去诠释周围的环境，描述与铅矿开采相关的景观特征以及村民们如何看待艾伦黑兹的未来。附近的铁匠铺已成为一家宜人的餐厅，也是举办临时展览的场所。一条自然小径沿着艾伦河（River Allen）一直延伸到

1400 英尺高的观景点。在村庄中心的停车场附近，有 1852 年威廉姆·阿姆斯特朗（William Armstrong）制造的且目前唯一尚在使用的水力发电机，它在村信托基金会的努力下得以修复，已正常工作。当地社区一直对这些设施进行管理，现在依然如此。这种对地方自豪感、活力与成就的展现，将使艾伦黑兹拥有采用"生态博物馆"术语的一切权利。

三、加拿大的生态博物馆

在英国博物馆界所发生的对生态博物馆术语的抵触，也同样在其他大部分英语国家重复发生。在这些地方，人们使用了类似民俗和社区博物馆理念的技术和方法，以促进社区认同和地方赋权。然而，讲法语的魁北克省起到了生态博物馆早期跨越大西洋的桥梁作用，并于 20 世纪 70 年代后期在加拿大开始生态博物馆的建设。魁北克省欣然接受生态博物馆思想的方式与加拿大讲英语的省份勉强采用生态博物馆的做法，形成了有趣的对比。

加拿大公园管理局（Parks Canada）成立于 1885 年，它在建立一个反映该国多元文化及自然遗产的关系网方面发挥了重要作用。对维埃尔（Viel, 1995）来说，这些遗产点回应了"地方感"的说法。在保护各个遗产点生态完整性的同时，管理局还希望以促进公众理解和享受的方式对它们进行管理。如今，加拿大公园管理局向 1996 年 7 月成立的加拿大遗产部（Department of Canadian Heritage）负责。遗产部管理国家公园和历史古迹，并推动与加拿大身份认同、多元文化主义、文化产业以及文化遗产概念扩展有关的政策和项目的实施。

维埃尔（Viel, 1995）认为加拿大公园管理局从 20 世纪 70 年代早期就开始运用新博物馆学的方法。对这些新技术的欣赏和采用是基于阐释计划的战略性原则，以及在各个遗产点设计适当的阐释技术的科学严谨性，这是加拿大遗产运动发生变化的标志。由于加拿大采用国际博物馆协会提供的包罗万象的博物馆定义几乎没有困难，这使得该国有机会将广泛的自然和文化遗产点博物馆化，这些遗产点与时间、空间和记忆的共鸣相呼应。

魁北克是一个历史悠久的地区，历史古迹[①]的保护从 20 世纪 70 年代开始迅

---

① 如拉明尼（La Mingnie）、格罗斯-伊莱（Grosse-île）、尚布利堡（Fort Chambly）和拉莫里斯（La Maurice）。

速地开展。20多年来，有约30个遗产点被加拿大公园管理局所认定。以自然保护区为例，如佛罗伦自然公园（Forillon Natural Park），就被列入展示人与自然环境之间关系的名单。有人曾提议将佛罗伦的格兰德－格拉维（Grande-Grave）历史建筑群作为第一个生态博物馆进行发展，但该计划因加拿大公园管理局是一个联邦的机构，其章程规定禁止公众参与而受阻（Rivard, 1985b）。然而，加拿大公园管理局开发的每一个遗产点，各种媒介 ① 和一系列个人 ② 的才华都被用来向访客阐释遗产的意义。维埃尔认为，这种在遗产地关联人与地方和事件的实践，代表了一种新颖而富有想象力的博物馆志。

加拿大更加强调通过遗产点对人们的意义来重新定义其遗产。该国在自然和文化遗产点采取的包括原地保护与区域阐释计划的新做法，开始对阐释实践和博物馆使用媒介产生了重大影响。这种情况发生在，当更多的博物馆专业人员开始积极地参与到博物馆"围墙"之外的在地阐释（Davis, 1996），以及新博物馆学的推动鼓励了博物馆去质疑其长期以来坚持的态度和做法之时。因此，在20世纪70年代后期，说法语的魁北克省在重新评估其丰富的文化和自然遗产后，欣然接受了生态博物馆的概念，并将其作为确立该地独特文化身份的另一种手段，这不足为奇。

对传统博物馆学技术进行彻底的重新评价使得人们对法国开始蓬勃发展的生态博物馆运动有了越来越多的认识与共鸣。里瓦德（Rivard, 1985b）提到新农村与在地阐释技术的实验，其由加拿大公园管理局联邦办公室转移至魁北克而产生。梅兰德（Mayrand, 1989）认为，生态博物馆的概念在1976年左右就开始得到了认真的对待，并将其归功于加拿大公园管理局，他们在早期已经意识到里维埃工作的正确性。梅兰德和比内特（Mayrand and Binette, 1991）指出，法国国家公园管理局与加拿大公园管理局之间的人员交流，以及里维埃学生的到访 ③ 在这段时间内颇具影响力。维埃尔（Viel, 1995）认为，将博物馆从其以物为主的导向中解放出来和对"博物馆思想"的重新取向也对此产生了相当大的影响。史蒂芬森（Stephenson, 1982）提到，1981年在渥太华举行的加拿大博物馆协会会议上，里瓦德做了"将地域视作博物馆"（The Territory as Museum）的报

---

① 步道、有导游陪同的徒步、解说板、活态历史活动。

② 雕塑家、故事讲述者、音乐家、手工艺人。

③ 由法国—魁北克青年办公室（Office Franco-Québecoise pour la Jeunesse, OFQJ）协助。

告，史蒂芬森进一步指出该报告也对加拿大的博物馆学界产生了重大影响。

1978 年，雨果·戴瓦兰在加拿大博物馆协会的杂志《公报》（Gazette）上发表了一篇有关生态博物馆的开创性文章，激发了加拿大博物馆专业人士的想象力。1983 年 5 月 26 日，在蒙特利尔，戴瓦兰协助开展了有关生态博物馆和社区博物馆概念的研究，并讨论了生态博物馆的理念与实践以及它在魁北克所取得的进展。当天，还有一个额外的成果，参与者们共同制定了"魁北克生态博物馆宣言"（Ecomuseum Declaration of Quebec）的草案（Groupe de recherche en patrimoine, 1983b）。该宣言的修订文本于 1984 年获批为"魁北克宣言"（Declaration of Quebec），可以说这是新博物馆学运动最重要的里程碑。

在戴瓦兰造访之前，魁北克就已经有了一定数量的雏形生态博物馆。梅兰德（Mayrand, 1983）和比内特（Mayrand and Binette, 1991）注意到法国博物馆学对魁北克生态博物馆兴起的意义，也承认美国邻里博物馆、斯堪的纳维亚诸国倡议的"分散式展览"和"一个促使人们去研究自己历史的项目"在其发展过程中的重要性。魁北克政府对文化旅游和博物馆有了重新的兴趣可以说是其中最大的影响。这促成了 1978 年《魁北克文化旅游宣言》（La Déclaration québécoise sur le tourism culturel）的出台和 1979 年关于博物馆未来活动述评《发展中的魁北克博物馆：博物馆学概念》（Le musée du Québec en devenir: concept muséologique）的出炉。同年，政府出台了一份重要文件《权利下发：一种新的社区视角》（La décentralisation: une perspective communautaire nouvelle），其中囊括了许多接近生态博物馆先驱们的核心想法，它提到：

> 权利下放首先是对个人的信任行为，也是发挥他们创造力的呼唤……权利下放几乎不接纳武断的决定和采纳专制的立场……权利下放承认当地社区有权自行根据他们居民的意愿来定义自己。（Mayrand and Binette, 1991）

政府的声明文件是在魁北克要求独立 ① 的呼声高涨之际出台的。当时人们渴望建立一个与加拿大英语区不同的身份。该文件紧随戴瓦兰在《公报》上发表的文章之后，这一幸运的巧合为加拿大建立第一座生态博物馆提供了有利的条件保证。这发生在 1979 年的上比沃斯（Haute-Beauce），该社区有 2.5 万人，位于魁

---

① 自由魁北克。

北克西南部远眺乔迪埃河（River Chaudière）的一处高原上。该项目受到法国经验的启发，并适应了这个边缘化社区的社会政治风气与地理环境，从而创建出一个"不受制度约束"的机构（Groupe de recherche en patrimoine, 1983a）。另一个早期的例子是红河谷生态博物馆（Écomusée de la Vallée de la Rouge，建于1981年）（Lagrange, 1985），这是一个由10个市镇组成的联合体，它鼓励采取整体观方法，对红河流域河谷从南部的拉康塞普雄（La Conception）到北部的阿森松（L'Ascension）进行文化保护和阐释。魁北克出台了许多类似的举措，并由加拿大社区发展项目（Canadian Community Development Project, PDCC）基金提供资助。1983年魁北克成立了魁北克生态博物馆协会（Association des Écomusées du Québec, AEQ）作为生态博物馆的信息交流平台。

次年，魁北克举行了首届生态博物馆和新博物馆学国际研讨会。这是魁北克生态博物馆协会和蒙特利尔的魁北克大学遗产研究小组（Groupe de Recherche en Patrimoine de l'Université du Québec）的一项合作倡议，他们是一个由专家组成的团体，自1976年以来一直在从事遗产领域的工作，已共同参与了魁北克3个生态博物馆的创建，分别是上比沃斯、自豪世界（Fier Monde）和岛民（Insulaire）生态博物馆。以"第二批生态博物馆"（Les écomusées de la deuxième vague）为主题的研讨会重申了博物馆的社会使命及其重要性，这可通过《魁北克宣言》了解。此外，它还为新博物馆学运动奠定了基础，并确保了生态博物馆在加拿大法语区牢固地建立。当魁北克成为法国以外生态博物馆最重要的追随者后，到1985年，两岸（Deux Rives，建于1980年）、上比沃斯、自豪世界（建于1980年）和红河谷在为生态博物馆理念和实践提供试验场方面发挥了关键作用。从魁北克生态博物馆协会的早期通讯中可以看到，这里的人们在20世纪80年代初期怀有满腔的热忱。例如，梅兰德（Mayrand, 1985）就以"亲爱的朋友和斗士"称呼会员，并呼吁会员采取行动，将《魁北克宣言》所述的新博物馆学原则付诸实践。与此同时，里瓦德（Rivard, 1985a）回应了许多人关于传统博物馆的感受，他认为"它们不为我们而存在，这些博物馆是隐蔽的洞室，是旅游的陷阱，是知识分子和自命高雅的人打发时光的地方"。

梅兰德（Mayrand, 1997）描述了他在魁北克推动生态博物馆建设的30年工作经验，追溯了自1967年蒙特利尔世博会以来的一系列影响，这些影响逐渐使人们改变了态度和做法，并指出该省更具民主的博物馆学与文化基础设施现代化的并行发展问题。因此，随着第一批生态博物馆在魁北克的发展，其他博物馆也发生了相当大的变化，包括魁北克文明博物馆（Musée de la Civilisation）的出现、蒙特利尔美术馆（Musée des beaux-arts）的翻新，以及夏洛瓦（Charlevoix）和三河市（Trois-Rivières）的小型地方博物馆的建设。梅兰德将魁北克博物馆学发展的这一时期（1970—1980 年）定义为一个对有关地方或地域进行理解的时期，因为生态博物馆和地方博物馆探索了当地社会的历史及环境。他认为，这个"地域"时期是从博物馆学延续下来的。他将这个博物馆学贴上了"环境"的标签或认为与加拿大公园管理局所倡导的"国家认同"有关。他记录了魁北克博物馆遵循"后地域"时期的活动阶段，特别指出 20 世纪 90 年代是见证博物馆社会角色兴起的"发现年"。现在魁北克拥有众多反映其活态性质的博物馆，其中影响巨大的是生态博物馆。里瓦德（Rivard, 1985b）认为，魁北克的生态博物馆展现出与欧洲生态博物馆不同的特征，包括公众参与、多学科性、博物馆学训练和集体记忆的重要性。这一说法在当时受到质疑，现在也是如此。但毫无疑问，魁北克的生态博物馆运动激起了人们关于博物馆管理和目的的必要讨论。如今魁北克仍然是博物馆新思想的一个重要策源地，包括西里尔·斯马德（Cyril Simard, 1991）对博物馆、传统手工艺与地方经济（经济博物馆学）之间联系的有趣理论解释，该理论建立在生态博物馆概念的基础之上，但鲜为人知。

　　梅兰德和比内特（Mayrand and Binette, 1991）明确指出：自激动人心的 20世纪 70 年代末至 80 年代初以来，魁北克的生态博物馆也面临着许多问题。尽管魁北克生态博物馆协会在 20 世纪 80 年代发挥了关键作用，但它现在已基本不活跃，虽然当时也有成立的其他协会和组织来资助各个生态博物馆，特别是国际新博物馆学运动组织（International Movement for New Museology, MINOM）、魁北克工业遗产协会（Association québécoise pour le patrimoine industriel, AQPI）和魁北克博物馆协会（Société des musées québécoises, SMQ）向它们提供了帮助与支持。20 世纪 80 年代后期生态博物馆又开始面临经济问题，加之国家提供的资金不足，这对各个生态博物馆的运营产生了很大影响。它们自身的组织结构、人们对生态博物馆概念的难以理解，以及生态博物馆的单一化（往往是与弱势群体社区或少数族群社区有关），使得资金的筹措变得复杂而受到偏见。大多数馆的财务状况不稳定，最终导致"魁北克生态博物馆运动"不复存在。生态博物馆学并没有如它最初在魁北克所承诺的那样具有连贯性，也不像许多倡导者所希望的那样扎根于此。现在包括红河谷生态博物馆、圣康斯坦生态博物馆

（Saint-Constant Ecomuseum）和百岛岛民生态博物馆（Écomusée l'Insulaire des Cent-Iles）在内的几家生态博物馆几乎已经消失了，而长期以来被视为魁北克生态博物馆学试金石的例子——上比沃斯也放弃了生态博物馆这个名称。2010年，由于资金的削减和行政管理权的变更，它已改名为上比沃斯文化公园，其职责范围也明显变窄。如今，魁北克只有7个生态博物馆（Ecomuseum Observatory, 2010），占加拿大13个生态博物馆的一半以上。尽管有这些变化，但上比沃斯和自豪世界的实验使得魁北克的博物馆学远远超越了传统博物馆的思想边界。

　　在加拿大的其他省份，生态博物馆的概念在20世纪80年代后期才开始流行起来。值得注意的是，加拿大遗产基金会总干事雅克·达利巴德（Jacques Dalibard, 1992）认为"大多数生态博物馆的规模相对较大"，这一说法在加拿大可能是正确的，但在其他地方未必如此。在一个幅员辽阔的国家，规模的影响显而易见。最初的法国生态博物馆概念在这里被重新定义，以满足大规模地理区域的需求，从而成为一种规划工具，应用在当地社区的阐释、旅游和经济策略方面。受加拿大遗产基金会的影响，生态博物馆的术语也发生了变化，例如"地域"（territoire）换成了"生态博物馆遗产区"（Ecomuseum Heritage Region）标签（Wood, 1991）。而加拿大英语区认为的生态博物馆概念又与魁北克（以及其他国家）同行所理解的概念大不相同。在文献中能很明显地看出，生态博物馆的工作经常被拿来与其他机构的工作相比较，并与之混淆。例如伍德（Wood, 1992）提到的英国"基础工作信托基金会"（Groundwork Trust）和"城镇视野"（Towns in View）已成为新博物馆学的工作，而美国/加拿大的"主街计划"（Main Street Program）和"遗产区计划"（Heritage Region Program）则进一步将这一概念明确地纳入所包括的经济发展范畴内。与此同时，达利巴德（Dalibard, 1992）将生态博物馆的起源追溯到英国，即英格兰乡村保护委员会（Council for the Preservation of Rural England, CPRE）的行动，却很少提及法国。加拿大遗产基金会是一家以会员制为基础的全国性基金会和注册慈善机构，成立于1973年，其"遗产区计划"与英国的基础工作信托基金会、瑞典的"建筑环境整体性保护"计划（Integrated Conservation of Built Environments）、美国的国家乡村信托基金计划以及在魁北克建设的生态博物馆有很多共同点。尽管就生态博物馆的起源与规模存在分歧，但这些遗产区仍保留着许多生态博物馆的理念。达利巴德认为，指定它们的主要标准是自然与文化资源、社会结构与经济是否融合，是否对

居民赋权 ①，以及企业、协会、政客和志愿者之间是否有协作和管理。现存的一些遗产区，包括不列颠哥伦比亚省的考伊琴（Cowichan）、彻梅纳斯（Chemainus）山谷，安大略省的拉纳克县（Lanark County）、马尼图林岛（Manitoulin Island），纽芬兰省的拉布拉多海峡（Labrador Straits）、巴卡利韦（Baccalieu）。这些地区的居民：

> 都知悉他们的哪些文化与自然资源对其地区的地方感和连续性有帮助。一旦确定，重点将转移到保护、教育和创业（包括旅游）上。通过合作，居民可以规划、实施、设计、强化、开发和营销其资源。他们还对该方法进行监控，并不断对其校准以获得最佳结果。加拿大遗产基金会在所有这些方面都扮演着推动者的角色。（Dalibard, 1992）

海伦（Heron, 1991）承认北美生态博物馆受到的文化影响源于欧洲，她也意识到关于加拿大生态博物馆的呈现是"各种形式的，在不同的地点，且出于不同的原因"。加拿大生态博物馆概念的灵活性也反映在威尔玛·伍德（Wilma Wood）的一篇评论中（Tanaka, 1992），即每个生态博物馆都必须"根据它们感觉最舒服的方式"来运作。这种务实的做法使许多生态博物馆得以建立。其他生态博物馆，如不列颠哥伦比亚省的弗雷泽河生态博物馆（Fraser River Ecomuseum），在没有执行项目前就已规划（Blackhall, 1992）。下面给出的例子提供了一些理念和实践方法的有趣对比，并分析了影响其发展的一系列因素。

（一）蒙特利尔自豪世界生态博物馆（Écomusée du Fier Monde, Montreal）

蒙特利尔市郊的中南区（Centre-Sud）是一个大型的工业中心，工人移民的到来导致了一个新城市社区的建立，社区拥有自己的学校、住宅、市场、医院和教堂等基础设施。第二次世界大战后，许多工厂关闭，人们逐渐远离了这个受社会问题困扰的地区。最近，因通信、教育和文化产业迁来的移民，也未能扭转中南区人口和工业衰退的态势。比内特（Binette, 1991）记载说，尽管有这些困难，但当地社区仍表现出相当的团结、智慧和对自己身份的自豪，这些都被当地生态博物馆敏锐地捕捉到了。

---

① 即通过鼓励对话确保在规划区域发展愿景时考虑当地人的意见。

自豪世界生态博物馆[①]最初是以一所昔日的学校为基础创办的，它是后续生态博物馆运动的一部分。克劳德·沃特斯（Claude Watters）[②]在 1980 年 3 月撰写的一份文件——《中南邻里博物馆或自豪世界之家博物馆项目》（Projet de musée de voisinage de Centre-Sud ou de maison de fier-monde）中首次提出建设一个社区博物馆的想法。为推进这一想法，1980 年成立了自豪世界之家生态博物馆协会（Association d'Écomusée de la Maison du Fier Monde），其任务很简单，"了解自己的文化，并为之感到自豪，同时与他人分享"（Binette, 1991）。为实现这些目标，该生态博物馆融入了传统博物馆的许多典型特征（收藏、保护、研究和展览），同时通过当地人的参与来维护生态博物馆学方法。它举办巡回展、提供该地区的导游服务、为学校制定教育计划，并印刷有关该地区文化生活的出版物。它还拥有大量的照片收藏、一个资料中心和一个图书室。该生态博物馆的多数活动都是与当地社区联合开展的，它还把自己与所在地的文化和社区组织联系在一起，并积极参与到有关中南区当前和未来发展的讨论中。

如今，该生态博物馆在城市文化生活中扮演着重要角色，这是被文化事务部（Ministry of Cultural Affairs）认可的一项成绩。米歇尔·根德龙（Michel Gendron）与该生态博物馆合作了 11 年，他自信地认为，尽管该馆并没有实现其最初的全部目标，但也取得了长足的进步（引自 Mayrand and Binette, 1991）。他提及了麦克唐纳烟草公司（MacDonald Tobacco）以前的工人利用手册——《揭露他的历史》（Exposer son histoire）来研究公司各个方面的案例。他们的合作最终促成了展览"在工厂和厨房之间"（Entre l'usine et la cuisine）。他认为，这些人有机会去把握自己的历史是最重要的，这样可以更好地理解自己在社会中的角色，并为此感到自豪。在当地人、专业历史学家和博物馆学家的共同努力下，由生态博物馆产生且已实现的研究结果，在《变化中的工业景观》（Paysages Industriels en Mutation, Burgess, 1994）一书中进行了介绍，该书也记载了中南区 21 个关键行业和建筑物的历史。

自豪世界生态博物馆为实现文化旅游战略和工业博物馆的创建做出了不懈的努力。在加拿大遗产部、魁北克省文化事务厅和蒙特利尔市政府的支持下[③]，该

---

① 字面意思是自豪世界 "proud-world"。

② 一位回到中南区的化学家。

③ 这些部门都认可自豪世界生态博物馆所取得的巨大成就。

生态博物馆于 1996 年重新搬迁到了原公共浴室——大浴场（Bain Généreux）。该浴场临街一面的设计带有艺术装饰（Art-Deco）风格（图 7.3），于 1927 年对外开放，直到 1992 年才关闭，它在当地社区的生活中发挥了重要作用。作为一个致力于展示当地工业及其工人生活的博物馆，经过新近总耗资约 130 万美元的翻修，现在已有了一个新目标——为当地人的教育和文化需求服务。该生态博物馆通过魁北克博物馆协会与魁北克的其他博物馆保持着良好的联系，并在与世界各地众多博物馆学家的互动中受益。

图 7.3　自豪世界生态博物馆位于蒙特利尔的昔日大浴场，
经过重新设计作为现代博物馆使用
经自豪世界生态博物馆许可转载，安德烈·布邦奈（André Bourbonnais）摄

（二）上比沃斯文化公园（Parc Culturel de la Haute Beauce）

这个前生态博物馆具有特别的意义，不仅因为它是北美地区建立的第一个生态博物馆，而且还因为其所使用的方法与一个健全的哲学框架紧密相关。本

书第四章[①]对梅兰德所使用的理论模型进行了描述，其基本原理的实用性及后续行动，可详见梅兰德的其他文章[②]。1979 年 7 月，在圣埃瓦里斯特（St Evariste）一个长老会的旧教堂里，上比沃斯地方阐释中心（Centre régional d'interpretation de la Haute-Beauce）正式对外开放，成为生态博物馆建设的焦点。比沃斯地区位于魁北克西南部，由阿巴拉契亚（Appalachian）高原上的 25 个市镇组成，因其丰富的口述传统、地理位置和崎岖的景观而闻名，其中圣塞巴斯蒂安（Saint-Sebastien）的花岗岩山脉海拔高至 800 米左右。该地区以乔迪埃河（River Chaudière）、邻近的艾第区（Estrie）、北部的采矿区和南部的美国边境为界，是一个具有丰富文化遗产的自然地理实体。然而，梅兰德（Mayrand, 1983b）指出，在 20 世纪 70 年代，大多数当地人没有意识到这些遗产的价值，地方当局在提升本地对遗产的自豪感上也几乎没有任何作为。某种程度而言，这可能是受到了比沃斯地区保守特性的影响。史蒂芬森（Stephenson, 1982）提到："这一地区大多不为其他魁北克人所知……该地区不仅与世界其他地方隔绝，而且在区域内，各个市镇之间在传统上也是孤立的。"阐释中心的建成是改变这种状况的开始。基于梅兰德的四年发展规划和"创造力三角形"模型，激发了人们对比沃斯地区物质文化和自然遗产的兴趣。

　　1979 年，当梅兰德在当地社区工作了一年后，拿破仑·博尔杜克（Napoléon Bolduc）的藏品[③]被收购，并被布置在阐释中心内，这引起了人们的极大关注，是生态博物馆开端的标志。博尔杜克是一位木工手艺人，他对这个地区的过去十分着迷。从 20 世纪 50 年代起，他开始收集 19 世纪上比沃斯乡村社会的物证。他按照各种主题对藏品（大约有 1600 件）进行布置，这既为阐释中心获得了"千件古物博物馆"（Musée aux mille antiquités）的美誉，也确立了他自己作为当地民族志学家和历史学家的地位。他的藏品在阐释中心被精心展出，这有助于进一步激发人们对物质文化的兴趣，使之意识到有必要对其进行记录和研究。这批藏品也成为当地人进取心的象征，他们曾为收购藏品筹集了约 2.7 万美元的资金。

　　在 1980 至 1983 年间，越来越多的当地人参与到阐释中心开展的活动中，包括帮助整理藏品、绘制壁画和筹备临时展览。阐释中心的第一个"触角"是

---

① 见本书第 98 页。

② 详见 Mayrand, 1983a, 1983b, 1985b, 1987。

③ 作为一种展现顽强不屈的上比沃斯和大众想象力的象征（Mayrand, 1983）。

1980 年在圣伊莱尔德多塞特创建的露天展示点。1982 年又开放了一个阐释中心（圣伊莱尔德多塞特人民之家）。上比沃斯生态博物馆被划分为五个特色景观区，几个地点被确定为进入生态博物馆的"门户"，同时生态博物馆还为当地居民开设了博物馆学课程，以使他们能够自行策划展览。1983 年，该项目正式使用了"上比沃斯生态博物馆"（Écomusée de la Haute Beauce）的名称，由 13 个村庄组成的联合体（即创造性的上比沃斯 Haute-Beauce Créatrice）开始合作举办展览，并对当地遗产点进行阐释。这些任务是相当艰巨的，如对德罗莱湖（Lac Drolet）花岗岩屋和东布劳顿（East-Broughton）梳棉厂的修复，以及在申利（Shenley）的圣奥诺雷（Saint-Honoré）建立阐释中心。雷诺（Renaud, 1992）提出，上比沃斯联合体的创立"是一种非常重要的姿态，正如名称中所提及的……地域"，因为它有助于建立对该地区的认同。三年后，上比沃斯生态博物馆，因其对社区博物馆学的贡献而被加拿大博物馆协会授予"优秀奖"。该博物馆还获得了魁北克省文化事务厅的认可，并一直在实验博物馆学中发挥了重要作用，直至 20 世纪 90 年代后期。

上比沃斯的生存一定程度上取决于与当地人的持续合作，但财政投入也必不可少。当遗产部不再给予支持时意味着活动的大幅度削减。1998 年，梅兰德目睹该生态博物馆更名为"文化公园"，可能是基于西班牙阿拉贡马埃斯特文化公园（Maestrazgo Cultural Park）的模式。"文化公园"仍然鼓励访客去参观库尔塞勒磨坊（Courcelles Mill）、花岗岩屋和圣伊莱尔德多塞特人民之家等许多相关遗产点（展示点），以享受乐趣。但是，该生态博物馆创始人所倡导的革命性方法似乎已经被更传统的模式取代。

（三）不列颠哥伦比亚省考伊琴和彻梅纳斯山谷生态博物馆（The Cowichan and Chemainus Valleys Ecomuseum, British Columbia）

考伊琴地区位于不列颠哥伦比亚省的温哥华岛上，面积约 1000 平方千米，人口 5.7 万。在 20 世纪 80 年代中期，该地区与加拿大遗产基金会（Heritage Canada Foundation）和不列颠哥伦比亚省遗产信托基金会（British Columbia Heritage Trust）合作，更名为"考伊琴和彻梅纳斯山谷生态博物馆遗产区"（Cowichan and Chemainus Valleys Ecomuseum Heritage Region），成为应用生态博物馆理念的试验场。这两个基金会都位于邓肯（Duncan），它们与当地政府密切合作，设立了一个为期三年的项目。伍德（Wood, 1991a）记载说，该项目的两个主要目标是保护该地的遗产，并通过促进旅游来鼓励经济发展。在 2 名专业人员的指导和约 400 名志愿者的协助下，该项目以"森林遗产"为重要主题，取得了相当大的成功。巡展、路标、布置有标识的线路以及信息牌均起到了相应的作用。

除提供阐释外，该项目的这两个目标还以其他一些方式得以实现。由于该地区的就业与林业密切相关，因此生态博物馆与 4 家主要的木材公司建立了合作关系，以提供当地森林和锯木厂的遗产之旅。林业对环境的影响是访客和当地居民非常关注的话题，可持续工作实践的发展和"社区森林"的概念一直被纳入生态博物馆的议事日程。在这里，生态博物馆发挥了催化剂的作用，它以"社区森林指导委员会"的名义，将地方政府、林业公司、工会和当地人的代表联合起来。这个地区，"提供了与旅游发展相关的所有研究，在安全、整洁的各个小型社区，你可以与当地人交谈，参加他们的庆典与活动，购买他们的产品，并试吃有趣的食物"（Wood, 1991a），该生态博物馆也鼓励当地社区发展其文化设施。小型的商业买卖，尤其是艺术家、手工艺人和小制造商的产品，已成为该地的特色，而生态博物馆则协助制定重视市场营销和管理技能的职业教育计划。该生态博物馆还试图通过推动一系列解决社区问题的"社区共识会议"（community consensus meetings）来实现有关发展的地方民主化决策。这些丰富多彩的活动使当地人具有了一种强烈的地方认同，从而重新焕发出地方自豪感，这一地区每年也因此接待近 50 万访客。

伍德（Wood, 1991b）急于记录当地人在生态博物馆成功中的重要性，他指出：

> 当地居民是其自然和历史遗产的策展人。藏品可以为博物馆所有，也可以由私人持有，还可以作为景观、环境和建筑物的一部分，或者是以上的组合。展览可以是传统的，也可以包括居民的所有活动，如展示环境对他们的生活有多大影响，他们做什么工作，在哪里工作，以及他们过去、现在和未来的闲暇活动。教育和阐释计划都很重要，但其主要目的是在居民中培养一种管理意识，以保护他们自己的遗产。

这一主要目的，即赋予当地人在其遗产方面的权力，现已通过将生态博物馆思想作为一种变革机制，以鼓励合作与联络，并激发新举措而得以实现。伍德（引自 Tanaka, 1992）明确表明，该生态博物馆在实现其所有目标之前，还有相当长的一段路要走，同时指出创建一座生态博物馆"是非常长期的过程"，大约需要

10—15 年的时间。

（四）阿尔伯塔省克罗斯内斯特隘口生态博物馆（Crowsnest Pass Ecomuseum, Alberta）

文化旅游和经济发展被视为是克罗斯内斯特隘口生态博物馆信托基金会（Crowsnest Pass Ecomuseum Trust）的主要目标（Tremaine, 1989）。在阿尔伯塔省历史资源基金会（Alberta Historical Resources Foundation）管理的彩票资金资助下，博物馆最初获赠了约 50 万美元。同时，该生态博物馆还致力于维护、保存、利用和阐释隘口的历史资源。克罗斯内斯特隘口是穿越加拿大落基山脉的三条主要路线之一，它将阿尔伯塔省与不列颠哥伦比亚省连接起来。1897 年，当地的煤矿开采因隘口铁路的开通而得以发展，这些煤矿给该地带来了繁荣，并见证了许多小型社区的形成。1979 年 1 月，这些城镇和村庄都隶属于克罗斯内斯特隘口市地方政府。

克罗斯内斯特隘口生态博物馆信托基金会成立于 1986 年，最初目的是恢复社区对自己历史的兴趣和重申地方认同。该组织利用阿尔伯塔省文化厅先前在该地进行的研究，制定了一项十年发展计划，其根基是通过建立一个以煤矿开采为主题的遗址网络来提升地方的独特性。该计划还明确提出，生态博物馆的宗旨是"推动对克罗斯内斯特隘口有历史意义的采煤廊道进行分阶段的修复与阐释，并促进旅游业和相关产业的持续经济增长"。

布莱尔莫尔（Blairmore）旧法院大楼的修复是该信托基金会最初执行的项目，为其后续运营奠定了基础。随后，该信托基金会又对贝尔维尤深谷（Bellevue Coulee）、希尔克雷斯特公墓（Hillcrest Cemetery）和贝尔维尤矿山（Bellevue Mine）进行了整修。目前矿山已作为信托基金会的旗舰项目开始运行（Tremaine, 1992）。志愿者与私营部门以及联邦和省政府合作开展了许多工作。该信托基金会的管理者莫妮卡·菲尔德（Monica Field）表示，贝尔维尤矿山的运营有助于在社区内树立起对昔日历史的认识，以重塑地方自豪感，并保护吸引访客的文化景观。她还认为，信托基金会采取的整体观思想很重要，"讲述完整的故事，而不仅仅是讨论遗留的物证"。2010 年，作为克罗斯内斯特隘口遗产倡议者之一的生态博物馆信托基金会，开始与其他当地组织，包括弗兰克·斯莱德阐释中心（Frank Slide Interpretive Centre）和克罗斯内斯特历史学会（Crowsnest Historical Society）合作。

（五）西北领地的因纽特人遗产中心（The Inuit Heritage Centre, North West Territories）

雷诺（Renaud, 1992）提到魁北克省"文化传播中心"（Cultural Transmission Centres）的建立，在努纳维克（Nunavik）也建有这样的中心，以"表明因纽特人决心掌握自己的命运"。原住民建立文化传播中心或生态博物馆是需要帮助的，例如因纽特人在政府的资助下，在贝克湖（Baker Lake）建立的项目。该项目位于西北领地靠近哈德逊湾（Hudson Bay）的基韦廷区（Keewatin District，位于努纳武特 Nunavut）。布沙尔（Bouchard, 1993a, 1993b）提及了该项目的三个遗产展示点：第一个在贝克湖的传统夏季营地；第二个在艾希米特（Ahiarmiut）的春季营地，位于贝克湖的南边；第三个在韦杰贝（Wager Bay）的西拉小屋（Sila Lodge）。它们共同构成了因纽特人遗产中心，并于 1998 年开放。布沙尔（Bouchard, 1993a）指出：

> 每个遗产展示点都采取了富有创新的遗产保护方法。同样，因纽特人对保护过去的传统、价值观和活动特征展现出了坚定的决心，不仅要珍视回忆，而且还要在过去与现实之间提供一种极其重要的联系。尽管这些遗产展示点的性质挑战了我们对博物馆和遗产保护的惯常理解，但博物馆的概念仍然适用。因纽特人在这个项目中所创造出的东西，本质上是没有围墙的博物馆，这与"生态博物馆"的宗旨类似。

在这里，由于财力的缺乏、社区的分散性及专业性指导无法获得等实际情况，导致传统博物馆的建设遭到拒绝。贝克湖项目始于 1984 年，当时社区中的许多长者对正在消失的传统技艺、价值观和生活方式表示出了担忧。尽管长者们可以传授这些技艺，但他们认为最好的传承是在原生环境中完成。因此，一个位于城镇之外的营地被选择作为展示点，他们的孙子孙女们可以去那里参观或者停留下来，体验因纽特人在那块土地上是如何生活的。这个营地包括一个驯鹿皮做的帐篷、一艘独木舟和与夏季营地有关的所有传统工具，在当地经济发展办公室和一个私人赞助者的资助下，于 1985 年在贝克湖外的王子河（Prince River）畔建成。一个因纽特人家庭受雇住在这里，并向访客（主要是当地人和游客）展示手工技艺和提供传统饮食。1989 年，该项目由贝克湖历史学会接管，它鼓励社区更加积极地参与。该学会在振兴该项目时，"立誓要忠诚于长者的初衷——重现过去，也要获取对因纽特人与土地之间古老物质和精神联结的感知"

（Bouchard, 1993a）。现在该营地已有极大的拓展，还在贝克湖边缘地带建立了另一个展示点。遗产中心（当地称为 Itsarnittakarvik）展现了因纽特人九个不同群体的文化，他们过去曾居住在该地区，但现在已搬迁到贝克湖的小村庄。展出的物品，包括手工制作的传统物件以及从其他机构如加拿大文明博物馆借来的文物和艺术品。这里作为一个用于记录、收集口述历史证据以及鼓励"实践"方法示范的中心。尽管并不是完全的真实，但该中心提供了一个供年轻人与老年人一道工作的场所，吸引了许多来自当地社区的因纽特人。这个传统的夏季营地运用了生态博物馆的方法，来定义因纽特人所认为的那些对其遗产很重要的东西，并将其置于适当的社会文化语境中。

因纽特人遗产中心挑战了关于博物馆构成的传统观点。布沙尔（Bouchard, 1993a）指出：

> 这是恰逢其会和意料之中的……因纽特人应该选择在户外建造他们的博物馆。同样有效的是积极的阐释方法。在传统时代，知识是通过观察和参与世代相传的。因纽特人选择继续这种实践，以寻求活态保护自己的传统与技艺……对博物馆界来说，重要的是要认识到此类项目是保护因纽特人遗产的有效方法。

（六）阿尔伯塔省的卡利纳地区生态博物馆（Kalyna Country Ecomuseum, Alberta）

卡利纳地区生态博物馆占地约 1.5 万平方千米，在雷德沃特（Redwater）与埃克波恩特（Elk Point）之间，位于省会埃德蒙顿（Edmonton）以东，是世界上最大的生态博物馆。它大致等同于 19 世纪末至 20 世纪初乌克兰移民所定居的土地范围，"东仪（Eastern Rite）教堂的洋葱式圆顶、谷仓，以及逐渐衰败的房屋（原乌克兰拓荒者家庭遗留下来的）点缀着这里的风景"（Tracey, 1994）。这里风景如画、历史悠久，北萨斯喀彻温河（North Saskatchewan River）在此川流而过，一直是原住民的家园，直至 18 世纪中叶居于此地的阿萨巴斯卡人（Athapaskan）才被外来的克里人（Cree）所取代。这一地区是欧洲探险家最早造访的远西平原的一部分，他们为发展毛皮贸易在 18 世纪末至 19 世纪初顺着河流廊道打通了该地。这里丰富的资源在被开发后迅速枯竭，如今农业是占主导的经济活动，还有少量的采矿业和林业。1880—1920 年，（主要是）来自东欧国家的移民在该地建立了拓荒者定居点，从而形成了该地的当代景观。巴兰（Balan, 1994a）指出，"尽管同化、人口减少、城市化和技术变革已经极大地改变了该地区的肤色与人口结构，但其基本构成和独特性仍在很大程度上保持原样"。这是一个由约 4.2 万人组成的多元文化社会，已形成了强烈的认同感。

该生态博物馆的名字——卡利纳（kalyna），是高丛蔓越莓（high bush cranberry）之意，即欧洲荚蒾（*Viburnum opulus*），它沿着北萨斯喀彻温河的河岸以及汇入该河的支流两岸繁茂地生长。"卡利纳"是乌克兰人对这种植物的称呼，其果实（莓）在 19 世纪末期被早期的乌克兰定居者误以为是故乡的一种食物。自 10 世纪以来，这种植物一直被视为是乌克兰独立的象征。因此，它在乌克兰的文学、音乐、艺术和民间传统中占有显著地位。来自波兰、俄罗斯、捷克、罗马尼亚、英格兰和德国的其他移民也知道这种植物的营养和医疗价值。当它被选作为生态博物馆的名字和标志后，卡利纳就有了新的意义，并成为该地区一个强有力的象征。

该生态博物馆是在阿尔伯塔社区发展局（Alberta Community Development）与阿尔伯塔大学加拿大乌克兰研究所（Canadian Institute of Ukrainian Studies）的共同倡议下建立的，旨在纪念乌克兰人定居加拿大 100 周年。1992 年 3 月，他们完成了一份报告，即《关于在阿尔伯塔中东部地区拟建乌克兰人定居区生态博物馆的发展战略》（*A Development Strategy for the Proposed Ukrainian Settlement Block Ecomuseum in East Central Alberta*），其内容包括一份详细的五年发展规划，该规划建议采取分阶段的方法来实现特定的目标。启动阶段包括印制自驾车旅行手册、开通宣传公共事务的电话热线、推出社区活动日程表以及为正在实施的地方行动（修复一个火车站、将一间皮革作坊改造成博物馆）提供道义与实际上的支持。这些想法受到了当地居民相当热情的欢迎，他们热衷于保护自己的文化遗产和提升本地的旅游潜力。该报告的作者贾斯·巴兰（Jars Balan）建议，博物馆采用"卡利纳地区"的名称。1992 年 6 月，卡利纳地区生态博物馆信托协会（Kalyna Country Ecomuseum Trust Society）成立，其执行委员会成员除来自乌克兰人社区外，还包括罗马尼亚人、英格兰人和克里人社区的成员。

该生态博物馆并不直接负责这些遗产的管理，仅作为一种向访客介绍该地许多现有遗产的手段。建于 1792 年的乔治堡和白金汉屋（Fort George and Buckingham House），曾是一个毛皮贸易站，现已成为一处历史遗址和一个阐释中心。乌克兰文化遗产村（Ukrainian Cultural Heritage Village）是一座露天博物馆，它重建了一个典型的拓荒者社区——维多利亚定居点，这里拥有阿尔伯塔省最古老的建筑，以及与加拿大第一个乌克兰人居住地有关的众多地标，如拉蒙特（Lamont）的"莫吉拉"（Mohyla），这些都是旅游的主要景点。马鞍湖（Saddle Lake）和白鱼湖国家保护区（Whitefish Lake Nation Reserve）则是阿尔伯塔省原住民后裔的家园。该生态博物馆总共囊括了 23 个当地博物馆和 40 个经认定的野生动物保护区，如麋鹿岛国家公园（Elk Island National Park），它是加拿大第一个（1906 年）经指定的大型哺乳动物庇护所。此外，还包括鸟类学家的圣地比弗希尔湖（Beaverhill Lake）以及 100 多座教堂。这里有大量反映该地区文化融合的纪念设施，如色彩斑斓的韦格勒维尔（Vegreville）复活节彩蛋（Pysanka）（图 7.4），它旨在颂扬乌克兰复活节彩蛋的绘画艺术。由印第安人、毛皮商人和拓荒定居者修建的许多原始路网仍然存在，它们为探索这一地区提供了一种极有吸引力的方式。

图 7.4　色彩斑斓的韦格勒维尔"复活节彩蛋"
展现了乌克兰人的文化遗产
作者　摄

　　与加拿大以及斯堪的纳维亚半岛的其他生态博物馆一样，该生态博物馆扮演着重要的推动者和促进者角色。它相当重视鼓励个人与组织的合作。该生态博物馆被认为是一种在"卡利纳地区"主题与概念下，将各个社区和利益集团联系在一起的工具。它汇集了来自不同领域和协会的积极分子，使他们能够为实现共同的目标而一道工作。当然，促进文化旅游是首要目标。在这个人口面临减少、经济前景黯淡的地区，该生态博物馆将保护策略与经济旅游和社区发展战略相结合。卡利纳地区旅游目的地营销组织（Kalyna Country Destination Marketing Organisation）将生态博物馆作为旅游场所进行宣传，生态博物馆也在支持其工作中发挥了积极的作用。实际上，通过推动遗产点网络的整合，该生态博物馆已实现了其区域性的阐释策略。

当地社区的参与一直是该项目成功的关键。巴兰（Balan, 1994a）指出，生态博物馆一开始就意识到有必要在该地区的居民中树立一种认同感。他记录道："保护策略的成功缘于社区对创建生态博物馆项目的积极支持，因此对该地区居民进行这项事业的教育是重点。"作为一个会员组织，博物馆提供各种活动和会议，"卡利纳宴请"之夜和一份定期的简讯，让它的支持者们能够随时了解其最新状况。

卡利纳地区生态博物馆在其 18 年的历史中一直与不同的个人和机构合作。它具有伞式结构，涵盖了各种各样的保护、文化和农村发展倡议，并不断发展新的伙伴关系，以实施各种互惠互利的项目。近年来，它在整个地区推广"博物馆聚落"（museum cluster）的概念，将各个小型博物馆及其工作人员召集起来，去探讨共同关心的话题。

四、美国的生态博物馆

许多反映美国社区文化生活的小型博物馆都被归类为民俗博物馆，霍尔和塞曼（Hall and Seeman, 1987）讨论了其起源问题。马歇尔（Marshall, 1987）对美国和欧洲的民俗运动做了比较，他是一位具有批判精神的观察者，主要关注美国民俗博物馆及其所偏好展现的"黄金时代人工织物"（golden age of the homespun）。他认为，美国的历史博物馆和民俗博物馆通常会投射出一种形象，访客认为这种形象是民主的和有代表性的，但实际上，这种形象通常偏向于高尚的拓荒者和足智多谋的移民所具有的态度和刻板印象。虚构的愿景与想象的过去被公众对怀旧和审美表现的需求所激发，加之创收的需要，损害了策展人提出的呈现他（她）所认为的"真实"的过去。尽管存在这些缺点（不局限于美国），但人们依然相信民俗博物馆，尤其是那些记录风俗和口头传统的博物馆，可以发挥重要作用。然而，马歇尔认为，它们应该遵循詹金斯（Jenkins, 1972）的主张，即"描述社区各阶层的生活"，换句话说，这些博物馆应该是包容性的，而不是排他性的机构。

美国民俗博物馆的数量一直在持续地增加，其中一些新成立的博物馆则偏离了传统民俗博物馆的发展轨迹，转而去反映美国丰富文化多样性的少数族裔。当地人越来越多地参与到建设这些新博物馆的过程中来，这充分说明人们逐步关注保护那些对他们及其社区重要的历史片段，无论是物质的还是非物质的。这也表明人们对"民俗博物馆是什么"的认识已发生了转变，特别是通过建立邻里博物馆和社区博物馆，安那考斯提亚博物馆①可以说是其中的第一家。

霍伊特（Hoyt, 1996）认为，当今美国社区博物馆模式的主要特征是：由带薪人员领导、训练有素的专业人员负责提供策展意见，有一个以社区为基础的董事会和资金来源的多元化。对公共事业和公共表述价值的日益认识，也使社区博物馆能够通过为文化弱势的社区服务而获得声望和政府支持。组织和资金结构的这些变化促使美国社区博物馆的数量在20世纪60年代至90年代出现急剧增长，这些为地方自豪感与成就所进行的投入大约持续了30年。只是随着公共资金的减少，这种情况才开始放缓，这是20世纪90年代美国的一个特点。

现在，美国各种各样的博物馆都可归属为"社区博物馆"，包括"大城市少数族裔聚居区的少数族群博物馆、小城镇的历史社团和印第安人保留地的部落组织"（Commission on Museums for a New Century, 1984: 50）。一个具有代表性的例子是，在华盛顿州苏夸美什（Suquamish）麦迪逊堡印第安人保留地（Fort Madison Indian Reservation）建立的苏夸美什部落文化中心（Suquamish Tribal Cultural Centre）。由于零散的历史记录使重建和保护部落历史变得困难，因此大量的诠释需依赖部落长者提供的证据。这是一个包含口述历史部分的大型项目，旨在找寻与苏夸美什和普吉特海湾（Puget Sound）印第安人历史有关的图片。新博物馆于1983年6月建成开放，苏夸美什部落社区深度参与其中。阐释与教育的方方面面都有部落的投入，这给展区带来了真实性，并赋予了明显的印第安人视角。该项目还产生了一个机制，以使博物馆能够采取持续的收藏策略、开展进一步的研究和发挥其继续教育的功能，并提供与非印第安人社区的联系。祖尼

---

① 见本书第66页。

人（Zuni）也采取了类似的行动，他们于 1990 年在新墨西哥州最大的普埃布洛（pueblo）①建立了祖尼人博物馆和遗产中心（A: shiwi A:wan Museum and Heritage Centre in Zuni），作为一种保护其传统和物质文化的手段。该博物馆使当地社区能够就策展、利用描绘美国原住民宗教仪式的历史图像等话题，站在争论的最前沿（Holman, 1996）。

当美国新世纪博物馆委员会（American Commission on Museums for a New Century）在收集证据用于撰写报告时，发现社区博物馆尤为重要，因为它们代表着特殊的利益群体，并以大型博物馆无法做到的方式服务社区。最终报告指出"在小型社区，这些博物馆往往是文化生活的中心"。这类博物馆所扮演的角色与生态博物馆的作用一致，但美国仅有一座博物馆（阿克钦海姆达克）采用了生态博物馆的名称。

亚利桑那州的阿克钦海姆达克生态博物馆（Ak-Chin Him Dak Ecomuseum, Arizona）

阿克钦（Ak-Chin）社区大约有 500 人，他们这些人在索诺拉沙漠（Sonora Desert）北部边缘地带耕种着约 2.2 万英亩的土地，且已有数千年的历史。"阿克钦"一词的意思是水扩散开来的地方，它用来描述农作物生长时的一种灌溉方法（Fuller, 1992）。1880 年左右，马里科帕（Maricopa）铁路枢纽的建设为阿克钦人提供了销售农作物、编织品和其他产品的机会，从而促成了他们的永久定居。20 世纪 70 年代中期，考古学家开始在阿克钦保留地进行考古发掘，发现了有人居住且持续约 1.5 万年的遗址。1985—1986 年，美国垦务局（Bureau of Reclamation, BR）再次在阿克钦土地上进行考古发掘，又出土了一些具有重要文化意义的文物，1989 年还发现了一口水井，这表明地下水的利用使永久定居成为了可能。当局总共从阿克钦保留地的遗址中发掘出大约 700 箱文物，全部存放在联邦仓库。

20 世纪 60 年代初，阿克钦开始实施一项农业合作计划，事实证明非常成功，因此到 1976 年，阿克钦农场公司（Ak-Chin Farms Enterprise）的营业额超过了 100 万美元。资金又再次投入到社区和部落所有的其他企业，乡村生活的节奏开始发生缓慢的改变。繁荣的增长在 20 世纪 70 年代中期出现转折，当时地下水位下降导致农作物的灌溉用水减少。随后，该社区与联邦政府就长期供水问题进

---

① 译者注：pueblo 是西班牙语，意为"村庄"，此处专指印第安人的村庄。

行了协商，并于 1984 年签署了一份协议。结果是，利用运河将水从科罗拉多河（Colorado River）分流过来，这项工程促成了考古发掘工作的实施，使得大量之前所述的文物被发现。

在大约 25 年的时间里，阿克钦社区已经发生了变化。人们实现了经济繁荣，但也为此付出了相当大的代价。矛盾的是，正是新的供水威胁了阿克钦的价值观和传统的存续。随着新农业技术的采用，以及土地开垦对环境的影响，导致社区内部的紧张关系开始加剧。而保留地之外的问题也开始闯入他们的生活。为了处理社区问题，阿克钦委员会主席莉安娜·卡卡尔（Leona Kakar）决定，采取一个使社区的年轻成员能够重新欣赏阿克钦的历史和传统的机制。保留地的考古发现有助于他们重新点燃对其文化身份的兴趣，因此她认为创建博物馆来展陈这些文物是十分恰当的做法。这样的博物馆，不应只是考古的展示，它还是一种反映阿克钦传统价值观与信仰的手段。根据塔哈尔（Tahar, 1990）的说法，"委员会被博物馆学的生态博物馆方法所吸引，该方法既重视物质文化，又关注创造物质的精神文化，在此方法中物件处于次要地位，而作为物质文化持有者与阐释者的社区其参与才是最主要的"。博物馆项目团队于 1987 年 10 月召开了启动会议，当时确定了三个目标：让社区意识到生态博物馆的价值、在社区内建立一种管理生态博物馆的方法、设计一座合适的建筑。这些目标对项目负责人和深度参与其中的个人而言提出了极高的要求，他们中的许多人从未参观过博物馆，也不清楚自己的目的。富勒（Fuller, 1992）对这一过程的详细描述表明，一系列"情感和智力方面的要求"必须得到满足。

在阿克钦社区成员访问魁北克和加拿大的生态博物馆后，他们对生态博物馆的支持开始不断增加。许多部落成员深度参与了该项目，并参加了考古发掘，还接受了正规的博物馆学培训。他们还参加各种会议，特别是 1990 年在史密森学会举行的"博物馆与社区"研讨会。位于马里科帕（Maricopa）的两间房屋，充当了该生态博物馆的展厅和活动中心，直至 1991 年 6 月，一座专门建造的新博物馆开放。考古藏品之前保存在亚利桑那州图森特（Toussaint）的联邦仓库，由美国垦务局负责维护，后逐步转移到该博物馆。社区决定将博物馆命名为海姆达克，意为"我们的生活方式"。该生态博物馆在其官网（Ak-Chin, 2010）上写道："我们的生活方式传递到我们这里已有数百年了，我们有责任将它传递给子孙后代。我们的生态博物馆是我们自己的映射，因为我们定义了自己的价值观与身份，并与访客共享。"

五、澳大利亚的生态博物馆

与其他发达国家一样，澳大利亚的博物馆也越来越多地参与到新观众的培育上，而且社区参与的各种倡议现在也很普遍。然而，和其他英语国家类似，生态博物馆在这里尚未得到真正的接纳。只有两个机构采用了这个名称，主要是基于它们要依赖社区参与和运用"碎片站点"（fragmented site）方法的策略。第三个提议拟在费尔菲尔德城市博物馆（Fairfield City Museum，位于新南威尔士州）实施，该馆是一个拥有 11 栋建筑物的大型综合体，包括史密斯菲尔德（Smithfield）和费尔菲尔德（Fairfield）的前议会厅，以及一个特意建造的画廊和一个历史悠久的村庄，博物馆正在与来自澳大利亚国立大学的专家们合作，考虑运用生态博物馆的方法进行打造。

（一）西南部生态博物馆（The South West Ecomuseum）——西澳大利亚州活态之窗（Living Windows into Western Australia）

西澳大利亚州西南角的社区和政府机构对于发展这个独特自然遗产地的生态旅游潜力的愿望十分迫切，因此从 1993 年开始考虑在此运用生态博物馆模式。该区域占地约 2.4 万平方千米，以印度洋和南大洋为界。这两个大洋在 1622 年被荷兰探险家命名的地方——卢因角（Cape Leeuwin）交汇，卢因角是"一个狂风肆虐、荒芜而美丽的地方，该处还有一个小镇奥古斯塔（Augusta），多年来一直作为渔民的基地"（Payton, 1996）。1997 年，西南部发展委员会（South West Development Commission, SWDC）和西南部生态博物馆协会（South West Ecomuseum Association）共同推出了"西澳活态之窗"的品牌。其目的是将生态博物馆网络内的各种遗产向国内外旅游市场推销。这项活动进行了为期三年的营销努力，西南部发展委员会共向西南部生态博物馆的 8 个遗产点（展示点）拨付了 20 万美元，以协助其进一步发展。

用碎片站点的方法来鼓励旅游是唯一现实的选择。这是西南部发展委员的目标，并通过与许多单个社区和机构的合作来实现。大约有 20 个野生动植物栖息地被最终选定为生态博物馆的构成基础，主要包括班伯里（Bunbury）的海豚探索中心（Dolphin Discovery Centre），游客可以在这里与野生海豚一起游泳；沃波尔（Walpole）的"巨人谷"（Valley of the Giants），游客可以通过轻巧的云梯，去窥探森林的树冠，进行树顶漫步。另外，还可以在玛格丽特河（Margaret River）的洞穴工场和雅林角（Yallingup）的恩格利洞穴（Ngili Cave）进行地下探索。湿地、猛禽中心、森林探索中心和灯塔提供了一系列非同寻常的体验。

1998年，西南部生态博物馆协会作为一个独立的机构，开始与西南部发展委员会合作，以负责生态博物馆的未来。然而，到1998年，这个项目的"生态博物馆"名称被撤销了。到2010年，西南部生态博物馆协会似乎已不再活跃了（虽然在一些展示点的网站上仍有其简单的介绍）。甚至早期宣传材料中所使用的"西澳大利亚州活态之窗"的标题似乎也不再使用了，尽管个别展示点仍在澳大利亚西南部的旅游网站上占据显著位置。

（二）墨尔本西区活态博物馆（The Living Museum of the West, Melbourne）

该博物馆自称为"澳大利亚的第一座生态博物馆"，它是一个在墨尔本西区运营的社区博物馆，成立于1984年，旨在解决当时被视为弱势地区的一些问题。该地区工业化程度很高，拥有50万的多样化人口，其中移民较多（占30%）。博物馆位于制管工公园（Pipemakers' Park）的游客中心，该公园是墨尔本历史上一个重要的工业遗址，它采用创新技术让当地社区参与研究、记录和阐释地方的遗产和历史，因其外延项目和与所服务社区的密切参与而闻名。当地人充当志愿者，并参与研究和口述史计划。由于博物馆只有1名全职带薪雇员，因此志愿者的贡献是必不可少的。

尽管资源有限，但博物馆还是制定了雄心勃勃的阐释目标，其内容包括：妇女在该地区历史上的作用，移民对该地区文化的贡献，该地区的建筑遗产、自然环境以及原住民遗产。博物馆还邀请当地艺术家参与其活动。各种计划既有由工作人员发起的，也有由个人或社区团体发起的，有些计划还是通过社区调查促成的。在当地社区进行研究获得的成果，以及当地社区的研究成果都存放在博物馆的资料中心，供他人参考。其他收藏包括书籍、地图和大量当地照片。由于有社区遗产基金会的支持，大部分数据都已数字化。

活态博物馆从维多利亚艺术发展局（Arts Victoria）获得核心经费、专项资助，并从一系列咨询服务中赚取收入。它的管理委员会从社区中产生，因此确保了当地人的参与。它在许多方面与社区一道共担社会及社区责任，该博物馆与其他的城市生态博物馆类似，如弗雷斯内斯和自豪世界 ① 。

参 考 文 献

Ak-Chin Him Dak Ecomuseum (2010) *Museum Description*. Available online at http://www.azcama. com/museums/akchin.html (accessed 27 February 2010).

Ambrose, T. (1990) *The Development of Museums in Argyll and Bute District*, Scottish Museums Council, Edinburgh.

AONB Partnership (2009) *What's Special About the North Pennines? A Companion to the North Pennines AONB Management Plan 2009-14*, North Pennines AONB Partnership, Stanhope, Durham.

Balan, J. (1994a) 'The Kalyna Country Ecomuseum: an exercise in community building in Alberta', *Together*, 6(3), 10-12.

Balan, J. (1994b) *The Tourism Potential of the Kalyna Country Ecomuseum*. Document prepared for the Kalyna Country Ecomuseum Trust Society, April. 14pp.

Binette, R. (1991) 'L'Écomusée de la Maison du Fier Monde', *Muse*, 8(4), 8-9.

Blackhall, R.J.B. (1992) 'Fraser River: an ideal ecomuseum site', *BC Museums Association Round Up*, 172, 5.

Bouchard, M. (1993a) 'Ecomuseums in the Keewatin, N.W.T.', *Impact*, 5(2), 1-3.

Bouchard, M. (1993b) 'Museums without walls: ecomuseums in the Keewatin, Northwest Territories', *History News*, 48(6), 24-25.

Burgess, J. (ed.) (1994) *Paysages industriels en mutation*, Écomusée du fier monde, Montreal, 88pp.

Clough, R. and Clough, D. (1996) 'An eco-museum?', *Kilmartin House Newsletter*, 1(January), 1.

Commission on Museums for a New Century (1984) *Museums for a New Century*, American Association of Museums, Washington, DC.

Conybeare, C. (1996a) 'Our land, your land', *Museums Journal*, 96(10), 26-29.

Conybeare, C. (1996b) Ecomuseums pull in regeneration cash. *Museums Journal*, 96, (8), 15.

Corsane, G. (2006) 'Sustainable future scenarios for people, environments and landscapes in Cumbria: the ecomuseum ideal and issues related to its use', *International Journal of Biodiversity Science and Management*, 2(3), 218-222.

Dalibard, J. (1992) What is an ecomuseum? *BC Museums Association Round Up*, 172, pp. 2 and 4.

Davis, P. (1996) *Museums and the Natural Environment; The Role of Natural History Museums in Biological Conservation*, Leicester University Press/Cassells Academic, London.

Ecomuseum Observatory (2010) Canada. Available online at http://www.observatorioecomusei.net/

---

① 分别见本书第 127 页、第 212 页。

start.php?PHPSESSID=3877128d808d29d1eef3169944835fa6&stat=&str=sez/sez/hd%sez=96 &cat=&&vis=1&cat=Canada (accessed 14 January 2010).

Endacott, A. (1992) 'Change in the countryside', *Museums Journal*, 92(4), 32-33.

Environment Council (1995) *Who's Who in the Environment: England*, The Environment Council, London.

Fuller, N.J. (1992) The museum as a vehicle for community empowerment: the Ak-Chin Indian community ecomuseum project. In Karp, I., Kreamer, C.M. and Lavine, S.D. (eds) *Museums and Communities*, Smithsonian Institution Press, Washington, DC and London, pp. 327-365.

Grant, I.F. (1961) *Highland Folk Ways*. Routledge and Kegan Paul. London.

Groupe de recherche en patrimoine (1983a) Introduction to *Journée d'étude sur les écomusées, Mai, 1983*, Université du Québec à Montréal, Quebec, Canada, n.p.

Groupe de recherche en patrimoine (1983b) 'Projet de déclaration québécoise sur les écomusées', *Journée d'étude sur les écomusées, Mai, 1983*, Université du Québec à Montréal, Quebec, Canada, n.p.

Hall, P. and Seeman, C. (1987) *Folklife and Museums: Selected Readings*, The American Association for State and Local History, Nashville, Tennessee.

Heron, R.P. (1991) 'Ecomuseums-a new museology?', *Alberta Museums Review*, 17(2), 8-11.

Holman, N. (1996) 'Curating and controlling Zuni photographic images', *Curator*, 39(2), 108-122.

Hoyt, M.C. (1996) 'Community-based museums past, present and future', *Curator*, 39(2), 90-93.

Jenkins, J.G. (1972) The use of artifacts and folk art in the folk museum. In Dorson, R.M. (ed.) *Folklore and Folklife: An Introduction*, University of Chicage Press, Chigago, IL, p. 498.

King, A. and Clifford, S. (1985) *Holding your Ground; An Action Guide to Local Conservation*, Maurice Temple-Smith, London.

Lagrange, R. (1985) 'Le projet d'Écomusée de la Vallée de la Rouge: le passé au service de demain, par et avec la force culturelle des populations', *Bulletin d'Association des Écomusées du Québec*, 1(1), n.p.

Lawes, G., Sekers, D. and Vigurs, P.F. (1992) 'Defining the undefinable-ecomuseums; a Cinderella or another Ugly Sister?', *Museums Journal*, 92(9), 32.

Macqueen, E. (1998) *Museums and their Communities; A Case Study in Argyll and Bute*, unpublished M.Phil. Thesis, University of Newcastle.

Marshall, H.W. (1987) Folklife and the rise of the American Folk Museum. In Hall, P. and Seeman, C. (eds) *Folklife and Museums: Selected Readings*, The American Association for State and Local History, Nashville, Tennessee, pp. 27-50.

Mayrand, P. (1983a) 'Petite Histoire de l'écomuséologie au Québec', *Journée d'étude sur les écomusées, Mai, 1983*, Université du Québec à Montréal, Quebec, Canada, n.p.

Mayrand, P. (1983b) 'Les defis de l'écomusée: un cas, celui de la Haute-Beauce', *ICOFOM Study Series*, 4, 23-27.

Mayrand, P. (1985a) 'Editorial', *Bulletin d'Assocation des Écomusées du Québec*, 1(2), n.p.

Mayrand, P. (1985b) 'Haute-Beauce', *Bulletin d'Assocation des Écomusées du Québec*, 1(3), n.p.

Mayrand, P. (1987) 'Haute-Beauce', *Bulletin d'Assocation des Écomusées du Québec*, 3(1), 18.

Mayrand, P. (1989) 'L'écomusée dans ses rapports avec la nouvelle muséologie +-ou = ; neanmoins la trame indelible de G. H. Rivière', *Musées*, 11(3/4), 11-13.

Mayrand, P. (1997) 'Parcours dissymétriques de la muséologie Québécoise actuelle', *Actas*, 95-99.

Mayrand, P. and Binette, R. (1991) 'Les écomusées au Québec', *Musées*, 13(4), 18-21.

Payton, J. (1996) 'The South West Ecomuseum, Western Australia: a case study', paper presented at the Fourth International Conference of the Commonwealth Association for Local Action and Economic Development, Derry, Northern Ireland, typescript, 12pp.

Renaud, P. (1992) Museums: to know and be known. In Côté, M. (ed.) *Museological Trends in Quebec*, Société des musées québécois and Parks Service, Environment Canada, Quebec City, Quebec, Canada.

Rivard, R. (1985a) 'Qu'est-ce qu'un musée pour monsieur toulemonde?', *Bulletin d'Assocation des Écomusées du Québec*, 1(3), n.p.

Rivard, R. (1985b) 'Ecomuseums in Quebec', *Museum*, 37(4), 202-205.

Simard, C. (1991) 'Economuseology-a new term that pays its way', *Museum*, 43(4), 230-233.

Stephenson, S. (1982) The territory as museum: new museum directions in Quebec. *Curator*, 25 (1), 5-16.

Stevens, T. (ed.) (2005) *From Trees to Treasures: The Story of Henry Jackson MBE, Founder of the Rural Life Centre*, Rural Life Centre, Tilford.

Tahar, J.G. (1990) 'Ak-Chin Community Ecomuseum', *Federal Archaeology Report*, 3(3), 6-7.

Tanaka, D. (1992) 'On the ecomuseum frontier', *BC Museums Association Round Up*, 174, 3.

Tracey, W.A. (1994) 'Kalyna Country Ecomuseum', *Alberta Museums Review*, 20(2), 25-27.

Tremaine, H. (1989) 'An ecomuseum in Crowsnest Pass', *Alberta Museum Review*, 14(1), 9-11.

Tremaine, H. (1992) 'Rich, varied history of coal mining centre of Crowsnest Pass Ecomuseum', *BC Museums Association Round Up*, 172, 4.

Turnbull, L. (1975) *The History of Lead Mining in the North East of England*, Harold Hill and Sons, Newcastle upon Tyne.

Viel, A. (1995) La situation canadienne. *In Patrimoine culturel, patrimoine naturel*, Colloque 12 and 13 December 1994, La Documentation Française, Ecole Nationale du Patrimoine, Paris, pp. 213-229.

Withall, M. (1992) *Easdale Island Folk Museum, Argyllshire*, Easdale Folk Museum, Easdale.

Wood, W. (1991a) 'The Cowichan and Chemainus Valleys Ecomuseum', *Muse*, 8(4), 10-11.

Wood, W. (1991b) 'The ecomuseum: a synthesis of heritage, economy and the environment', *BC Museums Association Round Up*, 164, 3-4.

Wood, W. (1992) 'Focus on ecomuseums', *BC Museums Association Round Up*, 172.

Zeuner, C. (1992) 'Saving skills', *Museums Journal*, 92(4), 22-26.

第八章　非洲和拉丁美洲的生态博物馆

1972 年，在智利圣地亚哥举行的联合国教科文组织与国际博物馆协会的"圆桌会议"是新博物馆学和生态博物馆发展史上的里程碑之一。很明显，对与会者而言，如果博物馆既要实现文化上的目标，又要满足发展中国家的社区在社会与经济上的需求，它们就必须进行改革。因此，实现将文化与发展联系起来的潜在利益，以及整体性博物馆的观点——即要与其他为社会和当地社区服务的机构整合，开始在国际舞台上占有一席之地。1991 年联合国教科文组织一般性大会通过了关于设立一个独立的世界文化与发展委员会（Commission on Culture and Development）的决议，其任务是"在发展背景下，为满足文化需求而准备短期与长期行动提案"，这项决议肯定了文化遗产的重要性，并承认了博物馆的关键性作用。

圣地亚哥会议的决议自 1973 年公布以来，许多发达国家已经接受了社区博物馆学的概念。一些国家还对生态博物馆的理念与实践进行采用或修订，以适应国情。然而，那些被认为是最适合用社区博物馆或生态博物馆概念的发展中国家，其发展状况对英语国家而言知之甚少。只是因为这些社区倡议行动通常规模较小，并且是在缺乏专业指导的情况下进行的，所以很少在国际博物馆文献中见到报道。我敢肯定，它们正在进行的工作远比当前在《国际博协通讯》（ICOM News）或《国际博物馆》（Museum International）杂志上所能看到的要多，但其信息却很难找到。因此，本章选择了一些广为传播的例子，所提供的这些案例显示，生态博物馆在重建社区以及推进社区文化和自然遗产保护方面已经取得了一些进展。生态博物馆在发展中国家有着相当大的哲学吸引力。人们对它的热情是有的，但似乎也有很多不令人满意的情况出现。太多的生态博物馆在文献中仅出现过一次，之后再也没有出现过。当生态博物馆被讨论、被动议，甚至准备创建时，却由于各种原因而失败，其中最相关的是政治与财政的支持不够。

一、非洲的生态博物馆

马里国家博物馆（National Museum of Mali）考古部立有一块牌子，其上写道："50 年前，非洲被认为是一个没有历史的大陆（Il y a encore 50 ans, l'Afrique etait présenté comme un continent sans histoire）。"难怪时任国际博物馆协会主席（1989—1992 年）的阿尔法·奥马尔·科纳雷（Alpha Oumar Konaré）那时希望非洲大陆的博物馆摆脱西方博物馆的模式——"我们必须消灭西方式博物馆"（引自 Millinger[1]，2004），他在 1992—2002 年任马里总统，后又任非盟主席（2003—2008 年）。殖民主义国家在非洲建立的博物馆是效仿久经考验的欧洲模式，该模式深深扎根于 19 世纪的哲学中，即将物件和标本的收藏作为博物馆所有业务活动的核心。而这类博物馆的观众只是社会的一小部分，正如加莱克（Garlake, 1982）所言：

> 博物馆在殖民主义国家或新殖民主义社会中的作用一直是为了娱乐殖民者、买办和外国游客等少数有地位的精英阶层。人们的文化是被掠夺和贬低的。从他们社会环境中剥离的物件被精心地隔离开来，以展示其奇特和异域，有时是有价值和艺术性的，但终究缺乏任何社会和历史意义，并与人们的生活无关。

博伊兰（Boylan, 1990）在回顾国家博物馆为文化认同做出贡献的方式时，同样关注博物馆的性质，尤其是那些非洲的博物馆。就殖民地而言，从殖民主义国家继承下来的"国家博物馆"，连同殖民者对历史和文化的偏见，往往是其屈辱的经历。值得庆幸的是，因为非洲的国家博物馆[2] 力图去反映文化的多样性，

---

① 米林格（Millinger）顺带提到了"朱贾国家公园生态博物馆"（ecomuseum of the national park of Djoudji），这是一个极小的房子，里面有关于塞内加尔传统、语言、民族，以及公园里鸟类等动物和植物的简要介绍。

② 这种说法适用于许多国家的国家博物馆，而不仅仅是非洲国家。埃奥（Eoe, 1995）展示了巴布亚新几内亚国家博物馆（National Museum of Papua New Guinea）是如何试图在一个拥有 800 多种语言和 250 多个文化族群的国家实现其格言——"多元一体"（Unity in Diversity）的目标。他说："在博物馆里，这种一体并不是仅仅以一批批物件为基础，而是建立在它们与文化的其他组成部分，如表演艺术、口述历史和语言的联系上。如果说国家的统一是基于妥协而岌岌可危的事务，那么博物馆在保持其平衡方面扮演了非常重要的角色。"

而不是以强加殖民的历史和从欧洲人的视角去诠释土著文化为目的，所以那些关于征服的表达正逐渐被重塑。换言之，非洲国家颂扬文化的多样性，允许当地社区自由的表达，并为建设和推崇自己的文化提供机会，这同样重要。

1991 年 11 月 18 日至 23 日，在西非国家贝宁、多哥和加纳举行的国际博物馆协会会议上提出了这样一个问题：非洲需要什么类型的博物馆？这个议题被广为关注，同时提出了一些展现未来希望的项目，并出版论文集《何种博物馆适合非洲？》(*Quels musées pour l'Afrique?*, 1992)。几内亚比绍民族志博物馆馆长莱昂纳多·卡多索 (Leonardo Cardoso, 1992) 指出，大多数非洲的民族志博物馆和民族志藏品并不适合现代需求，所有这些都是站在欧洲人的立场上（没有别的）来展现民族志。因此，这些藏品是有选择性的，优先考虑其"艺术性"或者是那些被视为是古董和稀有的物件，日常用品、新的和已被丢弃的或破损的物件则被忽略。而后者是个人或社区生活的内在要素，提供了将一个社区与另一个社区进行区分的办法。博物馆通过看护和展示这些物件，从而成为"一种传播知识的工具和一种我们保护自己东西的方式"，这是建立文化认同的一种手段。桑给巴尔博物馆 (Zanzibar Museums) 馆长哈米斯 (Khamis, 1992) 通过思考物质文化以外的因素，如宗教信仰、农业方法、饮食、服装、禁忌以及社会和自然环境的关系等，进一步探讨了身份的概念。

在那次会议上征集的论文只是对当时情况的叙述，而不是回答问题。然而，这些论文确实强调了非洲博物馆持续面临的麻烦，特别是殖民主义的后遗症。无论如何，许多作者都表达了对变革的渴望，并展示了他们对新博物馆学理论和实践的认知。例如，桑德洛斯基 (Sandelowsky, 1992) 回顾了欧洲博物馆逐渐变化的影响，指出新博物馆学被引介到非洲的方式，同时提到纳米比亚博物馆所设定的社会目标正在通过社区互动来实现。

拉文希尔 (Ravenhill, 1992) 在对会议的评述中指出，出现了四个普遍性和相关性的话题。第一，非洲的博物馆需要自治，博物馆要有摆脱作为国家附属物模式的能力，尽管其受政治摆布和财政短缺的制约。第二，非洲的博物馆需要创造机会在当地社区的支持下管理自己的未来，当地社区将在管理机构中派出代表。第三，开展区域合作和通过创新与实验性的培训计划培训各层级博物馆专业人员。会议的最后一个话题是非洲博物馆的未来，在此形成了一个明确的共识，即博物馆的首要目标是公共教育。这将通过各种展览与外延活动项目来实现。

会议的话题突显了博物馆界对非洲博物馆变革必要性的真正认识，同时对博物馆发展的总体方向有了清晰的洞察，但仍然无法回答"博物馆应该是什么样的？"这个问题直到 20 世纪 80 年代中期才形成共识，即认为非洲的博物馆应该是国家博物馆及其卫星馆，当时科纳特（Konate, 1995a）指的是"相对新颖"（relative novelty）的地方博物馆。拉文希尔（Ravenhill, 1995）记载道，直到 1983—1984 年左右，在远离国家首都的城镇或乡村建博物馆的话题才成为他与博物馆同事、社区领袖、教师和当地公民的交谈中反复出现的主题。当时[1]，地方博物馆的概念在讲法语的非洲国家得到了广泛的讨论，这肯定不是巧合。科纳雷（Konaré, 1995）特别提到了非洲讲法语的国家，其博物馆馆长们持续关注特定博物馆模式的相对优点，他指出："我确信一件事：我们这些在博物馆和文化遗产（领域）工作的人，必须质疑迄今为止我们所接受的关于博物馆应该是什么的选择。"

博物馆在非洲文化供给与政策这些更广阔领域中的位置，有人开始提到。世界文化与发展委员会（1995）认为："文化政策的概念应该从'对艺术的狭隘关注'中拓展出来……着眼于鼓励多元文化活动和博物馆在定义文化意义中所发挥的重要作用。"委员会注意到一些博物馆正在运用更加整体的方法，并对人与环境之间的联系表达了关切：

> 如果文化赖以生存的环境被滥用或枯竭，那么文化就无法生存……现在人们越来越多地认识到，社会本身已经制定了保护和管理其资源的详细程序。这些程序植根于文化价值观。

博物馆可以在保存价值观和执行相关保护程序方面扮演重要角色，从而为地方资源的管理作出更大贡献。布雷默（Breemer）及其同事（1995）提到了非洲"传统地方资源管理"的研究案例，其中管理地方资源的倡议是源于当地传统和同时期的集体行动。在这里，该倡议与克雷普斯（Kreps, 2008）提出的"原住民策展"（indigenous curation）和"适用博物馆学"（appropriate museology）概念有关。非洲地方博物馆的发展很重要，它不仅是保护和提升地方身份的一种工具，而且是一种维护传统技艺与实践的手段，可产生社会和环境效益。

科纳雷认为，地方博物馆无论采取哪种具体形式[2]，只要符合社区宗旨，就

---

① 与新博物馆学有关的激进思潮正从法国和魁北克蔓延开来。
② 传统模式、露天博物馆、学校博物馆、巡回展览服务、手工艺村。

无关紧要。但是，瑞典—非洲博物馆计划（Swedish-African Museum Programme, SAMP）于 1996 年 10 月举办了一次会议，坦桑尼亚达累斯萨拉姆乡村博物馆馆长保罗·姆塞姆瓦（Paul Msemwa）在会上做了一个报告，提出在非洲发展露天博物馆的有力主张（Msemwa, 1997）。会议决议也强烈支持了这一观点，决议的第三部分指出：

> 露天博物馆能够以独特和有效的方式传播知识，并能对所代表人群的文化进行欣赏，从而为国家的多元一体作出重大贡献，因此它们可以在实现政府和其他机构制定的目标上发挥重要作用。为此，非洲国家应该优先建立露天、遗址和生态博物馆，它们保存人类起源的无价文化和科学遗产，保护国家的历史古迹与艺术品，同时以可持续和参与性方式维护极其宝贵的生物多样性，进而促进人们之间的相互理解。

很明显，参加达累斯萨拉姆会议的非洲博物馆学家意识到博物馆可以发挥存贮文化和自然遗产以及其他方面的社会作用。该决议的重点仍放在保护过去的物质文化上，且强调利用这一资源为当今的教育需求服务，以创造一个可持续的未来。正如露天博物馆专家会议所预料的那样，这种特殊类型的博物馆（顺带提及了生态博物馆）被认为是最合适的工具。而其他相关的、非传统模式的博物馆，包括"文化之家"也被提到，它们对非洲社区或许同样有益。

乌科（Ucko, 1994）描述了津巴布韦"文化之家"的发展情况，这是一种在教育框架内保护过去要素的另类方法。这种新的方法论是可取的，因为津巴布韦国家博物馆管理局在 1981 年出台了一个政策，规定"本地文化藏品资料的全国性研究与保管应交由哈拉雷（Harare）的维多利亚女王博物馆（Queen Victoria Museum）负责"。这扼杀了本地群体对自身遗产的兴趣。在 20 世纪 80 年代早期，博物馆对大多数人来说似乎没有什么用，许多人认为整个博物馆管理局应该被解散，因为这是一个以静态收藏为活动核心的欧洲概念（Ucko, 1981）。尽管后殖民时期的津巴布韦已努力使博物馆教育服务面向更广泛的受众，但乌科（Ucko, 1994）认为：

> 关于津巴布韦的本土文化，博物馆的展览如今继续展现出的公众形象，至少在一些重要方面，与前殖民时期几乎没有明显的区别：它们仍然是独裁性质的和缺乏想象力的，特别是说明文字和标牌往往带有偏

见，且过时和刻板。

最初在 1980 年提出的"文化之家"①被认为是解决这一状况的潜在办法。通过这种方式，津巴布韦的当地社区可借助"以图书馆、博物馆、艺术和多功能设施为焦点"来形成他们自己对过去的理解和文化认同。这些文化之家（每 55 个行政区就有 2 个）由当地社区利用本地材料进行建造，旨在鼓励社区参与。经与当地人协商，最终形成了一座具有 5 个独立房间的文化屋构想。其中一间作为库房专用于存放神圣的物件；一间用来保存与族群语言和历史有关的书籍、文章和手稿；一间致力于开展口述历史和传记工作；一间用于艺术和手工艺品（也作为一个商店）的展示；最后一间则是一个临时展厅。每个文化之家都有一个用来唱歌和跳舞的区域。1986 年 1 月，当穆雷瓦（Murewa）文化之家开放时，这一理念就付诸了实践。

尽管有这样一个良好的开端，其他地区也进行过几次有关土地和建筑物收购的咨询，但穆雷瓦仍是津巴布韦为数不多的几个"文化之家"或"文化村"之一。虽然该国的经济和政治局势严峻，但在 2008 年尚加尼（Shangani）和马龙德拉（Marondera）文化村，以及穆雷瓦仍继续得到了政府的财政支持。麦卡特尼（McCartney, 1985）认为，作为旗舰项目的穆雷瓦在早期阶段就与真正的社区所有渐行渐远，它成为政府的又一个分支机构。当地的文化族群并不被允许决定自己的发展道路，因为决定是从外部强加的。

"文化之家"的概念对非洲来说仍是一个极有吸引力的选择，但如果想要成功就必须由当地人发起并归他们所有。位于布基纳法索波贝门加奥（Pobe Mengao）的地方博物馆，就是一个取得一定成绩的绝佳例子，此项目便是由社区发起。1979 年，镇上的年轻人目睹了传统艺术的消失，便决定创建一个"有房子的博物馆"（house museum）来展示重要的文化物件。博物馆利用传统材料建造，黏土刷墙、夯土铺地，里面陈设的藏品包括陶瓷、武器、雕像、面具和皮

---

① 值得注意的是，津巴布韦的"文化之家"在巴布亚新几内亚可能有类似的平行发展，在那里"地方文化中心"的概念得到了澳大利亚政府的支持，巴布亚新几内亚独立后，又得到了中央和省级政府的支持。乌科（Ucko, 1994）指出："这些巴布亚新几内亚的文化中心，在得到联合国教科文组织或政府的最初拨款后，绝大多数似乎都没有幸存下来。尽管如此，这一概念仍在蓬勃发展，许多族群继续通过失败的或规划中的文化中心计划来表达他们的文化和教育梦想。"

革制品，总共约 132 件。直到开馆后第 4 年，博物馆需要利用水泥来修缮房屋时，才得到了国家文化部门的援助。年轻的志愿者们仍然在看护这座房子及其藏品。虽然博物馆不定期开放，按照欧洲的标准，它也没有策展实践，但它仍然是当地人决心主张自己身份的体现。桑霍尔（Sanhour, 1995）记录道：

> 对波贝门加奥人而言，在他们的家门口附近设置一处场馆，在那里人们可以聚在一起，并观察能够证明其历史和文化的公共物件是一件很重要的事情。这是在我国自然条件最恶劣地区（萨赫勒地区 Sahel）[①] 的一项引人注目的成就。

"文化之家"的理念与新博物馆学和生态博物馆的概念有许多共通之处。人们虽然也意识到了新博物馆学的意义，然而与之相关的实践似乎尚未在非洲成功实施。这一直都是一个极具争议的话题，在南非尤其明显：

> 博物馆正面临着许多令人兴奋的新挑战。为了满足不断变革的社会需要，这个国家的博物馆学家们不得不重新审视和修改许多强调传统博物馆思想的哲学、理论和实践部分。在这个过程中，博物馆专业人士正在寻找使博物馆更有意义的新方法。（Corsane and Holleman, 1993）

这两位博物馆学家相信，生态博物馆范式对南非有很大帮助，尤其是当社区需要从整体上理解它们与其环境（社会、文化和自然）之间的发展关系时。国际博物馆协会前主席阿尔法·奥马尔·科纳雷（Alpha Oumar Konaré）十年前就提出这个观点，尽管他并没有使用"整体论"这个术语。他对生态博物馆的理念能够满足非洲人民掌控自己文化和身份的需要而着迷，写道：

> 在当今欧洲现存的不同模式的博物馆中，非洲最好对生态博物馆体系进行考察。生态博物馆首先代表的是一个特定的区域，有工作中的人、集体记忆的遗产，以及展现现实生活情景的一整套具体社会实践的活动。简言之，有赋予这些文化生命的一切。（Konaré, 1983）

柯赛和霍勒曼（Corsane and Holleman）意识到，应对瞬息万变的多元文化

---

① 译者注：萨赫勒地区西起大西洋，东抵红海，横跨塞内加尔、布基纳法索等 10 个非洲国家。这里常年干热、植被稀少，是世界上最贫瘠的地区之一。

社会的需求非常具有挑战性，但他们也对生态博物馆概念的应用持谨慎态度，并认为"这种相当结构化和组织严密的范式"是刻板的。他们评论道："世界上建立的大多数生态博物馆……都关注一个本质上是单一文化特征且相对稳定的区域。"这一评论是有道理的，但他们也忽视了生态博物馆模式中具有多元文化背景的社区，如加拿大的卡利纳，或是具有形形色色移民人口的那些区域，如法国的弗雷斯内斯，或是遭受经济萧条的地区，如加拿大蒙特利尔的自豪世界。然而，他们显然意识到传统博物馆方法对南非当地社区保护和增强其文化认同作用不大。库塞尔（Kusel, 1993）抛弃了"博物馆是一栋收藏有物件的建筑物"的想法，这促成了对比勒陀利亚（Pretoria）国家文化历史博物馆（National Cultural History Museum）工作实践的重新评估。许多激进的决策得以采纳，最值得注意的是，开始认识到博物馆有必要确立社会对其的需求，以便就如何实现这一需求做出决定。什么构成了博物馆的观点已转变为什么构成了"整体环境"。探索文化多样性，促进文化的理解与包容，成为博物馆及其活动的使命。其中一个主要的成果是建立了索特潘社区博物馆（Soutpan Community Museum）①，它展示了"生态博物馆"的一些要素。

文献表明，生态博物馆的概念已得到了非洲国家的承认，并因此实现了一些基于社区的项目，包括库马西（Kumasi）的加纳国家文化中心（Ghana National Cultural Centre），科特迪瓦扎拉努（Zaranou）、博努阿（Bonoua）和伊莱埃奥蒂勒（Iles Eotile）的项目，马里的锡卡索博物馆（Sikasso Museum）和多哥的阿内霍（Aneho）（Ardouin and Arinze, 1995）。类似的地方举措在非洲各地都可以看到，包括冈比亚的坦杰乡村博物馆（Tanje Village Museum）、多哥的"城市——我的博物馆"（La Ville mon Musée）和肯尼亚的阿巴苏巴社区和平博物馆（Abasuba Community Peace Museum），后者于 2008 年建成开放，旨在保护一个濒危的少数族群社区。在肯尼亚，国家博物馆做了很多工作以支持社区博物馆的发展，如在察沃坎巴社区博物馆（Tsavo Kamba Community Museum）开展的工作（Nyangila, 2006）。此类项目一般会因为有欧洲或北美博物馆与非洲博物馆之间的合作（包括博物馆间的结对）而得以推进。例如，挪威的图顿生态博物馆就在挪威开发合作署（NORAD）资金资助下参与了坦桑尼亚希尼安加环境博

---

① 见本书第 20 页。

物馆（Shinyanga Mazingira Museum）的建设。该项目的目标包括利用生态博物馆学方法推动社区参与（Dahl, 2006）。许多其他机构也为促进洲际间的合作提供帮助，包括瑞典—非洲博物馆计划（SAMP）和美国博物馆协会，它们通过博物馆间的国际合作伙伴关系网（International Partnership Among Museums, IPAM）鼓励具有类似使命的博物馆进行相互合作。国际博物馆协会加拿大国家委员会（Canadian National Committee）也于 1996 年启动了国际合作计划，旨在帮助拉丁美洲和非洲的机构与加拿大的博物馆建立合作伙伴关系。

1999 年，国际博物馆协会非洲委员会（International Council of African Museum）的成立为促进博物馆专业人士间的对话，以及为非洲博物馆制定新议程做了大量工作。2003 年的会员大会确认，社区参与在博物馆的工作中应成为一个优先事项。会上，纳吉布·巴拉拉（Najib Balala, 2005）指出：

> 如果非洲要实现可持续发展，就不能像过去那样忽视文化。这种忽视，已导致我们的人民，尤其是青年一代，与自己的文化遗产缺少接触。我们迫切需要那些有能力的机构，以传授归属感和与之相关的知识。博物馆必须随机应变，以帮助我们的人民与其根脉相调和。多年来，我注意到，缺乏对特定社区文化问题的理解，往往会导致不切实际和难以为继的干预。

同样，乔治·阿布古（George Abungu, 2005）也呼吁建设博物馆：

> 博物馆是与人相关的、具有人情味的、能创造对话空间的、能充当中性立场的、能容纳各种不同声音的。博物馆必须进行全球对话和在地行动。它们必须走在最前沿，为人类发展创造保护、推进和可持续管理地方遗产资源的机会。因此，博物馆的重要性与其对人类生活的影响挂钩。

这些观点认为，博物馆有必要采用新的方法在非洲地区发挥作用。进一步支持这些观点的证据来自国际博物馆协会非洲委员会 2010 年举办的会员大会，其主题为"非洲的新博物馆：变革与延续"。近年来，尽管"变革"已取得了一些进展，基于社区的项目也有了明显的增加，有人还提出了几个项目建议，不少的社区博物馆也都展现出了生态博物馆的基本原则，但事实上非洲只有一个项目采用了"生态博物馆"这个名称。

（一）马里加奥的萨赫勒博物馆（The Sahel Museum, Gao, Mali）

阿尔法·奥马尔·科纳雷（Alpha Oumar Konaré）认为生态博物馆模式是可以成功应用于非洲地区的。他以自己的国家马里为例，提议在萨赫勒（Sahel）地区建立生态博物馆。萨赫勒是一个阿拉伯语单词，意为沙漠的边缘。该地区横跨 10 个国家，面积约 530 万平方千米，近年来遭受了严重的旱灾，见证了人类贫穷与痛苦的境遇。

萨赫勒地区的国家博物馆，其中最著名的有位于尼日尔尼亚美[①]和马里巴马科[②]的博物馆，它们都是非常传统的历史和民族志博物馆，很少或根本不与社区互动（Konaré, 1985）。因此，建立区域博物馆的倡议开始出现，其中包括塞内加尔的济金绍尔（Ziguinchor）生态博物馆和 1981 年开放的位于马里加奥（Gao）的萨赫勒博物馆（Sahel Museum）。科纳雷希望萨赫勒博物馆能通过采用基于社区的方法获得成功，包括运用生态博物馆理念成为一个旗舰项目，以鼓动整个亚荒漠化地区的其他国家采用同样的策略。很明显，科纳雷希望这里摒弃传统的博物馆模式，并提出"每个民族、每个族群、每个文化社区都要利用自己的传统来确定具体的保护体系……非洲人……必须从文化异化中解放出来，抛弃外来的观念，使现有的博物馆去殖民化，这样才能创造出他们自己想要的博物馆"（Rivard, 1984）。萨赫勒博物馆当时制定的目标（Konaré, 1985）表明这是一个全

---

① 里瓦德（Rivard, 1984）列举了位于尼亚美的博物馆例子，该博物馆成立于 1958 年，当时尼日尔刚独立不久，它是最早"开放的"（即非传统的）博物馆实例之一。他指出："小型的建筑被搭建起来，一个接一个，用来展示物件，并重建尼日尔的传统生活环境。很快，博物馆变得形态多元：一个室内博物馆和一个室外展览同时共存，这里还拥有一个动物园和多个植物园，以及一个专为盲人和残疾人的手工艺培训中心、一个幼儿园、一个'非洲国家'花园、一个重要的手工艺中心和一所学校……在重建的垂钓营地附近，还有一个位于阴凉处的酒吧，可作为一个随传统音乐而舞的空间……图瓦雷克人（Tuareg）、普埃尔人（Puel）和杰尔马人（Djerma）的工匠们共同从事皮革、木材和贵金属的制造，以及五颜六色毛毯的编织工作……它可能是一个名义上的博物馆，也可能是一个借助真实物件进行教学的单位，但它在多数情况下更像是一个象征国家存在的大熔炉。"这样一个令人激动的发展，受到了里瓦德和雨果·戴瓦兰的高度评价，他们对该博物馆早期的存在情况进行了跟踪调查，并将其称为"新博物馆学的开端"，然而令人遗憾的是，1985 年它又回归了"传统"。

② 科纳雷还参与了巴马科的马里国家博物馆建设，显然他也希望在那里运用一种非传统的工作方法（Rivard, 1984）。

新的做法，即通过向萨赫勒人民提供一个面向社区各阶层的教育机会和一个提升手工技艺的空间来实现博物馆的社会目的。

可悲的是，该项目的社会目标最终被遗忘了，因为"该博物馆基本上是由社会学、历史学和民族学的专家们规划的，他们并没有与当地居民一起开展工作"。首先，展览设在镇上的一处宅子里，是由德国不来梅博物馆构思并实现；其次，藏品是通过美国驻马里大使馆而获得，该博物馆未得到巴马科国家博物馆的支持，也未能与社区建立良好的关系，并受到当地政治的不利影响。在加奥当地人看来，似乎该博物馆是为一个专门机构的设立而设立，地方当局的观点则是：

> 一个不断寻找食物的群体无法对考古、博物馆或岩画产生兴趣，对这类人群来说，这些事情可能毫无意义，仅仅因为他们表征了其文化或卷入到了一些未来的发展之中。（Konaré, 1985）

这种对文化认同重要性的消极看法来自潜在的资助机构，这对一个信心满满的项目而言是一个沉重的打击。尽管其哲学背景依然存在，但萨赫勒博物馆在开放了大约 4 年后，仍暂时性关闭了。科纳雷憧憬的是，在特定的区域建设一批小型的生态博物馆，使其散布在整个亚荒漠化地区：

> 将会有像村庄一样多……或者是像游牧部落营地一样多的生态博物馆……（村庄、营地）具有某种语言、文化或族群上的一致性。这样一个地域单元将与经济活动、初始仪式和社区经营的轨迹相对应。相应的，各个生态博物馆将会是互补的，以形成一个区域性网络。

这些值得称赞的想法尚未实现。但位于加奥的博物馆幸存了下来，它现在致力于展示桑海人（Songhai）和图瓦雷克人（Tuareg）的生活，科纳特（Konate, 1995b）指出："一系列针对学校的教育计划，以及与当地协会的联系将会促使博物馆更好地融入其社会环境，这是我们所希望的。"

（二）塞内加尔的济金绍尔生态博物馆（The Ecomuseum of Ziguinchor, Senegal）

塞内加尔济金绍尔的生态博物馆，其理论构架 1985 年被提出，但还没有证据表明该项目已经完成了。恩迪亚耶（Ndiaye, 1995）在 1985 年西非博物馆计划（West African Museum Programme, WAMP）的会议上提出了建生态博物馆的想法，直至十年后才正式发布出来。济金绍尔是卡萨芒斯（Casamance）地区一个约 8 万人的小镇，这是一个多元文化的聚居区，由富拉人（Fula）、曼丁哥人（Mandinka）和狄奥拉人（Diola）构成。气候变化对该地产生了重大影响，从而引发了社区的共同恐慌：

> 因此，社区博物馆的构想将促进团结，同时它又是一个极度痛苦的结果，因为其使命是在继承文化遗产的同时，解释气候的恶化。

这些想法在欧洲人看来可能很有野心（也很好奇），这是博物馆被用来推动地方资源管理的极好例子。该项目的主要目标是展示土地保护和畜牧业养殖的传统方法，说明污染、滥伐森林和过度捕捞的危险，探索保护遗传多样性的技术，向社区宣传其历史、地理和文化，协助文化遗产的再发现，推广当地的手工技艺，保护口头和其他民间传统，并监测环境和文化的变化。恩迪亚耶认为，这些行动会促使生态博物馆去传达关于那些为该地丰富自然和文化遗产做出贡献的因素的想法。

（三）塞内加尔达喀尔的生态中心（Écopole, Dakar, Senegal）

加拿大魁北克文明博物馆与非洲地区法语国家的博物馆建立有联系。其中一个项目，选择以回收利用作为主题，因为"小规模回收利用是西非城市中的一个普遍现象"（Ferrera, 1996），项目最终以展览"灵巧的非洲：手艺人的回收与再利用"（*Ingenieuse Afrique: artisans de la récupération et du recyclage*）作为合作成果。展览先在魁北克省筹备并展出，展品包括手工玩具、雕塑和由回收材料制作的城市艺术品，随后又在整个西非地区进行了巡展，最后永久落户在塞内加尔达喀尔的一家废弃的天然气厂内，并将这里取名为"生态中心"（Écopole），它是这个城市的 8 个生态中心之一。

巴迪亚内（Badiane, 1996）将该展览视为西非生态中心服务社区的一个窗口。第三世界的社区 1/3 或更多的生产力都是源于对有效且富有想象力的材料进行回收与再利用，并且通常是个人生存的主要手段，他们凭借其毅力和才华，在所生活的混乱城市中找到了生存之道。生态中心与其他组织机构联系紧密，以促进塞内加尔城市的发展，特别是与第三世界环境发展行动组织（Environmental Development Action, ENDA）分支机构——参与式城市发展中继站（Relais pour un devéloppement urbain participé, RUP）的合作，该机构成立于 1972 年。这两个机构都认可通过有效地利用资源进行回收的生态优势，同时也考虑到了经济利益（可以以合理的价格购买生产的商品和工具）和社会效益。

达喀尔贫困人口在城市中的经济活动，包括许多小型企业，大部分都是以家庭为基础的。"参与式城市发展中继站"正尽一切努力来帮助这种经济模式。这种努力不是使其工作方式规范化，而是通过建立联系和合作伙伴关系，来充当发展的催化剂。除在社区内工作外，"参与式城市发展中继站"还认识到这些行动需要有一个外在的活动中心。因此，1991 年，第三世界环境发展行动组织收购了位于达喀尔市郊的一座废弃的天然气厂，作为其行政和指导中心。该中心于 1996 年 4 月正式落成，两位非洲国家的总统——塞内加尔的阿卜杜·迪乌夫（Abdou Diouf）和马里的阿尔法·奥马尔·科纳雷出席了典礼（ENDA, 1996）。它的建设是由专家和当地人 ① 组成的一个委员会来指导的，并得到了一个"科学"委员会和一个支持者组织的协助。生态中心远非一座传统的博物馆，该项目涵盖了重要的博物馆学要素，包括研究和记录该地区的文化生活，以及对常设展、临时展和巡回展的策划。将它描述为一种改善达喀尔和塞内加尔南部社会与教育条件的机制最为恰当。经过改造，工厂现作为聚会的场所和举办展览的地方，人们可以在此会面，交流经验。该中心公开其想法和产品，创建链接，并开展讨论和知识再传播。它还举办工作坊、展销会和比赛，销售当地商品，展示当地艺术家的作品，并鼓励底层的年轻人与当地手艺人合作。它还充当提高阅读和写作技能，以及传播健康和卫生信息的中心。

最初的发展规划还提议在全市范围内增建七个分散的生态中心，每个中心都将处理与当地经济和环境有关的特定主题，效仿生态博物馆的"碎片展示点"理念。因此，被称为"住在城里"（Habiter en ville）的中心负责组织有关住宅和建筑的会议与展览，并提供与住宅建设有关的实用知识。另一个"在城市中培养"（Se cultiver dans la ville）的中心有涉及儿童和手工艺人参加的工作坊，以鼓励发展实用技能，该中心也是达喀尔与其友好城市之间交换学生的场所。社区健康，成为"健康生活"中心（Vivre en bonne santé）的工作重点，其职责包括传播各种相关议题，如饮食、药用植物、儿童护理和艾滋病等知识。其他中心则处理与农业、土壤和农作物的维护，以及与渔业和自然保护有关的问题。

生态中心与传统博物馆相差甚远，可以被视为一种非常特殊的生态博物馆形

---

① 包括来自附近的"铁路"贫民窟代表。

态，尽管在提议建设它的文件中并未使用生态博物馆这个术语。它只是一个模糊的"地域"概念，而且主要针对社区当前和未来的需求。由于它对过去的遗产几乎没有意义感，这对那些没有财产且每天都要面对残酷生存压力的人们来说，是很容易理解的。但是，在鼓励经济、社会和教育发展事业中，当地社区的参与和对其赋权表明了新博物馆学和生态博物馆实践的影响。

（四）塞内加尔约夫的勒布人生态博物馆（Ecomusée de la peuple Lebou, Yoff, Senegal）

这是生态博物馆瞭望台数据库列出的非洲唯一一个生态博物馆，但它到底是不是真正的生态博物馆，仍值得怀疑。它与生态村有更多的相似性。这并不奇怪，因为它是 1996 年在塞内加尔约夫举行的第三届国际生态城市大会（Third International EcoCities Conference）的成果。约夫位于塞内加尔的大西洋沿岸，是一个具有 500 年历史的渔村。该村的开发得到了塞内加尔文化部萨亚·恩迪亚耶（Saya Ndiaye）的协助。"将非洲的传统智慧融入到全球生态重建的计划之中"是此次会议宣言的口号，作为回应，塞内加尔相关人士与国际志愿者们组成了一个小组，共同创建了"生态约夫"。最初的规划提议，除创建一个新的市政社会与文化中心外，还将建设一个用于表演和售卖手工艺品的区域。2001 年，"生态约夫"成为全球生态村合作网（Global Ecovillage Network）的成员，并建立了自己的展示点网络，以促进可持续的社区发展。现在，塞内加尔生态村合作网（Senegalese Ecovillage Network）由约 32 个生态村组成。

二、加勒比地区的生态博物馆

德尔加多（Delgado, 1995）认为，在加勒比地区和拉丁美洲"非洲奴隶、原住民和混血人种的后代继续遭到从殖民制度遗留下来的种族、社会、经济和文化的歧视"。她建议在这些地区的社区建立能够反映他们文化经验和日常生活的博物馆，以重申其文化身份认同。她认为生态博物馆和社区博物馆可以提供一个实用的模式。然而，生态博物馆在该地区的发展并未像它在世界其他地方那样呈增长的趋势。

在本书第一版中，我提到了成立于 1980 年的波多黎各蒙托索（Montoso）雨林生态博物馆，它是"一个户外博物馆公园，以阐释从史前时期到现代波多

黎各雨林中植物、动物和人类生活的变化模式"（Flores, 1980）。蒙托索植物园
（Montoso Botanical Gardens）充当生态旅游的基地（Montoso Botanical Gardens, 2010），但我未找到蒙托索生态博物馆仍继续存在的资料。加勒比地区生态博物馆的代表位于瓜德罗普（Guadeloupe）的玛丽-加朗特岛（Marie-Galante）。

瓜德罗普的玛丽-加朗特生态博物馆（The ecomuseum of Marie-Galante, Guadeloupe）

玛丽-加朗特小岛是加勒比地区法国属地瓜德罗普的一个岛屿。1976年，岛上居民参与了一个保护文化遗产的项目。参与记录该岛丰富民族志的专家们认为，将标准的"博物馆"模式植入该岛并不能实现对当地人的赋权和激励他们。因此他们开始研究生态博物馆在该地的发展潜力。玛丽-加朗特岛上的居民面临着许多社会问题，包括人口过剩和高失业率。由于过度开发海洋导致鱼类资源减少，加之在陆地上建立的大面积甘蔗单一种植区导致生物多样性丧失，岛上脆弱的生态不断退化。最初民族志项目只是为了记录岛上的物质文化和传统而设立，后来逐渐转变为解决这些问题的手段。根据科隆布和雷纳德（Collomb and Renard, 1982）的观点，新愿景确定了两个主要目标：恢复当地人对文化遗产丰富性的重视，并为他们提供依靠过去和现在的遗产去构建经济发展的新模式。岛上紧凑的自然风光使该岛成为开展实验的理想场地，如果成功的话，可以在群岛的其他地方应用。

该项目由瓜德罗普地方自然公园（Regional Natural Park of Guadeloupe）和瓜德罗普历史协会（Historical Society of Guadeloupe）共同实施。它们通过与当地人，包括教师、学生和协会召开多次会议，并咨询了民族志专家后，于1977年启动了这个项目。1978—1979年，伴随着巴黎国立民间艺术与传统博物馆（Musée National des Arts et Traditions Populaires）和法兰西民族学中心（Centre d'Ethnologie Française）所提供的额外支持与专业知识，该项目加快了推进的步伐。音乐民族志学家、建筑学家、工业考古学家和生态学家组成了一个强大的团队，并给予了完成研究的时间期限。渐渐地，当地人，尤其是当地博物馆"支持者协会"的成员开始接手这项工作。尽管尚未使用生态博物馆这个名称，但生态博物馆的构架已经搭建起来了。当地人组成了几个研究小组，其成员包括大量的学生代表，他们开始调查当地生活和文化的方方面面。研究小组与岛上的教师每年都聚在一起交流信息，回顾各个项目的进展，同时组织当地人进一步参与。利

用当地人去收集数据的优势很快就在专业人员的面前显现出来。在这个小岛上，大多数人都彼此认识，因此征求意见和询问信息更加容易，当地方言的细微差别也易于理解。一份双月刊通讯向各个文化项目的所有参与者分发，以提醒他们注意会议、公共活动和展览。研究成果以及基于遗产保护方面的实践成果的迅速发布，被证明是该项目的一个重要特点。

筹办临时展览是信息传播的方式之一。诸如"儿童游戏""药用植物""鱼与渔民"等主题，这些原本是研究小组的项目，现在变成了非常受欢迎的展览，并附有目录和指南。这些展览不仅体现出了研究小组的努力，而且还为岛上的其他居民提供了信息与灵感。主办方通过展览从访客那里也获得了不少信息，研究者一直在展馆里与感兴趣的各方进行对话。

以这些积极的工作为开端，建立一座生态博物馆的想法逐渐浮出水面。研究揭示，该岛的物质文化包括许多分散在岛上的基于原址的物件（特别是与甘蔗的种植、收割和加工有关的农业机械）。这些"碎片"遗产，还包括炼油厂和风磨坊，再加上当地社区现有的参与，表明建设一座生态博物馆是完全可行的。位于格兰德堡（Grand-Bourg）附近的穆拉特（Murat）风磨坊和以蒸汽为动力的普瓦松酒厂（Poisson Distillery）是最早被保护的历史遗迹。穆拉特最终被确定为一个保管档案和照片的基地与图书馆；格兰德堡成为该项目的第一个管理中心，使其能够持续与乡村社区的成员保持联系。作为生态博物馆活动焦点的穆拉特，四周的花园被改造成一个微缩的岛屿环境，传统农作物、牲畜和建筑物被安置在这里。2010 年，玛丽-加朗特成为"受控"于法国博物馆管理局的生态博物馆，这表明了它在生态博物馆世界中的重要地位。

三、中美洲和南美洲的生态博物馆

拉丁美洲的国家，特别是巴西，在 1972 年圣地亚哥会议之前就已经开始试验将博物馆作为一个社区发展的工具。如费尔南达·德·卡马戈·阿尔梅达-莫罗（Fernanda de Camargo e Almeida-Moro, 1985）就记载了其团队从 1968 年开始在里约热内卢圣特雷莎（Santa Teresa）的工作。值得注意的是，联合国教科文组织与国际博协的会议是在阿连德（Allende）担任智利总统时举行的，那是一个充满活力的时期，大量的社会倡议涌现。会议的决议与社会的变革和发展密切相关。然而，大多数拉丁美洲国家的政治和经济状况使得圣地亚哥宣言所承载的整体性博物馆基本原则在多年以后基本上被忽略（Gjestrum, 1991）。在拉丁美洲国家，生态博物馆概念在今天得到了不同程度的欢迎。生态博物馆瞭望台（Ecomuseum Observatory, 2010）指出，阿根廷（4 个）、巴西（16 个）、哥斯达黎加（4 个）、墨西哥（1 个）和委内瑞拉（1 个）都有生态博物馆。柯赛（Corsane, 2008）暗示圭亚那也有发展生态博物馆的潜力。拉丁美洲生态博物馆的数量与其面积之比要远小于欧洲。但是，"社区博物馆"在这里则司空见惯，它为博物馆提供了一个重要元素。德尔加多（Delgado, 1995）将委内瑞拉加拉加斯（Caracas）的佩塔雷民间艺术博物馆（Museum of Folk Art of Petare）和古巴哈瓦那（Havana）附近的瓜纳博科博物馆（Guanabocoa Museum）作为当地社区全力参与的拉丁美洲博物馆的典型代表。在许多中美洲国家，尤其是在墨西哥和哥斯达黎加，最初采用生态博物馆名称的博物馆已逐渐放弃了该名称，转而使用更容易让人理解的"社区博物馆"标签（A. Madrigal, ILAM, 私人通信）。

（一）哥斯达黎加的生态博物馆

梅里曼（Merriman, 2009）指的是位于瓜纳卡斯特省（Guanacaste）尼科亚市（Nicoya）圣文森特（San Vicente）的乔罗台卡陶瓷生态博物馆（Ecomuseo de la Cerámica Chorotega）。当地以生产手工陶瓷产品，包括少数族群制作的复制品而闻名。该生态博物馆于 2007 年 5 月落成，其目的是为当地手工艺人提供支持。梅里曼的工作是探究博物馆雇员、社区志愿者、手工艺人、哥斯达黎加国家博物馆工作人员和访客的想法，以为该博物馆的未来提出建议。生态博物馆瞭望台（2010）指出，这个生态博物馆仍处于发展之中，而另外 3 个生态博物馆已在该国活跃起来。在太平洋沿岸，阿班加雷斯生态博物馆（Abangares ecomuseum）保护和阐释该地区 2001 年成为国家遗产的金矿及其开采史。在哥斯达黎加的中央山谷有 2 个生态博物馆：托布什生态博物馆（Tobosi Ecomuseum）致力于原住民及其药用植物使用的展示；而图里亚尔瓦生态博物馆（Ecomuseo de Turrialba）则反映该地区丰富的考古、历史和原住民文化。

（二）墨西哥的生态博物馆

里瓦德（Rivard, 1984）认为，在出席圣地亚哥会议的国家中，只有墨西哥在会后立即遵循了宣言的基本原则，并为此做出了持续不断的努力。马里奥·瓦斯奎兹（Mario Vasquez）在圣地亚哥签署了这项决议，他迫切希望通过创建令人印象深刻的国立博物馆，如墨西哥人类学博物馆（Mexican Museum of Anthropology）那样，从而使墨西哥具备坚实的博物馆学基础。建立地方民俗和社区博物馆，外加一种使来自最贫困地区人们获得享受其文化遗产的机制，被视为行动中的重点。20 世纪 70 年代末，国家人类学与历史研究所（National Institute of Anthropology and History）基于实验尝试开展了一些小型项目，如"博物馆之家"和"学校博物馆"（Garcia, 1975; Antunez and de Kerriou, 1980）。这期间，研究所一共试点了三个项目，每个项目都在不同的社区进行，且社区的参与至关重要。到第三个项目进行时，一种有当地人参与的"非专业博物馆学"（lay museology）正式出现了。这三个实验项目历时 7 年，但最终成为这个国家经济困难和政治危机的牺牲品。然而，对圣地亚哥会议决议的这些回应（Hauenschild, 1988），最终促成了国家人类学与历史研究所于 1983 年设立社区博物馆国家计划（Community Museums National Programme）（Departamento de Museos Comunitarios de INAH, 1990）。社区博物馆学和生态博物馆的话题之后被持续地讨论，尤其是 1984 年在莫雷洛斯州（Morelos）瓦兹特佩克（Oaxtepec）举行的"人与环境"会议上。会议征集的论文（Anon., 1984）指出，新博物馆学方法可以用来造福当地社区及其环境。

ILAM 数据库[1] 显示，墨西哥的许多博物馆采用了"社区博物馆"的名称，这里没有将"生态博物馆"列入，并且 ILAM 数据库甚至没有将生态博物馆纳入博物馆的分类体系中。该国现在已普遍接受社区博物馆学实践[2]，而且"社区博物馆"一词显然优先于"生态博物馆"。佩尼亚·特诺里奥（Peña Tenorio, 2000）指出，在整个墨西哥大约有 269 个社区博物馆，其中 67 个（24%）是以 24 个少数族群的原住民社区为基础建设的。在所有这些博物馆中，都存在着社区行动的基本特征，来帮助特定地域的发展。在墨西哥，将社区博物馆与文化旅游联系起来的观念已经非常成熟了，其他举措（严格意义上讲，并非都是博物馆所为）也往往与生态旅游项目挂钩。例如，斯克里（Skrie, 1997）描述了位于阿兹特兰（Aztlan）的生态庄园（Eco-Hacienda），这是一处经过修复的不动产，作为环境教育中心，其土地采用传统技术进行耕种。同样，克尔斯滕（Kersten, 1995）在基于社区的生态旅游讨论中提到了纳博洛姆玛雅研究中心（Na Bolom Centre

---

[1] www.ilam.org.

[2] 参见 Camarena and Morales, 1997, 2005; Erikson, 1996; Rico Mansard, 2004; Simpson, 2001。

for Mayan Studies）的工作，该中心致力于保护恰帕斯州（Chiapas）的自然和文化遗产，特别是拉坎敦玛雅人（Lacandon Maya）生活的家园——拉坎敦热带雨林。德米安·奥尔蒂斯（Demián Ortiz, 2010）和他的同事提出了生态博物馆原则在韦拉克鲁斯州（Veracruz）应用的可能性，该州有一个名为彼德拉·拉布拉达（Piedra Labrada，意为石刻）的原住民社区，位于生物圈保护区内，且靠近一处重要的考古遗址（奥尔梅克文化 Olmec Culture）。然而，目前可以说，墨西哥最著名的社区项目是在瓦哈卡州（Oaxaca）实施的。

莫拉莱斯（Morales, 1997）描述了瓦哈卡州由约 16 个村庄组成的联盟在促进 6 个不同村庄开展生态和文化旅游时的方法，这 6 个村庄位于墨西哥东南部的该州中央山谷。这里有大量原住民（32%），分属 15 个族群。因此，它拥有墨西哥最广泛的文化多样性和最多的原住民人口（Fernández *et al.*, 2002）。这一地区在利用社区博物馆学去支持当地原住民方面做出了巨大的努力，包括1991 年创立瓦哈卡州社区博物馆联盟（Union de Museos Comunitarios de Oaxaca, UMCO），该联盟囊括了 19 个建有博物馆的原住民和梅斯蒂索人（*mestizo*）[①] 社区（Camarena and Morales, 2004）。作为一个促进培训、提供支持和开展集体项目的合作网，该联盟还创建了一个独立的合作社，通过利用社区博物馆项目的资源在该地开展文化旅游，从而促进经济发展。这个旅游合作社将旅馆经营者、旅游公司、当地导游和手工艺人汇集在一起，他们都在旅游人数的增长中受益。可以说，瓦哈卡州社区博物馆联盟最大的好处是为社区博物馆项目赋予了自主权，但它们对该州和国家人类学与历史研究所的要求响应甚少，这似乎是给瓦哈卡州基于社区的遗产项目造成关系紧张的最大原因之一（Cohen, 2001）。

伦登·蒙宗（Rendón Monzón, 2003）将瓦哈卡州的社会状况，尤其是原住民和梅斯蒂索人社区所使用的社会组织，称为"共同体"，它为推动社区博物馆学做出了很大贡献。在这个社会组织的体系中每个人都应该为社区志愿工作。这一义务，连同平等权利、公共土地和共享政治权力的观念，是瓦哈卡州许多遥远且独立的小城镇社区博物馆项目取得成功的关键（Barera Bassols and Vera Herrera, 1996），圣安娜德尔瓦勒（Santa Ana del Valle）的圣安娜博物馆就是其中之一。

---

① 译者注：梅斯蒂索人是指具有欧洲和美洲原住民血统的混血儿。

1. 圣安娜博物馆（The Santa Ana Museum）

圣安娜博物馆（图 8.1）是 1984 年在瓦哈卡州创建的第一座社区博物馆，它被视为是良好实践的典范[①]。乡村小镇圣安娜德尔瓦勒位于中央山谷地区，玉米种植和纺织业是当地的经济支柱。该镇的主要居民是萨波特克人（Zapotec），占总人口的 90%，他们使用自己的母语（INEGI, 2003）；在萨波特克语中，该博物馆被称为"Shan-Dany"，意为"山脚下"（Burke, 2006）。卡马雷纳和莫拉莱斯（Camarena and Morales, 2005）认为，瓦哈卡州的所有社区博物馆都与发展需求相关。科恩（Cohen, 2001）指出，博物馆的最初构想是因为在该镇大广场发现了一处前西班牙时期的墓地，而圣安娜的当地人则将博物馆视为羊毛纺织品进入更大市场的一种手段。国家人类学与历史研究所参与了考古发掘，并支持将发掘品保留在镇上，以便用它们作为社区行动的基础。因此，这个社区博物馆的最初设想并非来自瓦哈卡州的当地人，而是来自渴望创建地方博物馆，以为整个墨西哥的社区服务的州政府当局。这类博物馆的建设严格遵循指导方针，着重强调遗产的保护而不是在发展的支持上。

图 8.1　墨西哥的圣安娜博物馆

胡安·路易斯·伯克（Juan Luis Burke）摄

[①] 参见 Barera Bassols and Vera Herrera, 1996; Camarena and Morales, 2004; Erikson, 1996。

博物馆自 1984 年成立以来，由一个当地人组成的小型委员会管理，它通过口述史项目扩大了其除考古以外的工作范围。借助瓦哈卡州社区博物馆联盟，它推动了当地手工艺的发展，并在当地文化旅游中发挥积极作用。现在，该博物馆的展览以前西班牙时期的考古、墨西哥革命、当地纺织业和瓦哈卡的"羽毛舞"为特色。伯克（Burke, 2006）指出，这些展览所使用的言语措辞对大多数当地人来说太过技术化了。博物馆像是为来访的专业观众服务的，其角色可能是由国家人类学与历史研究所决定的。他将该博物馆与纳蒂维达博物馆（Natividad Museum，成立于 2000 年）进行了比较，后者得到了来自瓦哈卡州社区博物馆联盟的建议，以社区为中心，因此被贴上了更加易于访问的标签。前者尽管存在这些缺陷，但该博物馆管理良好，财务上具有可持续性，其工作坊和课程帮助了地方社会和经济的发展，它也相当重视儿童的教育（Camarena and Morales, 2005; Cohen, 2001）。

总体而言，瓦哈卡州的社区博物馆项目是当地自豪感与灵感的重要来源。然而，生态博物馆在墨西哥的代表仍然甚少，只有梅特佩克（Metepec）被列在了生态博物馆瞭望台网站上。

2. 梅特佩克生态博物馆（Ecomuseum of Metepec）

梅特佩克生态博物馆的宗旨是保护当地文化遗产，特别是与该地区纺织业有关的遗产。它在许多方面运用了瑞典生态博物馆的"分散站点"方法。阿特利斯科工业公司（Industrial Company of Atlixco, CIASA）是墨西哥第二大纺织公司，1899—1967 年都在梅特佩克生产经营（Ecomuseo Metepec, 2010），公司雇员有 3000 多人，占当地人口的一半以上。1967 年纺织业崩溃后，人们采取了各种措施来应对失业以及与纺织生产密切相关的地方身份认同的丧失问题。1985 年，当地成立了一个地方协会，以颂扬本地的工业和发展旅游。这个机构后来转变为梅特佩克埃-里昂-圣米特奥城市社区生态博物馆（Ecomuseo de la Comunidad Urbana de Metepec El-Leon-San-Meteo），并于 1988 年建成开放。该生态博物馆以之前的纺织工厂为基地，利用电影、照片、物质文化和工厂本身，去展现小镇工业全盛时期的面貌。它的档案尤其丰富，另还拥有与本地区历史学、考古学和人类学相关的重要藏品。1995 年，梅特佩克生态博物馆还主办了有史以来的首届拉丁美洲工业遗产会议。

（三）巴西的生态博物馆

在南美洲的国家中，只有巴西继续在积极支持生态博物馆的理念与术语的运用。最初，生态博物馆的发展是由一个在巴西成立的机构"缪斯神庙"（Mouseion）协助的，它旨在推动新博物馆学和社区倡议。这个机构的背后推动者是费尔南达·德·卡马戈·阿尔梅达－莫罗，他孜孜不倦地在该国推广新博物馆学理念。其他重要人物包括瓦尔迪萨·卢西奥（Waldisa Russio）和特雷扎·舍纳（Tereza Scheiner）。舍纳是国际博物馆协会博物馆学委员会的一盏指路明灯，也是拉丁美洲分会的创始人之一，她为促进巴西生态学与生态博物馆学之间的相互作用做了大量工作。人们总认为，有关社区博物馆学的想法是通过文化途径从葡萄牙的首都里斯本[①]传播到巴西这个世界上讲葡萄牙语人口最多的国家的。然而，事实并非如此。雨果·戴瓦兰（私人通信，1998）认为"这两个国家一直都是并行发展的，即使它们有接触，也主要是通过里斯本的博物馆学教授马里奥·穆蒂尼奥（Mario Moutinho）"。戴瓦兰在里斯本逗留期间，他当时在法国—葡萄牙研究所（French-Portuguese Institute）工作，很难想象，其思想没有通过任何文化渠道渗透到巴西。但他却对此否认，认为这段经历的唯一作用是让他在里斯本组织了 1985 年的第一届国际新博物馆学运动（MINOM）研讨会。戴瓦兰对整个巴西新博物馆学倡议的爆炸性增长很感兴趣，这最终促成了 1992 年 5 月首届生态博物馆国际会议在里约热内卢的举行。这表明，该国仍在持续推广生态博物馆的概念，包括戴瓦兰（Varine, 1992）所述的，在里约热内卢"西区"（Zona Oeste）的一项社区计划。圣克鲁斯生态博物馆（Santa Cruz Ecomuseum）的欧达利斯（Odalice）和沃尔特·普里斯蒂（Walter Priosti）深度参与了巴西的社区博物馆学倡议，其中许多内容在 2000 年和 2004 年里约热内卢圣克鲁斯举行的生态博物馆国际会议上进行了讨论，并计划 2011 年 4 月在伊瓜苏（Foz do Iguacu）举行进一步的会议。

在巴西发展生态博物馆一直存在困难。许多倡议似乎都失败了，包括费尔南达·德·卡马戈·阿尔梅达－莫罗（Camargo e Almeida-Moro, 1985）提议的圣克里斯托弗生态博物馆（São Cristóvão ecomuseum），本书第一版中有介绍。然而，在圣克鲁斯生态博物馆团队的努力与驱使下，2006 年成立了巴西生态博物馆和

---

① 20 世纪 70 年代，这里也很流行社区开发项目。

社区博物馆协会（Associação Brasiliera de Ecomuseus e Museus Communitãrios, ABREMC），旨在建立起那些视自己为社会变革与发展推动者的博物馆间的合作关系网。该协会的目标包括创建一个供成员间进行对话的虚拟论坛、交流思想、推广社区博物馆学，并游说国家博物馆与文化中心部门（National Department of Museums and Cultural Centres）认可非传统的博物馆模式。协会数据库（ABREMC, 2010）列出了巴西的 21 个生态博物馆和社区博物馆，而"生态博物馆瞭望台"（Ecomuseum Observatory, 2010）只列出了 16 个。

1. 巴西伊瓜苏市的伊泰普水电站生态博物馆（Ecomuseum of the Itaipu Binancional, Foz de Iguassu, Brazil）

伊泰普水电站是世界上较大型的水力发电站之一。它坐落在巴西东南部的伊瓜苏市，处在伊瓜苏河（River Iguassu）与巴拉那河（River Parana）交汇的地方，巴拉那河最终从布宜诺斯艾利斯入海，在这里形成了巴西、巴拉圭和阿根廷之间的边界。与该项目有关的工程是一个巨型水坝和一个面积约 1350 平方千米水库的建设，水电站所发的电有助于大大增加巴西和巴拉圭的能源供给。费尔南达·德·卡马戈·阿尔梅达－莫罗（Camargo e Almeida-Moro, 1993）强调了环境退化的方式，并指出生态博物馆"是在人类以进步之名糟蹋环境时创建的，而当时可持续发展仅是少数人讨论的话题"。尽管建造这座水电站对环境造成了破坏，但这里仍然是一个相当重要的地区。伊瓜苏自然公园（Natural Park of Iguassu）以其壮观的瀑布[①]和雨林栖息地丰富的生物多样性而闻名。

随着自然资源的开发，这个原住民地区也开始接收一波又一波的移民。费尔南达·德·卡马戈·阿尔梅达－莫罗（Camargo e Almeida-Moro, 1989）提到了中国人、韩国人和阿拉伯人，他们的到来将曾经宁静的边境村庄变成了繁忙的商业中心。这些工程项目的劳工在这里的出现虽然是暂时性的，但也使当地人口数量剧增，从而引起以公园及其瀑布为中心的旅游持续升温，导致短期内该地区的整个社会和经济结构发生迅速的变化。

1985 年，一个名为"缪斯神庙"（Mouseion）的机构，即巴西博物馆学研究和人文科学中心（Brazilian Centre for Museological Studies and Human Sciences）[②]，

---

① 讽刺的是，其中两个瀑布因大坝的建设而毁掉。
② 该机构在里约热内卢发起了几个博物馆学项目和研究计划。

就一项文化保护倡议与水电站的组织者进行了接洽。拟议项目的目标是帮助保护自然景观和野生动植物，并修复由工程建设造成的破坏。这个基于博物馆的项目还将支持当地原住民（并非建立家长式的"保护区"）和居住在该地区的其他多元文化社区保护文化遗产。这在当时是一个开创性的提议，因为巴西的文化项目在此之前一直集中于保护"公认的遗址、古迹和物质文化的杰作"（Camargo e Almeida-Moro, 1993）。值得注意的是，20世纪70年代里维埃和戴瓦兰曾对法国美术和高雅文化的突出地位是以牺牲区域民族志为代价换来的而感到沮丧，大约20年后类似情况在巴西再次上演。伊泰普的比尼斯纳勒（Binacional）公司，负责水电站的建造，从项目开始之初就采取了环境保护策略，旨在尽可能多地保护自然环境要素，其方案还提议建设一座博物馆。1985年，博物馆的性质得到了重新修正，采用了将环境保护与当地社区的文化、社会和经济发展联系起来的生态博物馆方案。

这个项目具有相当大的挑战性。对伊泰普生态博物馆而言，"博物馆社区"的含义必须是包罗万象的，包括水电站工人的村庄、周围森林中较小型的分散社区，以及原住民和人口数量波动很大的移民的复杂混合体。有鉴于此，一项与当地人达成一致的发展计划于1986年5月制定。博物馆建筑大楼作为生态博物馆的活动基地，在1987年10月开放①，设有专用于展览、教育活动、资源整合和行政管理的房间。生态博物馆最初的工作重点是环境教育，其活动与小学生的需求密切相关。它努力将自然环境与社会和文化联系起来。随着社区其他部门的参与，环境伦理学的采用也受到了鼓励。

当地社区积极为博物馆征集物件，组织聚会讲述和记录个人历史。当地人在博物馆内提供导游服务，穿越雨林的自导式小径会依据季节的变化而采取不同的路线。这些被称为"遗产线路"（heritage routes）的小径，允许访客们自行探索自然和文化环境。"创意性"（Creativity）和"阐释工坊"（Interpretation Workshops），包括戏剧、绘画、雕刻、雕塑、集体展览项目和抢救性保护工作是生态博物馆所使用的一套"方法手段"的组成部分，有助于当地人产生集体责任感和树立生态博物馆的主人翁意识。

---

① 博物馆的宣传手册介绍说，这是南美洲的第一座生态博物馆。

2. 里约热内卢圣克鲁斯的马塔杜罗文化街区生态博物馆（Ecomuseu do Quarteirão Cultural do Matadouro, Santa Cruz, Rio de Janeiro）

这座位于里约热内卢的生态博物馆成立于 1983 年 8 月，当时名为"圣克鲁斯历史研究与指导中心"（Núcleo de Orientaço e Pesquisa Histórica de Santa Cruz, NOPH），这是一个由社区倡议的项目，最初设想是保护里约历史街区的历史建筑。该中心的最初工作重点是针对建于 1774 年的屠宰场，该街区由此得名。作为里约的老街区，马塔杜罗（Matadouro）① 是第一个用电灯照明的郊区。它拥有许多历史风貌和建筑特色，包括桥梁、宏伟的古宅和屠宰场本身。圣克鲁斯历史研究与指导中心的角色后来发生改变，工作内容包括保护文化遗产的其他有形证据（照片、文献、档案和物件），并在多族群混合的社区推广非物质文化（歌曲、诗歌、舞蹈）。这些行动的变化促使管理机构于 1992 年采用了目前的名称，即贴上了生态博物馆的标签，而不是"社区博物馆"。它自称为"里约热内卢市的第一座生态博物馆"，在 1995 年 9 月得到了里约文化委员会（Rio Cultural Committee）的正式承认。该博物馆是一个独立的机构，由若干志愿者提供支持，他们执行研究、管理、编写当地简报和筹备临时展览等各种工作任务，并充当遗产向导、协助举办会议和开展教育活动。普里斯蒂（Priosti, 2003）描述了该生态博物馆的缘起以及其所发挥的教育作用。

该生态博物馆将维护地域内的社区认同和记忆视为其主要任务，多措并举。它没有任何正式的收藏策略，但也保管着与地方史有关的藏品，它还拥有大量的档案和一个图书馆。生态博物馆以屠宰场为基地，是当地人聚会的场所。它还与其他当地协会密切合作，同时通过其简报《街区》（Quarteirão）与社区和访客交流。该生态博物馆全年开放，每年接待约 1 万人次的访客，其中大部分是当地人，师生占绝大多数。由生态博物馆策划的展览在当地各种场所广泛地展出，如广场、学校、社区协会和非政府组织的办公室等。

生态博物馆各方面的活动都能在《街区》的版面上直观地看到，固定专栏有一个"历史学家专区"，介绍与该地历史有关的研究②；一个社区艺术活动专区；一个妇女专区和若干个致力于建筑保护的专区。嘉年华、抗议活动、桑巴舞学校

① matadouro 直译为屠宰场。

② 如研究圣克鲁斯奴隶管弦乐队（The slave orchestra of Santa Cruz）和耶稣会士的花园（The garden of the Jesuits）。

（图 8.2）和学校项目等社区新闻都有重点的展现。此外，简报还介绍了生态博物馆支持者组织的工作和当前的项目 ① 等活动。这个生态博物馆的成功之处在于将旧屠宰场改建成为社区文化中心，它包括一个培训年轻人的中心、一个计算机房和若干间会议室，这也是生态博物馆的总部（图 8.3）。《街区》简报还有对雨果·戴瓦兰的采访以及对博物馆专业会议的详细报道（Torre, 1998）。这种对理念和专业问题的关注，以及在组织生态博物馆国际会议中所发挥的关键作用，充分证明了马塔杜罗文化街区生态博物馆是一个非常专业的机构，它不仅在里约热内卢，而且在整个巴西改变了博物馆所呈现的面貌。

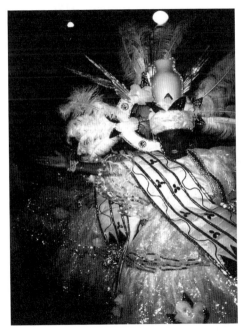

| 图 8.2　圣克鲁斯的桑巴舞学校是生态博物馆的重要组成部分，它对非物质文化遗产有着浓厚的兴趣
作者　摄 | 图 8.3　2001 年一家原肉类加工厂（旧屠宰场）作为圣克鲁斯生态博物馆的总部对外开放
作者　摄 |

（四）委内瑞拉、阿根廷和圭亚那的生态博物馆

南美洲的社区博物馆尽管看上去发展蓬勃，但除巴西以外，其他国家的生

---

① 如"去了解你的土地"（getting to know your land）、"保护里约仅存的齐柏林飞艇库"（conserving the only remaining zeppelin hangar in Rio）。

态博物馆数量几乎没有增长的迹象。在阿根廷的 4 个生态博物馆中有 2 个未使用"生态博物馆"的名称："高乔人之路"（Camino del Gaucho），位于布宜诺斯艾利斯地区，是一个由政府主导的旅游线路；白潟湖整体博物馆（Museo Integral Laguna Blanca），是一个受保护的自然区和经认定的生物圈保护区（自 1981 年以来）。另外 2 个生态博物馆分别是：特雷利乌生态博物馆（Ecomuseo Trelew），它以一个前火车站为依托进行建设，用于阐释威尔士移民的生活；阿毛图生态博物馆（Ecomuseo Amautu），由一个于 1995 年创立的独立基金会管理，以推动原住民艺术和文化的发展。在委内瑞拉，卡罗尼生态博物馆（Ecomuseo del Caroni）与巴西伊瓜苏的项目类似，它是一个在卡罗尼河（River Caroni）修建大坝和水电站而促成的生态博物馆项目。在圭亚那，柯赛（Corsane, 2008）参与了伊沃克拉玛国际雨林保护和开发中心（Iwokrama International Centre for Rainforest Conservation and Development）的项目后认为，生态博物馆的方法是有用的，且一些"生态博物馆原则"在这里已经得到了实现。他谈到："伊沃克拉玛项目的工作方式，以及与众多合作伙伴有关的活动和计划，表明它是一个理想的候选者……在本人所见的博物馆中，可能是最符合生态博物馆的理想案例。"

参 考 文 献

ABREMC (2010) *Ecomuseums and community museums in Brazil*. Available online at http://www. abremc.com.br/ (accessed 26 March 2010).

Abungu, G. (2005) Opening Keynote Speech to the First General Conference of AFRICOM, 'Museums in Africa: Challenges for the 21st Century'. Available online at http://www.africom. museum/images/whatsonpix/General%20Assembly%20Proceedings.pdf (accessed 21 March 2010).

Anon. (1984) *Memoria del seminario Territorio-Patrmonio-Comunidad (Ecomuseos): El Hombre y su Entorno*, Secretaria de Desarrollo Urbano y Ecologia, Oaxtepec, Morelos, Mexico.

Antunez, M. and de Kirriou, M. (1980) *Casa del Museo*. Paper presented at the twelfth General Conference of ICOM, Paris. Unpublished typescript.

Ardouin, C.D. and Arinze, E. (eds) (1995) *Museums and the Community in West Africa*. West African Museum Programme and the International African Institute, Smithsonian Institution Press, Washington, DC.

Badiane, N. (1996) Écopole ou le refus de 'l'inéluctable' chaos urbain. In *Vers une muséologie sans frontières: l'experience d'Ingeneuse Afrique, Musée de la civilisation*, Québec, Canada, pp. 82-87.

Balala, N. (2005) Opening Speech to the First General Conference of AFRICOM 'Museums in

Africa: Challenges for the 21st Century'. Available online at http://www.africom.museum/ images/whatsonpix/General%20Assembly%20Proceedings.pdf (accessed 21 March 2010).

Barrera Basols, M. and Vera Herrera, R. (1996) 'Todo rincón es un centro: Hacia una expansión de la idea del museo', *Cuicuilco*, 3(7), 105-140. [INAH, México D.F.]

Boylan, P. (1990) 'Museums and cultural identity', *Museums Journal*, 90(10), 29-33.

Breemer, J.P.M. van den, Drijver, C.A. and Venema, L.B. (eds) (1995) *Local Resource Management in Africa*, John Wiley & Sons, Chichester.

Burke, J.L. (2006) *The People's Museums: community museums of Oaxaca, Mexico*. Unpublished MA thesis, Museion, Goteborg University, Sweden.

Camarena, C. and Morales, T. (1997) Los Museos Comunitarios y la Organización Indigena en Oaxaca. In *Gaceta de Museos*, Coordinación Nacional de Museos y Exposiciones, INAH, 6(June), 14-18.

Camarena, C. and Morales, T. (2004) La Unión de Museos Comunitarios de Oaxaca A.C. Article available online at http://www.interactions-online.com/page_news.php?id_news=120 (January 2007).

Camarena, C. and Morales, T. (2005) 'Memoria comunal para combatir el olvido: los museos comunitarios de Oaxaca', *Arqueologia Mexicana*, 12(72), 72-77.

Camargo e Almeida-Moro, F. de (1985) 'São Cristóvão: a district ecomuseum', *Museum*, 37(4), 242-247.

Camargo e Almeida-Moro, F. de (1989) 'Un écomusée près d'une centrale hydroélectrique', *Museum*, 41, 54-59.

Camargo e Almeida-Moro, F. de (1993) 'From the ecomuseum to the integrated site museum', *ICOM News*, 46(2), 11-12.

Cardoso, L. (1992) Musée et identité nationale. In *Quels musées pour Afrique? Patrimoine en devenir*, ICOM, Paris, pp. 303-304.

Cohen, J.H. (2001) 'The Shan-Dany Museum: community, economics and cultural traditions in a rural Mexican village', *Human Organisation*, 60(3). Available online at http://www.findarticles.com/p/articles/mi_qa3800/is_200110/ai_n8956231 (January 2007).

Collomb, G. and Renard, Y. (1982) 'A Marie-Galante (Guadaloupe), une population et son écomusée', *Museum*, 34, 109-113.

Corsane, G. and Holleman, W. (1993) Ecomuseums: a brief evaluation. In De Jong, R. (ed.) *Museums and the Environment*, SAMA, Pretoria, RSA, pp. 111-125.

Corsane, G. (2008) 'Iwokrama, the green heart of Guyana: ecomuseum principles, heritage management, sustainable development and stakeholder participation', *Regions*, 271, 19-20.

Dahl, T. (2006) Community participation and professional museologists. In Davis, P., Maggi, M., Su, D., Varine, H. de and Zhang, J. (eds) *Communication and Exploration, Guiyang, China-2005*, Provincia Autonoma di Trento, Italy, pp. 125-129.

Delgado, C. (1995) 'Ecomuseums: small worlds, great importance', *ICOM News*, 48(3), 12.

Departamento de Museos Comunitarios de INAH (1990) El Museo Comunitario: un espacio alternative de rescate y preservacion del patrimonio cultural. *Anthropologia, Boletin Oficiel del IINAH*, October to December, Mexico D.F., 1-28.

Ecomuseo Metepec (2010) *Ecomuseo de la Comunidad Urbana de Metepec El Leon-San Meteo*. Available online at http://www.dihmo.buap.mx/ (accessed 25 March 2010).

Ecomuseum Observatory (2010) World list of ecomuseums. Online. Available at http//www.ecomuseums.eu (accessed 24 March 2010).

ENDA T.M. (1996) *Au service de l'économie populaire: une ecopole inaugurée à Dakar le 13 Avril 1996*, Dakar, Senegal.

Eoe, S.M. (1995) 'Creating a national unity-the role of museums', *ICOM News*, 48(4), 4.

Erikson, P.P. (1996) '"So my children can stay in the Pueblo" : indigenous community museums and self-determination in Oaxaca, Mexico', *Museum Anthropology*, 20, 1.

Fernández, P., Garcia, J. E. and Ávila (2002) *Estimaciones de la Población Indigena de México*, Consejo Nacional de Población, México DF. Available online at http://ww.conapo.gob.mx/publicaciones/2002/13.pdf (January 2007).

Ferrera, L. (1996) *Vers une muséologie sans frontières; l'experience d'Ingeneuse Afrique*, Musée de la Civilisation, Québec, Canada.

Flores, F.P. (1980) 'The Montoso Ecomuseum of the Rain Forest and the natural history of Puerto Rico', *ICOM Natural History Committee Newsletter*, 6, n.p.

Garcia, C.O. (1975) 'The Casa del Museo, Mexico City', *Museum*, 27(2), 71-77.

Garlake, P. (1982) 'Museums remain rooted in the past', *Moto*, July, 31-32.

Gjestrum, J.A. (1991) 'The ecomuseum-good news also in Africa?', *Zambia Heritage News*, 1, 18-20.

Hauenschild, A. (1988) *Claims and realities of new museology: case studies in Canada, the United States and Mexico*. Available online at http://museumstudies.si.edu/claims2000.htm (January 2007).

INEGI (Instituto Nacional de Estadistica, Geografia e Informatica) (2003) *Anuario Estadistico 2003, Oaxaca*, 2 volumes, INEGI, State Government of Oaxaca.

Kersten, A. (1995) *Community based ecotourism and community building: the case of the Lacandones (Chiapas)*. Available online at http://www.txinfinet.com/mader/planeta/0597/0597lacandon.html.

Khamis, A.A. (1992) Musée et identité: expression d'une culture régionale au sein d'une culture nationale. In *Quels musées pour Afrique? Patrimoine en devenir*, ICOM, Paris, pp. 317-319.

Konaré, A.O. (1983) 'Towards a new type of "ethnographic" museum in Africa', *Museum*, 35(3), 146-149.

Konaré, A.O. (1985) 'Ecomuseums for the Sahel: a programme', *Museum*, 37(4), 230-236.

Konaré, A.O. (1995) The creation and survival of local museums. In Ardouin, C.D. and Arinze, E. (eds) *Museums and the Community in West Africa*. West African Museum Programme and the International African Institute, Smithsonian Institution Press, Washington, DC, pp. 5-10.

Konate, B.M. (1995a) The relationship between local museums and the national museum. In Ardouin, C.D. and Arinze, E. (eds) *Museums and the Community in West Africa*. West African Museum Programme and the International African Institute, Smithsonian Institution Press, Washington, DC, pp. 11-17.

Konate, B.M. (1995b) The regional museums at Gao and Sikasso, Mali. In Ardouin, C.D. and Arinze, E. (eds) *Museums and the Community in West Africa*. West African Museum Programme and the International African Institute, Smithsonian Institution Press, Washington, DC, pp. 116-119.

Kreps, C. (2008) 'Appropriate museology in theory and practice', *International Journal of Museum Management and Curatorship*, 23(1), 23-41.

Kusel, U. (1993) Museums without walls (a holistic approach to conservation). In De Jong, R. (ed.) *Museums and the Environment*. SAMA, RSA, Pretoria, pp. 137-142.

McCartney, M. (1985) 'Culture-a house with many rooms', *Insight*, 85, 8-10.

Merriman, D. (2009) *Functions of an Ecomuseum in San Vicente de Nicoya: Seeking Cultural Preservation and Economic Stability*. Available online at http://www.focusanthro.org/archive/2008-2009/merriman_0809.pdf (accessed 10 March 2010).

Millinger, L. (2004) *Does Africa need Museums*? Report for the Department of Arts and Communication, University of Malmö, Sweden. Available online at http://webzone.k3.mah.se/projects/gt/webmag/webmag_members/download.asp?file=40914093730395 (accessed 21 March 2010).

Montoso Botanical Gardens (2010) *Ecotourism in Montoso*. Available online at http://www.montosogardens.com/ecotourism.htm (accessed 22 March 2010).

Morales, T. (1997) *Community museums of Oaxaca*. Available online at http://www.txinfinet.com/mader/planeta/0298/0298oaxaca.html.

Msemwa, P. (1997) 'African open-air museums', *ICOM News*, 50(3), 4.

Ndiaye, P.T. (1995) The proposed ecomuseum at Ziguinchor, Senegal. In Ardouin, C.D. and Arinze, E. (eds) *Museums and the Community in West Africa*. West African Museum Programme and the International African Institute, Smithsonian Institution Press, Washington, DC, pp. 120-124.

Nyangila, J.M. (2006) Museums and community involvement: A case study of community collaborative initiatives of the National Museums of Kenya, INTERCOM Conference Paper. Available online at http://www.intercom.museum/documents/1-3Mhando.pdf (accessed 21 March 2010).

Ortiz, D. (2010) *El Ecomuseo: un espacio comunitario para recorda, conocer y reinventar. Análisis y propuestas para su posible aplicación en Piedra Labrada, Veracruz*. Internal Report, Facultad de Antropología, Universidad Veracruzana, Mexico.

Peña Tenorio, B. (2000) 'Los Museos Comunitarios en México', Dimensión Antropológica-INAH. Available online at http://paginah.inah.gob.mx:8080/dAntropologica/dAntropologica_Texto.jsp ?sldArt=172&sVol=null&sTipo=1&sFlag=1 (January 2007).

Priosti, O. (2003) L'inventaire participatif à Santa Cruz: une expérience pédagogique de patrimoine partagé. In *Cultural Institutions and Digital Technology*, ICHIM, Paris. Available online at http://www.archimuse.com/publishing/ichim03/115i.pdf (accessed 25 March 2010).

Ravenhill, P.L. (1992) 'What museums for Africa?', *Museum News*, March/April, pp. 78-79 and 90.

Ravenhill, P.L. (1995) Introduction. In Ardouin, C.D. and Arinze, E. (eds) *Museums and the Community in West Africa*. West African Museum Programme and the International African Institute, Smithsnian Institution Press, Washington, DC, pp. 1-2.

Rendón Monzón, J.J. (2003) *La Comunalidad: Modo de Vida en los Pueblos Indios*, Conaculta, México, DF, Vol. 1.

Rico Mansard, F. (2004) 'Museos Mexicanos, Usos y Desusos', *Correa del Maestro,* 93(February). Available online at http://www.correodelmaestro.com/anteriores/2004/febrero/2anteaula93.htm (January 2007).

Rivard, R. (1984) *Opening up the museum, or, towards a new museology: ecomuseums and open museums*, typescript, 114pp. [Copy held in the Documentation Centre, Direction des Musées de France, Paris.]

Sandelowsky, B. (1992) Le musée et la communauté, communautés et musées. In *Quels musées pour Afrique? Patrimoine en devenir*, ICOM, Paris, pp. 343-345.

Sanhour, M. (1995) The local museum at Pobe Mengao, Burkino Faso. In Ardouin, C.D. and Arinze, E. (eds) *Museums and the Community in West Africa*. West African Museum Programme and the International African Institute, Smithsonian Institution Press, Washington, DC, pp. 83-86.

Simpson, M.G. (2001) *Making Representations: Museums in the Post-colonial Era*, Routledge, London.

Skrie, S. (1997) *Supporting grassroots ecotourism efforts in Central Mexico*. Available online at http://www.txinfinet.com/mader/planeta/0298/0298greenmex.html.

Torre, M. de la (1998) 'Americas-museums and sustainable communities', *ICOM News*, 51(3), 7.

Ucko, P. (1981) *Report on a proposal to initiate 'Culture Houses' in Zimbabwe*, unpublished report to the Government of Zimbabwe.

Ucko, P. (1994) Museums and sites: cultures of the past within education-Zimbabwe some ten years on. In Stone, P.G. and Molyneaux, B.L. (eds) *The Presented Past: Heritage, Museums and Education*, Routledge, London, pp. 237-282.

Varine, H. de (1992) Notas sobre um projeto de museu communitário. In *1 Encontro Internacional de Ecomuseus, Rio de Janeiro, 18-23 Maio, 1992*, Prefeitura da Cidade, Rio de Janeiro.

World Commission on Culture and Development (1995) *Our Creative Diversity: Report of the World Commission on Culture and Development*, UNESCO, France.

第九章　亚洲的生态博物馆

本章探讨了生态博物馆理念在亚洲地区本土化的方式。在过去的十年间，中国和日本是欧洲以外生态博物馆数量增加最为显著的国家。其他几个亚洲国家也开始讨论在沿海地区建生态博物馆的可能性（SPAFA, 2010），对这一另类的博物馆模式，柬埔寨与老挝也表现出日渐浓厚的兴趣。在韩国，已经有人提议在清州市（Choi, 2006; Choi et al., 2006）和江洞村（Gangol Maul）（Kim, 2006）发展生态博物馆。本章首先介绍了土耳其的变化情况，尽管该国目前正在就加入欧洲共同体进行谈判，但我放在这里叙述，是因为生态博物馆在土耳其的发展反映了亚洲国家近期才开始进行的新博物馆学实践。

在其他尚未使用生态博物馆术语的国家中，人们的兴趣也与日俱增。例如，约旦已经意识到生态博物馆在诸如瓦迪拉姆（Wadi Rum）等旅游地区的发展潜力，并通过生态博物馆实践将考古遗址链接起来。或许可以说，像佩特拉（Petra）古城这样的分散遗址，如果也鼓励社区参与的话，则可视其为生态博物馆。

一、土耳其的生态博物馆

柯赛等人（Corsane et al., 2005）提出：

> 土耳其博物馆的行动深受共和国缔造者穆斯塔法·凯末尔·阿塔图尔克（Mustafa Kermal Attutürk）的影响，其主要使命是研究土耳其人的起源，并为他们提供身份认同。这不是土耳其社会多元化本质的真实反映，而是基于一个统一的文化背景。

如今，这一指导方针仍然影响着土耳其的博物馆，那里几乎没有土耳其少数族群社区或地域文化差异的讨论。80 年的文化同化意味着当地的多样性文化与历史正在走向衰落。可以想象，宣扬独特的地方差异和尊重"他者"的生态博物馆，在当时的土耳其不会有长足的发展。事实确实如此，土耳其的博物馆和遗产地主要以位于宫殿和城堡的"传统"博物馆为主，譬如像伊斯坦布尔考古博物馆（Istanbul Archaeological Museum）之类的大型博物馆，以及诸如以以弗所（Ephesus）、特洛伊（Troy）和阿弗罗狄西亚（Aphrodisias）为代表的宏伟壮观的考古遗址。这些博物馆展现了土耳其的过去，但却很少提供有关 19 世纪或 20 世纪社会或文化生活的证据，这与欧洲许多地方司空见惯的"社会历史博物馆"、民俗博物馆和乡村生活博物馆形成鲜明的对比。然而，随着土耳其努力争取成为欧盟成员国，其文化政策也在发生变化，"包括思想的迅速改变"（European Commission, 2004），它已逐渐接受了新的博物馆策略。埃利奥特（Elliott, 2007）指出，土耳其只有通过认可遗产保护进程的兼收并蓄，才能将其具有全球意义的遗产从发展的影响中拯救出来。她的工作集中在中世纪古城——哈桑凯伊夫（Hasankeyf）的区域附近，那里不仅有大型的考古遗迹，而且整个社区都受到了伊利苏大坝（Ilisu Dam）的威胁。她因而断言，生态博物馆学方法可以用来解决这些相互冲突的需求。目前，土耳其正在采取措施将这些想法引入到相关地区，包括本国的最大岛屿。

（一）格克切岛生态博物馆（Gokcaeda ecomuseum）

博兹贾阿达岛（Bozcaada，旧称忒涅多斯岛 Tenedos）和格克切岛（旧称伊姆布罗斯岛 Imbros）是爱琴海（Aegean Sea）中的两个相邻岛屿，它们位于土耳其恰纳卡莱省（Canakkale）达达尼尔（Dardanelles）海峡的西出海口。15 世纪晚期，君士坦丁堡（今伊斯坦布尔）被征服后，这些岛屿成为奥斯曼帝国的一部分。它们在 1912 年的第一次巴尔干战争和第一次世界大战加里波利战役期间被占领，1923 年这些岛屿重新归还土耳其。最近，位于博兹贾阿达岛的恰纳卡莱翁塞基斯马特大学（Canakkale Onsekizmart University）旅游与旅行管理系的学者提议，将这些岛屿认定为生态博物馆，并将岛上的酒厂串连起来作为旅游的一条线路。葡萄和橄榄是岛上的主要农产品。这种农业旅游方式，被视为一种推动当地社区可持续发展的手段，人们还可以在途中访问其他文化和自然景点（Dogan，私人通信，2010）。这一想法相对而言比较新颖，但土耳其唯一认定的生态博物馆是胡萨米特德勒村生态博物馆（Hüsamettindere Village Ecomuseum），它自 2006 年以来一直都很活跃。

（二）胡萨米特德勒村生态博物馆（Hüsamettindere Village Ecomuseum）

胡萨米特德勒是安纳托利亚（Anatolia）高原的一个小村庄，它被位于附近的穆杜尔努（Mudurnu）镇文化及自然遗产保护协会选定为保护项目。在当地活动家通卡·博克斯索（Tunca Bokesoy）的带领下，该项目的意图是修复这个古老村庄的建筑，并记录正在消失的当地乡村文化，包括其价值观、手工艺、民俗和传统。该协会最终的愿望是通过鼓励在特定环境中开展有限度旅游来保持村庄的"活力"，以此树立起一个榜样，进而推动安纳托利亚数百个半废弃的村庄寻求改变（Anon., 2006）。

该协会还制定了长远的目标，包括修复大约20座乡村房屋（图9.1）及其花园，在村民中支持发展传统手工艺，通过建立新作坊和零售性商业场所来鼓励技艺传播。当地居民负责生产一些特色食品，特别是乳制品、面包和核桃，同时计划由当地的一家餐馆供应本地有机菜肴。该村还进行了其他结构上的改变，包括修缮村庄广场和当地河道。该协会所取得的两个主要成绩有：推动了一年一度的"核桃展销会"，并举办区域食品、手工技艺、舞蹈和音乐的比赛；创建了一个带有池塘、菜园和牲畜的"儿童农场"。

图9.1 胡萨米特德勒村采用生态博物馆方法兑现了多个项目，
其中包括对乡村房屋的保护修复
经土耳其穆杜尔努文化及自然遗产保护协会许可转载

有趣的是，胡萨米特德勒还视自己为一个生态村，其既定目标是尽可能少地消耗能源，实现无污染、循环利用，减少噪音和保护当地自然资源。更重要的是，它希望发展成一个可持续的社区，鼓励团结一致、共享资产和减少对外部资源的依赖。在这方面，它显示出与土耳其古内斯科伊（Güneşköy）其他生态村，如福卡（Foca）、伊梅杰之家（Imece evi）和德德特佩（Dedetepe）的相似性，这些生态村都是全球生态村合作网（Global Ecovillage Network）的成员。

二、伊朗的生态博物馆

哈比比扎德（Habibizad, 2010）考察了伊朗的生态博物馆现象，并探讨了生态博物馆与地方身份认同的关系。她使用了大量的例子，以说明生态博物馆方法如何使当地社区识别出自己的"地方感"。尽管伊朗没有一个遗产地使用"生态博物馆"的名称（更喜欢用"文化村"），但它们却能从"自上而下"（top-down）的专业知识和指导中受益，它们基本上遵循生态博物馆的原则与方法。伊朗第一批生态博物馆是在没有政府财政支持或专家帮助的情况下创建的，完全是以霍舍萨尔·博德姆·加迪合作关系网（Khooshehsar Bodm Gardi Network）的名义，由非政府和个人投资。这种方式有点不同寻常，因为大多数生态博物馆都是作为当地社区和地方政府当局（或半官方机构）之间的合作项目来进行开发和管理的。

伊朗生态博物馆的活动影响相当巨大，尤其是在促进经济发展方面。诸如克尔曼省（Kerman）的梅曼德村（Meymand）、伊斯法罕省（Esfahan）的加尔梅村（Garmeh）和卡尚市（Kashan）、马赞德兰省（Mazandaran）的卡拉萨尔村（Chalasar），以及吉兰省（Gillan）的卡西姆·阿巴德村（Ghasem abad），这类生态博物馆鼓励当地社区独立行动，成为其文化遗产和当地生态系统的守护者。它们通过推广传统手工艺和当地美食，促进有限度的旅游和经济福祉，这些变化对保护和提升区域文化起到很大作用。在这里，乡土建筑受到重视，原住民群体的权利得到尊重。更重要的是，当地人发出了民主之声，并深度参与到他们自己的遗产保护行动中来。

创建和运营一座生态博物馆并非易事。伊朗生态博物馆展示了当地人取得新技能的方式，例如，建立有影响力的合作关系网获得协商能力、完成要求苛刻的项目获得制定战略计划的能力。这些文化资本尽管很难有效衡量，但很明显，在过去的几年里，它有了显著的积累。同样地，社会资本的积累也可以从新友谊的建立和分享的经验及专门知识的情景中看到。伊朗生态博物馆的活动成功与否难以确定。不过，也有证据表明，迄今为止这些项目增强了居民的自豪感和自信心、减少了社会问题、阻止了人口流失，并推进了乡村地区年轻人的培训。

　　类似生态博物馆的方法正在被乡村地区、偏远地区或贫困地区所采用，在这些地区，主流的传统实践往往难以落地。因自然及文化资源的保护和管理需要与社区和可持续发展齐头并进。伊朗的生态博物馆与近年来中国、越南、墨西哥建设的生态博物馆和社区博物馆有许多共同之处。它们都是"自上而下"的建设，且以促进文化旅游为导向，它们为社区如何评估、保护和受益于其遗产制定了指导方针。

梅曼德历史村（Meymand Historical Village）

　　梅曼德村生态博物馆位于克尔曼省西北部沙赫特－巴巴克市（Shaht-e Babak）东北面约 40 千米处。该村以穴居式民居而闻名（图 9.2），这些洞穴是在石灰岩上开凿出来的，是当地人的冬季家园。春季，他们才会和其饲养的牲畜一起迁移至位于低处平原的萨尔阿奎尔（Sar Aqul）。到了夏天和初秋，他们又会搬至阿巴迪斯（Abadis），那里大约有 40 座简易的石头房散布在附近肥沃的山谷中。

图 9.2　梅曼德村生态博物馆因其穴居式民居而闻名

扎哈拉·哈比比扎德　摄

　　在这个穴居式村庄有一所古老的学校，学校的一部分由岩石敲凿而成，它被称为基奇马赫迪哈（Kiche Mahdiha），并在 2001 年进行了修缮，成为生态博物馆的总部。梅曼德村得到了大量的财政和专业支持，从而使该地区能够建立起一个图书馆和资料中心。村庄的综合调查主要涉及确定各个自然和文化遗产点、村庄建筑、手工技艺、文学、语言和传统医药。促进旅游发展的建设内容包括家庭旅馆和招待所、一个小型的人类学博物馆、一个餐馆和若干个手工作坊。同时，针对毛毡制作、纺织品编织、篮子编织以及木工等传统手工艺的传承生态博物馆也给予了相当大的支持。对访客来说，这个地区的景点很多，包括壮观的自然洞穴、要塞、岩画遗址、水磨坊和突出的自然历史。数据表明，这里的发展正在造福当地人，同时当地人已经深度参与到这个项目中，获得了对自己能力的信心。文化遗产团队为当地提供了培训机会，使许多当地人被雇用，成为向导、研究人员和协调员。当地人口也有了显著的增加，并开始努力去重建传统穴居式房屋。2005 年，梅曼德村被联合国教科文组织授予梅丽纳·梅尔库里国际文化景观保护和管理奖（Melina Mercouri International Prize for the Safeguarding and Management of Cultural Landscapes）。

三、印度的生态博物馆

　　贝德卡（Bedekar, 1995）将生态博物馆的概念引介到印度，他文稿的内容十分鼓舞人心，对印度的博物馆学和遗产保护产生了重大影响。他认为，生态博物馆的约 80 种特性可以为印度所使用，相信这些特性在促进人权、包容性方法、社区责任以及将遗产管理转变为共有的社会事业等方面都能起到积极作用。他同时也担心，新博物馆学所包含的概念会受到抵制，只会被视为一时的风尚或短期的潮流，而不是一种发人深省的、会带来实质性改变的讨论。他认为，印度经济和政治权力的集中化问题是社区或个人参与遗产工作的障碍，权威声音如此强大，以至于阻止了任何其他的话语。但是，贝德卡相信，新博物馆学对印度的多元化很重要，并且它能够反映和颂扬印度 4653 个不同社区的差异。1988年在阿萨姆邦古瓦哈提（Guwahati）举行了"新博物馆学与印度博物馆"（New Museology and Indian Museums）会议，会后发表的《古瓦哈提宣言》（Guwahati Declaration）支持了竭尽全力去认识新博物馆学的价值这一观点，并且说道：

在甘地（Gandhian）哲学中详尽阐述的印度托管概念已拓展到了博物馆领域，这些博物馆将作为受托机构在相关社区代表手中建立、维护和运营。

印度运用新博物馆学和建立生态博物馆的呼吁，在被称为"印度生态博物馆学小组"的电邮社区内引发了广泛的讨论。关于在拉贾斯坦邦阿尔瓦尔市（Alwar）、阿萨姆邦马久利岛（Majuli）和喜马偕尔邦吉斯帕（Jispa）建立生态博物馆的提案，目前仅推进了一个。

焦尔—雷夫丹达生态博物馆（Chaul Revdanda Ecomuseum）

焦尔—雷夫丹达和科莱（Korlai）的定居点沿着印度科坎（Kokan）海岸线分布，具有战略上的意义，有助于定义"地域"的构想。焦尔—雷夫丹达是古吉拉特邦（Gujarat）和马哈拉施特拉邦（Maharashtra）交界的一处鲜为人知的葡萄牙人定居点。从公元 130 年到 1786 年，焦尔的海军要塞一直是一个重要的国际贸易中心，如今的乔利斯人（Chaulis）就是葡萄牙士兵（他们负责守卫要塞）与当地古吉拉特邦妇女所生的后代。焦尔—雷夫丹达周边的地区有许多小村庄和城镇，每个村庄及城镇都有其独特的特点：焦尔历史悠久，并具有丰富的生物多样性；哈泰（Hatai）是一个每周都有集市的小村庄；沿海城镇雷夫丹达有一处宏伟的要塞、一座犹太教堂、若干个修道院和小教堂；科莱（Korlai）也是一个小村庄，位于壮观的山顶堡垒脚下。在教区牧师和当地人的支持与关注下，科莱正努力创建一座独立的社区博物馆。对给项目提供帮助的贝德卡而言，生态博物馆的主要目标是维护这里丰富的遗产传统，这些遗产具有百年的历史，它们构成了村庄的一部分。

当地两种文化的融合促使了一种新方言的出现，即"科莱葡萄牙克里奥尔语"（Korlai Portuguese Creole），该方言当前仍在使用。然而，自 1964 年马哈拉施特拉邦政府强行推广马拉地语（Marathi）后，年轻人已大多讲马拉地语。这在贝德卡看来是一个严重的问题：

> 所有用克里奥尔语演唱的民歌、记载的历史与文学都有可能会终结，因为很快就没有人能去阅读或叙述它们。整个文化有永远消失的危险。（Desai, 2001）

与成年礼相伴的一些重要仪式正在消失，如耶稣受难节（Good Friday）等宗教庆祝活动也将不复存在。相比之下，印度教的胡里节（Holi）和排灯节（Diwali）越来越受欢迎。贝德卡和他的同事们试图说服当地领导人，让其意识到保护遗产的必要性。他们在促进诸如贝雕和养蜂等手艺培训方面取得了一些成绩。生态博物馆正在推动向访客出售手工艺品和当地产品，一家小商店是规划中的科莱海洋遗产信息中心的组成部分。

四、泰国的社区博物馆

虽然泰国没有被认定的生态博物馆，但该国还是有一些包容性博物馆学实践的极好例子。在清迈南部的南奔府（Lamphun），纳伦·旁雅普（Naren Punyapu）根据曼谷国家图书馆收藏的南奔府照片档案，于 2007 年 3 月创办了南奔府城市博物馆（Urban Museum of Lamphun）。该博物馆坐落在一栋充满当地贵族气息的百年传统建筑内，完全由年轻的志愿者们运营，他们大多是爱好如意大利"韦士柏"这类小型摩托车的青少年。博物馆是一个研究、保护、传播和振兴当地价值观与传统的中心，另有南奔当代史的介绍。这里还有社区成员收集的非同寻常的藏品（图 9.3），以展示南奔府的社会生活、仪式和历史。在这座博物馆建筑内设有一个微型电影院——哈利班超·拉玛（Haripunchai Rama），该建筑的部分区域还重建有杂货店、摄影店和学校教室。博物馆建筑的二楼用来上音乐课，当地学生可以在那里学习兰纳（Lanna）竖琴。所有这些活动完全是由年轻人志愿实施的，他们通过以各种手工艺为主的活动为博物馆筹措资金，并在当地街头市场募捐。它呈现了生态博物馆的所有原则。

南邦府（Lampang）附近的莱欣社区博物馆（Lai Hin Community Museum）坐落在当地一家有 200 多年历史的寺院内。在玛哈·扎克里·诗琳通公主人类学中心（Princess Maha Chakri Sirindhorn Anthropology Centre）的专家帮助下，当地人形成了要保护本地遗产、记忆、技艺和传统的共识。有趣的是，博物馆也强调地域，显示出其与生态博物馆理念的相似性。处在寺院内的博物馆由一个展区、一个手稿室和一间库房组成。整个寺院既是一处教育场所，也是一个社区的社交空间。展览的三个主题"稻米""奉献颂歌""移民"都是由当地人决定的。"如果护照会说话"（If passports could talk）是移民展的标题，展览用明信片、照片、信件和旅行纪念品来表达移民因外出谋生所亲历的离愁别绪。帕里塔（Paritta,

图 9.3　泰国南奔府城市博物馆由当地年轻人负责运营管理，他们有
自己的物质文化收集方法
作者　摄

私人通信，2009）强调了社区积极分子去实现该项目时的价值，同时认为需要对当地关于什么是遗产的决策有所支持，并重申了提高社区意识与认可"原住民策展"的重要性。该博物馆一经建成，便由当地社区管理，并与当地佛教僧侣合作。它没有使用生态博物馆的名称，但却共享了这个概念的许多原理。

五、越南的生态博物馆

下龙湾生态博物馆（Ha Long Bay Ecomuseum）

　　下龙湾是成千上万个石灰岩峰丛（最高海拔 200 米）群岛的一部分。该处占地 1500 多平方千米，自然风光旖旎，拥有无与伦比的地质构造、洞穴和洞窟，这里的珊瑚礁、海草床和红树林沼泽提供了可维持众多动植物生存的环境，其中包括 60 多种特有物种。1994 年下龙湾被联合国教科文组织列入《世界遗产名录》，2000 年又拓展了其价值认定范围。生态博物馆在这里建设的意义是，它为困扰海湾本身的许多问题提供了一种解决方案，或是一种思考方式（Schwartz, 2001）。尽管旅游业的压力是一个问题，但采煤、航运和采矿则成为迅速发展的下龙市面临的最大发展风险。施瓦茨（Schwartz, 2001）指出："下龙湾正在受到水与大气污染、环境恶化与文化退化，以及城市发展不协调的威胁。"1999年，联合国教科文组织驻河内办事处和下龙湾管委会（Ha Long Bay Management Department）的代表一起开会讨论了保护和社区发展问题。生态博物馆原则作为发展的出路被采纳。在国际推动者的支持下，来自下龙湾管委会的越南青年工作人员成立了生态博物馆项目组，并计划逐步将整个群岛及其腹地变为越南的第一座生态博物馆。澳大利亚昆士兰大学（The University of Queensland）作为顾问之一参与其中，其主要团队成员阿马尔·加拉（Amareswar Galla, 2002, 2003, 2005）详细介绍了该生态博物馆项目。

他们将生态博物馆原则、社区发展行动和阐释项目结合起来，以制定可持续的解决方案。具体包括以下领域的能力建设：规划、阐释与调查；通过分析利益相关者，促进生态博物馆团队与他们之间的合作伙伴关系；制定阐释计划。后者包括2005年1月建成开放的门万浮动文化中心（Cua Van Floating Cultural Centre），该中心介绍了下龙湾生态系统遭受的威胁，并倡导可持续的渔业实践，这是在下龙湾生态博物馆核心区开发的12个阐释与交流项目之一。其他提议的阐释项目还包括白寿山（Bai Tho）、迷宫洞（Me Cung）考古遗址和珍珠岛（Ngoc Vung）度假区。这些项目旨在与广宁省（Quangninh）当地社区合作，重点是发挥妇女与儿童的作用，让年轻人参与到保护活动中来（Ha Long Bay Management Department, 2010）。

生态博物馆团队还实现了其他几个目标，包括完成了一项详细的地理信息系统（GIS）调查，管理团队的内部能力得到了增强，技能也得到了提高，同时通过加强与国家机构的联系以获得资源保护的过程与程序的支持和当地渔民对可持续劳作的承诺。该生态博物馆是一个长期的工程，它希望通过采用包容性方法和与当地人的并肩工作，创造就业机会，进而提高人们对下龙湾环境和文化资源，以及这些环境和资源对当地经济重要性的认识。包容性和同心协力的决策方法等新的态度，现已成为下龙湾管委会与当地社区合作关系的核心原则。

越南总理对该项目的成果印象深刻，并于2006年10月将下龙湾生态博物馆列入越南国家级博物馆名录。作为世界上第一个被认定的国家级生态博物馆，它在2008年开始以这一名号运营。

六、中国的生态博物馆

近年来，中国的社会、经济和文化发生了翻天覆地的变化。在这个复兴时期，各个博物馆和遗产地都深度参与其中，不断反思其社会角色，并在实践中进行重大变革。《国际博物馆》(*Museum International*) 杂志 2008 年第 237—238 期的主题为"古老的中国，崭新的博物馆"(Ancient China, New Museums)，该期介绍了中国新博物馆的发展概貌，包括保护非物质文化遗产的方法、新的技术以及残障人士的可及性。此外，中国生态博物馆发展的设计师——苏东海，在其文章中 (Su Donghai, 2008) 描述了生态博物馆的出现与实践，同时强调了它们对保护和提升少数民族文化的意义。中国有 55 个少数民族，合计人口占全国总人口的 8.41%[①]，其余人口为占多数的汉族 (Chinese government, 2006b)。正如苏东海所指出的那样，这些少数民族的文化遗产，以及他们所居住的偏远地区一直是中国发展生态博物馆的重心。这种对少数民族文化保护的重视成为中国生态博物馆的鲜明特色。墨西哥 (Camarena and Morales, 1997, 2005; Peña Tenorio, 2000) 和瑞典 (Davis, 1999) 也是仅有的几个运用生态博物馆学实践来支持和表征少数民族的国家。

安来顺和杰斯特龙 (An and Gjestrum, 1999) 认为，中国建立生态博物馆是因为政府意识到以往为获取旅游和经济利益而进行的农村地区和少数民族文化的开发，经尝试后是失败的。他们表示，需要一种新方法，"以便为当地少数民族社区提供必要的工具，用以维持其文化身份认同的保护和社会及经济有序发展之间的平衡"。他们详细地描述了在贵州梭戛建立中国第一座生态博物馆所遵循的程序，这项工作是在挪威的资金和专家援助下，在中国博物馆学会博物馆专家的全力参与下实施的。

梅克勒伯斯特 (Mykleblast, 2006) 评论了中国博物馆学家如何从挪威的研讨会和实地考察中受益，而且谈到了来自中国农村的年轻参与者们"如何'对他们所看到的'，以及'什么可以和不可以运用于他们当地的环境'进行的批判性思考，给挪威人留下了深刻的印象"。筹备工作的成果是制定了一套指导方针，以生态博物馆建设所在地命名为"六枝原则"(The Liuzhi Principles)。这些原则（图 9.4）得到了所有参与者的认可，为贵州生态博物馆项目的发展奠定了坚实的基础。梅克勒伯斯特认为，该原则适用于大多数的生态博物馆项目，尤其是那些专注于保护少数民族文化的项目。

---

① 译者注：根据国家统计局于 2021 年 5 月 11 日公布的第七次全国人口普查主要数据显示，各少数民族人口为 12547 万人，占全国总人口的 8.89%。

> **六枝原则**
>
> 村民是其文化的拥有者，有权认同与解释其文化。
>
> 文化的含义与价值必须与人联系起来，并应予以加强。
>
> 生态博物馆的核心是公众参与，必须以民主方式管理。
>
> 当旅游和文化保护发生冲突时，应优先保护文化，不应出售文物但鼓励以传统工艺制造纪念品出售。
>
> 长远和历史性规划永远是最重要的，损害长久文化的短期经济行为必须被制止。
>
> 对文化遗产保护进行整体保护，其中传统工艺技术和物质文化资料是核心。
>
> 观众有义务以尊重的态度遵守一定的行为准则。
>
> 生态博物馆没有固定的模式，因文化及社会的不同条件而千差万别。
>
> 促进社区经济发展，改善居民生活。

图 9.4　指导中国生态博物馆发展的"六枝原则"

尽管云南生态博物馆的发展道路与贵州相比略微不同，但尹绍亭（Yin，2002）明确表示，当"民族文化生态村"被首次提出时，当地人的需求就被确定为重中之重，并遵循了生态博物馆的类似原则。云南项目的主要目标确定如下：

- 保护民族文化和环境，有效地促进文化的保护与传播。
- 通过有限度的旅游活动促进社会繁荣。
- 推动当地人的参与。
- 对当地文化和传统知识进行识别和分类。
- 促进自然、文化和村落经济之间形成可持续的关系。

从选址到实地考察，从基本概念的确立到"文化中心"的架构，云南生态博物馆的建设经过了精心规划。一旦确定了这些内容，学术团队便与当地人合作，组织有关文化主题的培训、教育和活动。后续工作还包括对诸如道路、卫生、林业发展、供水和作物灌溉等设施的改善。但是，瓦鲁蒂（Varutti，私人通信，2009）声称，这些生态博物馆在落成后并没有得到良好的维护。南碱傣族文化生态村是个例外，但即便在这里，生态博物馆也没有融入村庄生活，"当地人并没有进入或利用它，他们更喜欢在博物馆建筑前的区域内聊天和聚会"。

中国的生态博物馆在很大程度上采用了"碎片"生态博物馆的模式，该模式可以在很大的地理区域内认定分散的遗产。这种方法在斯堪的纳维亚半岛被广泛使用，以帮助旅游和地方经济。哈姆林（Hamrin，1996）认为，这种强调将文化景观变为博物馆的方法与法国的做法截然不同，应该称其为"斯堪的纳维亚生态博物馆模式"。该模式的一个特点是，有一个接待中心（或博物馆，或文化中心）指引方向，经常设有一个资料中心，存放口述资料、照片和物件。由于受挪威博物馆学家的影响，贵州、广西和内蒙古创建的中国第一批生态博物馆全都采用了这种模式。在云南，生态博物馆的建设得到了美国福特基金会的支持，也采用了类似的方法（Yin，2002）。这也是中国其他省份讨论想要实施的模式，包括海南（Corsane，私人通信，2010），这里也有丰富的民族、文化和环境多样性。但是，与斯堪的纳维亚半岛的情况[①]不同，所有的中国生态博物馆（表 9.1）都致力于扶持少数民族。仅隆里和和顺是例外，这里生活的是中国的主体民族——汉族。隆里生态博物馆主要展示那些被视作"传统"的汉文化，它位于保存完好的明代古城内，古城带有堡垒和防御性的城垣，在中国的这一地区，汉族人口相对较少。

表 9.1　中国的生态博物馆一览表

生态博物馆	所在省（区）	民族	建成时间
梭戛	贵州	苗族（箐苗）[②]	1998
镇山	贵州	布依族	2002
隆里古城	贵州	汉族	2004
堂安	贵州	侗族	2005
南丹里湖	广西	瑶族（白裤瑶）[③]	2004
三江	广西	侗族	2004
靖西旧州	广西	壮族	筹备中[④]
敖伦苏木	内蒙古	蒙古族	2005
巴卡	云南	基诺族	2002
仙人洞	云南	彝族	2002
和顺	云南	汉族	2002
月湖	云南	彝族	2002
南碱	云南	傣族	2002

---

① 除阿杰特萨米博物馆外。
② 译者注：箐苗是苗族的一个支系。
③ 译者注：白裤瑶是瑶族的一个支系。
④ 译者注：靖西旧州壮族生态博物馆已于 2005 年 9 月建成开放。

在苏东海（Su, 2005a）和尹绍亭（Yin, 2002）的著作中可以找到迄今为止创建生态博物馆的详细说明与图示。关于中国生态博物馆发展的思考源于 2005 年在贵阳市（贵州的省会）举办的一次生态博物馆大型会议（"交流与探索"），会上苏东海（Su, 2005b）对此做了简要的介绍。更详细的描述已经以中文（Su *et al.*, 2006）和英文（Davis *et al.*, 2006）形式发表。显然，中国已将生态博物馆确定为一种促进农村贫困地区可持续发展的重要手段，并考虑在其他省份采取进一步的举措。例如，广西已在南丹和三江建设了首批生态博物馆，在政府的帮助下已经有了创建更多生态博物馆的战略计划，这在支持文化遗产发展的"十一五"规划（2006—2010 年）中（Rong, 2006）有明确的表述。

（一）梭戛生态博物馆与箐苗（Suoga Ecomuseum and the Qing Miao）

安来顺和杰斯特龙（An and Gjestrum, 1999）指出，苗族是中国人口第四多的少数民族，其中近一半生活在贵州省。箐苗是苗族的一个较小支系，分布在贵州省六枝特区和织金县交界的 12 个偏远山村，仅有 4000 人[①]。这一族群以妇女佩戴长牛角头饰为象征，在节日、婚礼和其他特殊场合，箐苗妇女还用毛线制成的精致假发盘绕，以增强视觉效果（图 9.5）。箐苗拥有丰富的非物质文化遗产，包括独特的音乐和舞蹈。当地经济以混合农业、编织和刺绣为基础。宗教信仰多神论，"鬼师"是村子的宗教和精神领袖。

梭戛生态博物馆于 1998 年 10 月 31 日成为中国第一座生态博物馆，总部位于箐苗小寨——陇戛，信息中心存储的当地"记忆工程"资料是博物馆的重要特色。该中心的设计方案是由建筑师与当地村民协商后决定的，以确保其与当地景观和谐统一，并采用当地的建筑材料和技术。当地人还为信息中心的建成做了大量的工作，从而再次提升了他们的主人翁意识。因苗族没有自己的文字，记忆工程最初试图通过用他们自己的语言进行口述录音，以记录村民的集体记忆。后来逐渐发展到收集有关村庄习俗和仪式的照片，以及征集反映村庄生活的物件等方面。

生态博物馆项目与提高当地村民的生活水平息息相关。当地的重要改善包括老寨的房屋翻新，新住房、自来水、电力、新学校和医疗设施的供给。这些改变

---

① 译者注：此为 2008 年作者调查时的人口数据，2021 年六枝特区人民政府网公布的数据显示箐苗有近 6000 人。

图 9.5　在梭戛生态博物馆，箐苗使用的精致假发是当地文化的一大特色
作者　摄

是生态博物馆访客能最先感受到的，他们沿着一条新修的道路可进入配套有诊所和学校的"新"村庄。步行一小段路，即可来到庆祝节日和当地人展演音乐舞蹈的广场。信息中心里面还有一个非常专业的展览，展示箐苗及其文化的各个方面。访客可以从这里自行漫步到老寨（图 9.6），去结识当地人，并购买手工艺纪念品。

毫无疑问，当地人已经从项目实施的改变中受益，这听上去非常喜人。然而，在我最近的一次访问中（2008 年 10 月），发现该村正在发生重大变化，老寨正在使用非传统技术建造房屋，混凝土建筑和色彩鲜艳的大门与传统的石质房屋相冲突。信息中心基本上被废弃了，许多原始的田野调查数据已在极端的环境条件下丢失了。没有人尝试去继续记录村庄的社会与文化生活，或制定新举措。年轻的女孩子穿传统的服装来迎合访客，只为获取更多的收入，她们显然越来越了解物质财富，清楚外界对其生活的影响。或许最大的不满情绪来自其他 11 个寨子的人们，这些寨子也是苗族社区的一部分，但不在陇戛，没有游客去到他们那里，他们也没有从生态博物馆的名号中得到任何方面的经济实惠。尽管社会环境发生了这些变化，老人们还是对新学校、自来水供应和医疗保健服务表达了认可，他们强烈地感到，这些变化并没有对他们的民族认同产生不利影响。

图9.6　梭戛生态博物馆的陇戛"老寨"
作者　摄

（二）里湖生态博物馆与白裤瑶［Lihu Ecomuseum and the White-trousered (Baiku) Yao）］

这座生态博物馆位于南丹县的偏远山区——怀里村，于2004年11月建成开放，它是广西壮族自治区创建的首家生态博物馆。其建设是在广西民族博物馆的专业指导下完成的，所有参与人员都接受了中国博物馆学会的培训。邻省贵州的专家提供了生态博物馆的建设经验，这种帮助使瑶族生态博物馆与邻省建立的生态博物馆颇为相似。来自电子、工程和电信公司的商业赞助者为该项目提供了财政上的支持，它还获得了一些改善该村自来水供应和卫生状况的国际援助。地方政府的资金用于建设旅游基础设施，特别是修建了一条进山公路（Rong, 2006）。

之所以称他们为白裤瑶，是因为村里的男子穿白色的裤子，而妇女的盛装则要更加艳丽，服饰是博物馆信息中心展览的一大亮点，展现了妇女们纺织、绘图和刺绣的技艺。社区的非物质文化遗产也非常丰富，最具特色的民族乐器是铜鼓和弦乐器（图9.7），它们为仪式舞蹈和对歌提供了有节奏感且令人陶醉的伴奏。专门建造的高脚谷仓也是这个村庄的特色，贮藏着自给自足的粮食作物，访客可以探索散布在周围树林中的古墓、古道和古井。苏东海（Su, 2005a）认为："由于这里的自然环境和社会结构保存完好，人们坚持承袭其祖先的生活方式与宗教信仰，因此村庄几乎没有受到主流现代文明的影响。"仪式，尤其是那些与丧葬有关的仪式，或对一个新铜鼓的命名仪式，是瑶族文化的重要代表。与梭戛一样，该生态博物馆被看作是捕捉这些丰富社区记忆的手段，而信息中心则是收藏这些记忆资料的大本营，来自广西民族博物馆的专业民族学家将生态博物馆作为他们开展研究的基地。

容小宁（Rong, 2006）指出，广西壮族自治区发展生态博物馆有着巨大的利好条件，并特别提到当地少数民族群众因此而日益攀升的文化自豪感，同时研究人员及学界对生态博物馆的兴趣也愈

图 9.7　南丹里湖白裤瑶所使用的传统乐器
作者　摄

发浓烈。他还指出生态博物馆针对当地学校而言的教育福利，以及促进区内外文化交流的意义，随着游客参观生态博物馆的兴趣日益高涨，这开始给当地人带来了一些经济利益。而海南岛正在考虑通过生态博物馆行动来获得类似的效益。

（三）海南的生态博物馆提议

在考察完海南后，柯赛和塔瓦（Corsane and Tawa, 2008）认为，建设生态博物馆可为海南岛开展可持续旅游发挥重要作用。他们提出了三个建设地点，第一个提议是在东方市白查村建生态博物馆，以弘扬黎族和苗族这两个少数民族的文化，随着社区搬移至新村，这里的传统民居被腾空。为了保护村子的船型屋（图 9.8）和其他建筑实体，他们建议采用生态博物馆的方法来发展社区和推动文化旅游设施的建设。目标包括为村子制定遗产和保护策略、发展造福当地人的文化旅游战略，以及开发阐释材料。第二个提议是在历史悠久的海口市建城市生态博物馆，重点是海口市有历史意义的五条街道，拟对街道上旧殖民风格的建筑进行记录、修复和诠释。第三个提议是在海口市荣堂火山村建生态博物馆，将保护古村和发展文化旅游作为其主要目标。

图 9.8　海南的传统民居——船型屋
杰拉德·柯赛（Gerard Corsane）摄

（四）台湾的生态博物馆潜力

生态博物馆原理在台湾的运用已有一些尝试，例如黄金博物园区（Gold Ecological Park）就使用了"分散站点"的方法进行阐释。最近，台湾省东部宜兰县的南方澳渔村在生态博物馆方法的指引下，通过确定景观中的遗产特征来阻止经济衰退（Chiao, 2007）。生态博物馆在实施过程中的那些包容性方法，也在一定程度上被台湾的"地方文化工坊"（local cultural workshops）（Huang, 2009）和其他在台湾进行的遗产保护行动所采用。

马祖列岛这个地方，也采取了积极主动的遗产保护策略。由于地理上毗邻大陆，1992 年后，岛上丰富的文化特色和生态资源得到了积极的开发，用于生态旅游和文化旅游。津沙是位于马祖列岛中部南竿岛上的一个小村。如同马祖列岛许多面临社会迅速变迁的村庄一样，当地居民通过发现和利用其文化和自然资源，试图重新开发村庄和吸引游客。当地乡土建筑受到特别的重视，其中石质建筑的消失已引起了人们的普遍担忧。此外，该村负责人还发现了津沙村其他独特的自然和文化资源，它们都具有吸引游客的巨大潜力，包括几条小规模的街道、一个当地寺庙和一处与当地军事史有关的历史遗址。这里重要的自然资源有引人入胜的地质景观、特有的植物、丰富的林地植物群，以及养育各种无脊椎动物和鸟类的栖息地。热情好客的村民可以说是当地最大的财富，他们拥有高超的手艺技能、烹饪技巧和迷人的方言。他们还试图去维护各种具有吸引力的小型菜园，记录村子的渔业历史，并保护诸如打鼓之类的非物质文化遗产。这些资源可以通过一个多站点（multi-site）的生态博物馆进行诠释，从而鼓励游客以更全面的方式去体验这个村庄。尽管村子负责人做出了很多鼓舞人心的努力，而且生态博物馆也有巨大的发展潜力，但并非所有的居民都抓住了这些机会。

（五）关于中国生态博物馆的几点思考

在中国偏远的农村地区发展生态博物馆，对当地少数民族而言，具有一些实实在在的好处。在生态博物馆建设过程中当地房屋得到修缮，水、电等基本公用设施得到供给，同时建造了包括学校和医院在内的新设施，当地人的生活条件得到了较大改善。因此，教育水平和医疗卫生服务能力都有了提高。在尊重当地人及其习俗和信仰方面，也尽了一切努力，以"六枝原则"为指导达到了干预的效果。这些项目的核心是保护当地文化的独特性，并利用资源去挖掘整理当地的记忆、习俗和物质文化。迄今为止，生态博物馆项目以一种敏感而细腻的方式发展文化旅游，同时在与当地人协商的情况下谨慎地开发。新的基础设施，特别是大规模的道路建设计划，使有限度的文化旅游成为可能，开始给当地人生活带来了少许的经济改善。这些项目取得成功的关键是建立了一个全国性的生态博物馆合作网，使各个生态博物馆之间能够进行信息交流。

安来顺和杰斯特龙（An and Gjestrum, 1999）在提及他们的中国经验时指出，"人们不应该与其文化遗产分离开来，相反他们应该有机会在文化遗产基础上创造自己的未来"。这意味着少数民族可以利用其文化资源，通过文化旅游促进可持续发展。这一过程并非没有风险。像中国的许多"民族园"（ethnic parks）一样，关注少数民族的中国生态博物馆也充满了潜在的危机，尤其存在着将活态文化转变为单纯展览的危险。中华民族园（北京）、云南民族村（昆明）和傣族园（西双版纳曼乍）是以迎合游客为目的诠释少数民族文化的例子。杨莉和沃尔曾就其真实性问题与企业精神对西双版纳的曼乍和其他民族景点进行过探讨（Yang and Wall, 2008, 2009）。很明显，中国部分少数民族的文化在旅游开发下被商品化。如果中国的生态博物馆要防止真实性丧失和这些偏远社区的社会结构与价值观发生潜在变化，就必须避免这种商业化。

生态博物馆理论要求发起建设的机构须源自当地社区，并由社区主导。然而，几乎没有证据表明中国是如此执行的。它们似乎是一种"自上而下"（top-down）的组织机构，如果没有外部资金和专家的帮助，中国生态博物馆的建设是不可能实现的。在我自己访问的这些生态博物馆中，没有发现当地村庄负责人有真正的自主权，也无法了解当地人对生态博物馆的运营与战略管理有多大影响。目前尚不清楚文化旅游的经济收入是如何在社区分配的，也不清楚如马吉（Maggi，2006）所言的，对这些新机构来说旅游业有何优先权。虽然游客数量的增长将带来额外的收入，但这也给社区带来了危险，因此变化将不可避免。关键问题仍未得到解答，即在中国发展生态博物馆的驱动力是什么？尽管当地参与者的诚意毋庸置疑，但与旅游和乡村发展有关的主要政治战略在多大程度上影响了生态博物馆的发展？

旅游业是中国的一个主要经济增长领域。国家旅游局[①]负责拟定旅游业发展战略规划，2006 年局长邵琪伟提到，旅游业是中国发展最快的产业之一，2000年中国接待了 8344 万人次的入境游客。他还指出，根据世界旅游组织（World Tourism Organization）的预测，到 2020 年中国将成为世界第一大旅游目的地（Shao，2006）。就旅游的世界排名而言，中国已从 1980 年的第 18 位上升到 2000年的第 5 位（CNTA，2006a）。

国家旅游局所遵循的既定原则包括两种截然不同的，甚至可以说是互不相容的战略，即大众旅游之路（原则 6：必须坚持以大生产、大市场、大旅游为特色的发展方向）和可持续发展之路（原则 7：必须坚持可持续的发展原则）（CNTA，2006b）。尽管存在这种矛盾，但 2000 年国家旅游局仍表示，在"十五"期间，中国的旅游业将"找到一条发展旅游与保护环境的有效道路，并使旅游业成为一个环境友好型产业"（CNTA，2006c）。在中国的"十一五"规划中，旅游业（除湖南之外）并未被明确提及（Chinese Government，2006b），但是，毫无疑问，发展旅游业将是对社会主义新农村建设的有力促进。农村发展是中国政府的一项关键战略，这包括广泛的农业改革和补贴。此外，思考中国少数民族的权利和社会地位，以及使其与汉族一道参与中国现代化进程的策略，也具有重要的意义。正是在这种复杂的政治背景下，中国的生态博物馆将不断进化与进一步发展。很难预测旅游业的发展或农村的对外开放及开发会对偏远农村社区产生什么影响。生

---

① 译者注：2018 年 3 月文化和旅游部组建，不再保留国家旅游局。

态博物馆能否提供一个可持续的解决方案，来保护中国少数民族文化的非凡独特性？

七、日本的生态博物馆

大原一兴（Ohara, 2006）指出，鹤田总一郎（Soichiro Tsuruta）将生态博物馆称为"环境的博物馆"（environmental museum），他在一次演讲中介绍了国际博物馆协会当时正在讨论的当代博物馆学实践，并于 20 世纪 70 年代正式将这一概念引介到了日本。起初，生态博物馆原理尚未引起人们的关注，直到 20 世纪 80 年代，当日本政府增加了对农村地区的项目投入后，这些原理才得到重新认识。20 世纪 90 年代，随着众多市政当局对生态博物馆表现出兴趣，它们受到了越来越多的青睐。大原一兴认为，这可能是因为生态博物馆已被视为是一个博物馆的另类设想，一个成本较低的选择，即不需要用相关的收入去建造永久且昂贵的建筑。1992 年，在里约热内卢召开的联合国环境与发展会议对日本也有影响，大会对可持续解决方案的讨论促使日本生态博物馆致力于自然环境的保护和对当地社区的援助。结果是，20 世纪 90 年代初，在一些保护区建设的在地阐释设施常常被错误地贴上生态博物馆的标签。

大原一兴还指出，日本没有推动生态博物馆发展的官方体系。然而，农林水产省（Ministry of Agriculture, Forestry and Fisheries）1998 年通过了"乡村环境博物馆"（rural environmental museum）项目，旨在鼓励建设促进自然环境、文化景观和传统文化保护的博物馆。日本已经选定和开发了大约 50 个地方。大原一兴列出了这些发展项目的关键特性，包括鼓励开发者忠实于当地历史和传统文化，并采取整体观方法。开发的重点放在对传统农业的欣赏上，以及鼓励当地人认识当地景观的独特品质。该项目还推动公众参与。然而，为了保证此类项目的可持续性，通常由地方政府或半公共企业负责运营。因此，它们是"自上而下"的行动。但是，在其他所有方面，该项目与生态博物馆方法和实践之间存在着明显的联系，如地域、整体主义、公众参与、对传统的尊重。

甚至在"乡村环境博物馆"项目尚未出现之前，日本当地的一些社区活动也展现出生态博物馆的品质。大原一兴（Ohara, 1998）认为日本"在很短的时间内催生出了一个又一个的生态博物馆计划，每个计划现在都在寻找应该朝哪个方向发展的线索"。1995 年 3 月成立的日本生态博物馆学协会（Japanese

Ecomuseological Society, JECOMS）激发了人们对生态博物馆的兴趣。它的国际专题研讨会迎来了一批支持生态博物馆理念的与会者，其杂志《日本生态博物馆学协会杂志》（*Journal of the Japanese Ecomuseological Society*）则提供了一个讨论的平台。由日本生态博物馆学协会出版的文献指出，有几个分散在列岛上的生态博物馆，其所在地包含农村和城市地区。2002 年，日本生态博物馆学协会制作了"日本生态博物馆地图"，展示了 9 个不同的生态博物馆，包括多摩川（Tamagawa），一个与多摩川河相关的且有工业遗产和宗教建筑群的遗址综合体；白鹳生态博物馆（Kounotori Ecomuseum），致力于保护濒临灭绝的东方白鹳（*Ciconia boyciana*）；位于德岛县（Tokushima Prefecture）的亚洲活态博物馆（Asian Live Museum），它包括三个小镇，该博物馆旨在保护和诠释那里的传统产业。

　　新井（Arai, 1998）还描述了日本早期生态博物馆的一些举措，例如在爱知县（Aichi Prefecture）足助町（Asuke），当地人于 1978 年开始对一排传统的房屋进行保护。其中一座老屋"三州足助屋敷"（Sanshu Asuke Yashiki）现在专用于当地手工艺的展示，传统编织、烧炭和制伞工艺在此重获新生。他还提到了位于岛根县（Shimane Prefecture）吉田村菅谷区（Yoshida Village's Sugaya district）深山中的旧时钢铁制造社区。传统作坊与工匠们的住房仍然保留在这里，与铸铁工厂或高殿（Takadono）[①]一样，它们在关闭后被改建成仓库，避免了被拆除的危险。现在，它是日本唯一幸存下来的制造传统钢铁的地方，被日本政府认定为"文化财产"（cultural property），当地人已采取措施将其作为旅游景点加以推广。

　　日本博物馆学家一直努力去定义被生态博物馆实践所认可的"社区博物馆"。1997 年举办了有关这一主题的培训研讨会，会上的讨论表明了这一点（Ogawa, 1998）。参与者都没有提及生态博物馆的哲学或实践，而是实际描述了西方博物馆在博物馆与当地人之间进行的经常性互动活动，如公众参与调查、志愿服务和教育活动。然而，大原一兴（1998）所描述的日本的这些社区活动也展现出了生态博物馆的特质，尽管如他所言，"当地人可能不会将它们称之为生态博物馆"。他认为，人们似乎已逐渐意识到日本传统景观、建筑遗产和生活方式的衰落。在某些地方，生态博物馆作为一种当地社区控制这些资产的机制而被采用。有趣的是，斯堪的纳维亚模式，即对分散的遗产进行保护和阐释，是日本最普遍采用的

---

① 译者注：高殿是当地对该处铸铁工厂的称呼，它是日本唯一一处保存至今的炼铁建筑。

一种方式（Ohara, 2008; Navajas Corral, 2010）。

下文介绍了 3 个地方的当地社区进行生态博物馆实践的基本情况，以说明日本践行生态博物馆理念的不同方式。

（一）平野町生态博物馆（The Ecomuseum of Hirano-cho）

14 世纪，平野町就是日本大阪府（Osaka Prefecture）的一个自治城镇，它拥有幽静的花园、寺庙、神社和传统民居等众多历史古迹。1300 年后，街道的规划仍保持着原来的布局，环绕城镇的防御性护城河的轮廓在某些地方依然清晰可见。该生态博物馆是在全兴寺（Senkouji Buddhist Temple）住持川口良仁（Ryonin Kawaguchi）的协调下，由一群当地居民于 1993 年创建，生态博物馆最初的 7 个遗产点包含了部分历史悠久的区域。美丽的杭全神社（Kumata Shrine）是平野町最重要的遗产之一，一条种植古樟树（香樟 Cinnamomum camphora）的林荫道使其增色不少，这些樟树已被确定为文化宝藏，并被贴上了标签。神社里还有一位住持诗人，他继承了日本古老的诗歌传统。平野町的大念佛寺（Dainennbutsuji Temple）是大阪府最大的木质寺庙，这里有一个关于"幽灵"的传说，它是一个奇怪的住客，只在一年中特殊的日子里出现。到 2003 年，这里的景点已扩展到了 15 个，并由 40 名志愿者经营。这里没有协调机构，只有一个由当地人组成的且松散的联盟，他们有共同保护当地遗产的意愿，并鼓励当地人之间、年轻人与老年人之间进行对话。每逢该生态博物馆在每月第四个星期日开放时，其自行车博物馆、糖果店博物馆、平野之音（Hirano no Oto）——"世界上最小的博物馆"[①]、带阴凉庭院的当地乡土民居（图 9.9）、电影博物馆[②] 和当地报社的老总部，总能吸引大量的访客。一家名为"顽固平野屋敷"（Ganko Hirano Yashiki）的餐馆，位于传统木质房屋内，也被视为生态博物馆综合体的一部分。

各个博物馆和其他景点都标识在一张地图（图 9.10）上，尽管其确切的位置还是很难找到，但川口良仁（私人通信，2003）指出"这能让访客问路，以鼓励他们与当地人互动"。当地社区计划增加展示点数量，因为当地人会把自己的房屋作为"个人展示"（people's shows）开放给当地居民和访客。住持川口良仁的

---

① 这是一张 CD，播放平野过去的日常声音。
② 记录平野四十多年节日和活动的音视频。

图 9.9　平野町生态博物馆的一栋传统民居

作者　摄

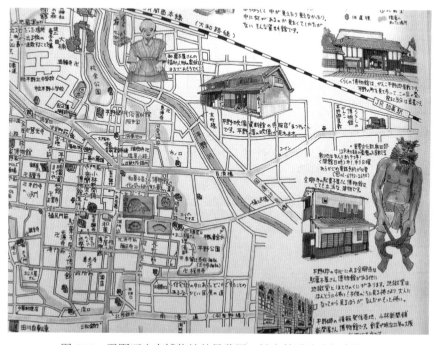

图 9.10　平野町生态博物馆的导览图，旨在鼓励访客探索该地

观点是"大多数日本的博物馆都很无聊，从不接触普通人"，并认为"人应该成为焦点""是人造就了城镇"，生态博物馆应该帮助当地人发展，让他们开始理解其遗产的物质和非物质性。他还认为："生态博物馆是我们努力去认识自己拥有的文化和历史资产，并让居民参与此类活动的一部分。从某种程度上说，所有当地居民都是策展人。当人们焕发出活力后，那里的城镇就会振兴。"显然，他不仅迫切希望保护有形的地标和物件，也急切期望保护手工技艺和其他非物质文化遗产，包括传统的游戏形式和"本地的智慧"。他说："我们正设法将这些知识和技能传给子孙后代。"川口良仁发挥了他的长处，他是一位讲故事的专家，也是连环画剧（Kamishibai）的拥护者，该剧是一种用事先准备好的图画卡片给孩子们讲故事的演艺形式。

　　平野町在许多方面都显示出它是一个与众不同的生态博物馆，尤其是因为它内向型的策略。川口良仁深信生态博物馆对当地人的价值，虽然它可以通过吸引游客带动消费而产生更大的影响，但是他对此毫无兴趣。目前，当地尚未作出任何努力到城镇之外去积极推广该生态博物馆，吸引更多的游客并不是它的主要目标。而让当地居民以自己的地方为荣，有能力去反思自己的历史，进而认识到历史的意义更为重要。就生态博物馆的理论和实践而言，平野町似乎（至少表面上看）是一个符合社区主导这一标准的绝佳例子。显然，该生态博物馆的积极人士都为自己的遗产感到自豪，无论是一棵古树、一座美丽的佛寺，还是当地的自行车商店。对自行车商店的推崇与其被列入《吉尼斯世界纪录大全》（*Guinness Book of Records*）有关——它拥有世界上最大的自行车。该生态博物馆拥抱过去与现在，包含物质与非物质，并依靠其低调、亲民的特点获得成功，它仍鼓励访客去发现其秘密。它正通过这种方式去创造自己的文化认同与神话，只有时间才能证明这种状况是积极的还是消极的。显而易见，这种理念为这里正在实施的松散结构提供了一种保护城镇遗产片段的机制，这是传统保护方法或权威机构都无法做到的。但同时也应该看到，这是一种依赖于许多关键人物的机制，如果他们失去热情，或是藏品得不到保护，那么现在被视为很重要的遗产仍有可能会丢失。我个人的短暂参观过程无法判断该生态博物馆对那些没有直接参与的当地人有什么真正意义。

（二）朝日町生态博物馆（Asahi-machi Ecomuseum）

　　新井（Arai, 1998）将山形县（Yamagata-ken Prefecture）的朝日町称为重要

的生态博物馆所在地。早在 1989 年，地方当局就开始探索生态博物馆的理念，并于 1991 年正式通过了一个生态博物馆计划，作为该镇发展战略的组成部分。为了消除人们对该地区人口减少的担忧，生态博物馆作为一种工具被采用，以培育当地人的自豪感，重建地方精神和通过文化旅游扭转经济颓废。该生态博物馆的创建是通过指定许多相连接的遗产点（展示点）、美学符号和被视作重要"文化展示点"的文化及自然特色来实现的。朝日町位于风景秀丽的山区，它已经吸引了许多冬季运动爱好者，但当地人也希望生态博物馆能够吸引夏季访客。2000 年，非营利性组织朝日町生态博物馆协会（Asahi-machi Ecomuseum Association）成立，它与专业的生态博物馆工作人员一道，在当地的议会办公室办公。他们共同努力发挥催化剂作用，以提升地区的吸引力和鼓励当地居民参与生态博物馆的活动。新井（Arai, 1998）指出，"生态博物馆的目标是培养每个居民对当地文化、自然和日常生活的自豪感，并建立起一种使他们能够充分享受生活的新方式"，同时采纳"整个区域都是博物馆，所有当地居民都是策展人"的信条。

朝日町所确定的遗产点（展示点）都是自然、文化和精神的一种独特组合，并充分利用了该地的特色。苹果是当地的主要产业，果园拥有大量来自世界各地的稀有苹果品种。山坡上还有一个烧木炭的窑子、一个苹果博物馆和一个苹果水疗中心，中心推出有苹果浴服务项目。附近的餐馆用苹果来制作地方特色面食。朝日町也是一个著名的葡萄酒产区，当地的一家葡萄园和一家酿酒厂也被纳入到生态博物馆之中。朝日町生态博物馆的一些小型家庭手工业也很有特色，例如一个蜂蜡蜡烛作坊。

朝日町最引人注目的景点之一是一个被称为浮岛大沼（Onuma Ukishima）的湖泊。该湖泊坐落在雪松和榉木林中，它以"移动岛屿"——即漂浮的植被垫①而闻名。由于这种奇妙的现象，它被认为具有神奇的和宗教的灵性。它有自己的神社，在导游引导下访客能在观景台见证岛屿的移动（图 9.11）。同样引人入胜的还有"空气神社"（Air-Shrine），这是一座用不锈钢制成的当代雕塑，建造在榉木林的山顶上，能倒映出天空和周围的植被，通往神社的步道有鼓励冥思的祈祷轮。观景台和城堡是这座生态博物馆的显著特色，在秋叶山公园（Akiba-san Hill Park）不仅可以俯瞰小城堡，还可以欣赏到最上川（Mogami-gawa River）的壮丽景色，而众多的山路则提供了观赏梯田美景的绝佳机会。

---

① 据称是自行移动的，无需借助风或水流的帮助。

图9.11　朝日町生态博物馆有一座名为"浮岛大沼"的湖泊，
其上拥有覆盖植被的"移动岛屿"
作者　摄

　　与平野町不同，朝日町生态博物馆是由地方政府推动的。该生态博物馆是这个城镇宣传手册中的一个重要组成部分。其大多数重要遗产点（展示点）都为地方政府所有和管理，或得到了政府的财政支持。葡萄园和苹果园这样的大企业将生态博物馆视为推销其产品的一种手段，小型家庭手工业作坊也是如此。尽管看起来缺乏直接的社区参与，但生态博物馆协会（Ohara，私人通信）认为，因为有生态博物馆的行动，当地人对城镇感到更加积极乐观。在一个就业前景有限的偏远农村地区，地方政府发挥领头作用并不令人惊讶。更有趣的是，当地人接受了生态博物馆协会所倡导的思想与行动，他们用这种方式积极参与传统景观和生活方式的保护，并为本地充当宣传大使。

（三）三浦半岛（Miura Peninsula）

　　三浦半岛位于神奈川县（Kanagawa Prefecture）的东南部，在横滨（Yokohama）和东京（Tokyo）都市圈以西。它有着崎岖的海岸线，其内陆山脉树木繁茂，可尽览富士山的美景。这里的传统产业农业和渔业依然兴盛，半岛正逐渐成为北部横须贺（Yokosuka）和横滨上班族的住宅区与娱乐区。神奈川学术和文化交流基金会（Kanagawa Foundation for Academical and Cultural Exchange）是一个简称为

"K-Face"的组织，它为搭建一个将半岛上各个生态博物馆遗产点（展示点）连接起来的体系提供财政支持。它鼓励所有参与者展开对话，并提供会议设施和培训。该机构以半岛上的湘南中心（Shonan Centre）为基地，将来自不同背景的人聚在一起，使他们一道工作，而不考虑传统的政治边界。该生态博物馆被看作是一种保护区域资源的手段，一个"生活方式"的讨论场所，一种分享该地区遗产信息的方式。正如大原一兴和柳田（Ohara and Yanagida, 2005）指出的那样，"如果当地人缺乏意识和热情，那就不要指望任何开发能够建立以及该地特有的价值观得到培育"。

与生态博物馆不同的是，横须贺市①的城市博物馆发挥着举足轻重的作用，它作为一个重要的景点，展陈着大量的民俗生活藏品。位于天神岛（Tenjin-jima）"海洋生物园"的另一个博物馆也由它负责，那里的海滨生长着稀有的彼岸花。这个毗邻海滩的小型博物馆设有与传统捕鱼方法和造船技术相关的展览，另有一间为教育服务的教室。横须贺博物馆的前馆长柴田寿隆（Toshitaka Shibata）负责建立海洋保护区，他强烈感到（Shibata, 私人通信, 2003），自然资源在创造地方独特性方面扮演着重要角色，早在1959年，他就购得了一处靠近城市博物馆的林地，将其作为黑鸢的繁殖地。在他看来，生态博物馆是一个生态与文化的综合体，应该包括正式的（传统博物馆）和非正式的要素。在三浦半岛，横须贺地方政府管辖的各个博物馆与一个松散的联盟（其中包括其他的地方当局和协会）合作，使居民和访客对这一地区有更全面的印象。

传统农业是神山口（Kamiyama-guchi）地区的主要特色，这里的生态博物馆卫星馆工作重点是整修梯田（图9.12）。一群热心人士聚集在这里工作，他们现在一起种植当地房屋所用的竹子和芦苇、果树和土豆等其他传统经济作物，推广作物管理技术和围网捕鱼等传统捕鱼方法。事实证明，生态博物馆团队举办的各种工作坊在社区内越来越受欢迎，该团队发起的农贸市场和传统烹饪晚会也是如此（Enari, 私人通信, 2003）。神山（Kamiyama）和柴崎（Shibasaki）所在的叶山町（Hayama Town）为这些活动提供帮助，如今生态博

---

① 随着1853年佩里准将（Commodore Perry）的到来，横须贺市成为日本近代史的策源地。佩里担任美国的特使，向日本递交了美国总统菲尔莫尔（Fillmore）的一封信，并与德川幕府（Tokugawa Shogunate）展开了条约谈判。这一事件标志着日本近300年的闭关锁国政策的结束，日本开始向现代世界开放。

图 9.12　神山口地区经整修后的水稻梯田
作者　摄

物馆已成为该镇地方规划（以环境目标为核心）的一个特色。2002 年 5 月，作为推动者的叶山町鼓励生态博物馆活跃分子成立自己的协会，现在该协会已拥有了非营利性组织的地位。

　　位于柴崎的海滨展示点，有总部设在附近的潜水博物馆（Scuba Museum）。这不是传统意义上的博物馆，而是培训潜水员的地方，它有自己的住宿、餐馆和教育设施。这里的潮间带已被当地政府公布为"国宝"。这个展示点物种丰富，尤其是海洋藻类和无脊椎动物。在这里工作的海洋管理员负责监测海滨生物，防范偷猎者，并为公众和学校参观团体提供教育导览。三浦半岛的另一个卫星馆位于子安村（Koyasu）的传统农耕区。在树木繁茂、上下起伏的景观中，传统的长顶谷仓与现代建筑并排而立。穿过森林的古道得到了精心的保护，可通到野生动植物丰富的地方。这里的工作重点是保护传统农业耕种方法和与之相关的物质文化。由于土壤具有黏性，因此需要坚固的设备，以及专用的鞋子和铁锹来完成繁重的劳作。在子安村，神奈川学术和文化交流基金会与当地人的关系最为密切，基金会建立了可以保护受威胁的农业景观的基础设施。2003 年 4 月，由基金会创办的大草生态博物馆协会（Okusa Ecomuseum Society）成为三浦半岛合作框架的伙伴。

　　大原一兴和柳田（Ohara and Yanagida, 2005）提到，三浦半岛有许多与地理特征、气候、生物多样性、历史古迹和事件等有关的遗产资源，以及产生诗歌、小说、俳句、民俗和故事的环境。所有这些资源都表明了它成为生态博物馆的潜力。尽管这个项目目前还处于发展的早期阶段，但很明显当地的积极分子对这一概念充满了热情，他们认识到合作、共享专门知识、培训、联合营销其企业和共享数据库的好处。当地一家大型博物馆的参与，也为三浦半岛提供了良好的机会，该博物馆拥有记录和保护物质与非物质遗产资源方面的专业知识。值得注意的是，这个博物馆准备在松散的联盟框架内开展工作。与世界上许多大型的省级博物馆不同，它不仅愿意接受由当地人组成的小协会拥有参与其遗产活动的基本权利，而且还希望更大企业 [①] 的积极参与。现阶段，还很难说三浦的生态博物馆作为一个综合性的遗产机构会成功。但地方政府和一些当地人都怀有强烈的热情，这有理由让人感到乐观。不过，该生态博物馆是否对所有当地人和访客具有意义，还有待检验。对碰巧来参观的个人而言，这些遗产点（展示点）可能会被视为遗产保护的单个实例，而不是一个整体。许多遗产点（展示点）甚至没有被标识或做宣传，大多数访客（和当地人）可能会在不经意间错过。然而，显而易见的是，政策制定者和当地人（或所有者、政府和业内人士）已经开始就传统方式可能无法保护物质和非物质文化遗产的各个方面展开了对话。

参 考 文 献

An L. S. and Gjestrum, J.A. (1999) 'The ecomuseum in theory and practice: the first Chinese ecomuseum established', *Nordisk Museologi*, 2, 65-86.

Anon. (2006) *Hüsamettindere Village Ecomuseum*, Association for the Preservation of Cultural and Natural Heritage, Mudurnu, Turkey.

Arai, E. (1998) 'Regional rediscovery and the ecomuseum', *Pacific Friend*, 25(12), 18-25.

Bedekar, V.H. (1995) *New Museology for India*, National Museum, New Delhi, India.

Camarena, H. and Morales, T. (1997) 'Los Museos Comunitarios y la Organización Indigena en Oaxaca'. In *Gaceta de Museos*, Coordinación Nacional de Museos y Exposiciones, INAH, No. 6(June), pp. 14-18.

Camarena, H. and Morales, T. (2005) 'La Unión de Museos Comunitarios de Oaxaca A.C.'. Article available online at http://www.interactions-online.com/page_news.php?id_news=120 (accessed

---

① 一个与众不同的，更有民主视野的企业。

June 2006).

Chiao, H-Y. (2007) *The Proposed Ecomuseum in Nan fang Ao: Its Difficulties and Challenges*, MA thesis, University of Leicester, Department of Museum Studies.

Chinese government (2006a) Ethnicity in China. Online. Available at www.china.org.cn (accessed 27 September 2006).

Chinese government (2006b) *11th Five Year Guidelines*. Available online at www.china.org.cn/ english/2006/Mar/160397.htm (accessed 27 September 2006).

(CNTA 2006a) *Tourism Rankings*. Available online at www.cnta.com/lyen/2fact/ (accessed 27 September 2006).

(CNTA 2006b) *Tourism Principles*. Available online at www.cnta.com/lyen/2policy/principles.htm (accessed 27 September 2006).

(CNTA 2006c) *Tourism Policies and the Environment*. Available online at www.cnta.com/ lyen/2policy/environmental.htm (accessed 27 September 2006).

Choi, H. (2006) Cheongju City Ecomuseum: the conservation of cultural properties by civil campaign in Cheongju, Korea. In Davis, P., Maggi, M., Su D. H., Varine, H. de and Zhang J. P. (eds) *Communication and Exploration, Guiyang, China-2005*, Provincia Autonoma di Trento, Italy, pp. 145-150.

Choi, H., Jung, J.J. and Shin, H.Y. (2006) Cheongju City Ecomuseum: its exhibitions and activities. In Davis, P., Maggi, M., Su D. H., Varine, H. de and Zhang J. P. (eds) *Communication and Exploration, Guiyang, China-2005*, Provincia Autonoma di Trento, Italy, pp. 151-155.

Corsane, G. and Tawa, M. (2008) *Proposed Collaborative Projects between Hainan Province and Newcastle University*, Reseach Report, Newcastle University, Newcastle upon Tyne.

Corsane, G., Davis, P. and Elliott, S. (2005) Could a democratic ecomuseum model based on ecomuseology be implemented in Turkey? In Maggi, M. (ed.) *Museum and Citizenship*, IRES, Torino.

Davis, P. (1999) *Ecomuseums: A Sense of Place*, Leicester University Press/Continuum, London and New York.

Davis, P., Maggi, M., Su D. H., Varine, H. de and Zhang J. P. (eds). (2006) *Communication and Exploration, Guiyang, China-2005*, Provincia Autonoma di Trento, Italy.

Desai, A. (2001) 'India's first ecomuseum', *The Tribune*, 22 April. Available online at http://www. tribuneindia.com/2001/20010422/spectrum/main2.htm (accessed 9 March 2010).

Elliott, S. (2007) *Rescuing Hasankeyf: Ecomuseological Responses to Large Dams in Southeast Turkey*, unpublished Ph.D. thesis, Newcastle University.

European Commission (2004) Communication from the Commission to the Council and Parliament of Europe. Recommendation of the European Commission on Turkey's progress towards accession. Available online at http://www.deltur.cece.eu.int/!PublishDocs/ en/2004Recommendation.pdf (accessed 10 August 2004).

Galla, A. (2002) 'Culture and heritage development: Ha Long Ecomuseum, a case study from Vietnam', *Humanities Research*, 9(1).

Galla, A. (2003) Heritage and tourism in sustainable development: Ha Long Bay case study. In Laske, T. (ed.) *Cultural Heritage and Tourism*, Asia-Europe Foundation, Liege, Belgium, pp. 135-146.

Galla, A. (2005) 'Cultural diversity in ecomuseum development in Vietnam', *Museum International*, 227, 101-109.

Habibizad, Z. (2010) *Ecomuseums, Humans and Eecosystems*, Iranshenasi Publications, Tehran, Iran.

Ha Long Bay Management Department (2010) *The Management, Conservation and Promotion of Ha Long Bay*. Available online at http://www.halongbay.net.vn/details.asp?lan=en&id=487 (accessed 110 March 2010).

Hamrin, O. (1996) 'Ekomuseum Bergslagen-från idé till verklighet', *Nordisk Museologi*, 2, 27-43.

Huang, H-Y. (2009) *Local Cultural Workshops and 'Sense of Place' in Taiwan*, unpublished Ph.D. thesis, Newcastle University.

Kim, H. (2006) The eco-cultural project in Gangol Maul, Korea. In Davis, P., Maggi, M., Su D. H., Varine, H. de and Zhang J. P. (eds) *Communication and Exploration, Guiyang, China-2005*, Provincia Autonoma di Trento, Italy, pp. 141-143.

Maggi, M. (2006) Report on my visit to some Chinese ecomuseums in Guizhou and Inner Mongolia Provinces. In Davis, P., Maggi, M., Su D. H., Varine, H. de and Zhang J. P. (eds) *Communication and Exploration, Guiyang, China-2005*, Provincia Autonoma di Trento, Italy, pp. 217-223.

Myklebust, D. (2006) The ecomuseum project in Guizhou from a Norwegian point of view. In Davis, P., Maggi, M., Su D. H., Varine, H. de and Zhang J. P. (eds) *Communication and Exploration, Guiyang, China-2005*, Provincia Autonoma di Trento, Italy, pp. 7-14.

Navajas-Corral, O. (2010) 'Japan Ecomuseums: global models for concrete realities'. *Sociomuseology*, 38, 217-244.

Ogawa, R. (1998) *Community Museums in Asia*, The Japan Foundation Asia Centre, Tokyo, pp. 146-202.

Ohara, K. and Yanagida, A. (2005) Ecomuseum in Miura Peninsula: a case study to build the network model. In Maggi, M. (ed.) *Museum and Citizenship*, IRES, Torino.

Ohara, K. (1998) 'The image of Ecomuseum in Japan', *Pacific Friend*, 25(12), 26-27.

Ohara, K. (2006) The current status and situation of ecomuseums in Japan. In Davis, P., Maggi, M., Su D. H., Varine, H. de and Zhang J. P. (eds) *Communication and Exploration, Guiyang, China-2005*, Provincia Autonoma di Trento, Italy, pp. 131-139.

Ohara, K. (2008) 'What have we learnt and should we learn from the Scandinavian Ecomuseums? A study on museological ways to make a sustainable community', *Journal of the Japanese Ecomuseological Society*, 13, 43-51.

PeñaTenorio, B. (2000) 'Los Museos Comunitarios en México', *Dimensión Antropológica-INAH*.

Available online at http://paginah.inah.gob.mx:8080/dAntropologica/dAntropologica_Texto.jsp ?sldArt=172&sVol=null&sTipo=1&sFlag=1 (accessed June 2006).

Rong X. N. (2006) Ecomuseums in Guangxi: establishment, exploration and expectations. In Davis, P., Maggi, M., Su D. H., Varine, H. de and Zhang J. P. (eds) *Communication and Exploration, Guiyang, China-2005*, Provincia Autonoma di Trento, Italy, pp. 19-21.

Schwartz, A. (2001) *Sustainable Development in a World Heritage Area: The Ha Long Bay Ecomuseum, Vietnam*, papers relating to UNESCO's Environment and development in coastal regions and in small islands programme. Available online at http://www.csiwisepractices. org/?read=372 (accessed 9 March 2010).

Shao, Q.W. (2006) Chairman's Remarks. Available online at www.cnta.com/lyen/2cnta/chairman.htm (accessed 27 September 2006).

SPAFA (2010) *Mangrove Ecomuseums*. Available online at http://www.seameo-spafa.org/ (accessed 10 March 2010).

Su D. H. (ed.) (2005a) *China Ecomuseums*, Forbidden City Publishing House, Beijing.

Su D. H. (2005b) 'Ecomuseums in China', *ICOM News*, 58(3), 7.

Su D. H. (2008) The concept of the ecomuseum and its practice in China. *Museum International*, 60, 1-2, 29-39.

Su D. H., Davis, P., Maggi, M. and Zhang J. P. (eds) (2006) *Communication and Exploration: Papers of the International Ecomuseum Forum, Guizhou, China*, Chinese Society of Museums, Beijing.

Yang, L. and Wall, G. (2008) 'Ethnic tourism and entrepreneurship: Xishuangbanna, Yunnan, China', *Tourism Geographies*, 10(4), 522-544.

Yang, L. and Wall, G. (2009) 'Authenticity in ethnic tourism: domestic tourists' perspectives', *Current Issues in Tourism*, 12(3), 235-254.

Yin S. T. (ed.) (2002) *Work Reports on the Project for the Construction of Ethnic Cultural and Ecological Villages in Yunnan Province, China*, Yunnan Nationality Publishing Company, Kunming, China.

第三部分

生态博物馆再审视

第十章　生态博物馆的角色与未来

本书第一部分探讨了生态博物馆的缘起与理论发展。第二部分通过描述不同国家的生态博物馆案例，将世界各地生态博物馆的发展、生命力与多样性呈现出来。第三部分则思考生态博物馆在被世界博物馆舞台所接受的过程中要面临的持续存在的问题，同时评估了它们的特点是如何使其有别于其他博物馆的。我们需要确定它们可以履行更多的传统博物馆可能无法企及的职责，并开始考虑生态博物馆如何将新方法运用到遗产保护和社区可持续发展之中，以及它们如何帮助人们反思地方的独特性。

一、生态博物馆的重新评价

众所周知，发达国家大多数城市的博物馆，无论是由国家、大区还是由地方运营的，都已经或开始采纳新博物馆学的许多原则。它们与社区接触，与广泛的当地受众交流，认可和弘扬文化的多样性，同时提供各种学习方式，以阐释坎坷的历史，并寻求包容。如果更多的传统博物馆使用新博物馆学方法，那么生态博物馆将何去何从？倘若不是因为欧洲和亚洲生态博物馆的数量增长惊人，我们可能会轻易地将这一概念视为后现代变革（其时代已经过去）的遗留。本书第二部分提供了这种增长的证据，并说明生态博物馆哲学与实践具有可塑性，即能够依据个人的需求和特殊的情况进行塑造。这种灵活性促使各种各样的组织和机构使用该名称，从而在试图定义或概括什么是真正的生态博物馆时产生误解。尽管生态博物馆的特征（在第四章中进行了描述）如今已被更多的人接受，但由于它们仍没有得到普遍的认可或理解，也就不一定总是被采纳。其中一个原因是，关于生态博物馆哲学与实践的讨论经常局限在学术层面。法国是个例外，多年来，法国生态博物馆和社会博物馆协会（FEMS）为此提供了一个更广泛的讨论平台。

直到最近，其他欧洲国家的从业者和学者们才开始在"长期联络网"，以及意大利所使用的"本地世界"（Mondi Locali）合作网推动下进行有意义的对话。尽管如此，生态博物馆仍然在博物馆实践与策展争论的边缘停滞不前，它被博物馆界和普通大众所误解和低估等问题也依然存在。

生态博物馆持续面临的一个问题是，从表面上看它们似乎与其他博物馆履行着相同的职责。根据本书第二部分对生态博物馆的介绍表明，几乎没有生态博物馆能够满足所有"二十一条原则"。同样明显的是，许多露天博物馆和小型社区博物馆也都表现出生态博物馆的一些特征，如英国法纳姆附近的乡村生活中心[①]和希腊克里特岛（Crete）上的加瓦罗霍里博物馆[②]就是其中的典型例子。在本书第一版中，我把这一现象称为"加瓦罗霍里悖论"（the Gavalochori paradox），因为依据生态博物馆学理念和实践所要求的多数标准看，加瓦罗霍里博物馆就是一个生态博物馆。它经社区发起，由当地人运营，有一个特定的区域，并与附近其他原地保护的遗产点链接，使之成为当地大型合作联营体的一部分，以此来推动当地发展。然而，它并不使用"生态博物馆"的名称，同时博物馆的负责人也不了解这一概念。当地人认为是否采纳这个术语无关紧要，因为博物馆的名字已经自豪地表达了这个地方。有趣的是，该博物馆的创建以及后续的运营都采用了包容性和基于社区的方法。

之前对全球生态博物馆的展示表明：这些机构在理念和实践方法上有着巨大的差异。它们不一定能够提供有助于我们充分了解"加瓦罗霍里悖论"的线索，也不能完全解释生态博物馆数量激增的原因。然而这一切所披露的结果是，生态博物馆远非人们常预测的是一个昙花一现的博物馆学现象。之前的回顾也表明，通过推广新博物馆学的众多精髓，生态博物馆进程已然成为一个重要的工具。它们为博物馆界带来了一些引人入胜的另类构想，其中一些已经实现，并发展成为永久性和专业性的机构。重新审视生态博物馆的起源和发展对于思量其所处的地位至关重要，尤其是相对于那些更为"传统"的博物馆而言，另外也可以让人们了解为什么这些遗产机构种类如此繁多且问题重重。

第三章和第四章对生态博物馆的起源进行了介绍，强调了圣地亚哥会议的重要性以及首次出现的博物馆学新形式。"整体性博物馆"的概念已逐渐被全世界

---

① 见本书第 194 页。

② 见本书第 182 页。

所接受，并在一些国家受到了欢迎，尤其是法国和加拿大的法语区。整体性博物馆和基于社区的博物馆学思想是通过法国早期的实验性博物馆发展起来的，"生态博物馆"术语在那里被创造，以概括博物馆的一种新工作实践，这一实践被人们认为是由一种新颖的哲学所支持。此类实践活动的传统版本表明，虽然生态博物馆并不完全是一种法国的思想，但它首先在法国得到了推广，因此生态博物馆被认为只有一个地理上的起源。

当法国的博物馆学家正在积极寻求激进的理论和实践时，其他地方的博物馆和博物馆学家也在推进博物馆学对后现代社会的需求作出回应。那种认为对博物馆实践的激进变革是法国所独有的观点站不住脚。新博物馆学（尤其是社区博物馆学）促成了许多新颖的博物馆实践的发展，本书前几章对此进行了描述和总结。新思想的采用导致了一系列具有不同角色和目的的博物馆出现，其中一些博物馆具有生态博物馆学的特征。正如我们所见的，像加瓦罗霍里博物馆、法纳姆乡村生活中心和诸如塞内加尔达喀尔生态中心这样的组织，即使它们没有使用"生态博物馆"名称，但也展现出生态博物馆的特点。海伦（Heron, 1991）特别提及了加拿大的现象，她所指的是对新斯科舍省（Nova Scotia）西南部和布雷顿角岛（Cape Breton Island）阿卡迪亚人（Acadian）定居点的开发，这一开发"似乎是在没有意识到的情况下展现了生态博物馆的所有特征"。美国的邻里博物馆、德国的新城市家乡博物馆（特别是在柏林），以及拉丁美洲的社区博物馆，尤其是在墨西哥和哥斯达黎加，也都是平行发展的相关例子，并且它们的发展不一定采纳了生态博物馆这一术语或其基本理论与哲学基础，而这些正是法国、意大利和斯堪的纳维亚半岛生态博物馆发展的一个特色。如果我们对什么是生态博物馆采取一种更为自由和包容的观点，那么可以公正地说，生态博物馆数量会比"生态博物馆瞭望台"网站所推荐的更多。我们也很容易得出结论：在大约40年或更长的时间里，生态博物馆与类似生态博物馆的方法实际上已经出于各种原因在全世界范围内和不同的场合下发展起来了。

然而，如果不重新定义当前生态博物馆学所呈现的内容，就提出生态博物馆的世界性起源也是一种危险的做法。在21世纪早期，与理论博物馆学的发展相关的术语往往会使人们对什么是生态博物馆和什么是生态博物馆学产生一些混淆。我在第三章中指出，生态博物馆和新博物馆学之间有着明显的区别。新博物馆学是有关博物馆目的和功能的一系列思想，而生态博物馆学只是新博物馆学的一种变体，其具体表现就是生态博物馆。但是，这种差异未能得到人们的正确认识，而且由于术语使用的不一致把问题变得更加复杂化，例如"社区博物馆学"
（其最初目的是促进可持续的社区发展）和"大众博物馆学"（社区参与到他们自
己的遗产中）。最初提出的生态博物馆学是社区博物馆学在一个特定地域内的应
用，其目的是保护该地的遗产，同时以归还所有权、恢复其认同感，并带来一些
经济利益的方式开展工作。

"地域"概念对生态博物馆如何被认知产生了重大影响，在某些情况下它优
于社区、民主化和发展等其他关键特征。虽然，生态博物馆最初被视为一定地域
内的一切事物与人，但实用主义要求对这一无所不包的观点加以改进。因此，在
地域内确定核心遗产点的概念就发展起来。"碎片博物馆"（fragmented museum）
一词最初应用于克勒索，作为生态博物馆的一个替代性术语被创造出来，它对
人们关于"什么是生态博物馆"的认识产生了相当大的影响。"碎片"模式起源
于法国并仍在被使用，它也被其他国家广泛地运用，尤其是在加拿大、澳大利
亚、瑞典、丹麦、挪威和日本，以排除其他替代方法。然而，这一模式，即在一
个特定的地理区域内保护和阐释各种遗产，一经提出似乎正是如今许多博物馆
学家所认知的生态博物馆样式。正因为如此，关于生态博物馆在支持公约方面
的未来作用，如《欧洲景观公约》（European Landscape Convention）这类试图保
护重要文化景观的提议，已经有了相当多的讨论（尤其是在"本地世界"合作
网内）。

正如生态博物馆最初在法国被提出的那样，"地域"也许是确定生态博物馆
的最重要特征。然而，在过去的40年里，生态博物馆根据当地社区的需求不断
地演化与多样化。这一考虑往往更强调利用遗产资源去支持社区发展，而不是对
一个地域内的文化景观进行阐释。生态博物馆实践者有机会通过对自己独特的文
化、社会和经济环境的回应，来决定他们自己的策略，并满足其特定的需求。因
此，可以通过他们对其优先事项的选择，以及他们选择哪些主要的"生态博物馆
原则"作为关键目标，来解释各个生态博物馆的多样性。可以说，任何一个重要
因素（包括遗产保护、社区身份、地域、民主化、碎片、可持续性、发展）都具
有优先权。有人可能会争辩，阿尔萨斯生态博物馆已经将展示该地区的建筑和社
会历史活动集中在了一个单独的遗产点上，但对这个博物馆而言，保护特定地域
内的历史建筑才是关键。此外，卡利纳地区生态博物馆在阐释其地域的同时，也
采用了碎片化机制，将大片地理区域内的遗产点连接起来。许多小型的生态博物
馆，如意大利卡尔马尼奥拉的大麻生态博物馆就是一个致力于保护与过去行业有

关的单一遗产点。一些生态博物馆几乎完全在社区内部和为社区工作，法国的弗雷斯内斯、意大利的科尔泰米利亚、塞内加尔的生态中心都是生态博物馆发挥其社会作用的优秀案例。其他一些生态博物馆因其非常独特的作用而被创建，如中国或越南的那些生态博物馆，它们力图创造更好的生活条件和重建当地的文化自信。此类举措包括建造基本的公共服务设施和交通基础设施，鼓励可持续的旅游业，从而促进生活在农村的少数民族经济发展。满足当地需求意味着生态博物馆已经发展和蜕变为相当独立的组织，我们再也不能局限于在最初的法国模式下思考它们。以上提到的所有组织都可以被视为生态博物馆，与此同时认识到它们的多样性也至关重要。我们还需要意识到，生态博物馆、其他基于社区的博物馆、露天博物馆、社会历史博物馆和"博物馆化"的景观，它们之间的界限确实非常模糊。

可以说，在过去的 10 年间生态博物馆实践所带来的最重大变化是使人们逐步认识到文化资产可以帮助当地促进经济，从而以非常实际的方式帮助社区发展。国际交流、旅游和休闲的瞬息万变，意味着即使是在最偏僻的社区也有能力从旅游中获利。一些生态博物馆已经抓住了这个机会。但这并不是里维埃最初所定义的生态博物馆的内容，在他的定义中，社区发展的概念实质上是社区居民通过产生对其遗产的自豪感来维系文化身份认同。然而，很显然，在西班牙等一些国家，生态博物馆的广泛发展主要是与以旅游促进地方经济有关。在这里，生态博物馆充当了推动经济发展的催化剂，而不是旨在保护文化身份认同，尽管后者仍然很重要。这样做的危险在于，一些新的生态博物馆可能会失去与早期法国案例有关的"灵魂"，或失去如悉德霍夫（Sydhoff, 1998）所建议的那样，"创建一个生态博物馆的憧憬，是基于知识与传统之间、教育与实用主义之间令人兴奋的相互作用"。最坏情况是生态博物馆可能与旅游景点相混淆，如中国的某些民族村或民族园，它们只是对乡村少数民族文化的失真模仿。

当今的生态博物馆是一个非常灵活的概念，但其所采用的运营方法通常会导致它们成为一个永久性的机构。从这个意义上说，生态博物馆就像传统博物馆一样：是一个永久的机构，在一个合适的建筑中，不管它是一座城堡，一座昔日的公共浴场，还是一座古老的农舍。这完全与生态博物馆最初的设想背道而驰，最初它被视为促进变革的一种手段而提出。1998 年，雨果·戴瓦兰在与我的私人通信中提到，生态博物馆是一个过程，一个基于遗产的项目，应该"在项目消失或转变为传统博物馆之前，在理想的状态下持续大约一代人，即 25 年"。一些早年的生态博物馆正在遵循着一条演化的发展道路，它们有时会促成新机构的产生[①]；有时会更改名称以展现一个地理区域（如阿维诺斯生态博物馆）；甚至在某些情况下，还会消亡（如拉扎克生态博物馆）。然而，在过去的 20 年里，生态博物馆的短暂性消失殆尽。很少有生态博物馆决定放弃这个称号，永久性的概念在现实中已得到不少支持。有人可能会说，现在是时候让更多的生态博物馆承认它们已经发展成为永久性、专业性和传统化的机构。

如果生态博物馆逐渐变得更为传统，那么其他博物馆也会挪用生态博物馆理念和实践中的恰当内容，包括社区参与。后者是在不知不觉中出现的，并未受到生态博物馆理念的任何影响，只是为了应对政治压力、获得可用资金和满足当地需求等各种外部原因。这些关于博物馆逐渐趋同演化的观点支持了这样一个结论，即生态博物馆的起源不止于一地，且成因多样。但是，我认为更确切的说法是，生态博物馆的思想不再是激进的，已然成为主流，它让人们见证了新博物馆学的全球影响。将那些只展现某些生态博物馆特征的博物馆视为生态博物馆，无论从理念上或实践上看都是值得商榷的。关于它们是"伪生态博物馆"（pseudo-ecomuseums）、"不完全的生态博物馆"（partial ecomuseums），抑或是"生态博物馆的雏形"（proto-ecomuseums），或仅仅是社区博物馆这样的语义讨论毫无意义，只会使"E 打头的词"引起的识别（和其他）问题更加复杂化。

二、"生态博物馆"一词的采用和对
生态博物馆实践的批判

"生态博物馆"一词持续激起人们的兴趣，出于各种原因新建的博物馆继续采用这个极具生命力的术语，以取代"博物馆"这个与守旧有联系的名称。生态博物馆这个词确实存在被滥用的危险。它应该是一个动态的、彻底的博物馆替代品，由当地社区为其利益而管理。然而，在多数情况下，这个词是被作为一种营销策略而采用，或充当区域旅游战略和整体阐释规划的便捷且简略的表达方式。这个词的滥用已引起了一些博物馆专业人士的忧虑，甚至是其创造者雨果·戴瓦兰，在第四章的开篇，我就提到了他们的观点。尽管，指责也有来自学术观察家的，其原因不仅仅是这个名称所造成的混乱。霍华德（Howard, 2002, 2003）认

---

① 例如魁北克的上比沃斯生态博物馆，现在它是一个文化公园。

为，生态博物馆可能会使遗产的未来存在风险，并指出生态博物馆实践应用所造成的一些负面后果。法国的学者和实践者也对生态博物馆进行过一次重要的再评价（Desvallées，2000）。个别作者怀疑生态博物馆的"乌托邦"性质（Sauty，2001），分析生态博物馆与工业博物馆之间的关系（Chaumier，2003），甚至对生态博物馆的翘楚——克勒索提出了质疑（Debary，2002）。这样的评论与批评是及时的，但值得注意的是所有这些评介都只使用了法国的例子，并没有考虑世界其他地方生态博物馆和社区博物馆的发展。

也许更重要的是，生态博物馆所定义的"社区"本质（以及由此产生的"社区博物馆"概念及其有效性）已经遭到社会学的批判。例如，关于社区博物馆学，迪克斯（Dicks，2000）注意到：

> 这份宣言表明……表征社区与表征地方（一个"特定的地理区域"）是等同的，博物馆应该寻求与这个地方（超越其"边界墙"）建立积极的、互惠的关系……对于社区的定义并没有明显的反思：它被视为一个已经构成的地域……然后由博物馆简单地表征或映照。这个映照的意愿……未能深究社区本身是如何通过诸如博物馆这样的中介场所产生……（在博物馆学文献中）很少有持续不断的尝试来思考"当地社区"本身是否以及如何通过文化表征来建构……屡见不鲜的是，对于某个特定地方的遗产赋予想当然的理解……近年来，这受到了彻底的社会学批判，并指出社区的主张取决于已经构成的地方神话……我们需要思考遗产本身如何再创造特定地方的神话和身份认同。

毫无疑问，生态博物馆和社区博物馆，由于它们对地理区域和相关历史的重视，因此完全有能力创造出一种与现今社区本质无关的特殊身份认同形式，而且很多馆都这样做了。尽管如此，它们仍有机会通过当地的参与来决定使用过去和现在的哪些片段（无论是物质的还是非物质的，神话的还是真实的）去反映其地方。正如迪克斯（Dicks，2000）指出的那样，问题在于"通过活化社区的常见形象，博物馆……可以更容易地触及流行话语中的语言和意象。因此，利用易于识别的常见形象的诱惑是难以抗拒的"。法国的乡村生态博物馆为这种"诱惑"提供了一个很好的案例，这些博物馆有许多相同的组成部分（农舍、乡村家具、磨坊、农业机械和牲畜），也有一些区域或地方独特性，但仍传播着同一个法国乡村田园的形象。关于用什么来表征一个地方及其人们的物质或非物质证据的决定显然要从实际考虑，简言之，就是使用那些现成的物件或数据。

　　不过，即使实践者、理论博物馆学家和社会学家心存疑虑，但正如本书第二部分所示，生态博物馆和社区博物馆在全球范围内持续且显著的增长仍很明显。在大多数地方，"生态博物馆"术语的使用似乎不成问题。意大利、西班牙和法国的生态博物馆，其数量有了大幅的增长（Maggi and Falletti, 2000），皮埃蒙特经济社会研究所也作为在地行动的催化剂，并负责维护一个鼓励理论家与实践者之间进行互动的生态博物馆网站①，同时提供最新的和全球的生态博物馆活动资讯。在南美，关于生态博物馆的理论研究受到高度重视（Priosti and Priosti, 2000）。在印度（Bedekar, 1995），乃至整个亚洲（Ogawa, 1998），新博物馆学颇有成效地实现了社区参与。生态博物馆方法和理念的运用似乎比以往任何时候都要坚定，它激励起了试图延展传统博物馆边界的新一代人。尽管之前表达了种种疑虑，但这个词在某些情况下还是有所助益的，例如在需要展示自然与文化之间有联系的地方（如越南的下龙湾、苏格兰的斯塔芬），或在需要明确表达社区所有权的地方（如意大利的科尔泰米利亚）。必须承认的是，有时这个词被用作政治上的权宜之计，也许是为了说服一个存有疑虑的地方当局或潜在的资助者，使其相信新的博物馆方法正在应用，或者就像意大利那样，伴随着生态博物馆法的通过而获得可用资金。

　　虽然限制"生态博物馆"一词的使用不可能，但我之前也曾提出，它对访客来说是有帮助的。我认为应该将生态博物馆限定为两个类型。首先是那些扩展到了一个特定的地理区域内，拥有众多"卫星馆"，实行原地阐释和保护策略的博物馆。为了坚定而可靠地使用该术语，它们还应该使当地社区密切参与，且主要通过旅游促进经济发展。之前对生态博物馆的描述提供了众多此类生态博物馆的例子，这些生态博物馆逐步将其影响范围扩展到了自己的地域内，并将景观"博物馆化"，以试图提供能向访客进行阐释的结构与机制。瑞典的许多生态博物馆（如伯格斯拉根）都采用了这种模式，加拿大（如卡利纳、克罗斯内斯特隘口）、法国（如阿维诺斯、塞文山、洛泽尔山、布雷讷）、西班牙（如哈卡）、葡萄牙（如塞沙尔）和日本（如朝日町）的一些生态博物馆也属于此类。应该承认，在这些机构之下运转的各个遗产点（展示点）对访客来说，看起来都像是传统的或产业的博物馆。譬如，位于勒布朗克的奈拉克城堡（Château Naillac）就展现出

────────────

① www.irespiemonte.it/ecomusei/.

传统博物馆的形象，位于蓬德蒙特韦尔（Pont de Montvert）的洛泽尔山生态博物馆也是如此。正是因为生态博物馆可以将主要遗产点和其他站点连接起来，或者将许多小型遗产点连接在一起，从而证明了这种表达的合理性。对这类博物馆而言，"生态博物馆"仍然是一个恰当的术语，但也必须为第二类生态博物馆提供一些案例，即那些完全由当地人管理的小型遗产博物馆（如法国的阿尔岑、意大利的科尔泰米利亚、美国的阿克钦），它们试图利用遗产作为维系小型农村社区和促进地方认同的一种手段。尽管它们可能不太为人所知，而且的确也更为低调，但其扮演着传统博物馆无法实现的重要角色。之所以能够成功，只因为它们植根于各自的社区。

对生态博物馆起源与多样性的回顾，以及对该术语运用和生态博物馆当前角色的检讨，总结起来，很显然：

● 新博物馆学导致了博物馆实践的变革和新型博物馆的兴起，这些新型博物馆采用了许多名称，包括"生态博物馆"和"社区博物馆"。

● 第一批生态博物馆是在法国发展起来的，它们沉浸于新理念之中，这种哲学理念要求对遗产的共同所有权予以承认。生态博物馆与地方独特性和地方身份认同密切相关，并具有促进发展的潜力。

● 在这之后，生态博物馆以许多不同的方式演化，现在使用该术语的博物馆很少有在各个方面都符合生态博物馆的最初模式。它们有选择地使用"二十一条原则"，以满足当地的需求。

● 在一些国家，为了将各个遗产点（展示点）连接起来，以提供整体性阐释，并促进地方旅游，生态博物馆的碎片化模式被优先考虑。

● 许多发展中国家建立生态博物馆，主要是帮助被边缘化的社区（包括少数民族）。生态博物馆不仅可以重塑自豪感，颂扬文化差异，而且还能通过遗产资源促进文化旅游和生态旅游，从而发展当地经济。

● 世界各地建立了许多博物馆，这些博物馆除名称以外，它们在其他方面都算是生态博物馆。

● 某些传统博物馆采用了生态博物馆理念的元素。生态博物馆的多样性和其他更传统的机构对生态博物馆特征的挪用，导致了人们对生态博物馆术语的混淆。

● 因当前管控体系或问责制度的缺失，"生态博物馆"名称被未采用生态博物馆原则或实践的机构滥用。虽然有生态博物馆的自我评价工具，但没有与之相关的必须满足的行业规范。在一些国家（如意大利、法国）已经通过了最低要求标准的国家或大区法律。

● 在过去的 10 年间，生态博物馆实践的主要变化是推动了社区掌控遗产的所有权，以及通过利用遗产支持可持续经济和社会发展。

● 学者和实践者仍然经常忽视被广为接受和理解的生态博物馆定义与角色。一些使用该术语的机构也未能让当地社区参与策略的制定或运营。

三、生态博物馆的未来在于其特色

大原一兴（Ohara, 1998）提出了一个合理的观点，即"就像我们不断膨胀的宇宙一样，很难把握生态博物馆世界的方向和最终形态"。近年来，关于生态博物馆未来角色的新兴讨论集中在它们处理某些关键问题的能力上，其中包括：生态博物馆与文化景观概念的协同作用；如何利用它们来解释自然与文化之间的联系，并促进可持续发展；它们如何实现基本人权；它们如何与身份认同和资本的概念相联系；它们在旅游中的角色；合作网作为生态博物馆过程的一部分的重要性。而更为重要的是，要思忖生态博物馆可以实现哪些其他博物馆无法实现的目标。针对这些问题，下文将着重介绍生态博物馆在未来如何发挥其角色。

（一）生态博物馆、地域和文化景观

哈姆林和胡兰德（Hamrin and Hulander, 1995）认为，生态博物馆应该"覆盖一个广阔的地域"，这与斯堪的纳维亚半岛、澳大利亚、西班牙、意大利和加拿大的例子相符。许多法国的生态博物馆也是如此，如塞文山国家公园内的各个生态博物馆。许多斯堪的纳维亚半岛的生态博物馆采用的大地理尺度和对分散遗产点的阐释，被哈姆林（Hamrin, 1996）和恩斯特伦（Engström, 1985）认为是生态博物馆最初范式的一个明显变体。这正是 20 世纪 60 年代末里维埃在布列塔尼（Brittany）采用的方法，尽管其规模较小。哈姆林认为，他的"斯堪的纳维亚生态博物馆模式"通过将文化景观视为博物馆来促进人们对地方的欣赏，同时生态博物馆还与区域旅游密切配合，从而带来经济利益，并推动社区赋权和社区参与。所有斯堪的纳维亚半岛的国家似乎都采用了这种务实的方法，丹麦（Clausen, 1997）、瑞典（Sennerfeldt, 1997）、挪威（Gjestrum, 1997）和芬兰

（Sorvoja, 1997）相关学者提供的总结证明了这一点。如前所述，这种模式在其他地方也被广泛采用。如存在于一个小的地理尺度内，从而促进一个遗产地或一个单独的城镇、村庄或市郊的发展。另外，甚至还是那些针对特定主题或当地产业的机构，但它们都与一个易于识别的地理区域或特定文化景观有关。

　　传统博物馆的地域通常由政治边界及其财政支持的来源所界定，这就决定了博物馆的收藏策略和目标观众。生态博物馆的地域概念不同，因为它更容易超越政府当局所设定的人为界线，选择由（例如）地形、方言、建筑、历史、经济或习俗所决定。换言之，它们有能力深度接触地方专属的物质和非物质要素，并展现出其文化景观的整体面貌。因此，将生态博物馆与传统博物馆区别开来的主要是地域性，而不是规模大小。生态博物馆能以任何被认为是有利且适当的规模进行运营。位于有限地理尺度内的生态博物馆，可以帮助一个小型的当地社区确立身份认同，并促进其发展，同那种覆盖数百平方千米的生态博物馆一样，这也不失为一种行之有效的方法，而且还更适合可持续旅游。真正重要的是在哪里进行阐释与保护以及如何实现。在生态博物馆，阐释通常是基于遗产地的，因此表明了地方的重要性，而修复重建反映了当地社区对其遗产和文化景观的认同。小型的圣德甘生态博物馆[①]是展现这两个特点的优秀案例，当地向导所进行的阐释是基于原地保护的农场建筑及其周边。这个生态博物馆的所有活动，包括保护和修复，都得到了当地社区的支持。

　　无论生态博物馆的规模如何，采用原地保护的方法阐释文化景观中特定的环境是它们的共同特征，这也是一个最重要的生态博物馆原则。多数规模较大的生态博物馆都有一个中心管理基地和若干个分散的遗产点（展示点），它们一起试图描绘出区域景观的整体面貌。法国塞文山的三个生态博物馆甚至将更多的传统博物馆，如勒维甘的塞文博物馆（图 10.1）纳入其体系之中，以诠释一个更加复杂的文化景观。然而，生态博物馆并不是唯一涉及原地保护与阐释的机构。在英国和美国的许多保护区，其阐释策略也使用了类似的方法。因此，如果这一标准是唯一需要满足的要求，那么许多美国、加拿大或英国的国家公园可以理所当然地将自己标榜为生态博物馆。正是这种碎片化的在地阐释引发了里维埃的断言，即铁桥谷博物馆或莱斯特郡博物馆（它们在 20 世纪 70 年代已存在）实际上就是生态博物馆。然而，在所有这些情况下，缺少的是当地社区决定什么是"遗产"以

---

① 见本书第 125 页。

图 10.1　勒维甘的塞文博物馆是一个传统博物馆，它被纳入塞文山国家公园
管理局的生态博物馆体系中
作者　摄

及如何阐释和管理遗产的能力，生态博物馆支持这种包容性的方法，而权威机构
则相反。

一些官方组织已经构建了有可能让生态博物馆在其领域内发挥更重要作用的语境。1992 年，联合国教科文组织决定在《世界遗产目录》中创建一个新类别，即文化景观（自然与人类的共同作品），这促使人们对"有机进化的景观"（organically evolved landscapes）的认识日益提高。联合国教科文组织将文化景观定义为，产生于"最初始的一种社会、经济、行政以及宗教需要，并通过与周围自然环境的相联系或相适应而发展到目前的形式"（UNESCO, 2006）。它又包括两种次类别：化石景观（fossil landscapes）和持续性景观（continuing landscapes）。生态博物馆致力于保护"持续性景观"，尽管这些景观可能不具备世界遗产的地位，但它们对当地人而言有重要意义，符合联合国教科文组织制定的标准，即在与传统生活方式密切相关的当代社会中，保持一种积极的作用，而且其自身的演变过程仍在进行之中。洛文塔尔（Lowenthal, 1997）对只选择具有"普世价值"（获得世界遗产认定的价值）的景观表示担忧，并指出"即使是最普

通的地方，其对原住民或熟悉它们的人来说，也都具有深远的意义"。这些"普通的地方"不仅是生态博物馆关注的重点，而且也是《欧洲景观公约》针对的对象，该公约认为"寻常的景观不亚于卓越的景观，因为每处景观都构成了相关人群生活的环境"（Council of Europe, 2010）。

用整体观方法对一个特定区域的文化景观进行阐释是生态博物馆概念的核心。而"碎片站点"的含义则是尽可能多地阐释遗产的不同方面，并充分诠释遗产点（展示点）之间以及文化和自然之间的相互联系。这也意味着每个访客都能了解整个故事，无论他（她）的年龄或教育背景如何，并且整体原则同资源一样，应该都适用于"消费者"。整体观方法要求打破学科间的壁垒，打造的故事与主题应与专业的知识交织在一起。如果所有这些标准都能得到满足，那么生态博物馆的访客就可以充分体验到各个地方的独特性，从而理解文化景观背后的复杂性。

毫无疑问，生态博物馆遗产点（展示点）的碎片化性质以及它们经常相互关联的现实，给予了生态博物馆推进整体阐释的巨大潜力。其中许多生态博物馆都相当出色地做到了这一点。例如，到访塞文山国家公园的访客可以通过参观生态博物馆的各个点来"阅读"景观，以获得地质、气候、植被和物种的知识，并了解人们是如何改变景观的。对诸如葡萄栽培、绵羊养殖、丝绸制造、板栗采收和其他过去与现在的产业等活动的介绍，也能使访客理解人与自然的相互作用是如何形成壮丽且独特的景观。参观国家公园内分散的各个遗产点可以形成对景观的全面认知，这是因为此类站点本身提供了它们与众不同的专门解读。随着访客在不同站点间的穿梭游览，他们得以了解景观。葡萄牙的塞沙尔也是一个特殊的地方，因为它靠近主干河流和大海，该地区的一切在某种程度上都与海洋世界相关联。它的一系列遗产点（包括潮汐磨坊、造船厂、古罗马遗址和一座小宫殿）都被诠释为与海洋和海上贸易有关，同时乘着修复后的船只航行能让访客亲身感受港湾和海洋环境。在东欧，"绿道"与生态博物馆发展之间的联系也很有趣，天然的交通路线或廊道使访客能够通过徒步、骑马或骑自行车去探索那些受保护的自然和文化遗产。

文化景观的非物质属性也对生态博物馆十分重要，其中许多生态博物馆致力于乡村手工艺、农业、工业生产过程或海洋史的保护。除遗址和物件外，它们还记录非物质文化遗产（口头传统、音乐、民俗）。对这些资源的阐释，虽然可以采用传统方法（标识或导游）来实现，但通过观察手工艺人、亲历"活态历史"

活动及聆听现场音乐，可使阐释变得更加有意义和令人愉悦。之前描述的许多生态博物馆充分利用了这些技巧，并且许多较大型的生态博物馆还在旅游旺季雇用全职人员，以便更好地进行阐释和提供全方位的体验。

　　生态博物馆不仅可以诠释文化景观，而且还可以在文化景观的修复中发挥积极作用。在意大利北部的科尔泰米利亚生态博物馆，山坡梯田（图10.2）成为项目行动的重点和象征。穆尔塔斯和戴维斯（Murtas and Davis, 2009）回顾了该生态博物馆项目进展初期的情况：

图10.2　意大利科尔泰米利亚的山坡梯田是当地生态博物馆关注的重点
多纳泰拉·穆尔塔斯（Donatella Murtas）　摄

　　即使是当地文化景观的主要特色——山坡梯田，似乎已从记忆中被抹去，再也无法想见了。尽管如此，该生态博物馆团队仍然选择梯田景观作为主题，不仅因为它面临存续危险，而且还因为它能给予人们一种时空上的连续感，将人与地方联系起来，它具有包容性，而非排他性。就许多方面而言，梯田就像一个地域的骨架，支撑着人类的活动与梦想。它很好地示范了如何可持续地发展地方以及使其成为可用资源。它是由社区，而不是建筑师或工程师建造的。它没有特别标识。它与自然和谐相处，遵循而非违背自然法则。从一开始就很清楚，如果当地人对其地方的认知不产生改变，那么梯田景观的保护、维护与重建就永远不会发生。因此，该项目的核心是对梯田景观相关价值的当代阐释，而当地社区的福祉则是该项目最重要的目标。

许多生态博物馆的共同目标是保护遗产要素，并将它们与当代生活和价值观联系起来，换言之，保护与修复并非为了他们自己的利益，而是带有维系生活、身份认同和实现远景，以及联结人与地方的目的。虽然不是所有的生态博物馆都试图如此大规模地保护景观要素，如有些生态博物馆就只专注于复杂历史景观中的单体建筑，但本书第二部分中提到的大多数机构都能确保考古、历史或自然特色的存续。少数生态博物馆，如巴西的圣克鲁斯生态博物馆就更为重视文化景观中的非物质要素。大型的单一站点生态博物馆，如阿尔萨斯生态博物馆 [1] 和雷恩地区生态博物馆 [2] 在阐释其文化景观方面占据着某种不同寻常的地位。阿尔萨斯采用了许多露天博物馆常见的策略，即拆除建筑，在原地重建。尽管该生态博物馆的起源与一个推动原地保护的协会有关，但相比其他生态博物馆，它与露天博物馆有更多的共同点。将它的活动与比米什（英格兰北部露天博物馆）这样的博物馆等同看待，显然比将其与塞文山这种典型的"分散式"生态博物馆相提并论更为容易。同样，雷恩地区生态博物馆也没有"卫星馆"，它只是将遗产（包括牲畜和农作物）搬移至生态博物馆所在地而已。

综上所述，生态博物馆的哲学与实践不仅考虑到特定地域内遗产价值的保护，而且还顾及该地区的社会和文化背景。因此，生态博物馆维系着一个复杂的地方和地域概念，其组成部分（物理的、环境的、社会的、文化的和经济的）认可了地方参与者的角色。这一观点接近于"景观"的定义，"景观"既承认自然——物理环境的价值，又承认人在地理空间中的核心作用。同样的内容在《欧洲景观公约》中得以呈现，该公约将景观定义为"一个被人们所感知的区域，其特点是自然和（或）人为因素作用与相互作用的结果"（Council of Europe，2010）。作为生态博物馆实践核心的景观与地域概念不仅支持物质现实，而且也支持个人的主观性。正如埃斯科巴（Escobar，2001）所提出的，地方具有双重的含义，可作为物理实体，即"构建的现实"（a constructed reality），也可作为概念

----

[1] 见本书第 138 页。

[2] 见本书第 121 页。

化的身份认同，即"思想范畴"（a category of thought）。因此，景观也可以被认为是"构成要素"，由当地居民的文化知识来确定物理空间的一种内部景观。根据景观的这些定义，似乎有理由得出这样的结论，即生态博物馆有能力保护和提升尚未得到充分探索的文化景观。《欧洲景观公约》的一个关键方面是提高了人们对文化景观多样性的认识，这是生态博物馆实践的核心原则。

（二）关联自然和文化的生态博物馆，可持续的实践

大多数生态博物馆对"自然"的定义只与环境提供的原料和潜在的能源有关。在展示工业生产过程的许多生态博物馆，都以驱动磨轮转动的供水系统、为木炭提供原料的林地，以及诸如煤炭或含金属矿石的矿产资源为特色，很少有更广泛的、关于自然与环境方面的讨论。世界面临着持续不断的环境问题，如栖息地破坏、气候变化、水土流失、污染和生物多样性丧失，但这些问题很少出现在生态博物馆的议程中，甚至也很少有描述当地生境和常见动植物种类的情况出现。

不足为奇的是，为数不多的几个重视所在地自然财富的生态博物馆，都与那些关注景观和生物多样性的保护区相关联。而欧洲那些位于"人与生物圈保护区"之内或与之毗邻的生态博物馆则是最佳实践的重要案例。联合国教科文组织的"人与生物圈计划"（Man and the Biosphere Programme, MAB）与生态博物馆有许多类似之处，这个遍及全球的保护区网络采用了一种整体观方法，即在社区参与的框架内将自然和文化保护结合起来。它们建立的目的是推动可持续发展，并减少生物多样性的丧失。同时，其他具有遗产价值的要素，如考古遗址、建筑物和景观都能在区域内被发现。自然及文化遗产保护与阐释的一体化要求了解自然和文化之间的关系，以及管理者需要有与不同利益相关者沟通协商的能力。《欧洲景观公约》侧重于文化景观的外在属性，而"人与生物圈计划"的职责主要还是针对一个地区的野生动植物，以及它们与景观和生活在那里的人群之间的关系。联合国教科文组织（UNESCO, 2002）指出，"人与生物圈计划"的倡议是为了"促进和展示人与生物圈之间的平衡关系而建立的"。这些"活态景观"是"保留传统土地使用印记、保护自然环境、保存历史地标和讲述昔日故事的所在"（Barrett and Taylor, 2007）。这些景观也引起了世界自然保护联盟（IUCN）的兴趣，该联盟对所有受保护的景观进行了管理类别的划分。其中将第五类景观表述为，"随着时间的推移，人与自然的相互作用产生了一个具有重要生态、生物、文化和风景价值的独特地方，而保护这种相互作用的完整性对保护和维持该地方

及其相关地区的自然和其他价值至关重要"（IUCN, 2010）。这些地方通常具有较高的景观价值，能够吸引访客。因此，"人与生物圈计划"的管理者肩负着巨大的责任，他们为野生动植物和访客的利益而进行管理，并与当地利益相关者合作，以达成可持续的解决方案。布林（Breen, 2007）认为：

> 在社区的可持续参与下，遗产保护与探索可以创造就业、拉动旅游、增加教育机会、提高景观和审美价值，并能增强环境意识。对保护策略的投入能加强和激发传统技能的基底，从而使社区重新焕发活力。

这种方法通常被一些独立运营的生态博物馆所采用，或者在"人与生物圈计划"保护区的总体框架下实施。

克里斯蒂安斯塔德湿地生态博物馆已在之前的章节中有过讨论[1]，可以说它是"人与生物圈计划"与生态博物馆实践之间建立牢固联系的最好例证。它位于瑞典最南端的省份——斯科讷（Skåne），该地文化景观的价值和吸引力是长期土地耕种的结果。这是一个较为偏远，相对而言未受干扰且生物多样性丰富的地区。该生态博物馆与"人与生物圈计划"办事处合作，将许多阐释湿地及其所面临威胁的游览点整合起来。在法国，塞文山生物圈保护区（Cévennes Biosphere Reserve）和国家公园，包括喀斯（Causses）石灰岩、埃古阿勒山（Aigoual）和洛泽尔山的花岗岩山体以及塞文山的片岩山脉，拥有涉及森林、地中海灌木丛和高山草甸的各种生境。这里的生物多样性取决于人类的活动，生物圈保护区支持开展乡村工作，他们通过向农民提供补助，鼓励其采用传统的管理方法，去维护老品种，如奥布拉克牛（Aubrac cattle），以及整修农舍与栗树林，并为当地农产品贴上标签。每年有超过100万人访问该地，丰富的生态博物馆联络网[2]不仅为访客提供了环境阐释，而且还可以在时间和空间上管理他们的活动。

虽然在由联合国教科文组织或世界自然保护联盟推动的全球保护体系中开展自然资源的保护工作优势明显，但同时也存在其他方法。"权威化"的指定与管理通常意味着社会的不公，因为这对那些鲜少参与认证与管理的相关决策过程的社区而言，被施加了限制。不过，正如巴罗和帕塔克（Barrow and Pathak, 2005）所述："在强调'官方'保护区时，有一个方面一直被忽视或不被理解，即乡村

---

① 见本书第 164 页。
② 见本书第 135 页。

居民为了自己的需要，无论是实用主义的、文化的还是精神的，都要设法去保护广袤的土地和生物多样性。"他们称这些地方为"社区保护区"（Community-Conserved Areas, CCA），尽管许多这样的保护区规模很小，并不能独自维护生物多样性，但它们仍具有重要的属性。它们在人、景观以及更广泛的生态系统之间维持了重要的联系，这种生态联系也维系着当地的文化和社区的生计。"保护景观"方法的概念与生物文化多样性保护的概念具有明显的协同作用（Maffi and Woodley, 2010）。生物文化多样性被定义为包含"生命的所有表现形式——生物的、文化的和语言的，是在一个复杂的社会生态适应性系统内相互关联的（并且可能共同演化）"。这突出了重建文化和自然之间断裂的联系的重要性，而这种联系的断裂正是人类面临许多社会和环境问题的原因。这些推动文化和自然资源保护的另类观点与过程符合生态博物馆理念和实践的要求。但是，生态博物馆显然应该比当前做得更好。因为当前许多生态博物馆并不强调自然和文化之间的联系，也不推动人们去认识自然与文化是不可分割的整体。

其他保护自然和文化环境的方法也都在寻求可持续的解决方案。生物文化保护主义者认为，原住民和当地社区是可持续发展进程中的关键因素，他们采用传统的知识体系，同时合理地利用资源。"合理"或"可持续"利用的概念，一度仅限于谨慎使用的可再生自然资源，如木材或鱼类资源，现在已广泛应用于我们环境的其他方面。随着壮丽的自然景观和文化的复杂性日益受到重视，我们在利用它们的同时，也力求赋予它们一种永恒感。在许多方面，生态博物馆的预期目标是使用有助于促进当地经济的技术来保护一个地区的自然及文化遗产，它应该提供一个具有可持续性的范例。而可持续的不仅仅是环境或文化遗产，还包括当地社区及其生活方式。本书第二部分提供的证据表明，生态博物馆缘起于许多受到威胁的地方。这些威胁来自失业、传统产业的衰落、移民以及由此造成的人口减少，其后果是文化认同和地方感的丧失。阿查巴尔（Archabal, 1998）认为，全球化进一步加剧了这种情况，因为传播媒体导致社区同质化和"独特性与地方性的丢失"。她建议，在一个越来越开放的世界里，图像和思想比以往任何时候都更加容易渗透进文化边界，因此各个社区就需要确保其语言、传统和物质文化仍保留独特性。作为保存记忆和文化的地方，博物馆扮演着重要的角色。而生态博物馆在维护社区方面有可能发挥更大的作用，因为它们跨越了传统博物馆的角色与行政界限。生态博物馆能够涵盖各种历史古迹、圣地，能够保存档案藏品，并作为社区对话的场所，事实已经证明一些生态博物馆可以帮助当地社区。

例如，位于里约热内卢圣克鲁斯的生态博物馆，没有人会怀疑它在社区可持续发展中发挥的至关重要作用。展示和颂扬社区的个性无疑会增强社区的认同感，并使社区可以从中获得力量，从而实现可持续性。阿查巴尔（Archabal, 1998）指出："当人们感受到自己是故事的组成部分时，他们就与未来休戚相关。"

另一种实现可持续性社区的方法是建设"生态村"（ecovillage），它具有生态博物馆的一些类似特征，尤其是在决策的民主化方面。1995年在苏格兰芬德霍恩（Findhorn）举行的一次会议促成了全球生态村合作网（GEN）的建立，如今生态村已遍布全世界。它们被定义为"以人为本"（on a human scale）的可持续社区，但并非自给自足或孤立于周围的环境，而是与自然环境融为一体（Bang, 2005）。生态村在能源、原料、废物管理和农业方面采取了环保的方法，并吸引人们去寻求一种"可替代"的生活方式。然而，该术语已被其他不一定具有上述涵义的项目所挪用，其中一些项目具有生态博物馆的特征。在本书第二部分中，我提到了土耳其和伊朗的遗产地，它们使用了"生态村"和"生态博物馆"的标签，以反映它们对社区可持续性以及保护其自然和文化资源的兴趣。

（三）生态博物馆、人权和民主

生态博物馆是民主的机构，它们能与各种有关人权的宣言产生共鸣。由此，它们共享了尊严、平等、自主、尊重、自由、安全、隐私、容忍、友谊和谅解等价值观，这些都是1948年12月10日联合国大会颁布的《世界人权宣言》（The Universal Declaration of Human Rights）的核心。人权思想表明，人人都有权自由地参与社区的文化生活、享受艺术、共享科学进步及其带来的好处，或者换言之，以声明"这就是我的文化"。尊重传统文化并不能替代人权，但人权必须在文化背景下确立。文化权利有别于人权，因为文化权利归属于群体，他们往往侧重于受到威胁的宗教团体、少数族群和土著人民。传统和土著人民知识产权（indigenous intellectual property rights, IIPR）的概念在1992年的里约峰会（The Earth Summit）上被果断地提出，它对环境保护和诸如手工技艺、传统医学、植物鉴别与种植等传统文化多样性知识的维护具有重要意义，而文化的这一方面正是生态博物馆高度重视的地方。

1966年通过的《经济、社会及文化权利国际公约》（The International Covenant on Economic, Social and Cultural Rights），尽管它针对的是个体而非群体，但也承认人人有权参与文化生活。2007年发布的《关于文化权利的弗里堡宣言》（Fribourg

Declaration on Cultural Rights）则将文化定义为个人或群体表达其人性的那些价值观、信仰、信念、语言、知识、艺术、传统、制度和生活方式，将文化认同视为所有文化参照的总和，一个人通过这些文化参照物，单独或在社区中与他人一起，去定义或建构自己，去交流并希望得到认可。而文化社区则是指一群人，他们共同的参照物构成了他们打算保护和发展的共同文化认同。可见，《关于文化权利的弗里堡宣言》对生态博物馆具有重要意义，因为它强调人人都有权参与文化生活和社区的文化发展，有权参与涉及个人和社区的决策。它要求民主化管理。

《联合国土著人民权利宣言》（United Nations Declaration on the Rights of Indigenous Peoples, 2007）也对生态博物馆很重要，因为它强调了土著人民有权去维护和强化其机构、文化和传统，并有权依据其需要和愿望谋求发展。有趣的是，这一宣言最初被澳大利亚、加拿大、新西兰和美国所拒绝（但之后被接受），他们认为这是行不通的，因为它忽视了现实。该宣言敦促土著社区设法拥有管理其文化知识产权的权利。这种情况得到了世界知识产权组织（World Intellectual Property Organisation, WIPO）的协助，该组织特别关注土著社区非物质文化遗产的所有权问题。

显然，根据国际公约，所有生态博物馆都需要展现出尊重，都需要承认安全和隐私的需求，并表现出理解。在规划生态博物馆的建设时，中国发展出一种与当地少数民族群体合作的深思熟虑的办法①，相关工作是在认真制定"六枝原则"后，才开始实施的。

针对少数民族社区的生态博物馆模式，其出现在中国引起了极大的关注。弘扬文化多样性、让当地人在其未来的发展中发声，这只是中国生态博物馆的两个基本目标，但其更重要的目的是为当地人提供急需的基础设施（医疗服务、学校、水电供应），并通过旅游产业促进减贫。然而，就全球而言，旅游业对发展中国家的影响如何至今仍未形成共识。古德温（Goodwin, 2006）指出这样的事实："在过去十年里，尽管人们日益关注旅游和减贫，但鲜有报道提到任何试图衡量其效益的干预措施在哪。"因为目前很少有人分析生态博物馆建设对增进人权、文化权利或减贫的影响。

但是，总的来说，生态博物馆通过帮助当地社区管控其遗产，促进了人权。穆尔塔斯和戴维斯（Murtas and Davis, 2009）介绍了意大利科尔泰米利亚生态博

① 见本书第 272 页。

物馆的发展情况：经过几年的努力，学校和成年人团体开始对当地遗产表现出真正的兴趣；当地生产商使用"梯田景观"作为营销资本和徽标来合作和推广其产品。此外，当地人还私下建立了一个记录历史的记忆库，以捕捉该地区未成文的过去，并制作发行有关该镇的出版物和电影，且他们已经取得了其遗产的所有权。在经历了对污染和未来担忧的黑暗过去之后，科尔泰米利亚人民找到了塑造未来的方法，即利用民主的生态博物馆，来确保当地发展的可持续性。他们发现了一种新视角和新的生活方式，这表明生活质量和对某一特定地方的归属感很大程度上取决于人们对当地遗产的理解与欣赏。这种主人翁意识和使命感与克雷普斯的"原住民策展"概念有共鸣（Kreps, 2008）。

尽管生态博物馆力图在运行过程中实行民主，但有证据表明其成功程度各不相同。关于日本的生态博物馆，戴维斯（Davis, 2004）指出，其民主愿景的实施很大程度上要依赖于关键人物的动机。平野町生态博物馆的主要利益相关者是当地人，然而这个看似模范的生态博物馆却存在着潜在的可持续问题。在朝日町生态博物馆，主要的参与者是地方当局和当地企业，在这里，生态博物馆仅暗示出民主的意愿。三浦生态博物馆还处于发展的早期阶段，尚无法确切地做出评价，但在一些遗产点（展示点），来自当地社区的人都积极地参与其中。这三处生态博物馆的做法截然不同，但在很多方面都体现了生态博物馆的理念，可以用不同的方式来阐释。这种思想无疑是遗产保护创新思维的催化剂，而这种哲学也有民主的愿景，具有加强人权议题的真正潜力。然而，只有将当地社区确定为主要利益相关者时，这些想法才能被实现。

（四）生态博物馆、社区、认同和资本

地方认同是生态博物馆哲学的核心。良好的生态博物馆实践要求，这一过程应该有当地社区的积极参与，以决定哪些遗产要素是最重要的，以及如何利用这些要素来表达社区自己的身份认同。伯格斯拉根生态博物馆通过举办教育日、研讨会、讲座和会议，尽可能地让当地人参与其中，这是生态博物馆与社区展开联系的一个很好例子。这样做可以鼓励社区参与到该地区的遗产中来，从而加深当地人对地方文化认同的理解。尽管大多数生态博物馆都有固定职员，但若要实现生态博物馆的设想，它们必须与当地人积极合作。生态博物馆运动具有理想主义和人文主义哲学的特点，另外还包括博物馆专业人员和当地人之间的共生关系概念。为当地人提供一个定义和建构自己文化认同的机会是生态博物馆的另一个愿景。

　　然而，让当地人参与其遗产和认识其文化资产并不是一件容易的事情，正如穆尔塔斯和戴维斯（Murtas and Davis, 2009）在科尔泰米利亚所发现的那样：

　　　　生态博物馆从立项伊始，就吸引了当地社区尽可能多的人参与，从儿童到老人，以及感兴趣的个人和协会。这是一个密集且苛刻的过程，需要耗费大量时间进行开会、讨论和劝说，并设法灌输他们对该项目的信心，以及确定可以成功完成的活动。最初的工作主要集中在与当地人的合作上，以帮助他们发现在其日常生活中属于所有人的当地宝贵资源。面对关于该地特殊性和独特性的提问时，当地人一开始的回答大多都含糊不清，需要去搜索答案，通常是列举重要的教堂和该城镇的中世纪塔楼，或者保持沉默；而对成千上万的，使科尔泰米利亚地区在日常生活中与众不同的物质和非物质要素却几乎没有提到。当地人似乎对丰富的遗产视而不见，困苦、萧条和对当局缺乏信任意味着，即便是当地文化景观中的主要特色——山坡梯田，似乎也已从他们的记忆中被抹去了。

尽管如此，这个生态博物馆项目最终还是取得了很大成功，且在社区中产生了巨大影响：

　　　　该项目……促使……新社交网络的建立，并使社区意识不断增强。有趣的是，人们已经从之前的彼此之间很少接触，以及甚少察觉彼此共享的利益或问题，转变到不仅对其遗产有了更加深入的了解，而且还意识到这种遗产具有当代的文化和经济价值。

这些评论表明，生态博物馆可以带来显著的社会效益，包括获取资本。

　　当通过建立方法论来评价意大利北部 5 座生态博物馆的表现时，柯赛等人（Corsane et al., 2007）在与生态博物馆工作人员的讨论中发现，他们和相关协会的所有成员都受益匪浅。这些好处包括：意想不到地获得了领导上的、战略及项目管理上的、建立合作关系网和筹款方面的能力；结识了新伙伴和有机会去旅行；增加了对一个地方或一个昔日行业的知识与了解。所有受访者都有一个共同的观点，那就是实现了个人的抱负，并为这一成绩感到自豪。一位记者总结了这些感受，认为所有的生态博物馆志愿者都能从生态博物馆建设的参与中获得无形利益，即使过程和利益难以量化或评估，这一事实似乎比其他任何结果都要重要。这表明，所有的生态博物馆项目都与资本的开发息息相关。

各种形式的资本（人力的、社会的、文化的和认同的）已经得到了人们的认可。柯赛的研究表明，建立和发展以社区为主导的项目已给与社区密切相关的人们的生活带来了重大改变，并且项目方确实为此积累了人力资本。为环境问题寻求可持续的解决方案，以及让当地人参与决策的需求，也都要求获取社会资本。从意大利生态博物馆的建设经验看，很明显，现有的当地知识、热情和强大的合作关系网等社会资本形式都被用来创建一个新的社会资本库。科特（Cote，2001）认为，社会资本是人与人之间以及人与更广泛的社会之间建立的关系；他将"联结"（bonding，指家庭或族群之间的联系）、"桥接"（bridging，指与朋友、合伙人和同事之间的联系）和"联系"（linking，指不同社会阶层或强者与弱者之间的关系）确定为不同形式的社会资本。虽然在5家意大利生态博物馆的走访中，很难找到"联结"的证据，但有相当证据表明，协会成员之间存在"桥接"。所有的生态博物馆都与政府和其他咨询及资金来源机构建立了重要的伙伴关系，以便能够成功运营。它们以各种方式推动社会联系和建立合作关系网。因此，个人和协会已经从这种"联系"形式的社会资本中得到了积累，并从中受益。采访表明，"连锁反应"（ripple effect）已经发生，这会使参与者的家人和朋友们受益，之后随着更多当地人的参与和更多生态博物馆的建立，从而传播到更广泛的社区。

文化资本的概念对生态博物馆而言也很重要，在柯赛调查的意大利生态博物馆的积极参与者中，由于参与者与地理区域或原行业有联系，重要的文化资本可能已经存在。作为项目的组成部分，他们的文化认同也因此得到了加强。不出所料，所有致力于保存、维护、记录和阐释自己深深依恋的历史和地方片段的生态博物馆活跃分子都提及了认同的概念。几处被调查研究过的生态博物馆实践地，也特别提到了认同保护、社区参与和作为集会场所的生态博物馆，这表明形成身份认同资本可能是它们职责范围的一个重要组成部分。

柯赛等人对意大利生态博物馆的研究不是为了收集有关资本的信息，但实践表明这些生态博物馆项目促使协会成员获得了新知识、新经验和新技能，并发展出复杂的合作关系网，同时增强了地方认同感。当地人已经认识到了他们遗产的重要性，进而为自己在保护和阐释其遗产以及在当地推广遗产所发挥的作用上感到自豪。或许此时，一提到生态博物馆哲学，我们应该将当地居民的"资本"收益作为衡量生态博物馆成功与否的关键指标，可以说它比更易衡量的性能统计更重要。很明显，这个内容仍然需要进一步研究，以探索生态博物馆与各种资本结构之间的关系，不仅仅是与管理它们的个人之间的关系，还包括生态博物馆与其服务的当地居民之间的关系。

（五）生态博物馆、文化旅游和生态旅游

旅游业对博物馆和国民经济的意义重大。例如，在新西兰，博物馆已成为旅游线路上的停靠点，被认为"对观众和收入至关重要"（Legget, 1995）。虽然生态博物馆不是国民经济的主要推动者，但它们确实可以在地方或大区层面发挥这种作用。它们还为当地社区与游客之间的互动提供了可能，使当地人能够展现出他们对其所在地的环境、遗产和文化的自豪感。当地的参与对成功实施遗产旅游项目至关重要。例如，作为"活态历史"遗址的路易斯堡要塞（Fortress of Louisbourg），位于新斯科舍省（Nova Scotia）布雷顿角（Cape Breton）附近，是一处 18 世纪的法国要塞，它"主要考虑的是经济利益"（Kell, 1991）。其结果是当地社区被完全边缘化了，对属于"他们的"事物，当地人也失去了主人翁意识，最终导致愤怒和敌意。因此，在任何遗产旅游的开发中，确保当地人参与到项目之中，并通过项目增强他们的社区认同非常重要。良好的生态博物馆实践可确保当地人积极地参与其旅游开发。游客被鼓励去体验该区域内的各种文化及自然遗产，从而在游客和环境之间建立起联系，并传达难以捉摸的概念，即"地方感"。仅仅通过参观一个展览是不能要求游客建立起与一个地方的联系的。相反，他们应该自行去探索这个地方。

有趣的是，生态博物馆通常是在游客较少的地方创建，但这些地方则希望通过吸引更多的游客来增加收入，同时又试图维护其文化认同。在这些地方，建立生态博物馆也是使这个地方更广为人知的一种手段。梅尼格（Meinig, 1979）的观点认为"地方个性是不易察觉且极其重要的基本特征"，这一观点引起了人们对一个事实的关注，即所有地方都充满意义。这不仅对居住在那里的且"属于"那个地方的人来说是如此，而且对那些能够将其与自己的居住地进行比较的游客来说也是这样的。某些地方可能由于一些原因鲜为人知，其中包括地理位置偏远、通信不畅或它们超出了旅行者或游客正常行走的范围。许多小型的工业区之所以也归为这一类，仅仅是因为它们通常不被认为是公认的或令人愉悦的参观地。同样，生态博物馆通常位于偏僻的农村地区，或在具有重要工业历史的地方，或处于社会的边缘地带。例如，位于安赞扎克-洛克里斯特（Inzinzac-

Lochrist）的锻造工业生态博物馆（Écomusée Industriel des Forges，图 10.3）就与
布列塔尼大区通常的沿海景点有一段距离，且不易被找到。它专注于以往的钢铁
工业，因此无法吸引普通的度假者，但它依旧是一个迷人的地方，为人们提供了
一个窗口，去了解失落的工业、失传的技艺和长期被人们所遗忘的工人阶级社
区。在法国、意大利和其他地区，许多类似的生态博物馆都不受旅游需求的驱
动，而是与满足当地需求紧密相连，往往来自邻近地区的人在游客中占比最高。

图 10.3　法国布列塔尼大区安赞扎克－洛克里斯特的锻造工业生态博物馆
作者　摄

　　当下，许多生态博物馆显然认为促进旅游和协助当地经济发展是其主要目
标。如今旅游越来越专业化，它包括文化旅游和生态旅游两个主要的分支，且都
与生态博物馆相关。现在文化旅游既是一种现象，也是一种产品。它每年促成数
千万的游客去旅行，为文化拥有者提供了生计，并通过交通、购物、住宿和餐饮
的连带效应间接支持了当地的经济。斯沃布鲁克（Swarbrooke, 1996）考察了文
化旅游的复杂性，指出主要的文化资源有：遗产景点（包括博物馆、城堡、庄园
和历史花园）、节日和特殊活动、工商业（包括供人参观的工作场地和农场点）、
宗教场所、语言（包括少数族群的语言和地区方言）、乡土建筑类型、艺术（剧
院和画廊）、传统手工艺、体育和休闲活动（包括传统游戏和运动）、特别兴趣的

假日、传统饮食、主题线路和行程、与历史事件和著名人物以及当代流行文化有关的一切。然而，传统博物馆或美术馆只能提供其中的一小部分资源，很显然生态博物馆可以经常利用所有这些属性，同时排除当代流行文化。以雷恩地区生态博物馆为例，它本身就是一处遗产景点，属于一个经营中的农场，有当地节日的活动安排，人们可以深入了解布列塔尼语，这里有典型的地区建筑，展示着当地的传统手工艺和过去的历史，它还提供传统美食，并有一条贯穿整个区域的主题小道。挪威的姆约斯博物馆也在推广一系列类似的文化活动，这些活动的站点很多，不只一处。

一个地区或社区可能不会想到通过管理其资源来吸引文化游客，尽管如此，仍然会有一种无形的氛围或生活方式，去创造一种独特的访客体验，即一个地方及其居民的文化。许多生态博物馆试图去捕捉这种文化氛围，于是将各种文化点与活动联系起来，提供一系列机会让游客置身于这种氛围中。目前，新形式的文化旅游正在兴起，例如住在外国人家中的"寄宿家庭"（homestays）模式、接触少数族群，或前往不时髦的目的地旅行，这些对生态博物馆也很重要。加拿大基韦廷（Keewatin）、墨西哥和中国的生态博物馆[①]所提供的文化经验表明，它们已经在利用这些新的旅游市场。

旅游业有潜力为当地人创造广泛的就业机会。在农村人口遭受流失的国家，这一点越来越得到认可。文化旅游和生态旅游被视为推动当地经济多样化和提供工作机会的一种手段。例如，在澳大利亚和新西兰，旅游业是增长最快的产业之一，澳大利亚有超过 100 万人因旅游而就业，新西兰有 20 万人（Beeton, 2000），这两个国家都有吸引生态旅游者的大量自然资源。以体验野生动植物、荒野或环境为主要目的的旅行被称为生态旅游或生物旅游。世界自然基金会（Worldwide Fund for Nature）将生态旅游定义为"自然区的保护性旅游，是通过自然资源的保护以获得经济利益的一种手段"。生态旅游的三大要素是基于自然的、有教育意义的和可持续性的。其中第三个要素尤为重要，需要管理游客对环境造成的物理压力，防止其对栖息地的干扰，并最大限度地减少能源消耗。可持续的生态旅游也可以给当地社区带来文化和经济利益，这可以通过商品售卖和在地服务等生态旅游企业活动来实现。世界自然基金会的定义暗示自然环境也应该从中受益，

---

① 见本书第 219 页、248 页和 272 页。

其中一些财政盈余需专用于生物多样性的保护。

比顿（Beeton, 2000）指出，"生态旅游"一词是 1988 年由来自墨西哥的赫克托尔·谢贝洛斯－拉斯喀瑞（Hector Ceballos-Lascurian）首次提出并使用的。但以自然为主的旅游却有着更加悠久的历史，许多 19 世纪的探险家、旅行者和博物学家都体验过更为偏远和具有生物多样性的地区与景观。如今，生态旅游在许多发达国家和发展中国家的经济中发挥着重要作用。目前，自然保护区和野生动植物园是生态旅游概念的核心。以哥斯达黎加为例，该国在野生动植物的管理上有着优异的表现，它牢固地建立在国家保护区的框架内（Rovinski, 1991）。当前，传统博物馆在生态旅游中处于边缘地位，除非如国际博物馆协会所建议的那样，将自然保护区视为博物馆的另一种形式。然而，生态博物馆的这一潜力在很大程度上尚未被意识到，它们鼓励对环境进行探索，在阐释野生动植物和景观方面扮演着积极的角色。但是，在本书第二部分所描述的生态博物馆中，并没有只关注野生动植物的生态博物馆，尽管许多生态博物馆都提倡与自然相联系，例如意大利的阿真塔生态博物馆。该生态博物馆的组织中心位于坎波托（Campotto）的阿真塔湿地博物馆（Marsh Museum of Argenta）内，在这里，游客能够反思人类对具有国际意义的湿地景观的影响。设置的隐匿点和观察点能让游客近距离观察鸟类和其他野生动物。贝格达尔（Bergdahl, 1996）认为，生态博物馆可以在未来制定生态可持续战略方面发挥更重要的作用。有趣的是，她的继任者伯格斯拉根生态博物馆馆长——克里斯蒂娜·林德维斯特（Christina Lindqvist）通过建设"生态屋"（eco-house）来推广这些想法，包括在卢德维卡（Ludvika）为儿童建立"自然中心"（Nature Centre）和在雷德海坦（Ridderhyttan）创建"地质中心"（Geocentre）。对自然环境的日益重视促进了自然与文化之间的联系。也许有人会说，不应将文化旅游和生态旅游区分开。澳大利亚生态旅游协会（Ecotourism Association of Australia）就指出，"生态旅游是促进对环境及文化的理解、欣赏和保护的生态可持续旅游"（Beeton, 2000）。当今，"旅游"的范围如此之广，包括乡村旅游、农场旅游、探险旅游、原住民居住地旅游和文化旅游，以至于局面相当混乱。但生态旅游与生态博物馆类似，都将阐释、教育、包容性、伦理方法、鼓励保护与当地社区利益结合起来。

文化旅游和生态旅游都需要可持续的解决方案。斯沃布克（Swarbooke, 1996）认为，可持续的方法需要一定的先决条件才能达到预期结果。其一，来访的游客必须是有学识的、对当地感兴趣，并愿意改变其行为，以确保与主办者进行更多的互动，同时尊重当地人、当地和传统；其二，当地要有足够的基础设施、匹配的管理制度和财政支持，以减少对环境的负面影响。如果旅游能使当地文化受益，而不是威胁其文化，同时社区能够获得社会和经济利益，那么当地社区本身就必须要有强烈的认同感，并同协商好的宗旨和目标保持一致。要发展持续的（可持续的）伙伴关系，地方当局还需提供包括资金在内的各种支持。从旅游者、政府、当地社区或整个社会的角度看，可持续的旅游被视为一个理想的目标，而生态博物馆正好有条件去支持它。

斯沃布克（Swarbooke, 1996）列出了一些使文化旅游稳定持续的潜在办法，包括创新公共中心项目、颂扬新兴文化（从而助力未来旅游业）、逆营销各个地区和遗产点，以及鼓励地方举措。他还引述普德赋（Puy-du-Fou）主题公园的旺代生态博物馆，将其开发的大型夜间秀（La Cinéscénie）作为一个很好的案例：

> 该大型夜间秀是对该地区历史场景的现场演绎。它纯粹由当地志愿者在古堡的广场上表演，并完全由当地社区管理。总共有4000多名当地居民参与，游客人数从1978年的8.2万人次增加到1994年的近400万人次。这项活动的收入不仅用来保护该地的遗产，而且还用来支持如今的社区及其文化活动。近年来，其收益用于赞助一家考古俱乐部、建立一个关注当地传统的研究中心、支持一所流行舞学校，同时还用来扩大生态博物馆的规模和资助一个地方广播电台。

旅游的这种民主化特点[①]让人们对其产生了更大的兴趣，有助于提高人们对本地遗产的认识。然而，要使当地人为文化旅游地或活动的开发与管理负责，还必须有一个决策机制，去应对那些艰难的决定。本书第二部分列举的例子表明，生态博物馆可以提供一种利用本土专业知识、引进本地资金、鼓励伙伴合作并使整个社区参与进来的机制。

（六）作为工具箱的生态博物馆，合作关系网与遗产管理过程

生态博物馆"二十一条原则"[②]为良好的实践提供了指导，我们可以将其视为一个工具箱，从中可以选择需要的关键"装备"。其中有三个原则尤为重要：

---

① 这是生态博物馆的一个普遍特征。
② 见本书第 104 页。

- 允许所有利益相关者和利益团体以民主方式公开参与所有决策过程和活动。
- 通过当地社区、学术顾问、当地企业、地方当局和政府机构的投入，激励共有权和管理权。
- 将重心放在遗产管理的过程上，而不是放在用于消费的遗产产品上。

不可否认，生态博物馆通常是一个合作经营的项目。尤其当考虑资金支持的来源时更是如此。本书第二部分的描述表明，大多数生态博物馆依赖多元化的融资方式。然而，合作和建立关系网比纯粹的财务支持更重要。事实证明，生态博物馆本身就是发展联合倡议的重要催化剂，如将营销和"社区实践"[①]结合起来。在跨越行政边界的大型地理区域内，对于负责其内的各个遗产点（展示点）的生态博物馆来说，合作关系网的建立尤为重要。伯格斯拉根生态博物馆[②]就是一个很好的例子，它有复杂的合作伙伴关系。但它也表露出维持兴趣和热情的困难。同样，克里斯蒂安斯塔德湿地生态博物馆[③]也为该地区的许多保护项目提供了一个综合的阐释策略。这些遗产点（展示点）由各个地方当局、协会或私人拥有和管理，并采取了许多创新的办法来鼓励访客去探索湿地。让博物馆跨越围墙和传统所有权的边界是生态博物馆的一个重要特征，与遗产实践者们的成功合作确保了访客体验的整体感。

志愿者与志愿者网络在大多数的生态博物馆中发挥了重要的作用。当地活跃分子往往是生态博物馆得以发展的重要原因，他们的持续参与是必不可少的。例如，圣德甘生态博物馆完全由志愿者运营，志愿者来自一个成立于1969年的协会，他们完全负责该生态博物馆的行政、管理和阐释工作。另一个例子是挪威姆约斯博物馆，它依靠1200名图顿历史协会（Toten History Association）成员的技能与精力，有力地推进了博物馆固定职员的工作。博物馆安排志愿者参加建档、研究、策展和游客服务等各项工作。斯堪的纳维亚半岛的许多生态博物馆将当地的各种个人团体召集起来，以鼓励他们研究所在地的某个特定方面，通常是与某个遗产点、某个过程或某个人有关的历史研究。在加拿大，蒙特利尔自豪世界生态博物馆也采用了类似的方法，它带领当地人组建了一个团队，去调查当地行业

---

① 具有共同利益的人进行的社区实践。
② 见本书第 159 页。
③ 见本书第 164 页。

和在这些行业中工作的人所"遗失"的历史。因此，志愿者对于生态博物馆的成功至关重要。若生态博物馆失去志愿者的贡献，或招募不到具备必要技能的志愿者，它们甚至就有关门的危险。一些生态博物馆，如卡尔马尼奥拉的大麻博物馆，完全依赖其志愿者掌握的实用手工技艺或行业技术知识向公众阐释。在这种情况下往往需要实施传承战略，旨在将手工艺和知识传授给年轻一代。

管理遗产资源的过程需要不断地进行再评估，并愿意接受改变。生态博物馆始终在持续地进化，在此过程中，新特征和改进措施也被引入发展计划。生态博物馆的地域性使其在发展方面有多种选择，包括获取或阐释新遗产点以及解决新主题的能力。从理论上讲，由于不受传统博物馆建筑的束缚，以及不必对永久性藏品进行看管，生态博物馆可以采取对当地社区最有利的方式自由地开展活动。许多生态博物馆还超越了当地政府所控制的固有边界，这又赋予了它们更多的行动自由，从而推动新思想的采用。无论如何，以上所列的三个原则[①]必须且始终是生态博物馆运营的核心。

四、生态博物馆——地方感

本书的前两章探讨了地方的概念，并尝试界定是什么使地方对于个人和社区而言有着与众不同的意义。它是一个复杂的概念，由不同的物质要素，如景观、建筑物和各种形式的物质文化组成，另还涉及非物质范畴的传统和生活方式。因为地方也受限于个人的认知，所以这是一个多变的概念。然而毫无疑问的是，地方的要素，无论是物质的还是非物质的，都对人们理解自己和世界其他地方很重要。它们为我们提供了自我的文化认同。"共同点"（Common Ground）组织对景观中寻常之处与细节的欣赏使我们认识到各个地方的丰富性，这些特征赋予了一个地方的"地方独特性"。我认为传统博物馆受限于它的围墙和玻璃展柜，不一定是捕捉这种地方独特性或地方精神的理想手段。生态博物馆的概念超越了博物馆的范围，它赋权给当地社区，为访客提供了体验地方的机会，因此可能是有价值的。

那么，采用整体观方法和以社区为中心的生态博物馆，会被证明是一个新乌

---

① 利益相关者参与所有决策；共有权、管理权和投入；强调过程，而非结果。

托邦吗？生态博物馆以集体的理解和参与为基础，是否展示了地方的真实性？海伦（Heron, 1991）在探索生态博物馆的概念时，承认其多样性，同时提出生态博物馆的三个主要特征：对传统、习俗和乡土建筑具有强烈的本地自豪感，与经济复苏相联系，以及力图拯救受威胁的文化。依我的经验看，所有的生态博物馆似乎都有一个共同的特点，那就是它们对其所代表的地方感到自豪。不管生态博物馆的性质如何，无论是农场定居点、废弃的工厂、水磨坊，还是在特定地理环境中分散的各个遗产点或大型的乡村庄园，都是如此。这种自豪感表现在许多方面，有时可以从精心修复的机器和物件、展览和阐释的专业标准中看到，这在那些资金充足的机构通常是这样。然而，必须指出，由于许多生态博物馆不是"专业"的机构，其建筑和藏品并非总能得到较好的保护。较大的物件经常被遗弃，而手写的标签也很常见。这让许多生态博物馆呈现出自己的独特魅力，并与以华而不实的展示和营销假象为主的博物馆世界形成了鲜明对比。生态博物馆通常很简单，且易于访问，尤其是当地人以第一人称进行阐释时特别有效。

本书第一版对生态博物馆的馆长们进行过调查，其中一个问题是"您认为您的生态博物馆在多大程度上展现了地方感？"尽管一些受访者承认这个问题"很难回答"（即难以衡量），但事实上大多数人的答复都反映了地方的重要性及其与文化认同的联系。具有代表性的答案："生态博物馆在成员社区和地区居民中形成了一种区域认同感，使他们拥有了更强的自豪感和自我意识"（卡利纳）；"是的，强化了文化身份认同"（富尔米-特雷隆）；"反映出该地及其人民的生活"（阿马尼亚克 Armagnac）；"通过扩大运营范围，努力为当地人和访客做事"（萨姆索）。在过去的十年间，我提出的观点持续支持这一想法，即生态博物馆可以产生重大影响，它能使当地人和访客都理解，并颂扬其所代表的地方独特性。

生态博物馆的其他许多方法也很重要。生态博物馆哲学提供了一种方式，使博物馆专业人员和当地社区能够重新思考博物馆的角色与实践，从而为新博物馆学做出贡献。本书描述的生态博物馆，以及采用了生态博物馆某些实践方面的其他博物馆，都证明了这一现象的重要性。生态博物馆，无论我们将其视为一栋建筑物或一个博物馆化的景观，或仅仅是一个变革的机制，它们都对理论博物馆学和博物馆志产生了重大影响。

然而，也有一些错误的认识仍然与生态博物馆联系在一起，最普遍的看法是所有的生态博物馆都应遵循同一个模式，并追随乔治·亨利·里维埃既定的思想观念。正如本书第二部分所介绍的那样，它们并不遵从任何严格的模式，其组织结构的各个方面也都显示出巨大的差异。其他错误的观点还包括：生态博物馆都与自然环境有关，它们都在其地域内诠释许多遗产点，它们都是露天博物馆。这些说法并不完全适合所有的生态博物馆。有些生态博物馆确实是阐释自然环境的，有些则不是；有些生态博物馆在大型的文化景观中阐释分散的各个遗产点，有些则是小型的单体建筑；有些生态博物馆共享露天博物馆采用的技术和方法，而另一些则将藏品置放在传统的博物馆建筑内。当然，针对生态博物馆应该与社区密切合作，或由社区管理这样一个发自内心且备受推崇的信念，对此质疑也是非常重要的。虽然有些生态博物馆的确如此，但从本书第二部分的描述中可以明显看出，有些生态博物馆是专业或半专业的机构，这里的社区成员只能通过自愿努力去发挥作用，因此很少有积极的对话与参与。尽管如此，但也有一些良好的实践例子，在那里社区已成为决策的核心。

　　生态博物馆理念已经被拉伸、塑造、扭曲、挪用和商品化了，这导致生态博物馆的特征变得混乱。尽管最近有人尝试去阐明其基础性原则，但这些原则在很大程度上仍然被误解。虽然存在问题，但博物馆专业人士和实践者应该对乔治·亨利·里维埃和雨果·戴瓦兰的哲学思考表示赞赏，并对那些追随他们进行大胆实验以发展生态博物馆理念的人给予赞扬。管理遗产资源的新方法，随着赋权当地人的一个包容性议程而出现。这一现象成功与否很难衡量。与全世界成千上万个更大型的和更传统的博物馆相比，生态博物馆的数量仍旧相对较少。1999年我感觉这可能是一个短暂的现象，然而自2000年以来，全世界使用这一名称的博物馆其数量增加了两倍，如今生态博物馆已被广泛地接受和采用。此外，如上所述，许多社区博物馆、小型乡村博物馆、工业博物馆和由志愿者运营与维护的博物馆也都使用了生态博物馆宣传和推广的原则。

　　或许可以说，生态博物馆运动最重要的遗产是使许多农村和城市地区的小型社区得以抓住机会，挽救备受威胁的文化身份认同。"生态博物馆"一词所蕴含的思想已被证明是在各种地理和社会状况下采取行动的催化剂。事实证明，在里约热内卢和墨西哥城的市区，在达喀尔的贫民窟，在蒙特利尔和巴黎的郊区，在法国和瑞典的前工业中心，在意大利、西班牙和加拿大衰落的农村地区，在中国的偏远民族村寨，生态博物馆都是一个灵活的概念，它能将自豪和活力带回社区，以重新确立人们的文化身份，并促进地方经济。这些变化是依靠坚定的理想信念得以实现，即坚信博物馆可以成为社区想要它成为的样子，从某种意义上说生态博物馆就是一个没有围墙和障碍的博物馆。

参 考 文 献

Archabal, N. (1998) 'Museums and sustainable communities', *Museum News*, September/October, 31-33.

Bang, J.M. (2005) *Ecovillages: A Practical Guide to Sustainable Communities*, New Society Publishers, Gabriola Island, Canada.

Barrett, B. and Taylor, M. (2007) 'Three models for managing living landscapes', *CRM: The Journal of Heritage Stewardship*, 4(2), 50-65.

Barrow, E. and Pathak, N. (2005) Conserving 'unprotected' protected areas-communities can and do conserve landscapes of all sorts. In Brown, J., Mitchell, N. ad Beresford, M. (eds) *The Protected Landscape Approach; Linking Nature, Culture and Community*, IUCN, Gland, Switzerland, and Cambridge, UK, pp. 65-80.

Bedekar, V.S. (1995) *New Museology for India*, National Museum Institute of History of Art, Conservation and Museology, New Delhi.

Beeton, S. (2000) *Ecotourism: A Practical Guide for Rural Communities*, Landlinks Press, Collingwood, Victoria, Australia.

Bergdahl, E. (1996) 'Ekomuseet I En Framtidsvision', *Nordisk Museologi*, 2, pp. 35-40.

Breen, C. (2007) 'Advocacy, international development and World Heritage Sites in sub-Saharan Africa', *World Archaeology*, 39(3), 355-370.

Chaumier, S. (2003) *Des musées en quête d'identité: écomusée versus technomusée*, L'Harmattan, Paris.

Clausen, K. (1997) 'Økomuseumsideen i Denmark-kulturmiljøbevaring og tuisme', *Ekomuseum Bergslagen*, 2, 6-10.

Corsane, G., Davis, P., Elliott, S., Maggi, M., Murtas, D. and Rogers, S. (2007) 'Ecomuseum performance in Piemonte and Liguria, Italy: the significance of capital', *International Journal of Heritage Studies*, 13(3), 224-239.

Cote, S. (2001) 'The contribution of human and social capital', *Canadian Journal of Policy Research* 2(1), 29-36.

Council of Europe (2010) *The European Landscape Convention*. Available online at http://conventions.coe.int/Treaty/en/Treaties/Html/176.htm (accessed 15 April 2010).

Davis, P. (2004) 'Ecomuseums and the democratisation of Japanese museology', *International Journal of Heritage Studies*, 10(1), 93-110.

Debary, O. (2002) *La fin du Creusot ou l'art d'accommoder les restes*, Éditions du Comité des Travaux historiques et scientifiques, Paris.

Desvallées, A. (ed.) (2000) 'L'écomusée: rêve ou réalité?', *Publics et Musées*, 17-18.

Dicks, B. (2000) *Heritage, Place and Community*, University of Wales Press, Cardiff.

Engström, K. (1985) 'The ecomuseum concept is taking root in Sweden', *Museum*, 37(4), 206-210.

Escobar, A. (2001) 'Culture sits in places: reflections on globalisation and subaltern strategies in localisation', *Political Geography*, 20, 139-174.

Gjestrum, J.A. (1997) 'Økomuseene i Norge', *Ekomuseum Bergslagen*, 2, 19-25.

Goodwin, H. (2006) 'Measuring and reporting the impact of tourism on poverty', paper prepared for the Cutting Edge Research in Tourism-New Directions, Challenges and Applications, 6-9 June, School of Management, University of Surrey, UK.

Hamrin, O. (1996) 'Ekomuseum Bergslagen-från idé till verklighet', *Nordisk Museologi*, 2, pp. 27-34.

Hamrin, O. and Hulander, M. (1995) *The Ecomuseum Bergslagen, Falun*, 72pp.

Heron, P. (1991) 'Ecomuseums-a new museology?', *Alberta Museums Review*, 17(2), 8-11.

Howard, P. (2002) 'The Eco-museum: innovation that risks the future', *International Journal of Heritage Studies*, 8(1), 63-72.

Howard, P. (2003) *Heritage: Management, Interpretation, Identity*, Continuum, London and New York.

IUCN (2010) *CategoryV-Protected Landscape/Seascape*. Available online at http://www.iucn.org/about/work/programmes/pa/pa_products/wcpa_categories/pa_categoryv/ (accessed 20 April 2010).

Kell, P.E. (1991) Reflections on the social and economic impact of the Fortress of Louisbourg. In Pearce, S. (ed.) *Museum Economics and the Community*, The Athlone Press, London, and Atlantic Highlands, NJ, pp. 118-131.

Kreps, C. (2008). Indigenous curation, museums and intangible cultural heritage. In Smith, L. and Akagawa, N. (eds). *Intangible Heritage*, Routledge, Abingdon, pp. 193-208.

Legget, J. (1995) 'Tourism-the new saviour?', *Museums Journal*, 95(12), 25.

Lowenthal, D. (1997) 'Cultural landscapes', *UNESCO Courier*, 50(9), 18-20.

Maffi, L. and Woodley, E. (2010) *Biocultural Diversity Conservation: A Global Sourcebook*, Earthscan, London, and Washington, DC.

Maggi, M. and Falletti, V. (2000) *Ecomuseums in Europe: What They Are and What They Could Be*, IRES, Turin.

Meinig, D.W. (1979) The beholding eye: ten versions of the same scene. In D.W. Meinig (ed.) *The Innterpretation of Ordinary Landscapes*. Oxford University Press, New York and Oxford, pp. 33-50.

Murtas, D. and Davis, P. (2009) 'The role of The Ecomuseo Dei Terrazzamenti E Della Vite, (Cortemilia, Italy) in community development', *Museums and Society*, 7(3), 150-186.

Ogawa, R. (ed.) (1998) *Community Museums in Asia*, The Japan Foundation Asia Centre, Tokyo.

Ohara, K. (1998) 'The image of "ecomuseum" in Japan', *Pacific Friend*, 25(12), 26-27.

Priosti, O.M. and Priosti, W.V. (eds) (2000) *Community, Heritage and Sustainable Development; Museums and Sustainable Development in Latin America and the Caribbean*, preprints of the joint Second International Ecomuseums Meeting and the Ninth Regional Meeting of ICOFOM for Latin America and the Caribbean, 17-20 May, MINOM/ICOFOM LAM, Santa Cruz, Rio de Janeiro, Brazil.

Rovinski, Y. (1991) Private reserves, parks and ecotourism in Costa Rica. In Whelan, T. (ed.) *Nature Tourism: Managing for the Environment*, Island Press, Washington, DC, pp. 39-57.

Sauty, F. (2001) *Écomusées et musées de société au service du développement local, utopie ou réalité*, Collection 'Jeunes auteurs', Centre national de resources du tourism en espace rural, Clermont Ferrand.

Sennerfeldt, P. (1997) 'På spaning efter svenska ekomuseer-en resa från söder till norr', *Ekomuseum Bergslagen*, 2, 11-18.

Sorvoja, A. (1997) 'Kurala Bybacke-ett ekomuseum i Finland?', *Ekomuseum Bergslagen*, 2, 26-29.

Swarbrooke, J. (1996) Towards a sustainable future for cultural tourism: a European perspective. In Robinson, M., Evans, N. and Callaghan, P. (eds) *Tourism and Cultural Change*, Universiy of Northumbria, Newcastle, pp. 227-255.

Sydhoff, B. (1998) 'The ecomuseum-a museum of the future?', *SAMP Newsletter*, 8, 28-31.

UNESCO (2002) *Statutory Framework for the World Network of Biosphere Reserves*. Adopted by the General Conference of UNESCO at its Twenty-eighth Session.

UNESCO (2006) *Cultural Landscapes*. Available online at http://whc.unesco.org/en/culturallandscapes (accessed 28 March2006).

致　　谢

　　可以说，在博物馆和遗产部门工作的好处之一是，各个机构和个人通常会对短期内提出的请求作出极好的响应。我在尝试写这篇回顾时，曾疑问丛生。自此，我满怀荣幸地感谢诸多个人和机构的帮助。许多人我仅知道名字而已，但我很幸运，能亲自见到许多生态博物馆的创建者，以及深度参与给生态博物馆提供财政支持、专业知识，并给予鼓励的个人。我想在这里全部提名，却很遗憾无法做到。以下是使本书成为可能，并塑造了我关于生态博物馆想法的部分人士。

　　在巴西圣克鲁斯（Santa Cruz）生态博物馆与欧达利斯（Odalice）和沃尔特·普里斯蒂（Walter Priosti）的会面是富有启发性的。魁北克博物馆协会提供的魁北克之旅，并在贾斯·巴兰（Jars Balan）陪同下访问加拿大阿尔伯塔省卡利纳（Kalyna）生态博物馆，也是一次非凡的经历。在日本，大原一兴（Kazuoki Ohara）是一位出色的东道主，我不会忘记与他和他的学生一道前往生态博物馆的旅行。曼谷玛哈·扎克里·诗琳通公主人类学中心（Princess Maha Chakri Sirindhorn Anthropology Centre）的亚历山德拉·登斯（Alexandra Denes）和她的同事邀请我前往泰国北部体验了许多基于社区的遗产项目。2005年至2009年，我在瑞典哥德堡大学工作期间，能够与伯格斯拉根生态博物馆的前馆长伊娃·贝格达尔（Ewa Bergdahl）及其继任者克里斯蒂娜·林德维斯特（Christina Lindeqvist）保持定期联系。2006年，我访问了伯格斯拉根的卢德维卡（Ludvika），那是一次特别难忘的经历。都灵皮埃蒙特经济社会研究所的毛里齐奥·马吉（Maurizio Maggi）与他的同事共同推动了生态博物馆概念在意大利的进一步发展，我们在一起的工作令人愉快；皮埃蒙特（Piedmont）的生态博物馆管理者，尤其是多纳泰拉·穆尔塔斯（Donatella Murtas），给予了我极大的帮助。努琪娅·博雷里（Nunzia Borrelli）在纽卡斯尔大学工作期间，我们一道与皮埃蒙特经济社会研究所就生态博物馆的自我评估提出了许多想法，她扩展了我对生态博物馆及其所能达到的目标的见解。2005 年，许多生态博物馆人士齐聚中国贵阳，我们得以了解生态博物馆可以为中国少数民族发挥积极作用的更多信息。2008 年，多亏贵州大学余压芳的帮助，我才得以重访贵州的生态博物馆。台北辅仁大学的刘万辰（音译）在我数次访问期间，向我介绍了中国台湾及其生态博物馆的发展潜力，我们在兰屿的离岛之旅尤其引人入胜。

　　我很幸运，得到了很多人的建议和帮助，他们来自建设有生态博物馆的国家和地区。其中，亚历山德拉·普费夫（Alexandra Pfeiff）和马尔齐亚·瓦鲁蒂（Marzia Varutti）与我分享了他们对中国的了解；奥斯卡·纳瓦贾（Oscar Navaja）鼓励我去西班牙参观那里建设的众多生态博物馆；梅克·施密特（Meike Schmidt）让我深入了解到了斯塔芬（Staffin）生态博物馆的建设缘起；陶维·达儿（Torveig Dahl）向我介绍了挪威生态博物馆的最新发展；拉纳·约翰逊（Lana Johnson）提供了有关梅诺卡岛卡瓦莱里亚角（Cap de Cavalleria）生态博物馆的信息；豪尔赫·拉波索（Jorge Raposo）热情地向我介绍了葡萄牙塞沙尔（Seixal）生态博物馆的最新情况；史蒂文·德·克莱克（Steven de Clerq）向我描述了生态博物馆在荷兰的现状；拉斐拉·里瓦（Rafaella Riva）热心地寄来了她的博士学位论文，该文探讨了意大利生态博物馆的近况。我还定期通过信件与帕拉斯毛尼·杜塔（Parasmoni Dutta）和贝德卡（V.H. Bedekar）教授讨论印度的生态博物馆，向扎哈拉·哈比比扎德（Zahra Habibizad）了解伊朗的生态博物馆，以及与穆斯塔法·多根（Mustafa Dogan）就土耳其的生态博物馆进行联系。

　　雨果·戴瓦兰（Hugues de Varine）及其倡议的"在线互动"讨论，持续激发我们在生态博物馆领域里的对话。最近，阿姆斯特丹莱茵瓦德学院（Reinwardt Academie）的保拉·德·桑托斯（Paula de Santos）和彼特·冯·门施（Peter Van Mensch）推动了该"在线互动"网站的更新，我与他俩进行了富有成效的讨论。与纽卡斯尔大学国际文化与遗产研究中心同事和学生们的紧密合作，也让我受益匪浅。杰拉德·柯赛（Gerard Corsane）和我有共同的研究兴趣，我们与学生莎拉·埃利奥特（Sarah Elliott）、斯蒂芬妮·霍克（Stephanie Hawke）和米歇尔·斯特凡诺（Michelle Stefano）一道，试图延展生态博物馆思想的边界。

　　以下人士为本书第二版提供了新照片，包括米丽亚姆·哈特（Miriam Harte）（英国比米什博物馆）、戴安娜·瓦尔特斯（Diana Walters）（瑞典雪恩故乡协会）、克里斯蒂娜·林德维斯特（Christina Lindevist）（瑞典伯格斯拉根生态博物馆）、拉纳·约翰逊（Lana Johnson）（西班牙卡瓦莱里亚角生态博物馆 Cap de Cavalleria）和凯琳·麦克林（Cailean Maclean）（英国斯塔芬生态博物馆）。简·布朗（Jane Brown）短期内制作了新版的"项链模型"（necklace model）图。在此，感激所有人。最后，我的妻子莎莉（Sally）不仅帮助我规划了 2009 年去法国的考察计划，而且还参与了书稿的校对，由于我在此项工作上耗时颇多，她的耐心也备受考验，感谢她的理解。

译 者 后 记

　　本书是彼特·戴维斯教授研究生态博物馆的扛鼎之作，在全球生态博物馆之旅即将结束之际，照例要作一后记，将译介此书的初衷和译者最想说的话表达出来。

　　我与合译者麦西先生 2005 年 8 月同时来到广西民族博物馆工作，此时广西民族生态博物馆正进入试点建设阶段，南丹、三江、靖西三地的生态博物馆相继建成，并对外开放。毫无疑问，生态博物馆在广西是一种创新性的实践与实验，作为年轻人的我们能深度参与其中，何尝不是广西民族博物馆对我们的一种实验与考验，还好大家都不辱使命。2005 年至 2011 年，我们有幸与广西民族博物馆诸位同仁一道，在贺州、那坡、灵川、东兴、融水、龙胜、金秀七地文博工作者的共同努力下，参与完成了多个生态博物馆的调研、规划、选址与策展工作，并在社区居民的参与、民族文化的保护、文化示范户的建设等方面进行了有益的探索，初步搭建起了广西民族生态博物馆"1+10"工作平台，为中国第二代生态博物馆走向"专业化"发展道路作出了力所能及的贡献。从 2011 年始，我们又具体负责了这 10 个生态博物馆的业务指导与运营管理工作。其间，持续开展的"民族文化进课堂"、龙胜龙脊"全国生态博物馆示范点"建设、"文化记忆工程"以及由此衍生的"广西民族志影展"、文化创意产品研发项目等逐渐成为广西民族生态博物馆的特色与亮点，受到学界和业界的高度关注。在建设和运营生态博物馆的过程中，彼特·戴维斯教授撰写的《生态博物馆：地方感》一书是我们的指路明灯，为推动广西民族生态博物馆的发展提供了重要参考。同时我们也在生态博物馆的实践中收获了新知，因而对该书的基本思想、主要观点、实践案例等有了更加深刻的了解。渴望译介该书，并与国内文博界、学术界同行，尤其是广西生态博物馆同仁们进行分享之情油然而生。

　　彼特·戴维斯教授现为英国纽卡斯尔大学博物馆学专业荣休教授，早年他曾在谢菲尔德博物馆、泰恩-威尔博物馆和纽卡斯尔汉考克博物馆担任策展人，1991 年他离开博物馆，前往纽卡斯尔大学创办了博物馆研究硕士项目，并先后担任该校考古学系主任、艺术与文化学院院长等职。他的主要研究兴趣侧重在自然历史博物馆、生态博物馆、博物馆史以及博物馆与环境保护主义之间的关系等方面，著有《博物馆与自然环境》（ *Museums and the Natural Environment* ）、《生态博物馆：地方感》（ *Ecomuseums: a sense of place* ）等书，且在社区博物馆学、新博物馆学、生态博物馆和非物质文化遗产研究领域著述颇丰。《生态博物馆：地方感》（第二版）是彼特·戴维斯教授近 20 年的研究心血，作者通过大量的田野调查、文献梳理、理论分析，将生态博物馆的缘起、理论及区域性实践呈现给大家，尤其难能可贵的是，作者搜集整理了我们通常难以获取且无法译读的文献（除英文之外的其他外文文献），因而得以一览世界各地各种类型的生态博物馆，它们的主要做法、工作模式、成功经验和发展困境等跃然纸上。通览全书，我们可以看到生态博物馆在全世界的建设与发展千差万别。在具体的实践过程中，绝大多数都是一种"自下而上"的行动，同时也得到了不同机构（各级政府、专业博物馆、高等学校、研究机构、各种协会、基金会、公司企业）持续不断地支持与帮助。多数生态博物馆都是致力于对小地方自然、历史与文化的原地保护、整体保护，且带有多重目的性，即在保护遗产的同时，努力提升社区的凝聚力，重拾社区的自信心，从而促进社区的发展。社区主导、赋权社区、社区参与是多数生态博物馆坚持的原则或努力的方向，只有与社区建立充分的联系，保持频繁的互动，才会有更加美好的未来。尽管该书第二版出版于 2011 年，但仍不失为一本新博物馆学的重要著作，书中的相关思想和内容对中国生态博物馆，特别是对广西生态博物馆的发展，以及生态文明建设和乡村振兴战略背景下文化遗产的保护有相当重要的参考价值和指导意义。

在此，我要特别感谢彼特·戴维斯教授，他曾多次前往中国贵州、广西和台湾等省（自治区），专门调查中国的生态博物馆及其发展潜力，对中国的生态博物馆有十分特殊的感情，并对其未来之路寄予厚望。当初我们电邮他，告之想翻译出版本书时，他不仅欣然惠允，还积极帮忙联系出版社协调版权事宜。其间，多次发来邮件，沟通询问翻译出版进度，并不厌其烦地向书中的相关个人与机构联系图片授权问题，另还特意撰写了序言，令中译本增色不少。我还要感谢合作者麦西先生，该书的翻译出版是我们多年来为了一个共同的事业，一起工作、愉快合作的重要见证，也是友谊的结晶。王雅豪博士审校了全书，她毕业于英国莱斯特大学博物馆学专业，曾在广西民族博物馆见习过较长时间，对生态博物馆有较深入的理解和研究，她的审校保证了中译本的质量，感谢她的辛苦付出。

最后，我还要感谢广西民族博物馆的历任领导与同事们，尤其是覃溥女士、王伟先生，正是他们的大力支持与充分信任，才使我们有机会参与到生态博物馆的具体工作之中，逐步对生态博物馆的理念、实践与工作方法等有了更加理性的认知。同时，也要感谢上海大学潘守永教授长期就生态博物馆领域的相关问题给予我们的指导与解惑，以及广西民族大学民族学与社会学学院王柏中教授、滕兰花教授、郝国强教授、罗彩娟教授、熊昭明教授的热忱帮助与宝贵建议。感谢科学出版社博物馆分社张亚娜社长、周娲编辑大量细致的工作。研究生徐梓桑、韩明洋、蔡丹妮、聂一凡等参与了书稿的校对，在此也一并致谢。翻译从来都不是一项简单的文字转化工作，它对译者的语言能力、专业素养有较高要求，但限于水平和时间问题，自认为还有不少不如人意的地方，谨请广大读者不吝赐正。

正如我们所理解的，生态博物馆强调的是一个过程，而非结果。该书的译介仅仅是 18 年来我们参与广西民族生态博物馆实践工作的缩影，然而这并不是告别，我们将会在生态博物馆的道路上继续探索前行。

龚世扬

2022 年 11 月于广西民族大学邑苑